物联网关键技术与应用

孙知信　著

西安电子科技大学出版社

内 容 简 介

本书给出了物联网的定义和体系结构，对物联网技术的现状和成果进行了综述，讨论了其关键技术。针对物联网寻址问题，提出了一种基于6LoWPAN-IPHC的动态上下文管理机制；针对异构网络间端到端寻址问题，提出了一种基于虚拟网络驱动的6LoWPAN边界网关设计及实现方法；分析了无线传感器网络的定位问题，提出并实现了4种改进的定位算法；将经典的无线传感器网络分簇算法进行分类，提出了两种改进的分簇算法；研究了基于云计算的病毒多执行路径和PIF算法，并在开源云平台Eucalytus上进行了实施；面向大数据信息筛选，设计并实现了基于Hadoop的推荐系统；深入研究了NB-IoT安全问题，提出了一个等级划分的物联网安全模型(BHSM-IoT)；设计了一种基于改进型SVM的软件定义大数据网络异常流量识别模型；给出了基于Android恶意软件检测系统的总体设计方案；提出了一种改进的椭圆曲线加密算法(ECC)——点乘算法；提出并实现了一种云计算环境下基于模糊理论的网站信任度综合评价模型。在理论研究的基础上，作者将上述模型和算法应用到具体的项目开发中，取得了良好的效果。

本书是作者多年从事物联网相关科研项目研究的成果结晶，书中内容都来自具体的项目，有很好的工程基础，学术与具体的工程应用相结合是本书特色。本书可作为计算机科学与技术、网络与信息安全相关专业研究生及高年级本科生的教材，也可作为科研人员的参考书，同时可作为研究生、博士生及老师论文写作的参考书。

图书在版编目(CIP)数据

物联网关键技术与应用/孙知信著．—西安：西安电子科技大学出版社，2020.4

ISBN 978-7-5606-5286-3

Ⅰ.①物…　Ⅱ.①孙…　Ⅲ.①互联网络—应用　②智能技术

Ⅳ.①TP393.4　②TP18

中国版本图书馆CIP数据核字(2019)第055710号

策划编辑　刘玉芳

责任编辑　刘玉芳　万晶晶

出版发行　西安电子科技大学出版社(西安市太白南路2号)

电　　话　(029)88242885　88201467　　邮　　编　710071

网　　址　www.xduph.com　　电子邮箱　xdupfxb001@163.com

经　　销　新华书店

印刷单位　陕西天意印务有限责任公司

版　　次　2020年4月第1版　2020年4月第1次印刷

开　　本　787毫米×1092毫米　1/16　印张　21.75

字　　数　514千字

印　　数　1～1000册

定　　价　55.00元

ISBN 978-7-5606-5286-3/TP

XDUP　5588001-1

前言

QIANYAN

物联网(Internet of Things)是指利用感知技术与智能装置对物理世界进行感知识别，通过互联网、电信网、广电网为主的泛在网互联进行智能计算、信息处理和知识挖掘，实现人与物、物与物之间信息的无缝链接与交互，实现对物理世界的实时控制、管理和决策。国际电信联盟(International Telecommunication Union，ITU)给出的物联网定义是“任何时刻、任何地方，任何物体都可以连接到网络”，其中身份识别是ITU物联网的核心。欧洲电信标准协会(European Telecommunications Standards Institute)定义物联网为“物理世界与信息网络的无缝连接”，其关键是开放和融合。全面感知、可靠传输和智能应用是物联网的三大基本特征。物联网关键技术的研究具有重要的理论和应用价值。

本书作者从2010年开始研究物联网关键技术，先后得到国家自然科学基金、江苏省自然基金、江苏省高校自然基金重大项目及企业委托项目的资助。本书具体内容如下：

(1) 对物联网的定义和基本概念进行了阐述，分析了物联网的三大特征，总结了物联网的体系架构，分析了物联网关键技术，给出了物联网关键技术研究的层次架构，具体内容参见第一章。

(2) 对物联网核心技术之一的寻址技术进行了详细的分析，阐述了物联网标识编码解析技术的分类和技术特点，讨论了全IP化网络趋势的物联网轻量级IP寻址关键技术，给出了无线传感器网络IP技术研究与发展现状，并对物联网端到端IP寻址技术、IP－WSN的研究现状进行了综述，详细内容在第二章中阐述。

(3) 针对物联网终端的多样性及编码异构问题提出了一种统一的物联网终端资源迭代寻址模型；针对物联网终端编码适配问题提出了一种基于IPv6的物联网终端地址配置策略；针对物联网终端IPv6寻址过程中首部压缩机制中存在的上下文管理问题，提出了一种基于6LoWPAN－IPHC的动态上下文管理机制；针对异构网络间端到端寻址问题提出了一种基于虚拟网络驱动的6LoWPAN边界网关设计及实现方法。该6LoWPAN边界网关验证了基于IPv6编码的物联网终端在异构网络之间的互联互通，第三章给出了详细分析。

(4) 从二维定位及三维定位方面对现有的无线传感器网络定位算法进行归纳分析，并在此基础上提出了四种改进的定位算法：基于改进遗传算法优化的高精度定位算法 PFGA；基于邻接信息与启发式路径的移动信标式定位算法；基于三角形中线垂面分割的 APIT－3D 改进定位算法；基于模糊推理系统的改进 3D－加权质心定位算法，并通过仿真实验对上述改进算法做了详细的分析和讨论，具体描述参见第四章。

(5) 将经典的无线传感器网络分簇算法分成三类进行归纳，分析了这些算法的优缺点，并在此基础上提出了两种改进的分簇算法：基于成本函数和密度的权重来选择簇头的一种改进的最小加权分簇算法，以及基于邻居节点数量、剩余能量和节点与簇中心间的距离来选择簇头的一种改进的能量高效的分簇算法。通过仿真实验对上述改进算法做了详细的分析和讨论。实验结果表明，两种改进的分簇算法都能够有效平衡节点能量，延长传感器节点和网络的生命周期，使得无线传感器网络服务更高效，第五章中进行了详细剖析。

(6) 给出了大数据和云计算的概念，并对分布式处理和数据存储技术进行了分析；阐述了基于云计算的大数据存储中的容错关键技术和数据长期存储技术，介绍了数据的稳定归档技术，讨论了有待解决的云计算和大数据存储的安全问题；研究了基于云计算的病毒多执行路径和 PIF 算法，并在开源云平台 Eucalytus 上进行了实施；研究了大数据信息筛选，并设计实现了基于 Hadoop 的推荐系统，第六章描述了具体的成果。

(7) 提出了一个等级划分的物联网安全模型(BHSM－IoT)，通过该模型中的物联网拓扑模型(TSM－IoT)可以有效地抽象出各个大型物联网应用的网络拓扑，分析其结构数据与结构利弊；通过物联网攻击模型(ASM－IoT)可以有效地分析物联网应用的攻击来源与攻击类型，为安全应用防御提供参考；通过模糊评价模型的判定方法，能够有效地评定该物联网应用的安全等级，从而提供相应的物联网安全技术配置。第七章第 7.1 节对此进行了深入分析和阐述。

讨论了 NB－IoT(蜂窝窄带物联网)中的安全问题。对 NB－IoT 感知层、传输层和处理层的安全问题进行了分析，提出了一个综合的安全体系架构。NB－IoT 感知层的安全体系，实现数据从物理世界的安全采集，以及数据和传输层的安全交换；NB－IoT 传输层的安全体系，实现了数据在感知层和处理层之间的安全可靠传输；NB－IoT 处理层的安全体系，实现了数据安全、有效的管理及应用。第七章第 7.2 节对此进行了深入探讨。

研究了软件定义大数据网络异常流量检测方法。针对软件定义网络在大数据环境下识别误差高的问题，设计了一种基于改进型 SVM 的软件定义大数据网络异常流量识别模型，提高了异常流量识别的准确性，具体内容在第七章第 7.3 节进行了分析。

分析了 Android 操作系统安全机制，讨论了基于 Android 权限信息的检测技术、基于静态分析的软件检测技术，以及基于动态分析的软件检测技术。给出了基于 Android 恶意软件检测系统的总体设计方案，包括系统设计目标、系统流程框架，并对系统各功能模块进行了介绍，具体内容见第七章第 7.4 节。

对移动支付系统的加密认证算法及安全协议进行了研究，提出了一种改进的椭圆曲线加密算法(ECC)——点乘算法。该改进的点乘算法在降低整数 k 展开的Hamming重量的同时，运用只有一次求逆的底层运算完成计算，从一定程度上提高了 ECC 算法的整体效率，具体内容参见第七章第 7.5 节。

提出并实现了一种云计算环境下的基于模糊理论的网站信任度综合评价模型。模型中将信任分为近期信任值和历史信任值，在计算历史信任值时引入时间帧理论，起到对持续可信交互序列的奖励以及对持续不可信交互序列的惩罚作用；在计算近期信任值时，首先利用层次分析法计算出每个评价因素的权重，再利用模糊理论计算出网站的信任评价值。第七章第 7.6 节对此进行了介绍。

(8) 设计并实现了三类不同领域的应用示范系统。第 8.1 节给出了基于物联网的智慧农场认养系统的建设目标和四层体系架构，分析了关键技术，展示了系统的具体功能。第 8.2 节对基于物联网的线缆实时感知与仓储定位系统进行了实现，包括系统的设计目标、总体设计方案及关键技术等方面，给出了系统的网络部署及功能测试结果。第 8.3 节讨论了智慧校园工程的总体建设目标，设计了系统的体系架构，阐述了涉及的关键技术，并展示了智慧校园工程的实际运行效果。

本书是项目组集体成果的结晶，项目组成员包括宫婧博士、骆冰清博士、洪汉舒博士、孟超博士、汪胡青博士、王子青硕士、孙巧萍硕士、郇淳亮硕士、许必宵硕士、徐晶晶硕士、张欣慧硕士等，在此书出版之际，谨向他们对本书做出的贡献表示衷心的感谢。另外，感谢骆冰清博士、汪胡青博士、胡冰博士、陈露博士、陈怡婷硕士、卞岚硕士、李朋起硕士、佘占峰硕士等在本书撰写过程中给予的帮助。

感谢我的爱人张娟和儿子孙翌博，他们是我写书的动力所在。

最后要感谢西安电子科技大学出版社的领导和编辑，没有你们的辛勤劳动，就没有本书的出版。

孙知信

2019.8 于南京邮电大学

目录

MULU

第一章 物联网概述

物联网[1-2]概念一经提出，即得到了世界各国政府和企业的关注。物联网的应用最早可以追溯到1990年，施乐公司首次提出网络可乐贩售机。近年来，随着国内外相关领域理论研究和实际应用的不断提升和推广，物联网的概念和覆盖范围也在逐渐拓展，可以连接到物联网的物品海量增加，包括人、水杯、钥匙、电器设备等其他各类物品均可以接入物联网，实现物品之间的互连，为人类生活带来了极大便利。

2009年温家宝总理关于“感知中国”的讲话将物联网研究与应用推向了高潮。无锡市率先建立了“感知中国”研究中心，中国科学院、运营商、多所大学在无锡建立了物联网研究院，南京邮电大学还成立了全国首家物联网学院和物联网研究院。自温总理提出“感知中国”以来，物联网被正式列为国家五大新兴战略性产业之一，写入“政府工作报告”。2018年1月22日，在国家发改委举行的第一场定时、定主题新闻发布会上，公布了确定支持的56个项目中，物联网仍属于聚焦的三大领域之首，“互联网＋”领域[3]，多次将物联网领域的创新企业作为重点支持对象。同年9月15日，在无锡开幕的2018世界物联网博览会上，《2017—2018年中国物联网发展年度报告》正式发布。《报告》显示，2017年以来，中国物联网市场进入实质性发展阶段。全年市场规模突破1万亿元，年复合增长率超过25％，其中物联网云平台成为核心领域，预计2021年我国物联网平台支出将位居全球第一。《报告》中对全球物联网市场规模变化趋势进行预测，2017—2022年全球物联网的整体市场规模将持续稳步增长。2017年以来，物联网行业应用渗透率提高，与五年前相比，运输物流、健康医疗、工业等行业物联网应用率都呈上升趋势。除此之外，我国物联网用户也在逐年增加。工业和信息化部的统计数据显示：截至2018年6月底，全球物联网终端用户已达4.65亿万户。

物联网应用广泛，遍及智能交通、环境保护、政府工作、公共安全、平安家居、智能消防、工业检测、环境监测、路灯照明管控、老人护理、农业栽培、食品溯源、敌情侦查等多个领域(图1.1)。人们将感应器嵌入各种物体中，整合现有的互联网，实现人类社会与物理系统的整合。在这个整合的网络中，存在能力超级强大的中心计算机群，实现对人员、机器、设备和基础设施的实时管理及控制，在此基础上，人类可以更加精细和动态的方式管理生产和生活，达到智慧的状态，提高资源利用率和生产力水平，改善人与自然的关系。

本章介绍物联网的基本概念、特征、体系架构、相关技术，以及物联网发展现状。

图 1.1　物联网应用

1.1　物联网基本概念

物联网的概念最初于1999年由麻省理工学院(MIT)的Kevin Ashton教授提出[1]：通过射频识别(RFID，Radio Frequency Identification)、红外感应器、全球定位系统、激光扫描器、气体感应器等信息传感设备，按约定的协议，把任何物品与互联网连接起来，进行信息交换和通信，以实现智能化识别、定位、跟踪、监控和管理的一种网络。简而言之，物联网就是“物物相连的互联网”。

2005年国际电信联盟(ITU)发布的ITU互联网报告[2]，对物联网做了如下定义：通过二维码识读设备、射频识别装置、红外感应器、全球定位系统和激光扫描器等信息传感设备，按约定的协议，把任何物品与互联网连接起来，进行信息交换和通信，以实现智能化识别、定位、跟踪、监控和管理的一种网络。此时，物联网的定义和范围发生了变化，拓展了覆盖范围，不再只是指基于RFID技术的物联网。报告指出，无所不在的“物联网”通信时代即将来临，世界上所有的物体从轮胎到牙刷、从房屋到纸巾都可以通过物联网主动进行数据交换，射频识别技术、传感器技术、纳米技术、智能嵌入技术将得到更加广泛的应用。

按照国际电信联盟(ITU)的定义，物联网主要解决物品到物品(T2T，Thing to Thing)、人到物品(H2T，Human to Thing)、人到人(H2H，Human to Human)之间的互连。物联网把所有物品通过射频识别、无线传感设备等信息交互设备与互联网连接起来，实现人与物，甚至是物与物之间的信息交换和通信。

随着时间的推进，物联网的概念不断地被延拓。本书从物联网技术、实现、目的等方面给出现阶段物联网概念，如图1.2所示。

物联网(IoT，Internet of Things)是指利用感知技术与智能装置对物理世界进行感知识别，通过互联网、通信网、广电网为主的泛在网互联进行智能计算、信息处理和知识挖掘，实现人与物、物与物信息的无缝链接与交互，实现对物理世界的实时控制、管理和决策，是信息化和工业化发展、融合的必然结果，是信息技术和传感、控制技术融合的产物。

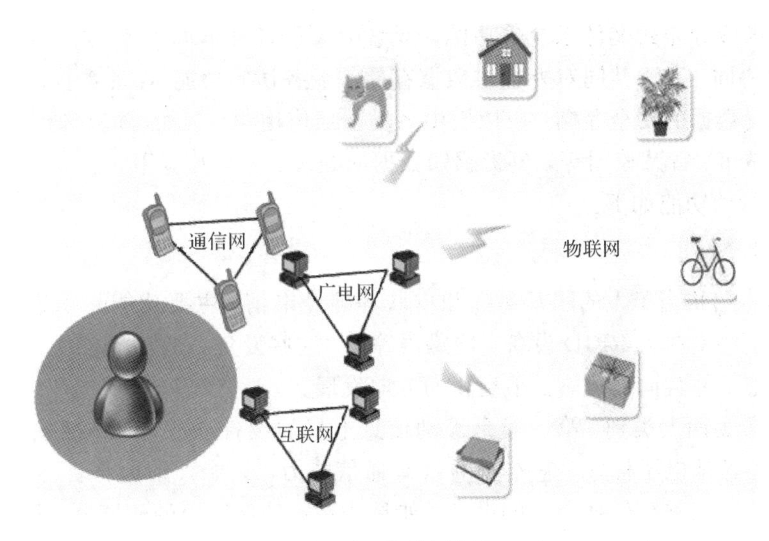

图 1.2 物联网概念

1.2 物联网体系架构

物联网体系架构可以分为 4 层[3]，由下至上分别为感知层、网络层、云存储层、应用层，如图 1.3 所示。感知层由 RFID 设备、传感器、中继设备以及一些具备标识或处理能力的终端构成，它的范围极广，负责感知数据的获取及反馈；网络层由互联网、有线网、无线网、卫星通信网等承载网络构成，负责感知数据在现有网络中的传输；云存储层，通过集群

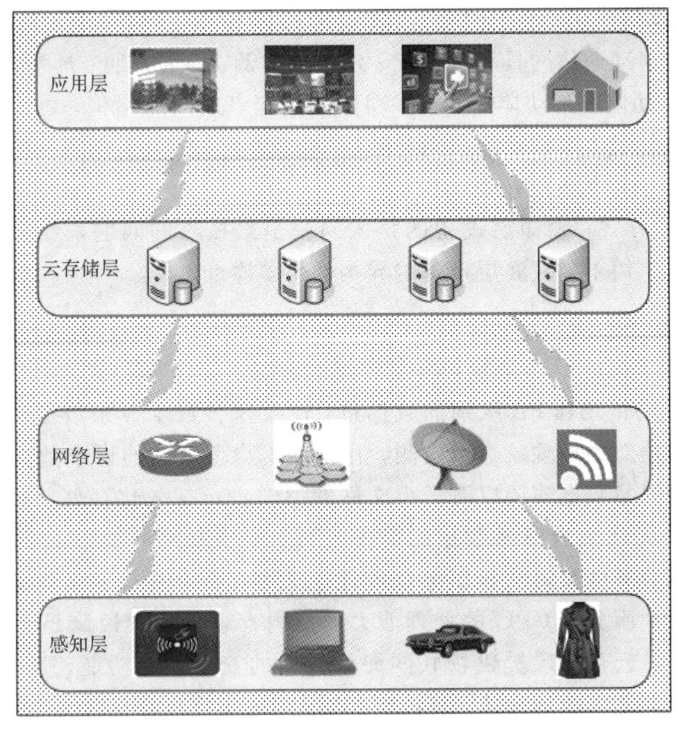

图 1.3 物联网体系架构

应用、网络技术或分布式文件系统等功能，网络中大量各种不同类型的存储设备通过应用软件集合起来协同工作，共同对外提供数据存储和业务访问功能，保证数据的安全性，节约存储空间，负责数据的安全存储。应用层由各类上层应用构成，如智能交通、智能家居、智能物流、智慧城市、智慧校园等，负责感知数据的处理、分享及应用。

各层所执行的功能如下：

1. 感知层

感知层的作用相当于人的眼耳鼻喉和皮肤等神经末梢，主要功能是识别物体、采集信息。这一层的主要实体为RFID设备、传感器等[4]，这些设备一般功耗较低，采用无线通信的方式交换信息，并且向低成本、小型化的方向发展。

感知层又分为两大类别：第一类是被动信息上报的设备，如RFID设备由询问器和应答器组成，应答器即电子标签，它本身并没有通信能力，只能被动地将标签内的信息进行上报；第二类是可以进行信息交互的设备，如具备一定处理能力的传感器，RFID询问器也有能力进行信息交互，因此第一类设备的信息交互可以通过第二类设备间接地进行。

2. 网络层

网络层相当于人的神经中枢和大脑，负责传递和处理感知层获取的信息。物联网是互联网的延伸，因此物联网的网络层一部分是由现有网络构成的。由于物联网的覆盖面积极广，通信实体极多，一般可以由以下几类网络承载：

基于IPv6的互联网。互联网是物联网的基础和核心，但可用的IPv4地址现已接近匮乏，无法再承担物联网中的设备。而基于IPv6协议的下一代互联网技术具备海量的地址，完全可以满足物联网的编码需求。物联网网络层的核心网仍可采用有线方式[5]，而对接入网来说，将采用低功耗的IEEE 802.15.4协议进行无线接入，以解决物品之间的通信问题。

移动通信网。移动通信网具有覆盖广、建设成本低、部署方便、具备移动性等特点，它可以轻易地解决移动体和移动体之间、移动体和固定点之间的通信，可以灵活地实现物联网感知设备的接入。但由于移动通信网与互联网在设备与协议上的差异性，将移动通信网接入互联网还需要一些额外的措施。

无论采用哪种方式，感知层设备的接入问题是最核心的问题，可使用一类特殊的设备——物联网网关，用于屏蔽底层设备的异构性与多样性[6]。

3. 云存储层

云存储层相当于人的记忆系统，负责数据的存储。物联网数据之所以称为海量数据，主要体现在数十亿的记录和PB级别的数据量，以及每秒数十万条数据的流入速度。具体来说，大量的传感器对物理现象进行检测，并将基于物理对象的样本数据文件发送到数据中心，因此物联网海量数据需要以海量小文件的形式进行持久化存储，而传统的关系型数据库以及硬件环境无法实现海量数据的高速处理，在物联网环境下的数据存储负载非常大，大规模物联网业务驻留将凸显服务器的性能瓶颈，而大量自定义业务同时运行，则对平台造成性能压力，服务器CPU的处理能力以及内存容量均难以满足不断增长的自定义业务的运行需求[7]。云存储层提供物联网海量数据的安全存储功能，是一个多存储设备、多应用、多服务协同工作的集合体，将数据存储到云上，实现存储设备的逻辑虚拟化管理、多链路冗余管理，以及硬件设备的状态监控和故障维护，多个设备之间协同工作，对外提供同一种服务，并提供更大、更强、更好的数据访问性能，使用者可以在任何时间、任何地方、通过任何可连网的装置连接到云上，从而方便地存取数据。同时，通过各种数据备份以及容灾技术和措施可以保证云存储中的数据不会丢失，保证云存储自身的安全和稳定[8]。

4. 应用层

物联网的应用层是物联网和用户(包括人、组织和其他系统)的接口，它与行业需求结合，实现物联网的智能应用，包括信息的存储、数据的挖掘、应用的决策等[9]，涉及海量信息的智能处理[10]、分布式计算[11]、中间件[12]、信息发现等多种技术[13]。

物联网的网络层向上层提供海量数据，传统的硬件环境难以支撑。大规模物联网业务驻留将凸显服务器的性能瓶颈，大量自定义业务同时运行，对平台造成性能压力，服务器CPU 的处理能力以及内存容量均难以满足不断增长的自定义业务运行的需要，因此有必要在开放的物联网环境中采用高速、高效的计算技术[11-12]。

云计算(Cloud Computing)，是一种基于互联网的计算方式，通过这种方式，共享的软硬件资源和信息可以按需提供给计算机和其他设备[13]。物联网发展至一定程度，其数据量和计算量将非常巨大，而云计算平台可将大量用网络连接的计算资源进行统一管理和调度，构成一个计算资源池，体现了软件即服务的理念，是支撑物联网的重要计算环境之一[14]。

1.3 物联网基本特征

与传统互联网相比，物联网有以下四个基本特征：

(1) 海量的数据感知：物联网是各种感知设备的应用，部署了海量且多种类型的传感器，每个传感器都是一个信息源，利用包括射频识别在内的传感器装置采集和捕获环境中的物品信息；不同类别的传感器所捕获的信息内容和信息格式不同；传感器获得的数据具有实时性，按一定频率周期性地采集环境信息，不断更新数据。

(2) 可靠的网络传输：在物联网上的传感器装置对物品信息的不断采集，会产生海量的数据信息，为了保障数据信息能够实时、可靠地共享和交互，物联网需要适应各种异构网络和协议。

(3)安全的云数据存储：海量数据存储模型是通过数量众多的存储节点构成的超大容量的云存储系统，通过大量存储节点的并行工作获得较高的磁盘访问吞吐率，通过系统缓存减少磁盘访问来提高系统吞吐率，通过多个存储节点容错提高数据可靠性，从而实现理想海量存储系统的大容量、高可靠性和高性能的特点。数据在被上传到云端之后，容易遭受来自两方面的威胁：其一，云计算平台作为不可信的第三方，一旦服务器出现故障，自身可能会将数据泄漏；其二，云平台被非法接入后，数据存在被窃取、篡改和伪造的风险。数据安全是云存储的核心。

(4) 智慧的物联网应用：物联网将传感器和智能处理相结合，利用大数据计算、机器学习、模式识别等先进技术控制、分析并处理海量的感知数据和信息，以适应不同用户的不同需求，进而实现智能化的决策和控制，达到真正的人与物、物与物的沟通。

1.4 物联网相关技术

近几年越来越多的学者研究物联网，作者以关键词“物联网(Internet of Things)”

在 Elsevier SDOS、SCI、IEEE、EI、ACM、知网等知名检索数据库中统计了 2013 年至 2017 年的学术论文收录情况(图 1.4)。

物联网涵盖的关键技术非常多，可根据体系架构，将物联网关键技术概括如图 1.5 所示，下面介绍其核心技术。

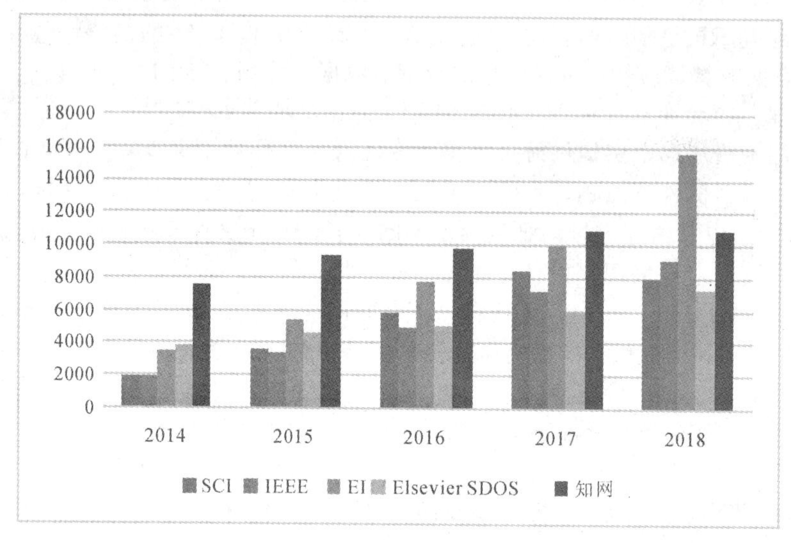

图 1.4 近五年物联网论文收录情况

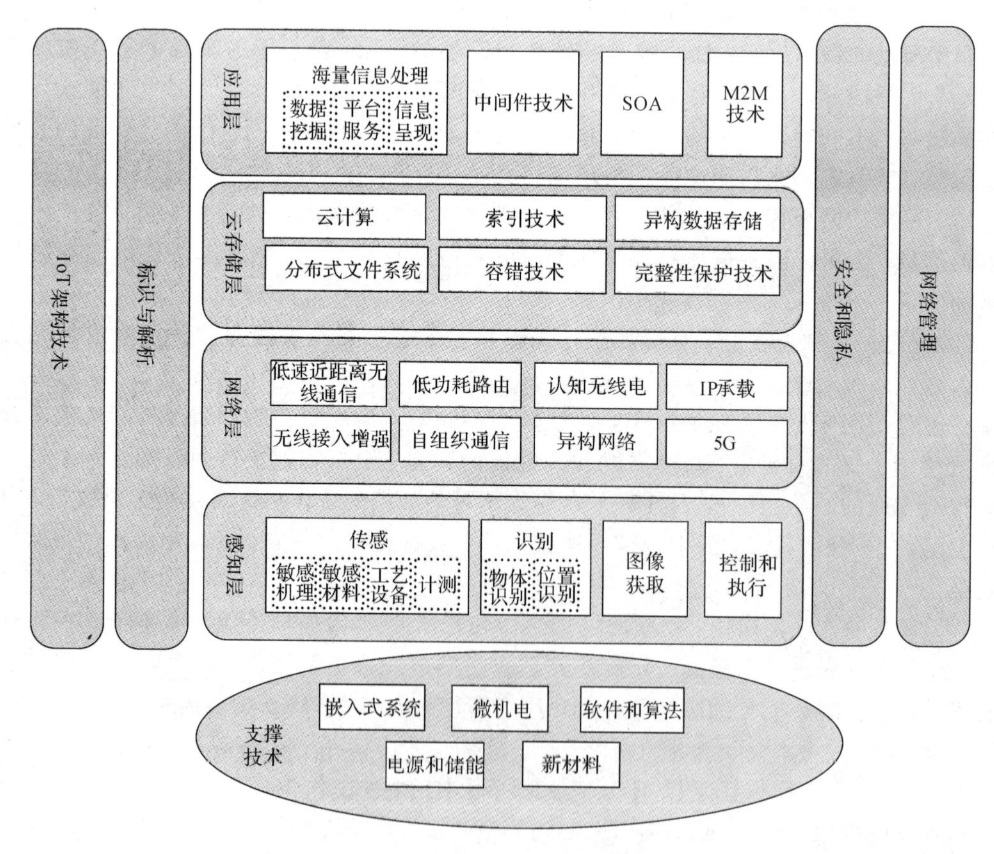

图 1.5 物联网关键技术框架图

1.4.1　感知层相关技术

感知层负责信息的采集与识别，主要涉及电子标签、传感器、无线通信芯片等领域，主要包括 RFID 技术、传感器技术，以及还处于探索研究阶段的智能嵌入式技术和纳米技术。本节重点介绍与 RFID 和传感器网络相关的几种技术。

物联网中不仅要做到“物物相连”，还要做到能够对物品进行识别、定位、追踪和管理。RFID 技术可以实现多个标签的防冲突操作，具有防水、防磁、耐高温、读取距离大、数据加密、存储数据容量大、信息更改简单等特点，故 RFID 技术在物联网感知层关键技术中的地位尤为突出。一个典型的 RFID 系统由 RFID 应答器(电子标签)和 RFID 询问器构成[14]。当 RFID 应答器进入 RFID 询问器的射频场后，由其天线获得的感应电流经升压电路作为芯片的电源，同时将带信息的感应电流通过射频前端电路检测得到数字信号，并送入逻辑控制电路进行信息处理；所需回复的信息则从存储器中获取，经由逻辑控制电路送回射频前端电路，最后通过天线发回给询问器。

可见，单纯的 RFID 系统只能被动地获取数据，无法支撑多样化的物联网感知层环境。采用 RFID 系统和无线传感网（Wireless Sensor Network，WSN）融合而成的 EPC 传感网络[15]，不仅可以获取所需要的环境信息，而且能精确识别出每个物体，同时还可扩大 RFID 系统的识别范围，其智能节点由 RFID 询问器与无线传感技术融合而成。

物联网的感知层要求无线网络环境具备低功耗、低成本的特性，而 IEEE 802.15.4 是一个低数据率的无线个人局域网(Wireless Personal Area Network，WPAN)标准[16]，它具有低功耗、低成本、微型化的特点，能在低成本设备之间进行低数据率的传输。IEEE 802.15.4 只规定了媒体访问控制层和物理层，媒体访问控制层以上的协议可以采用不同的方案。现在主流的可应用于物联网的技术有 ZigBee 和 6LoWPAN(IPv6 over Low-Power Wireless Personal Area Networks)。

ZigBee 是一种低速率、短距离的无线技术，其出发点是希望发展一种拓展性强、容易布建的低成本无线网络[17]。其主要特点是网络容量大、安全性高、可靠性高、功耗低、时延短、成本低、低速率以及有效范围小，因此 ZigBee 技术适合于承载数据流量较小的业务。ZigBee 协议除了使用 IEEE 802.15.4 规定的物理层与媒体访问控制层外，还规定了网络层，故其协议本身无法直接与互联网互联互通。

6LoWPAN 与 ZigBee 一样，也是基于 IEEE 802.15.4 标准，具有低功耗、低成本的特点[18]，不同之处在于 6LoWPAN 技术在网络层采用了 IPv6 协议栈[19-20]，在 IEEE 802.15.4 上传输压缩后的 IPv6 数据包。IPv6 提供庞大的地址空间，足以满足物联网感知层设备的编码需求。由于 6LoWPAN 的网络层由 6LoWPAN 适配层与 IPv6 网络层构成[21]，因此与互联网可以直接互联互通，更加切合物联网感知层的技术特点。

1.4.2　网络层相关技术

1. 物联网网关

物联网网络层处于物联网的感知层与应用层之间。由物联网的定义可知，物联网是互联网的延伸，因此感知层中的感知数据最终将通过互联网进行传输，网络层的向上部分是互联网。物联网的感知层设备具备较强的异构性，因此需要网络层对下层设备的异构性、多样性进行屏蔽，这些工作由一类特殊的网关完成，一般称之为物联网网关[22]。网络层上层使用的技术与现有的互联网基本一致，因此本节主要阐述物联网网关的相关技术。

为了将传感器网络中各节点的信息通过汇聚节点连入互联网，实现信息的远距离传输，一些传感器网络借助一类特殊的节点连接无线网络和有线网络，而这种跨传感器网和传统通信网的节点实际上就是物联网网关的雏形。

物联网网关处于物联网网络结构中感知层与网络层的交界处，连接感知网络与互联网，通过不同协议的适配与转换实现感知网络与互联网的互联互通，可以实现局域互联，也可以实现广域互联。此外，物联网网关同样具备网关的基础功能，如邻居发现、设备管理等，通过物联网网关可以了解节点的实际运行状况，并进行远程控制与管理[23]。

一个典型的物联网网关主要包括以下层次：

(1) 感知接入层。感知接入层实现对感知网络的协议接入，如 IEEE 802.15.4 协议等。按照业务需求可采用某种特定的协议，也可以通过外插模块实现多协议的扩展，使其具备融合接入的能力，以适应环境复杂的物联网感知层。

(2) 协议适配层。协议适配层定义感知层接入接口标准，并通过感知网络到互联网的协议转换将不同的感知层协议转变为格式统一的数据和信令，如 6LoWPAN 或 ZigBee 的数据与 IPv4\v6 数据的转换。

(3) 广域接入层。广域接入层实现对互联网络的协议接入，如以太网、Wi-Fi、ADSL 等，既可以是单一接入方式，适用于特定网络环境的组网，也可以同时提供多种接入方式，适用于非固定环境或者移动环境的组网。

物联网网关除了完成协议的适配外，还要完成网络初始化和路由功能。由于感知层的技术标准不同，协议的复杂性不同，所以其初始化和路由过程有较大差异，要实现不同感知网络、不同应用的统一化管理还需要进一步的研究。

2. 5G

5G 网络作为第 5 代移动通信技术，也是当下 4G 网络的下一代网络。伴随着 5G 通信技术的提升，物联网的发展进入更深的层次，并具有巨大的应用潜力[24]。在 5G 通信技术的时代背景下，若想确保物联网更好地发展，需将二者进行有机结合，进而促进 5G 通信技术在物联网中的应用。与 4G 网络技术相比，5G 通信技术具有显著的优势，即速率的提升、容量的增大、延时的降低等方面。5G 通信技术的速率可以在 10 Gb/s 左右，远超当前的 4G 网络技术，是 4G 网络速度的数 10 倍；在容量方面，5G 通信技术也具有明显的优势，是 4G 网络容量的百倍乃至千倍；在延时方面，5G 通信技术的延时可以控制在 5～10 ms，最低可以控制在 1 ms。基于这些显著优势，使得 5G 通信技术能够成功取代 4G 网络技术，并成为日后的主流通信技术[25]。

1.4.3 云存储层相关技术

1. 分布式文件系统

在物联网中，海量传感设备不断地采集数据并发送到数据中心，而随着感知技术与网络技术的不断发展，数据呈现出海量特性，形成了物联网大数据[26-27]。对物联网大数据进行持久化存储，可以获得任一传感器的历史与当前感知数据。目前产业界有两种比较主流的分布式文件系统架构，即Google的GFS和Hadoop的HDFS[28]。

GFS是一个可扩展的分布式文件系统，用于大型的、分布式的、对大量数据进行访问的应用。该系统由大量的廉价硬件组成，可以给大量的用户提供总体性能较高的服务。

GFS与以往的文件系统具有以下不同：

(1) 部件错误不再被当作异常，而是将其作为常见的情况加以处理。

(2) 按照传统的标准，文件都非常大。

(3) 大部分文件的更新是通过添加新数据完成的，而不是改变已存在的数据。

(4) 工作量主要由两种读操作构成：对大量数据的流方式的读操作和对少量数据的随机方式的读操作，工作量还包含许多对大量数据进行的连续的、向文件添加数据的写操作。

(5) 系统必须高效地实现定义完好的大量客户同时向同一个文件添加操作的语义。

(6) 高可持续带宽比低延迟更重要。

Hadoop是一个包含开源代码的分布式文件系统和一个并行处理的MapReduce框架。它的创作灵感来自于谷歌的GFS文件系统和MapReduce项目。开源Hadoop系统的出现减少了云计算的技术难题。一些新兴的国际IT公司，例如Facebook和Twitter，都致力于利用Hadoop系统来构建自己的云计算系统。经过了几年的发展，Hadoop逐渐形成了云计算生态系统，主要由HBase分布式数据、Hive分布式数据仓库和ZooKeeper分布式应用的协调服务。所有这些部件都建立在低成本的商业硬件上，凭借着广泛的可拓展性和容错能力，Hadoop正成为一个主流的商业云计算技术。

HDFS借鉴GFS的思想把文件默认划分为64MB的数据块，采用主从结构，主控服务器用来实现元数据管理、副本管理、负载均衡管理、日志管理等操作，从服务器负责数据块存储管理。在分散存储的同时，每个节点也是一个计算资源，可进行数据的就近计算，提高了海量数据的处理性能。HDFS是构建在普通商业服务器上的分布式文件系统，将组件失效看作是常态，数据以块为单位进行存储管理，适用于一次写入、多次读取的离线大数据处理。

HDFS是一种高可用、易扩展、高性能且容错性强的分布式文件存储系统，但在实际应用中也存在一些问题：不适用海量小文件处理及实时随机读写等。

2. 大数据处理平台

Google公司研发的MapReduce是一种专门处理大数据的编程模型和实现框架，具有简单、高效、易伸缩及高容错的特点[29-30]，对大数据具有高效的批处理能力，Yahoo、Facebook、Amazon和IBM都将MapReduce作为大数据处理平台，Apache研发的Hadoop MapReduce最为流行，并以此完善的Hadoop生态圈作为Hadoop MapReduce的良好补充，业界和学界针对不同的设计目标，实现了多种MapReduce平台，包括Hadoop、GridGain、Mars、Phoenix、Disco、Twister、Haloop、iMapReduce、iHadoop、Prlter、Dryad、Spark等。

Google MapReduce是面向大数据并行处理的计算模型、框架和平台，设计之初致力于通过大规模廉价服务器集群实现大数据的并行处理，它优先考虑系统的伸缩性和可用性，用于处理互联网中海量网页数据，通过存储、索引、分析以及可视化等处理步骤，实现用户对网页内容的搜索和访问。MapReduce之所以能够迅速成为大数据处理的主流计算平台，得益于其自动并行、自然伸缩、实现简单和支持商用硬件等特性。MapReduce具有以下三层特征：

（1）MapReduce是一个基于集群的高性能并行计算平台，允许用市场上普通的商用服务器构成一个包含数十、数百乃至数千个节点的分布和并行计算集群。

（2）MapReduce是一个并行计算与运行软件框架。它提供了一个庞大但设计精良的并行计算软件框架，能自动完成计算任务的并行化处理，自动划分计算数据和计算任务，在集群节点上自动分配和执行任务以及收集计算结果，将数据分布存储、数据通信、容错处理等并行计算涉及的很多系统底层的复杂细节交由系统负责处理，大大减少了软件开发人员的负担。

（3）MapReduce是一个并行程序设计模型与方法。它借助于函数式程序设计语言Lisp的设计思想，提供了一种简便的并行程序设计方法，用Map和Reduce两个函数编程实现基本的并行计算任务，提供了抽象的操作和并行编程接口，简单方便地完成大规模数据的编程和计算处理。

MapReduce平台广泛地支持大数据处理算法，包括数据清洗、排序、统计分析、连接查询、图分析、PageRand、分类、聚类、最优化、机器学习、自然语言处理算法等。MapReduce为上述算法提供了编程模型和分布式并行的运行环境。大数据处理算法是以大数据为输入，在给定的资源约束内处理数据，并计算出给定问题结果的算法。大数据处理算法读写数据时间长，数据难以放入内存，待处理数据无法存储在一台机器上，因此多为外存算法，借助外存反复读写数据。

3. 云存储安全

随着物联网中联网物品的海量增加，越来越多的数据资料被存放在云平台，使得很多用户可以在不同终端实现对数据的高速有效的操作，但随之也带来数据安全问题，最常见的有窃取、丢失、冗余度太大等[31-32]，诸如此类的数据安全问题往往会给用户和企业带来巨大的利益损失。云存储的安全性成为用户选择云服务时最关注的一个问题。作者团队近年在云存储安全的接入控制、数据加密和大数据完整性检测等方面做了大量研究，提出了基于云计算单大数据存储安全模型。首先，从用户的接入安全开始，保证云端接入的可靠性；其次利用数据的拆分和加密，减少数据在第三方平台被非法窃取、篡改的风险；然后利用算法检验数据的完整性，保持数据一致性，避免数据重复、残缺、误删除的情况。通过以上几个环节的共同作用，确保大数据存储的安全。

4. 云计算

云计算基于互联网将分布在各地的各种资源（如计算机、存储器等）集中起来，通过分布式存储、分布式计算以及虚拟化等技术向用户提供各种软硬件服务[33]。云计算以服务用户为核心，用户能够在不关心相关基础设施具体实现的前提下获得更高效的计算力以及更安全的存储。云计算技术基于并行计算、集群计算、分布式计算、网格计算等技术。

云计算作为当今众多学者研究的热点，在各种应用中充分展现了其“云”的特性。云计算的基本特性如下：

(1) 帮助用户实现按需自助服务，当需要时消耗计算性能(如应用程序、服务器、网络存储)。

(2) 资源池可以调度计算资源(如硬件、软件处理、网络带宽)为多个消费者动态分配资源。

(3) 快速弹性，无论在资源池还是功能上都可以很容易地自动扩展。

(4) 度量化现有硬件和应用程序资源的计费扩展使用情况，并进行优化，从而减少了额外的资源配置成本。

1.4.4　应用层相关技术

物联网应用层是最终目的层级，利用该层的相关技术可以为广大用户提供良好的物联网业务体验，让人们真正感受到物联网对人类生活的巨大影响。物联网应用层的主要功能是处理海量信息，并利用这些信息为用户提供相关的服务。其中，合理利用以及高效处理相关信息是急需解决的物联网问题，而为了解决这一技术难题，物联网应用层需要借助中间件、SOA、M2M 等技术。

1. 物联网中间件技术

物联网中间件是一种独立的系统软件或服务程序，中间件将各种可以公用的能力进行统一封装，提供给物联网应用使用。作为基础软件，中间件具有可重复使用的特点[34]。中间件在物联网领域既是基础，又是新领域、新挑战，因为该技术可被开发的空间较大、潜力无穷，通常会随着时间的推移而不断更新换代。中间件的使用极大地解决了物联网领域的资源共享问题，它不仅可以实现多种技术之间的资源共享，也可以实现多种系统之间的资源共享，类似于一种能起到连接作用的信息沟通软件。通过这种技术，物联网的作用将被充分发挥出来，形成一个资源高度共享、功能异常强大的服务系统。从微观角度分析，中间件可实现将实物对象转换为虚拟对象的效用，而其所展现出的数据处理功能是该过程的关键步骤。要将有用信息传输到后端应用系统，需要经过多个步骤，如对数据进行收集、汇聚、过滤、整合、传递等，而这些过程都需要依赖于物联网中间件才能顺利完成。物联网中间件能有如此强大的功能，离不开多种中间件技术的支撑，这些关键性技术包括上下文感知技术、嵌入式设备、Web 服务、Semantic Web 技术、Web of Things 等。

2. SOA

面向服务的体系结构(Service－Oriented Architecture，SOA)是一个组件模型[35]，它通过这些服务之间定义良好的接口和契约将应用程序的不同功能单元(称为服务)联系起来。接口采用中立的方式进行定义，独立于实现服务的硬件平台、操作系统和编程语言。这使得构建在各种各样系统中的服务可以以一种统一和通用的方式进行交互，可以根据需求通过网络对松散耦合的粗粒度应用组件进行分布式部署、组合和使用。这种具有中立的接口定义(没有强制绑定到特定的实现上)的特征称为服务之间的松耦合。松耦合系统的好处有两点，一点是它的灵活性，另一点是，当组成整个应用程序的每个服务的内部结构和实现逐渐发生改变时，它能够继续存在。

SOA 的粗粒度、开放式、松耦合的服务结构，带来了以下优势：

(1) 松耦合：由于服务自治，有一定封装边界，服务调用交互是通过发布接口进行的，这意味着服务的实现对于应用程序是透明的。

(2) 位置透明：服务的消费者不必关心服务位于什么地方。

(3) 可在异构平台间复用：可以将异构系统包装成服务。

(4) 便于测试。

(5) 能并行开发。

(6) 较高的可靠性。

(7) 良好的可伸缩性。

3. M2M

M2M 的英文全称为 Machine－to－Machine，即机器对机器的意思。该技术可以实现三种形式的实时数据无线连接，一种是系统之间的连接，一种是远程设备之间的连接，还有一种是人与机器之间的连接。M2M 是物联网的基础技术之一[36]，目前，人们所说的互联网，大多数是以连接人、机器、系统为主要形式的物联网系统。未来，人们如果能将 M2M 普及，使无数个 M2M 系统相互连接，便可实现物联网信息系统的构建。

简单来说，M2M 是一种应用，或者说是一种服务，其核心功能是实现机器终端之间的智能化信息互交。M2M 通过智能系统将多种通信技术统一结合，形成局部感应网络，适用于多种应用领域，如公共交通、自动售货机、自动抄表、城市规划、环境监测、安全防护、机械维修等。

M2M 技术将“网络一切(Network Everything)”作为核心理念，旨在将一切机器设备都实现网络化，让所有生产、生活中的机器设备都具有通信能力，实现物物相连的目的。总之，M2M 技术将加快万物联网的进程，推动人们生产和生活的新变革。

人们在构建 M2M 系统架构时，通常会按照先构建 M2M 终端，再构建 M2M 管理平台，最后构建应用系统的顺序来进行，而这三个部分也是 M2M 系统架构的主要组成部分。具体来说，M2M 终端的类型有三种：手持设备、无线调制调解器以及行业专用终端。M2M 管理平台拥有多种模块，根据功能的不同，这些模块可划分为数据库模块、网页模块、应用接入模块、终端接入模块、业务处理模块、通信接入模块等。应用系统将所得的信息进行分析和处理，并根据信息内容制定控制机器设备的正确命令和有效决策。

利用 M2M 技术能让物联网在人类社会生产、生活中得以部分实现，而真正的物联网需要在先实现 M2M 的基础上再进一步地发展。因为 M2M 中的物物相连通常是人造机器设备的相互连接，这与拥有更广泛意义的物联网中的“Things”有所区别，物联网中的“Things”指的是广义上的物品，它既包括人类生产的物品，又包括自然界本身就存在的物品。因此，M2M 中的人造机器设备只是“Things”的一小部分，但这部分却是以现在人类的技术手段更容易实现的物联网中的一部分。

如果将物联网比作一个万物相连的大区间，那么 M2M 就是这个区间的子集。所以，实现物联网的第一步是先实现 M2M。目前，M2M 是物联网最普遍也是最主要的应用形式。要实现 M2M，需用到三大核心技术，分别是通信技术、软件智能处理技术以及自动控制技术。通过这些核心技术，利用获取的实时信息可对机器设备进行自动控制。利用 M2M 所创造的物联网只是初级阶段的物联网，还没有延伸和拓展到更大的物品领域，只局限于实现人造机器设备的相互连接。在使用过程中，终端节点比较离散，无法覆盖到区域内的所有物品，而且，M2M平台只解决了机器设备的相互连接，未实现对机器设备的智能化管理，但作为物联网的先行阶段，M2M将随着软件技术的发展而不断向物联网平台过渡，未来物联网的实现将不无可能[37]。

1.4.5 共性技术

物联网共性技术涉及物联网的不同层面，主要包括架构技术、标识和解析技术、寻址技术、安全和隐私技术、网络管理技术等。

物联网架构技术目前处于概念发展阶段。物联网具有统一的架构、清晰的分层，支持不同系统的互操作性，适应不同类型的物理网络，适应物联网的业务特性。

标识和解析技术是对物理实体、通信实体和应用实体赋予的或其本身固有的一个或一组属性，并能实现正确解析的技术。物联网标识和解析技术涉及不同的标识体系、不同体系的互操作、全球解析或区域解析、标识管理等。

物联网寻址技术是指对物联网网络终端的信息查询与获取，其中包含了对于标识资源的寻址、定位及查询技术以及对传感设备的地址配置，组网及路由技术等。对物联网终端的寻址可以分为两个方面，一是对标签资源的定位与查找，二是对传感节点与驱动节点的地址分配、组网及路由[38]。

安全和隐私技术包括安全体系架构、网络安全技术、智能物体的广泛部署给社会生活带来的安全威胁、隐私保护技术、安全管理机制和保证措施[39]等。

网络管理技术重点包括管理需求、管理模型、管理功能、管理协议等。为实现对物联网广泛部署的智能物体的管理，需要进行网络功能和适用性分析，开发适合的管理协议。

1.4.6 NB-IoT

基于蜂窝的窄带物联网(Narrow Band Internet of Things，NB-IoT)近期引起了国内外学者的广泛关注[40-41]。相比蓝牙、ZigBee等短距离通信技术，移动蜂窝网络具备广覆盖、可移动以及大连接数等特性，能够带来更加丰富的应用场景，理应成为物联网的主要连接技术。作为LTE的演进型技术，4.5 G除了具有高达1Gb/s的峰值速率，还意味着基于蜂窝物联网的更多连接数，支持海量M2M连接以及更低时延，将助推高清视频、VoLTE以及物联网等应用的快速普及。蜂窝物联网正在开启一个前所未有的广阔市场。NB-IoT构建于蜂窝网络，只消耗大约180 kHz的频段，可直接部署于GSM网络、UMTS网络或LTE网络，以降低部署成本、实现平滑升级，支持待机时间短、对网络连接要求较高设备的高效连接，同时能提供非常全面的室内蜂窝数据连接覆盖，从而成为互联网络的一个重要分支，是一种可在全球范围内广泛应用的新兴技术。

NB-IoT具备四大特点：一是广覆盖，将提供改进的室内覆盖，在同样的频段下，NB-IoT比现有的网络增益20 dB，相当于提升了100倍覆盖区域的能力；二是具备支撑海量连接的能力，NB-IoT一个扇区能够支持10万个连接，支持低延时敏感度、超低的设备成本和优化的网络架构；三是更低功耗，NB-IoT终端模块的待机时间可长达10年；四是更低的模块成本，企业预期的单个连接模块不超过5美元。

在NB-IoT系统逐步成熟的同时，国家也非常重视整个NB-IoT生态链的打造。展望2020年，NB-IoT技术将孵化成熟为无处不在的蜂窝物联网覆盖，NB-IoT的良好前景无限拓展了信息通信的商用领域。

1.4.7 LoRa技术

LoRa是LPWAN(Low Power Wide Area Network，低功耗广域网)通信技术中的一种[42]，是美国Semtech公司采用和推广的一种基于扩频技术的超远距离无线传输方案，为用户提供了一种简单的能实现远距离、长电池寿命、大容量的系统，进而扩展传感网络。

LoRa瞄准的是物联网中的一些核心需求，如安全双向通信、移动通信和静态位置识别等服务[43]，融合了数字扩频、数字信号处理和前向纠错编码技术，采用典型的星型拓扑结构。LoRa网络主要由终端(可内置LoRa模块)、网关、Server和云四部分组成，应用数据可双向传输。在这个网络架构中，LoRa网关是一个透明传输的中继，连接终端设备和后端中央服务器。网关与服务器间通过标准IP连接，终端设备采用单跳与一个或多个网关通信。所有的节点与网关间均是双向通信，同时也支持云端升级等操作以减少云端通信时间。终端与网关之间的通信是在不同频率和数据传输速率基础上完成的，数据速率的选择需要在传输距离和消息时延之间权衡。由于采用了扩频技术，不同传输速率的通信不会互相干扰，且还会创建一组虚拟化的频段来增加网关容量。为了最大化终端设备电池的寿命和整个网络容量，LoRaWAN网络服务器通过一种速率自适应方案来控制数据传输速率和每一个终端设备的射频输出功率。

由于易于建设和部署，LoRa网络已成为当前最为普遍应用的物联网专用网络通信技术，其部署已遍布欧洲、美国、亚太等全球多个国家和地区。随着中国LoRa应用联盟(CLAA)的成立，LoRa技术的CLAA网络架构方案已经形成，国内LoRa网络部署全面起跑，可以预见未来中国LoRa网络有着广阔的前景。

1.4.8 其他支撑技术

1. 嵌入式技术

物联网的目的是让所有的物品都具有计算机的智能，但并不以通用计算机的形式出现，把这些智能的物品与网络连接在一起，这就需要嵌入式技术的支持。如果说其他技术涉及的是物联网的某个特定方面，如感知、计算、通信等，嵌入式技术则是物联网中各种物品的表现形式，在这些嵌入式设备中综合运用了其他各项技术。

嵌入式系统是以应用为中心，以计算机技术为基础，并且软硬件可量身订做，适用于对功能、可靠性、成本、体积、功耗有严格要求的专用计算机系统[44]。嵌入式技术和通用计算机技术有所不同，大多数情况下可根据自己感知到的事件自主地进行处理，所以它对时间性、可靠性要求更高。

一般来说，嵌入式系统具有以下一些特征：

(1) 专用性。专用性是指嵌入式系统用于特定设备完成特定任务，而不像通用计算机系统那样可以完成各种不同任务。

(2) 可封装性。可封装性是指嵌入式系统一般隐藏于目标系统内部而不被操作者察觉。

(3) 实时性。实时性是指与外部实际事件的发生频率相比，嵌入式系统能够在可预知的时间内对事件或用户的干预做出响应。

(4) 可靠性。可靠性是指嵌入式系统隐藏在系统或设备中，一旦开始工作，就可能长时间没有操作人员的监测和维护，因此它要求能够可靠运行。

嵌入式硬件和嵌入式软件技术主要负责物联网的终端设备开发等。

2. 纳米技术

随着传感器技术的快速发展，小体积、低功耗、高性能的微传感器开始得到人们的重视，并开始大规模应用，而利用纳米技术制造的纳米传感器更能完成现有传感器所不能完成的功能[45]。例如，利用纳米技术制作的细胞修复或者血管修复传感器，在基于认知计算的智能控制技术支持下，根据受损的程度、方位快速修复，将为现代外科手术提供全新的解决方案。

纳米技术的优势在于使得物联网中体积越来越大的物体能够进行交互和连接。纳米技术与智能技术在物联网中的应用使更多微小物体中的嵌入式智能能够通过在网络边界转移信息处理而极大地增强物联网的威力。

纳米技术在物联网中的应用使得物联网由宏观走向微观，为实现物联网的感知万物、掌控万物、以物控物的目标做好“物”的准备。

1.5 本书层次架构

本书集成了作者近几年关于物联网关键技术的研究成果，包括感知层的定位和分簇算法、网络层的寻址技术、云存储层的大数据存储与安全技术、物联网安全技术、应用层的物联网应用示范平台。具体章节分布如下：第 2 章介绍了物联网寻址技术，给出物联网寻址相关概念、寻址架构以及研究现状；第 3 章研究 6LoWPAN 技术，设计并实现了物联网中基于 IPv6 统一寻址的轻量级寻址系统；第 4 章研究了无线传感器网络中的定位技术，提出四种改进的定位算法：基于改进遗传算法优化的高精度定位算法 PFGA、基于邻接信息与启发式路径的移动信标式定位算法、基于三角形中线垂面分割的 APIT－3D 改进定位算法、基于模糊推理系统改进的 3D 加权质心定位算法；第 5 章研究了无线传感器网络中的分簇技术，提出两种改进的算法：基于成本函数和密度的权重来选择簇头的一种改进的最小加权分簇算法、基于邻居节点数量、剩余能量和节点与簇中心间的距离来选择簇头的一种改进的能量高效的分簇算法；第 6 章研究了基于云计算的大数据环境下的关键技术，包括数据存储技术、容错技术、数据的稳定归档技术、数据存储安全技术。利用 PIF 算法，提出并实现了基于云计算的病毒多执行路径分析方案，研究大数据信息筛选，设计并实现了基于 Hadoop 的推荐系统；第 7 章给出了基于物联网关键技术的应用示范：基于物联网的认养服务交易平台。

具体架构如图 1.6 所示。

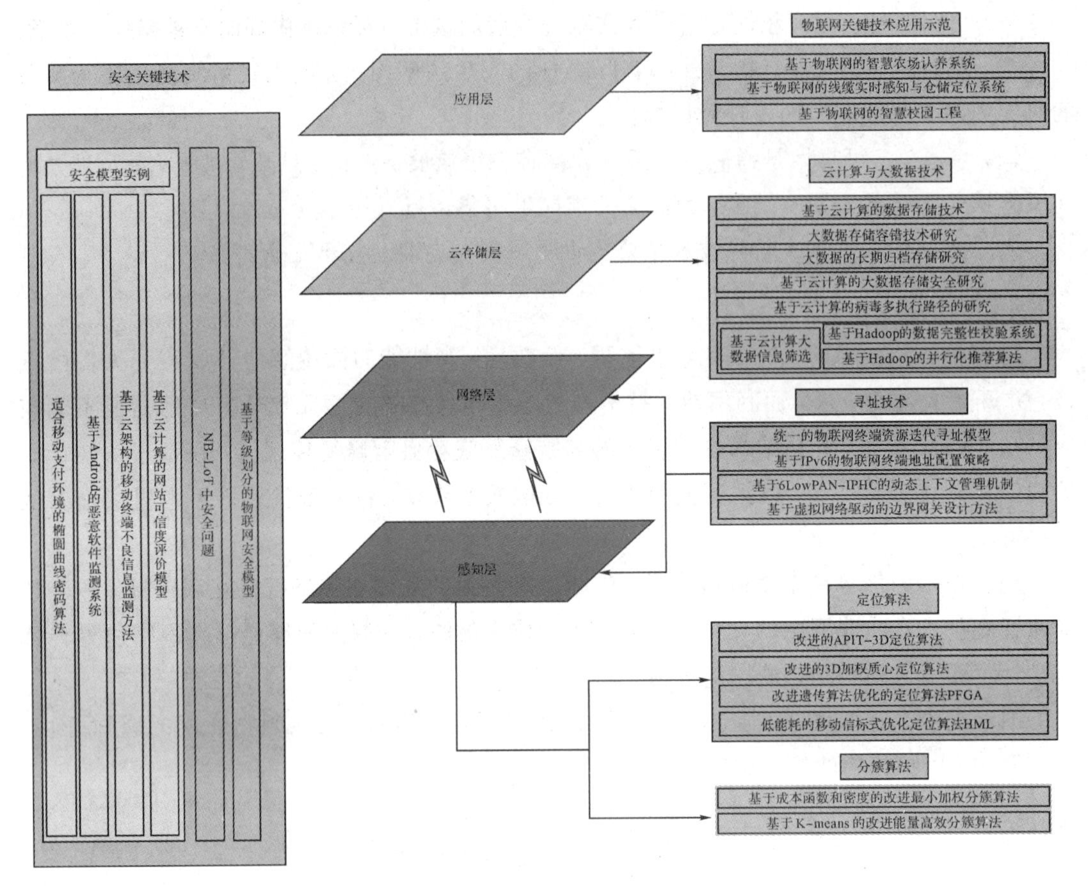

图 1.6 本书层次架构图

1.6 本章小结

本章首先介绍了物联网的概念；其次总结了物联网的体系架构，主要包括感知层、网络层、云存储层和应用层，分析了物联网基本特征，调研了物联网关键技术；最后列出了本书涉及的物联网关键技术，以及本书的章节组织结构。

参考文献

[1] SANJAY S, DAVID L B, KEVIN A. The Networked Physical World. Auto-ID Center Write Paper, January 1, 2000.

[2] International Telecommunication Union. ITU Internet Reports 2005: The Internet of Things, 2005.

[3] http://www.cac.gov.cn/2018-01/23/c_1122301986.htm, 2018.01.23/2019.05.03.

[4] Cui Y, Ma Y, Zhao Z, et al. Research on data fusion algorithm and anti-collision algorithm based on internet of things[J]. Future Generation Computer Systems, 2018, 85:107-115.

[5] 张千里，姜彩萍，王继龙，等. IPv6 地址结构标准化研究综述[J]. 计算机学报，2019，42(1)：1-24.

[6] PEREZ L J, RODRIGUEZ J S. Simulation of scalability in IoT applications[C]// International Conference on Information Networking. IEEE Computer Society, 2018.

[7]　郝行军. 物联网大数据存储与管理技术研究[D]. 合肥：中国科学技术大学，2017.

[8]　杜瑞忠，王少泫，田俊峰. 基于封闭环境加密的云存储方案[J]. 通信学报，2017，38(7)：1-10.

[9]　杨阳. "两会"专家谈万物互联新时代[J]. 中国自动识别技术，2019，(02)：41-45.

[10]　曾劲松，饶云波. 基于冲突博弈算法的海量信息智能分类[J]. 计算机科学，2018，45(08)：208-212.

[11]　李昌盛，伍之昂，张璐，等. 关联规则推荐的高效分布式计算框架[J]. 计算机学报，2019，42(3)：1-14.

[12]　陈海明，石海龙，李勐，等. 物联网服务中间件：挑战与研究进展[J]. 计算机学报，2017，40(8)：1725-1749.

[13]　冯冰清，胡绍林，郭栋，等. 基于角色发现的动态信息网络结构演化分析[J]. 软件学报，2019，30(3)：537-551.

[14]　Yao Y, Cui C, Yu J, et al. A Meander Line UHF RFID Reader Antenna for Near-field Applications[J]. IEEE Transactions on Antennas & Propagation, 2017, 65(1): 82-91.

[15]　CHIEN H Y. Efficient authentication scheme with tag-identity protection for EPC Class 2 Generation 2 version 2 standards[J]. International Journal of Distributed Sensor Networks, 2017, 13(3): 1-10.

[16]　VALLATI C, BRIENZA S, PALMIERI M, et al. Improving Network Formation in IEEE 802.15.4e DSME[J]. Computer Communications, 2017, 114: 1-9.

[17]　Chen K L, Chen Y R, TSAI Y P, et al. A Novel Wireless Multifunctional Electronic Current Transformer Based on ZigBee-Based Communication[J]. IEEE Transactions on Smart Grid, 2017, 8(4): 1888-1897.

[18]　BERGUIGA A, YOUSSEF H. A fast handover protocol for 6LoWPAN wireless mobile sensor networks[J]. Telecommunication Systems Modelling Analysis Design & Management, 2017, 68(2): 163-182.

[19]　GARG R, SHARMA S. Modified and Improved IPv6 Header Compression (MIHC) Scheme for 6LoWPAN[J]. Wireless Personal Communications, 2018(1): 1-15.

[20]　Wang X, Le D, Cheng H. Hierarchical addressing scheme for 6LoWPAN WSN[J]. Wireless Networks, 2018, 24(4): 1-19.

[21]　PILLONI V, FLORIS A, MELONI A, et al. Smart Home Energy Management Including Renewable Sources: A QoE-driven Approach[J]. IEEE Transactions on Smart Grid, 2018, 9(3): 2006-2018.

[22]　PERES B S, SOUZA O A D O, SANTOS B P, et al. Matrix: Multihop Address Allocation and Dynamic Any-to-Any Routing for 6LoWPAN[J]. Computer Networks, 2018, 140.

[23]　AI-KASHOASH H A A, KHARRUFA H, AI-NIDAWI Y, et al. Congestion control in wireless sensor and 6LoWPAN networks: toward the Internet of Things[J]. Wireless Networks, 2018(15): 1-30.

[24]　尤肖虎，潘志文，高西奇. 5G移动通信发展趋势与若干关键技术[J]. 中国科学：信息科学，2014，44(5)：551-563.

[25]　ALBERTI AM, SCARPIONI GD, MAGALHAES V J. Advancing NovaGenesis Architecture Towards Future Internet of Things[J]. IEEE Internet of Things Journal, 2019, 6(1): 215-229.

[26]　张云翼，林佳瑞，张建平. BIM与云、大数据、物联网等技术的集成应用现状与未来[J]. 图学学报，2018，39(5)：806-816.

[27]　LIANG X, SHETTY S, TOSH D, et al. ProvChain: A Blockchain-Based Data Provenance Architecture in Cloud Environment with Enhanced Privacy and Availability[C]// 2017 17th IEEE/ACM International Symposium on Cluster, Cloud and Grid Computing (CCGRID). IEEE, 2017.

[28]　Pang Qian, Yu Zhongqiang, Wang Haiya, et al. Data Resource Management Platform of Paper-making Mill Equipment Operation based on Hadoop[J]. International Journal of Plant Engineering

and Management. 2019, 24(01): 44-51.

[29] Lu Z, Wang N, Wu J, et al. IoTDeM: An IoT Big Data-oriented MapReduce performance prediction extended model in multiple edge clouds[J]. Journal of Parallel & Distributed Computing, 2018, 118: 316-327.

[30] 宋杰，孙宗哲，毛克明，等. MapReduce大数据处理平台与算法研究进展[J]. 软件学报，2017，28(3): 514-543.

[31] 谭霜，贾焰，函伟红. 云存储中的数据完整性证明研究及进展[J]. 计算机学报，2015，38(01): 164-177.

[32] Chen L, Qiu M, Song J, et al. E2FS: an elastic storage system for cloud computing[J]. Journal of Supercomputing, 2018, 74(3): 1045-1060.

[33] 王国峰，刘川意，潘鹤中，等. 云计算模式内部威胁综述[J]. 计算机学报，2017，40(2): 296-316.

[34] ILAGUI R, ADMODISASTRO N, ALI N M, et al. Dynamic Reconfiguration of Web Service in Service-Oriented Architecture[J]. Advanced Science Letters, 2017, 23(11): 11553-11557.

[35] CERNY, TOMAS. Aspect-oriented challenges in system integration with microservices, SOA and IoT[J]. Enterprise Information Systems, 2019: 467-489.

[36] SELIS V, MARSHALL A. A Classification-Based Algorithm to Detect Forged Embedded Machines in IoT Environments[J]. IEEE Systems Journal, 2019,13(1): 389-399.

[37] CHAN T Y, REN Y, TSENG Y C, et al. Multi-Slot Allocation Protocols for Massive IoT Devices with Small-Size Uploading Data [J]. IEEE Wireless Communications Letters, 2019, 8(2): 448-451.

[38] Wang X N, Le D G, Cheng H B. Hierarchical addressing scheme for 6LoWPAN WSN [J]. Wireless Networks, 2018, 24(4): 1119-1137.

[39] 赵健，王瑞，李正民，等. 物联网系统安全威胁和风险评估[J]. 北京邮电大学学报，2017，40(s1): 135-139.

[40] Zhu S Q, Wu W Q, Feng L, etc. Energy-efficient joint power control and resource allocation for cluster-based NB-IoT cellular networks [J]. Transactions on Emerging Telecommunications Technologles, 2019, 30(4): ID e3266.

[41] OH S M, SHIN J S. An Efficient Small Data Transmission Scheme in the 3GPP NB-IoT System[J]. IEEE Communications Letters, 2017, 21(3): 660-663.

[42] 赵静，苏光添. LoRa无线网络技术分析[J]. 移动通信，2016，40(21): 50-57.

[43] WARET A, KANEKO M, GUITTON A etc. LoRa Throughput Analysis with Imperfect Spreading Factor Orthogonality [J]. IEEE Wireless Communications Letters, 2019, 8(2): 408-411.

[44] 夏辉，于佳，秦尧，等. 嵌入式领域ECC专用指令处理器的研究[J]. 计算机学报，2017，40(5): 1092-1108.

[45] 竭洋. 基于摩擦纳米发电机的自驱动纳米传感器设计与应用研究[D]. 北京：北京科技大学，2017.

第二章 物联网寻址技术

由第一章对物联网概念及基本技术的介绍可知，物联网寻址技术是物联网核心技术之一，它是指在物品与设备以特定方式接入互联网的基础上，实现物联网中任意终端准确、高效、安全的寻址。物联网寻址技术涉及的概念较为广泛，既有对物联网终端的编码标识与解析技术，也包含终端的地址配置、组网以及路由技术等，其目的是实现端到端之间的信息获取与通信。

物品的编码标识与解析技术是物联网终端寻址技术研究中的一个重要部分，将物品连接至网络是实现物联网的初衷，但由于物品不具有信息存储、信息处理和消息收发能力，因此人们往往通过物品标签来标识物品，利用标签阅读器识别物品的标签信息，并利用阅读器设备将物品连接至网络，实现物物相连。

传统无线传感器网络的寻址机制已不再是人们使用传感器网络的难题。物物相连的目的是使人们能更加智能地使用身边的物品与设备并控制生活的环境，因此，无线传感器网络就像是物联网的触角，需要伸入到各类物品、环境以及人们的生产活动中，捕捉信息，控制设备，执行需求[1]。但是传统的无线传感器网络仅仅能在局域范围内实现其功能，还无法承载物联网的寻址与通信需求，而将无线传感器网络的信息获取、设备控制能力扩展到物联网范围的难点在于将无线传感器网络接入互联网的寻址与通信。

传统无线传感器网络由于其在局域范围内作业，以及其设备的多样性，应用环境的差异性，对网络要求的统一性促使不同的无线传感器网络具有各异的路由协议和终端编码方式，这就使得将这样的无线传感器网络接入互联网需要在边界网关处采用各异的代理机制以完成消息的传输与解析，这无疑限制了物联网的发展。因此，无线传感器网络需要一种统一的终端地址配置机制与寻址机制，既能满足无线传感器网络内的组网与通信，又能满足接入互联网的便捷、可靠、稳定与高效需求。基于 IP 的无线传感器网络的研究为这一问题提供了思路与解决方向，但仍有诸多的困难与挑战。

本章首先讨论了物联网寻址中的关键问题，然后介绍了物联网寻址关键技术，包括目前主流的物品编码方式及解析技术，轻量级 IP 寻址技术，以及物联网端到端 IP 寻址技术的研究，特别对低功耗有损网络中的轻量级 IP 寻址关键技术的研究现状及发展趋势进行了分析与论述。

2.1 物联网寻址中的关键问题

物联网终端包含物品标签、控制器设备、感知节点、移动终端以及使用度最高的计算机等，不同类型的终端设备需要不同的编码与寻址解决方案。移动终端与计算机设备在目前的物联网应用中是使用度极高的设备，其地址配置与寻址机制已经相当完善。除了移动通信设备，其他大部分移动终端与计算机设备均采用成熟的 IP 寻址机制完成组网与通信。IP 寻址机制也充分满足了移动设备与计算机设备的组网与通信需求，因此，在物联网轻量级 IP 寻址技术的研究中，物品的编码标识与解析技术以及传感器网络中的感知节点寻址机制是阻碍物联网发展的瓶颈所在[2]。

物联网的寻址技术与一般互联网的寻址技术在原理上是相似的，两者都需要完成资源定位以及路由转发的工作，但物联网自身的一些特性也带来了其资源寻址与互联网资源寻址的相异性。与互联网寻址系统相比，物联网寻址主要存在以下关键问题：

（1）物联网中资源寻址[3]冲突问题。这是由物联网中多种物品编码标准共存而引起的。物联网中物品编码虽然也具有一定的分级结构，但其分级结构信息不能直接从物品编码中获取，如何解决不同物品编码标准引起的资源寻址冲突问题，已经成为目前物联网资源寻址研究的关键问题之一。

（2）物联网需要更可靠的隐私保护机制。当前互联网资源寻址在隐私保护方面并未提供更多的技术支持，但在物联网寻址中将有很多安全方面的需求，如生产商、物流等敏感信息，因此，物联网寻址方案应根据相应的需求，在一定限度内保证寻址过程的安全性[4]。

（3）如何实现感知层向网络层的无缝互联。这也是物联网寻址研究需要解决的关键问题之一。

2.2 物联网编码标识与解析技术

物联网终端的编码标识与解析技术是利用射频识别技术对物品信息进行资源查找与定位的一种寻址技术。

射频识别技术(Radio Frequency Identification，RFID)[5]通过无线电讯号可以识别标签的唯一编码，并读取数据，阅读器通过对标签的唯一编码进行解析，查找并获取物品的资源信息。

目前物联网中标识解析方面的研究基本还处于照搬互联网资源寻址模型的阶段，国际上有几大标准组织制定并实施了一系列编码解析标准。本小节将详细论述目前主流的物品编码方式及解析技术，以及解析技术的进展。

2.2.1 EPCglobal

EPCglobal 是国际物品编码协会(EAN)和美国统一代码委员会(UCC)共同投资的非盈利组织，负责制定 EPC 网络的全球化标准。EPC 编码体系是物联网标识体系中的一种编码标准，与 GTIN 兼容。EPC 编码在 EPC 网络中可以唯一标识物品，在 EPC 系统中必不可少。EPC 系统中还包括射频识别系统和信息网络系统，其结构如表 2.1 所示。

表 2.1 EPC 系统结构

系统构成	名　称	注　释
EPC 编码体系	EPC 编码	标识物品唯一性
射频识别系统	EPC 标签	EPC 编码载体
	读写器	

续表

系统构成	名　称	注　释
信息网络系统	中间件	主要模块
	对象名称解析服务器(ONS)	
	EPC信息服务(EPCIS)	
	发现服务(DS)	

EPC系统信息查询的核心思想是利用唯一标识的EPC码，通过EPC系统的几大主要模块查询物品信息对应的服务器地址。EPC系统通过建立EPC码与URL地址之间的映射，构成一个物品信息EPC网络，其工作流程如图2.1所示。

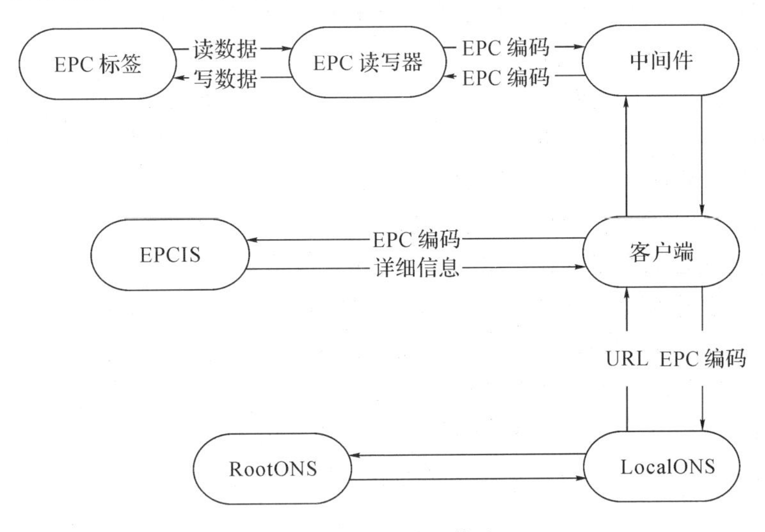

图2.1　EPC系统工作流程

从图2.1可以看出，EPC系统的工作流程是：

(1) 读写器读EPC码，由中间件将EPC码发送给本地ONS模块。

(2) 本地ONS模块通过EPC码查询物品信息服务地址，若该地址存储在本地ONS中，即返回URLs地址给客户端。若本地ONS地址中没有该EPC码对应的物品信息服务地址，则向上级服务器继续查询。

(3) 客户端服务器通过所获得的URLs地址，向正确的信息查询服务器发送查询请求，获得所需要的物品信息。

ONS作为EPCglobal框架中的一个重要部分[6]，是EPC网络寻址过程中的核心模块，其主要原理是利用DNS协议满足物联网对物品的寻址需求，具有较高的可靠性。EPC系统自2004年开发起到EPCglobal的成立，已经进入了全球应用的推广阶段，其技术成熟，层次化与模块化的寻址机制具有较高的扩展性。然而随着EPC系统应用需求的不断扩展，在安全性、兼容性以及物品信息发现服务等方面也遇到了挑战与问题。EPC编码解析过程中存在许多安全性问题，例如EPC编码在使用过程中数据信息易遭受窃取的问题，尽管二代EPC系统可以对RFID标签信息设定密码保护，但仍然无法防止黑客的侵入。EPCglobal

制定了EPC系统信息发现服务标准，该标准详细介绍了EPC系统的层次化、模块化以及可扩展的信息服务框架，在此基础上，文献[7-8]对EPC信息系统进行了改进。针对物联网应用的数据规模与查询需求，文献[8]提出一种不需要基于SQL、定制化的数据存储模式，该方法在灵活性、吞吐量以及响应时间等方面都具有较大的优势。随着物联网应用的发展，对EPC系统的应用研究也逐渐增多，由此可以看出EPC编码标识标准在全球得到了较好的应用与发展，但其仍不是唯一的编码标准，在与其他编码方式的兼容问题上仍没有得到很好的解决。

2.2.2 uID Center

ID Center由T-Engine论坛于2003年3月发起，其通过建立和推广物品自动识别技术构建一个无处不在的计算环境。uID Center由六个主要部件构成，包括uCode、uCode标签、eTRON认证机构、信息服务器、uCode解析服务器和泛在通信器，其通过uCodeRP和eTR协议定位信息服务系统。uCode编码有128位，是赋予现实世界中任何物理对象的唯一识别码，可以兼容多种编码，包括JAN、ISBN、UPC以及IPv6地址，甚至电话号码等。uCode标签也具有多种形式，如条形码、RFID标签、智能卡、有源芯片等。根据安全等级的不同，uCode标签设立了9个不同的认证标准。eTRON认证机构是区别于EPC系统的安全认证中心，eTRON节点具有抗破坏性，所有需保护的信息都必须存储在eTRON节点中，安全信息的交换也在该节点中完成，eTR协议就是基于eTRON的密码通信协议。

uID Center技术框架如图2.2所示，首先通过uCode获取物品的唯一标识编码，uCode解析服务器根据编码查找对应物品信息所在的信息服务器地址，由信息服务器提供物品的相关信息。uID Center在安全性上具有更多的选择与保障，能够满足不同应用的安全需求，但是在兼容性上，也只适用于泛在编码的物品标签。uID Center在日本本土得到了政府和30多家日本大企业的支持，然而要在全球作为一种统一的寻址标准，其历程还十分遥远。

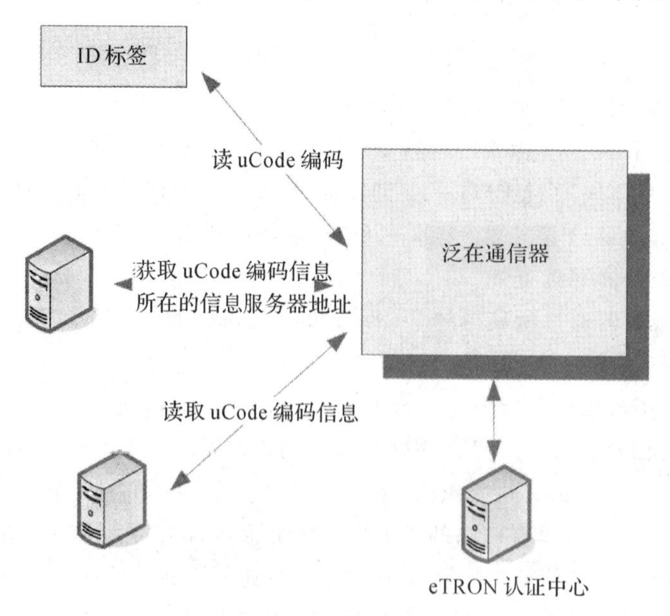

图2.2　uID center技术架构

uID Center 与 EPCglobal 所建立的网络都符合物联网的理念，而 uID Center 更加侧重于将 RFID 和移动计算技术嵌入到家电等人们日常生活所需的电子产品中，从而实现一个计算无处不在的环境。总体来讲，uID Center 的泛在网络架构与 EPCglobal 网络架构大体相同，但 uID Center 的 uID 系列规范的技术细节并不对外公开，这使得 uID Center 成为一种全球统一的编码寻址系统更加困难。

2.2.3　ISO/IEC 联合工作组

国际标准化组织与国际电工委员会指定的 ISO/IEC 联合工作组提出，RFID 标准体系包含通用标准与应用标准两部分。RFID 的应用标准是在 RFID 关于电子标签编码、空中接口协议、读写器通信协议等通用标准基础之上，针对不同使用对象和不同应用确定了使用条件、标签尺寸、标签位置、数据内容和格式、使用频段等方面的特定应用要求的具体规范，同时也包括数据的完整性、人工识别等其他一些要求[9]。

ISO/IEC 联合工作组制定的 RFID 标准设计的主要内容包括：

- 技术类(接口与通信技术，如空中接口、防碰撞方法、中间件技术以及通信协议等)；
- 一致性(数据结构、编码格式及内存分配)；
- 电池辅助及传感器的融合；
- 应用类(不停车收费系统、身份识别系统、动物识别系统、追踪、门禁等)。

疏耦合射频卡通过唯一标识符(UID)的选择可以在四种状态中进行转换，如图 2.3 所示。同时，标准组还为该类射频卡设计了详细的数据传输协议与典型的 16 时隙下的防碰撞机制。ISO/IEC18000—6 标准则定义了阅读器与应答器之间的物理接口、协议、命令及防碰撞机制。射频标签标准协议的制定能够促进应用市场的规范与发展，但不同标准组织之间的协议不兼容问题则导致难以形成统一的物联网终端资源寻址机制。

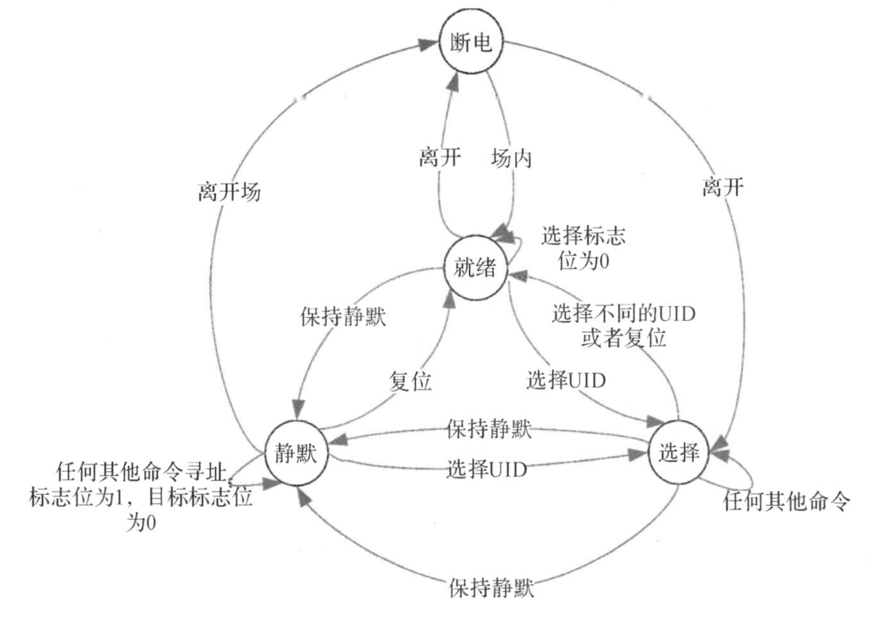

图 2.3　疏耦合射频卡状态转换图

2.2.4 6LoWPAN 工作组

经过业界的广泛讨论，IPv6 因其诸多优点当选为物联网的最佳寻址技术，IETF 组织于 2005 年成立了基于 IPv6 的低功耗无线个人域网络(IPv6 over Low - Power Wireless Personal Area Networks，6LoWPAN)工作组，致力于制定适配层技术标准，使得基于 IEEE 802.15.4 标准的低功耗网络节点能够采用 IPv6 协议进行通信与信息交互。目前，已经正式形成的 RFC 文档有 RFC4919、RFC7400、RFC6606、RFC6775 等，其中 RFC4919 对 6LoWPAN 网络的概念、需求、面临的挑战及目标进行阐述；RFC7400 对 6LoWPAN 适配层所采用的 IPv6 数据包报头的压缩与解压缩方法进行了规定；RFC6775 制定了 6LoWPAN 节点的组网与邻居发现机制[10]。6LoWPAN 技术标准的推进在国内外都非常迅速，6LoWPAN 标准也得到了其他标准组织的支持与推广。

在标签识别与感知设备寻址技术两个方面，各个标准组织还并未提出统一寻址的有效解决方案，但是 IETF 组织的 6LoWPAN 技术得到了更多组织的认可与推广，且 6LoWPAN 技术中所采用的 IPv6 协议也更加适合全 IP 技术的发展趋势。6LoWPAN 工作组致力于解决 IPv6 与 WSN(Wireless Sensor Network，无线传感器网络)的融合问题[11]，其目的就是要实现 WSN 与现有 IP 网络的无缝互联。

6LoWPAN 旨在将 IPv6 引入以 IEEE 802.15.4 为底层标准的无线个域网，工作研究重点为适配层、路由、报头压缩、分片、IPv6、网络接入和网络管理等技术，目前已提出了适配层技术草案，其他技术还在积极探讨之中。IEEE 802.15.4 只规定了物理层(PHY)和媒体访问控制(MAC)两个子层的标准，并没有涉及网络层以上规范。IP 目前仅限于有线网，因为它的地址及标题信息量过大，要将这些信息“填入”相对小很多的 802.15.4 包中进行传输是很困难的。6LoWPAN 工作组建议在网络层和 MAC 层之间增加一个网络适配层，用来完成包头压缩、分片与重组，以及网状路由转发等工作。具体实现方式是：将 IP 标题进行压缩，基本上只承载有效数据信息。它采用的是一种“所见即所得”的标题压缩方式，消除了 IP 标题中多余(或者说不必要)的网络层信息，借用链路层 802.15.4 标题域信息模式。完整的 40 字节 IPv6 标题被简化成一个标题压缩字节(HC1)，以及一字节“跳跃保留”值，源及目标 IP 地址(共 1 个字节)可由链路层 64 位唯一 ID(EUID 64)或 802.15.4 中采用的 16 位短地址生成；8 字节 UDP 传输标题也被压缩为 4 字节，总共为 7 字节。6LoWPAN 协议栈结构如图 2.4 所示。

应用层
传输层
IPv6 层
6LoWPAN 适配层
IEEE 802.15.4MAC 层
IEEE 802.15.4 物理层

图 2.4　6LoWPAN 协议栈结构

6LoWPAN 的最大突破口在于，实现了 IP 紧凑、高效应用，消除了此前 Adhoc 标准和其他专有协议过于混杂的情形，这对相关产业协议发展的意义非常重大。

2.2.5　其他编码寻址技术

电子标签标准工作组是由我国电子标准化研究院成立的专门负责电子标签标准化的研究工作组，其工作范围是负责制定 RFID 标准体系框架。目前工作组所提出的信息服务查询网络架构也是基于 ONS 技术的信息查询体系的，类似于 EPCglobal 的技术框架。我国的电子标签标准工作组的主要工作集中在频率与通信、安全以及网络架构等方面，对物联网内异构编码间的互联互通问题暂未有推进工作。

在服务发现层面，ESDS BoF(Elemental Standard Data System Birds of a Feather，基本标准数据系统暂时工作小组)致力于设计一套面向全球物流供应链的物品信息发现服务协议，其目标是使授权认证用户能够从供应链中提取并查询与特定物品相关的信息。在软件设计层面，有 Open Group 的 DCE 组织指定的 UUID 标识，该标识已经在包括 CORBA 和 Java EE 在内的许多分布式系统中广泛使用。在电信和计算机网络领域，ASN.1 提供的对象标识 OID 已被 ISO 和 ITU-T 广泛认可。

2.3　物联网轻量级 IP 寻址关键技术

随着 IP 技术的不断发展，通信网络正朝着全 IP 网络的方向发展。对通信网络而言，全 IP 化的目标是实现通信网络从接入侧到核心侧全线 IP 化，以使通信网络在未来 10 年乃至更长时间内能够满足通信业务发展的需要。全 IP 化的优势在于可使网络获得极大的延展性，提供更加灵活的移动机制与接入机制，降低运营商成本。针对多媒体业务，下一代网络(Next Generation Network，NGN)旨在一个统一的网络平台上以统一管理的方式提供多媒体业务，在整合现有的市内固定电话、移动电话的基础上，增加多媒体数据服务及其他增值型服务。而平台的主要实现方式为 IP 技术，为了突出 IP 技术的重要性，思科公司主张将下一代网络称为 IP-NGN。对互联网而言，原本建立之初“尽力而为”的设计已不能满足现在众多的互联网业务，IPv4 地址的匮乏更是限制了互联网的发展。目前，越来越多的国家与地区正在大力推进 IPv6 协议的应用。中国互联网络信息中心(CNNIC)发布的《2016 中国互联网发展报告》显示，发达国家拥有 IPv6 的地址最多，截至 2016 年 6 月，我国 IPv6 地址数量为 20781 块/32，半年增长 0.9%。我国主要网络运营商均已拥有大块 IPv6 地址，IPv6 地址总量已位列全球第二位。由此可以看出，全 IP 化是实现网络整合的最佳方案，未来核心网络将是基于 IP 的网络，采用 IP 技术实现物联网寻址具有天然的统一性、可扩展性与互联互通性。

无线传感器网络是物联网的重要组成部分，也是物联网实现 IP 寻址的难点所在。下面将重点介绍无线传感器网络 IP 技术。

2.3.1　物联网 IP 寻址架构

物联网的目标是实现无处不在的网络感知，实现无线传感器网络(Wireless Sensor Network，WSN)的全 IP 化是实现统一物联网寻址的有效途径。无线传感器网络是由大量静止或移动的传感器以自组织和多跳的方式构成的无线网络，以协作地感知、采集、处理和传输网络覆盖地理区域内被感知对象的信息，并最终把信息传输给网络的拥有者。

目前，利用基于代理的协议转换方式将无线传感器网络接入 Internet 是一种典型的组网方式，如图 2.5 所示。这里协议转换可以在应用层实现，也可以在网络层实现。在应用层实现的协议转换方法很简单，即利用一个数据库存储感知网络采集的数据信息，当用户端需要读取数据时，用户利用互联网接入数据库服务器提出数据信息。而在网络层实现协议转换则不需要本地数据库的支持，当用户查询数据信息时，由汇聚节点或者代理节点直接将接收到的查询信息通过协议转换发送到无线传感器网络，由节点对信息进行反馈，节点反馈信息再由汇聚节点或者代理节点返回给用户。这两种无线传感器网络接入 Internet 的方法各有利弊，第一种方法虽然实现简单，较为可靠，但是用户得到的数据信息并非实时感知数据。第二种实现方法克服了第一种方法的缺陷，但特定无线传感器网络协议与 TCP/IP 协议之间的转化难度较大，运行后容易产生延迟、丢包等问题。

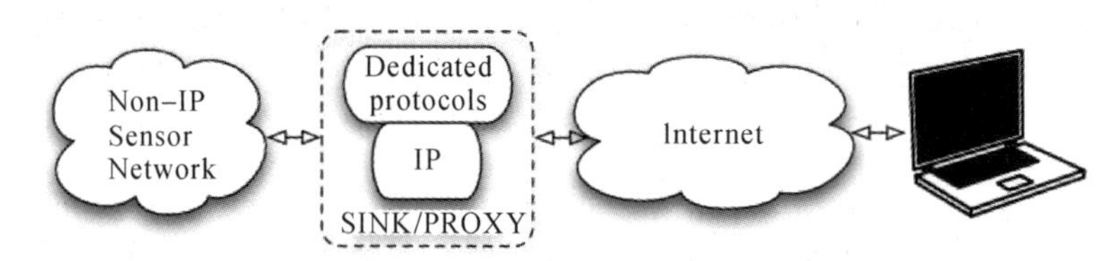

图 2.5　基于代理的无线传感器网络接入 Internet 方法

IP over WSN(IP-WSN,基于 IP 的 WSN)是指在传感器网络内利用 IP 协议进行数据传输与路由，因此 IP-WSN 与 Internet 的融合将不需要代理与协议转换的工作，一个网关即可实现无线传感器网络与 Internet 的自然连接。将 IP 协议用于无线传感器网络除了可以解决无线传感器网络与 Internet 的互联问题，还有很多其他的优势。IP 协议在互联网内已经使用了几十年，基于 IP 协议的网络管理、地址分配以及网络安全等工具都比较成熟；另外，TCP/IP 协议栈是一个沙漏型模型，其最核心的协议即网络层的 IP 协议，在物理层之上和网络层之下有相当多的协议能够支持它，同时从模型上来看，在协议栈中唯一不能被代替的就是网络层的 IP 协议，因此将 IP 协议应用于无线传感器网络能够为其带来开放式的应用标准，使得无线传感器网络具有透明的网络集成、网络管理和伸缩性。IP-WSN 接入 Internet 的网络结构如图 2.6 所示。

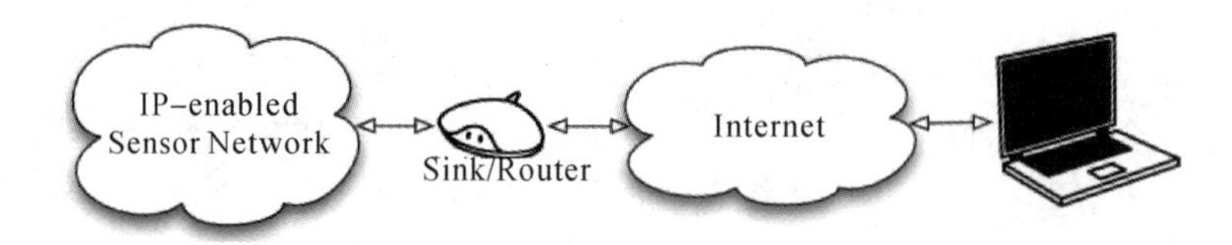

图 2.6　IP-WSN 接入 Internet 的方法

2.3.2　轻量级 IP 寻址技术

无线传感器网络最早应用于军事领域，随后在环境监测和目标跟踪等应用场景中发挥重要作用。但是一直以来，无线传感器网络的应用仅仅局限于小范围、小规模的闭环网络中，其原因一方面是无线传感器网络节点大多具有能量有限、数量多、处理能力较弱等特点，使得其在网络管理、信息传输和节点寻址等方面都面临着较大的困难；另一方面是将无线传感器网络接入 Internet 面临着很多的困难与挑战，主要表现在 IP 首部过大占用收发资源、全球寻址机制消耗通信能力、有限带宽造成数据包延迟、有限的节点能量无法承载IP通信以及TCP/IP协议栈。针对这些难点，下面将从五个方面介绍基于IP的物联网寻址研究现状。

1. 协议栈实现

在资源有限的节点上采用IP协议面临很多实际困难，最关键的是存储空间问题。要实现IP协议通常需要各类存储协同参与，当有分片存在时，还需要配置缓存空间为包重组做准备。此外还有协议传输问题，链路层协议是为了小数据包传输而设计的，无法承载普通IP数据包的最大传输单元。在有线连接的网络中，一个典型的IP数据包可以达到1500字节，但IEEE 802.15.4的最大传输单元仅为127字节。最后，无线传感器网络中的节点能量也无法支撑如此复杂的IP协议的运行。

Adam Dunkles团队开发了uIP和轻量级TCP/IP协议栈(LwIP, Lightweight TCP/IP stack)，最早在智能感知设备上实现了TCP/IP协议栈。uIP协议栈是专为低功耗节点设备设计的，其处理架构只占8比特；轻量级TCP/IP协议栈占用更多的内存，同时也具有更多的功能。两种解决方法都成为RFC1122的一部分，并且都可以实现IP、ICMP以及TCP的功能。轻量级TCP/IP协议栈同时还支持UDP，且每一个设备支持多个网络接口。文献[12]提出一种新的SIP协议，适用于使用TCP/IP协议栈的主机与使用Active message的传感器网络之间的通信。SIP协议相比于TCP/IP协议栈减少了很大的通信开销，但具备TCP/IP协议栈的各种功能。这在功能上与轻量级TCP/IP协议栈类似，但该文献采用SIP协议处理通信消息，而并非是在传感器网络中使用IP协议，这是其与LwIP最本质的区别。

在传感器节点上实现TCP/IP协议栈还需要依托于操作系统，目前使用最多的是TinyOS和Contiki。TinyOS操作系统是由加州大学伯克利分校开发的开源操作系统，专门针对低功耗无线设备。它集成了6LoWPAN协议栈，能够实现6LoWPAN的邻居发现协议、点对点路由，同时支持ICMP、UDP以及标准的TCP协议功能。Contiki操作系统由瑞典计算机学院Adam Dunkels带领的核心团队开发，该团队也开发了uIP协议栈与LwIP协议栈，其中集成了uIPv6协议，该协议栈需要11488字节的程序内存和1748字节的RAM。uIPv6协议栈与uIP协议栈提供一样的程序接口，同时也紧密耦合UDP与TCP协议，提供IPv6地址配置功能、ICMPv6以及邻居发现功能。uIPv6在802.15.4链路层协议的基础上采用6LoWPAN协议，基于802.11以及以太网协议采用RFC2464标准。

2. 传输协议可靠性

IP协议不保证传输的可靠性，若要保证可靠性，TCP协议是最好的选择。然而，TCP协议并不是为无线传感器网络中的突发性丢包而设计的，同时它也不考虑能量的消耗问题，它的端到端确认机制将会产生巨大的能量与资源消耗。尽管如此，对于某些无线传感器网络应用来说，在少量的数据丢失并不重要的情况下可以使用数据报协议，只是仍然无法解决传输可靠性的问题。

因此，针对可靠性问题，很多学者对无线传感器网络中的TCP协议进行了改进。文献[13]对基于TCP协议SYN应答的分布式拒绝访问攻击进行了研究，提出了一种防御系统，能够有效地缓解分布式拒绝访问攻击对无线传感器网络造成的影响，进而恢复良好的

SYN 消息应答。文献[14]针对 TCP 协议在无线传感器网络中应用时，路由节点由于没有缓存机制而造成重复的端到端的传输，消耗感知节点的通信能量问题，提出了一种基于中间缓存的无线传感器网络端到端可靠传输开销分析模型。通过测试不同的缓存分区策略，模型测试结果显示缓存机制的设计要充分考虑流长度、并发流数量以及链路状态的影响。文献[15]提出了一种改进的 TCP 协议以适应异构无线传感器网络。文献[16]针对无线多媒体传感器网络中的可靠性传输问题，提出了一种分层的可靠性扩展方法，即对数据流的重要性进行区分，从而改变数据包缓存机制，既满足无线传感设备的资源不足问题，同时保证多媒体数据传输的可靠性。文献[17]按照 M/M/1 的排队序列建立了经过无线传感器网络网关的流量模型，综合测试了经由 WiFi 传输的 IP 数据包与无线传感器网络节点的端到端寻址性能。测试表明，在 WiFi 数据包出错率低于 0.2%时，无线传感器网络网关在保证可靠的数据往返时间的前提下能够有 80 个并发连接。

3. IP 首部压缩技术

IP 协议数据包分为首部与负载两部分，负载部分承载着需要传输的“消息”，而首部对于无线通信来说较为“冗余”。对硬件来说，每一次通信节点的无线通信模块耗费能量更多，其中包含了处理器执行通信指令的过程，以及无线收发器的工作过程。IP 首部对于无线传感器节点而言无疑增加了节点的工作负荷，消耗了更多的节点能量。对于 IPv4 协议来说，最小的首部有 20 个字节，而 IPv6 协议由于其源地址与目的地址均为 128 位，整个数据包最小也有 40 个字节。因此，在无线传感器网络内使用 IP 协议，首部压缩是不得不考虑的问题。

6LoWPAN 工作组最早提出了对 IPv6 首部的压缩方法 LoWPAN_HC1。该方法能够对无状态配置的 IPv6 链路层目的地址与源地址进行首部压缩，但无法对于全球可路由的唯一 IPv6 地址进行压缩，适用场景受到限制。LoWPAN_HC1g 对以上方法进行了扩展，补充了能够压缩全球唯一 IPv6 地址首部的方法，然而该方法的使用前提是 IPv6 地址必须具有与默认 IPv6 地址相同的地址前缀。RFC6282 提出的 LoWPAN_IPHC 首部压缩机制能够压缩 IPv6 链路层地址以及全球唯一的单播 IPv6 地址，但是该机制在进行一个 LoWPAN 域内的首部压缩前必须进行首部 Prefix 的同步。在网络初始化阶段，由边界网关给 LoWPAN 域内的节点分发上下文(Context)表项。Context 表项中包含了 IPv6 的 Prefix 字段、Prefix 的有效时间，以及其他相关选项。后期由网关对 Context 表项进行维护与管理。只有在全网节点 Context 完全同步的情况下，才能进行 IPv6 首部的正常压缩与解压缩。LoWPAN_IPHC 是目前比较成熟的 IPv6 首部压缩方法，很多学者对该方法进行了更加详细的研究、改进及应用。

文献[18]在 LoWPAN_IPHC 机制的基础上，利用首部第一个分片与后续分片的相关性，使第一个分片中已包含的信息将不会在后续分片中冗余传输，进一步减少了分片大小。实验验证，改进后的压缩机制在数据包的传输准确率．平均吞吐量和平均延迟上均比 LoWPAN_IPHC 机制更加良好。文献[19]进一步改进了 LoWPAN_IPHC 对 IPv6 多播地址以及 UDP 端口号的压缩，改进后的协议在能耗上比原机制降低了 5%，而吞吐量提高了 8%。文献[20]提出了一种应用于无线环境下的提高 VoIP(Voice over Internet Protocol)通话质量的首部压缩方法，大大降低了数据传输过程中的丢包率。文献[21]提出一种新的地址压缩机制 IPHC-NAT，很大程度上减少了 IP 首部占 6LoWPAN 数据包的比重，同时在边界网关处利用双向传输机制，增强了网络间通信的灵活性与数据传输效率。文献[22]特别针对 TCP 数据包首部提出了一种 TCPHC 首部压缩机制，在大多数的应用情况下能够将 TCP 首部压缩到 6 字节，同时降低传感设备的能量消耗。

LoWPAN_IPHC 的压缩前提是全网对 IPv6 地址前缀信息的同步，但 RFC6282 中缺乏对 Context 信息同步与管理的具体机制，这一点也引起了研究人员的关注。Cui 等人[23]提出了一种动态的 Context 表的维护方法，定时删除已经过期的 Context 表项并及时更新与同步。文献详细分析了 LoWPAN_IPHC 压缩机制中数据包的处理过程，实验也验证了动态 Context 表维护算法的有效性。Li Nan 等人[24]针对 LoWPAN_IPHC 同样的问题也提出了一种 Context 管理系统。以上方法均能够达到有效同步与管理 Context 的目的，然而也都忽视了 LoWPAN 网络中出现两个或者两个以上边界网关的情况，对于如何选择所要存储的地址前缀也未给出判定方法。

4. 地址配置机制

利用 IP 协议进行通信的实体不论是源地址还是目的地址都要求具有全球唯一的 IP 地址。IPv4 协议通常采用动态主机配置协议(Dynamic Host Configuration Protocol，DHCP)完成地址分配，这种配置方法虽然便捷有效，但对于无线传感器网络而言，其配置过程会消耗相当大的通信资源。IPv4 目前仍然是适用于大部分计算机设备的地址资源，然而现在可分配的 IPv4 地址空间已经越来越少[25]，IPv6 是替代 IPv4 的一个最好的解决方法。若采用 IPv6 协议，则可以不需要复杂的 DHCP 服务器的参与，但 IPv6 地址配置过程需要进行重复地址检测。IPv6 看似可能会增加 IP - WSN 的负担，但是经过详细论证，将 IPv6 运用于无线传感器网络仅仅增加了很小的负载，同时还具有很多 IPv4 没有的优势，例如无状态地址配置、更大的地址空间等。

由于传统无线传感器网络多采用短地址或者设备地址，在无线传感器网络需要与互联网或者其他网络进行通信时，地址转换与映射的方式是解决地址不唯一的有效方法。文献[26]通过对基于 6LoWPAN 网络的内外网络流量分析发现，当数据在不同网络之间传输时会遇到流量激增的问题。而出现这一问题的原因在于不同网络之间数据传输时的寻址机制导致数据流量突然增大。针对这一问题，文献[26]提出一种 6GLAD 架构，该架构提供一种双网络地址转换机制，即对源地址与目的地址均进行地址转换。通过在无线传感器网络上应用该架构，允许无线传感器网络内的节点使用短地址，在网关处将本地链路地址与 IPv6 地址进行映射与转换，以此达到 IPv6 主机与感知节点通信的目的。

IEEE 802.15.4 标准可以使用两类地址：16 位短地址和 64 位 EUI 地址。文献[27]提出一种针对 IPv6 over IEEE 802.15.4 的双地址转换机制 DAS。DAS 将全球单播地址与本地链路地址相联合以降低节点能量与资源消耗，也是由网关进行本地地址与 IPv6 地址间的转换，但是无线传感器网络节点均分配有全球唯一的 IPv6 地址。

然而，地址映射机制需要网关对地址映射表进行维护与管理，在安全性与通信效率上也得不到保障。同时，随着物联网应用的发展，传感器设备的数量大幅度增加，并且分布广泛。对传感器节点实行人工配置地址的方式与地址映射的方式显然不再适用于 IP - WSN，地址的自动配置策略将有效地提高对传感器设备的管理与配置效率。

学术界对地址配置机制的研究基本可以分为有状态的地址配置机制与无状态的地址配置方法[28]。DHCP 协议就是典型的有状态的地址配置协议，协议由服务器维护一张地址分配表，将地址分配给网络内的节点。DHCP 协议的地址注册过程需要消耗大量的通信资源，不适合拓扑会经常发生变化的网络。因此，无线传感器网络不适合采用 DHCP 协议。继而，很多研究者提出了新的针对移动自组织网络的有状态地址分配策略[29-32]。然而，改进的有状态地址分配策略仍然需要维护地址分配表，这对于存储资源有限的低功耗无线传感器网络仍然不是理想的选择，更多的 IP - WSN 研究人员倾向于选择无状态的地址分配策略作为 IP 地址分配机制[34]。

Hyojeong 等人[34]在网络中设置坐标平面获取节点位置信息，感知节点根据其与坐标之间的距离生成唯一的地址。然而，若网络中存在移动节点，整个网络就需要执行重复地址检测机制，不仅浪费整个网络能量，还浪费协调员的地址空间。Hyojeong 等人针对这个问题，又提出了 Spectrum 方法[35]。Spectrum 设置虚拟坐标平面，节点根据自身位置通过虚拟坐标平面获得逻辑位置信息，同时将该逻辑位置信息与邻居节点的逻辑坐标进行重复地址检测，由此确保其逻辑位置的唯一性，再由该逻辑位置信息生成 IPv6 地址，确保其地址的唯一性。

Cheng 等人[36]提出一种 MPIPA 地址配置方案，该方案利用分组与扫描线基准，基于三维地理位置为每一个感知节点分配唯一的 IPv6 地址。Choi 等人[37-38]提出一种地址转换机制，将 IPv6 地址与无线传感器网络内的短地址 ID 在网关处进行双向转换，以实现 6LoWPAN 网络与异构网络之间的通信。

Chih - Yung 等人[39]提出一种轻量级的唯一地址配置方法 DSIPA。DSIPA 方案中利用已有 IP 地址的节点，根据与邻居节点之间的位置关系为邻居节点分配 IP 地址，该方案在地址配置成功率与总体能量消耗上都占有一定优势。Talipov，E 等人[40]提出一种有状态的地址配置方法，利用稀疏地址分配避免地址重复。Islam 等人[41]基于 IP - WSN 架构，依据通信需求的不同，提出一种分层次的地址配置方法，充分利用了短地址、64 位 EUI 地址与 128 位可路由地址的不同优势，按照无状态地址自动配置方法为无线传感网络内的节点分配不同地址。

Wang xiaonan 等人[42,43]提出一种基于簇的地址分配方法，该方法将无线传感器网络分成多个簇状结构，通过 Hush 表分别为簇首和簇成分分配 IP 地址，同时利用线性探测法避免地址冲突。文献[44]在文献[45]的基础上，结合节点地理位置信息，将有状态地址配置方法与无状态地址配置方法相结合，进一步降低了地址配置过程中的能量消耗与延迟，并将该地址分配方案应用于全 IP 的无线传感器网络[46]。随后 Wang 等人又提出一种新的 IPv6 地址结构[47-48]，采用无状态地址配置的方法为无线传感网络节点进行地址注册，该方案既不需要重复地址检测机制，也不需要记录地址分配状态，大大减小了地址注册延迟与能量消耗。通过对无线感知节点的移动性研究，Wang 等人将文献[47-48]中的方案应用于移动自组织网络与车联网中。

5. 能耗控制

无线传感器网络节点大多使用内置电池提供节点能量[49]，在很多应用场景中，无线传感器所处的环境也较为恶劣，不适宜频繁更换电池，因此，节点能量对传感器而言是非常有限的。而无线传感器的无线传输模块要比任何其他模块耗费更多的能量[50]，所以使用 IP 协议时要将通信的传输与接收控制在最小限度，必要的时候还需要使用轮值机制。在某些情况下，传输 1 比特的数据所消耗的能量相当于执行 100 条指令，当一个网络中有相当一部分节点因为能量耗尽而不能工作时，这个网络也面临着瘫痪与崩溃。因此，能耗控制问题成为无线传感器网络研究的热点问题。

Montavont J 等人[51]从 6LoWPAN 邻居发现协议出发，从理论上分析了无状态地址配置机制。文献得出了三点结论，包括路由请求过程中的很多选项是可压缩的，在地址注册阶段无法避免能量的消耗，以及路由节点在邻居发现过程中起到重要的作用，增加路由节点的能量供给是延长整个网络寿命的关键。

Kim Y 等人[52]对住院病人使用的无线监测网络进行了研究与实验，针对植入、放置以及围绕在病人周围的无线传感器能量有限的问题，提出一种控制能耗的策略，以此延长整个网络的生命周期。该策略通过部署网络节点时形成的簇结构，在簇首之间生成最小生成树，控制医学传感器节点信息采集时的能量消耗。

Bakr 等人[53]采用增加冗余节点的方式来延长整个无线传感器网络的寿命。文献提出一种 LEACH－SM 协议，在低能耗自适应层次化聚类协议的基础上增加了最佳冗余选择机制与冗余节点能耗控制方法。该方法具有并行传输、高可靠性以及减少冗余数据发送的优点。

在无线传感器网络内采用 IPv6 协议被普遍认为是不适用的，其中一个重要的原因就是 IPv6 的地址配置过程与其庞大的数据报文不适合在低功耗有损网络内传输，且势必会损失更多的能量[54]。为此，Schaefer，F M 等人在使用相同硬件的条件下，利用典型的智能家居环境，比较了 6LoWPAN 协议与 Zigbee 协议的数据包发送开销与总体的能量消耗。实验比较结果显示，两个协议在能量消耗上差不多，影响整个网络能量消耗的关键因素是路由器数量的配置。因此，在无线传感器网络中采用 IP 协议并不会增加整个网络的负载与能量消耗。同时，也有很多研究学者针对 6LoWPAN 协议的能耗控制问题进行了更深入的研究[55]，并提出一些优化方法。

Takizawa 等人[56]提出了一种新的基于 6LoWPAN 的路由协议。该协议优先选择有持续供电的节点进行数据包的转发，由此延长整个网络的使用寿命。文献将该协议用于智能家居环境，实验证明该协议的应用能够有效地延迟网络的使用寿命，然而在进行路由决策时，当以降低能耗为目标时势必会增加数据传输的丢包率，而若以提高数据传输效率为目标时则不能保证能量消耗最低，因此 Chang 等人将预期传输数（Expected Transmission Count，ETC）与剩余能量相结合，提出了一种基于 RPL 路由协议的能量化路由机制，以控制能耗为目标的同时保证数据传输效率。

Rukpakavong 等人[58]提出利用可测量的接收信号强度计算最优传动功率，无线传感器节点在发送数据包时能够自动计算最优传动功率，通常该功率值要小于最大传送功率，降低每次发送数据包的功率能够有效地提高无线传感器节点的能量利用率，从而延长节点的使用寿命。该机制能够在低功耗有损网络路由协议（Routing Protocol for Low－power and lossy networks，RPL）的基础上进行自动配置，适用于多路径网络及具有不同传输能力的节点。

Yuan，Zhang 等人[59,60]在对 6LoWPAN 技术进行详细分析后，提出一种节能互联方案，既满足了无线传感器网络与 IPv6 网络之间的互联需求，同时又控制了节点的能量消耗。Donghyuk 等人讨论了将虚拟多输入和多输出技术（Virtual Multiple Input and Multiple Output，V－MIMO）与 6LoWPAN 技术相结合的可能性，目的是想增加 6LoWPAN 数据包传输的可靠性以及降低节点的能量消耗。Jing 等人[62]研究了 6LoWPAN 的分片技术，提出通过优化 6LoWPAN 数据包的分片数量以减少数据包传输的能量消耗。

2.4 物联网端到端 IP 寻址技术

随着 IP－WSN 的成熟，越来越多的研究学者开始关注 IP－WSN 在物联网应用中的实现，以及无线传感器网络与互联网、其他异构网络之间的互联问题。

文献[63]实现了基于 IP 的无线传感器网络在入侵检测方面的应用。文中采用基于空间的 IP 地址分配策略进行节点地址配置，该方法需要知道节点的位置信息。在网络中，由一组核心节点组成重叠网络，负责事件报警信息的搜集与传输。同时，骨干网络的这些节点将信息复制和转发到感知节点中去，节点采用网络消息传输协议(NTTP)与外界网络进行通信。

身体感知网络(Body Sensor Network，BSN)是利用传感器设备在不知觉的情况下搜集人体健康参数信息的感知网络[64]。惠普实验室的研究者利用基于 IP 的无线传感器节点开发了一套 IP－BSN，利用 TCP/IP 协议搜集身体的参数信息。

文献[65]提出一种基于 Zigbee 的无线传感器节点与 Internet 通信的方法，该方法同时支持 Web 服务。该方法在汇聚层采用双协议栈——Zigbee 和 IP 协议栈，无线传感器网络内节点可静态或者动态分配给 IP 地址，用户利用 IP 地址通过 Web 服务与传感器节点进行连接。同时节点的 IP 地址与其 Zigbee ID 相关联，由网关对 Zigbee 数据包进行解析并转化成 TCP 数据包在 Internet 上传输。

文献[66]提出一种基于网关的感知网络与 IP 网络的互联架构，该架构包含了三类实体：感知节点、IP 主机与网关；两个主要机制：虚拟地址分配机制与数据包翻译。由网关通过映射将虚拟 IP 地址分配给感知节点，同时负责将无线网络内的虚拟 IP 地址与全球唯一的 IP 地址进行转换。

以上文献在实现传感器网络与互联网之间的通信时均采用了在网关处进行协议转换或者代理的方式，这种方式不仅在安全性上有弱点，而且对于需要实时监测数据的传输上有明显的延迟。IP－WSN 的优势在于可以采用如图 2.4 所示的网络架构实现物物之间以及物品与人之间的互联，因此，近几年在 6LoWPAN 技术的基础上，研究学者对于网络互连与物联网应用做了更多的研究与思考。

文献[67]在 6LoWPAN 工作组提出的 6LoWPAN 协议基础上，解释了如何利用 6LoWPAN 协议适配层、RPL 路由协议以及邻居发现协议实现低功耗无线传感器网络与互联网之间的互联互通。Catapang 等人提出，虽然 6LoWPAN 协议解决了无线传感器网络内的 IP 路由与寻址问题，然而面对物理层与数据链路层异构的 6LoWPAN 网络，两种异构网络之间的通信问题依然存在，因此文献提出一种软硬件相结合的网络互通解决方案，以达到 BSN 网络与健康监测应用中的环境控制网络之间的互联互通。

Kamio 等人[68]基于 6LoWPAN 网络架构，提出一种仅仅利用单核微型控制器(Microcontroller Unit，MCU)实现智能家电中的嵌入式系统进行设备控制与无线数据传输的方案，其优势在于该方案能够大大减小内存空间的使用。

Mohiuddin[69]基于 6LoWPAN 架构，利用简单的服务定位协议(Simple Service Location

Protocol，SSLP)实现所有用户设备上的服务查询功能。Schrickte[10]提出一种基于边界网关的无线传感器节点接入互联网的方法，网关利用 Contiki 操作系统实现 6LoWPAN 协议的主要功能，文献通过多种测试验证了 6LoWPAN 协议适用于低功耗的有损无线传感器网络。Xu，Yang[71]在智能家居环境下研究了基于 6LoWPAN 协议的无线传感器网络与 IPv4 主机之间的通信问题。文献提出采用 Hush 表的方式进行 IPv6 地址与 IPv4 地址之间的转换，并且提出一种动态地址协议与端口映射模型来适应不断变化的传感器网络拓扑。文献构建的智能家居网关具有低延迟的特性，同时通过实验验证了该机制能够有效应对传感器节点的移动性。

Guoping[72]等人依据 6LoWPAN 协议设计了感知节点与接入网关，构建了 IPv4 主机与传感器节点之间的端到端可靠通信。Ziegler 等人在深入剖析了目前物联网的发展状况与云计算发展趋势的前提下，提出采用 IPv6 的全球寻址机制以及服务发现能力，将物联网与云计算资源相结合，探讨了 IPv6 寻址机制对物联网以及云计算资源互联可靠性的影响，实验验证了物联网与软件即服务集成的可靠性。

Palattella 等人[73]指出无线传感器网络作为物联网的一个重要部分，其协议栈需要满足高效性、可靠性以及与互联网的互通性三大工业应用标准，因此工业应用是无线传感器网络最早的应用环境，工业应用的需求形成了无线传感器网络的发展标准，而物联网的起点包含了成百上千的工业无线传感器网络的应用。文献通过对 IEEE 802.15.4 协议物理层与数据链路层的研究，对 IETF 组织提出的 6LoWPAN 网络层与应用层的 CoAP 协议的分析，得出该协议栈架构将成为未来物联网的标准协议栈架构。因为根据无线传感器网络协议栈的应用标准中，IEEE 802.15.4 的物理层与链路层协议保证了网络的低功耗与可靠性，6LoWPAN 协议与 RPL 路由协议保证了与互联网的互通性，而 CoAP 协议则将无线传感器网络接入到互联网的众多应用中。文献指出随着该协议栈的出现与发展，未来物联网无处不在的泛在连接将成为现实。

2.5　寻址技术研究现状

研究物联网寻址的目标是在人与物、物与物之间建立通信与连接，构建统一的物联网寻址系统。以该目标为前提，如何适配异构的物品编解码体系，以及如何实现统一的物联网终端寻址是现在物联网发展亟需解决的问题[74]。

针对物联网中庞大的物品标识信息，依靠建立新型的编解码标准无法解决统一寻址的问题。尽管 uCode 编码与 EPCglobal 编码在全球范围内都具有较大的影响力与使用率，但是标准组织之间没有互通性，无法通过某一种编解码协议完成全球的统一物品寻址。同时，相对来说，统一的物品寻址解决方案需要包容异构的编解码体系。通过建立统一的资源寻址平台，确实能够对各类编码标准进行适配与解析，然而平台的建设与推动除需要耗费较多的资源与时间外，平台的影响力也很难满足全球统一的标准，解决异构编码解析的问题还需要从技术层面改进现有的网络体系。因此，对物联网寻址特性进行研究分析，并建立一套完整的物联网终端统一寻址模型是本书需要解决的一个重点问题。

在物联网范围内实现终端的统一寻址，首先需要有一个统一的编码体系，但是统一的编码体系在物联网终端上实现是不现实的。全 IP 化的研究与发展趋势为物联网终端编码指明了方向，越来越多的学者将目光聚焦到了 IPv6 地址的配置问题上。基于 IPv6 寻址机制以及地址配置机制的优势，在实现物联网全 IP 化的进程中，IPv6 成为物联网终端编码方式的首选。从物联网架构层面出发，物联网终端的地址配置问题的瓶颈在于无线传感器网络节点的 IPv6 地址配置问题。从上文对轻量级 IP 寻址技术的研究现状可看出，尽管业界学者对 IPv6 的无状态地址配置方法进行了研究，并给出了各类基于地理位置，或基于簇的无线传感器网络地址配置方案，但是这些方案仍然没有完全考虑到物联网终端的类型复杂性与拓扑复杂性，所提出的方法无法很好地适应物联网大环境的多样性。基于 IPv6 的地址结构以及物联网终端与网络结构类型，研究物联网终端 IPv6 地址配置策略是物联网寻址技术需要解决的一个重要研究内容。

在寻址模型以及 IPv6 编码实现的基础上，实现物联网的泛在通信还需要与其相适应的通信协议才能实现真正意义上的寻址。在物联网 IP 化的研究过程中，其 IP 化的实现瓶颈依然是无线传感器网络的 IP 化。从上文对轻量级 IP 寻址技术的研究综述中可以看出，传统的无线传感器网络协议与寻址机制已不再适合现有物联网应用的发展。无线传感器网络协议需要满足低功耗、高可靠性以及与互联网通信的需求，IETF 标准组织提出的 6LoWPAN 协议是解决无线传感器网络 IP 化的有效解决方法。目前，IETF 组织所提出的 6LoWPAN - IPHC 机制对 IP 数据包进行首部压缩，在传感器网络内采用轻量级 IP 协议栈，得到了广泛的认可与应用。但是该机制的实现前提是每一个 LoWPAN 网内节点之间的上下文同步，上下文中所包含的地址前缀信息贯穿着 6LoWPAN 节点的地址配置、地址注册以及随后通信过程中的数据包首部压缩。业界学者虽然有关注到这一问题，却没有给出详细周全的上下文同步与分发机制。解决该机制中的上下文信息的动态管理与同步，提高数据包压缩率，保证地址配置的高效性与准确性是物联网寻址技术的一个重要研究内容。

对轻量级 IP 寻址技术研究的最终目的是实现其在物联网通信中的作用。随着 IP - WSN 技术的发展与成熟，实现无线传感器网络与其他异构网络之间的互联互通变得尤为重要。特别是 IP 网络与互联网之间的天然互通优势，实现无线传感器网络到互联网端的寻址与通信是 IP - WSN 技术发展后水到渠成的结果。从 2.4 节的研究综述可以看出，异构网络之间的网关设备是实现无线传感器端 IP 寻址的关键，无论是从代理的设计还是协议栈角度出发，其最终目的都是实现异构网络之间的寻址与通信。如何在上述对 IPv6 地址配置和 IP 寻址模型研究的基础上，利用 6LoWPAN 协议栈架构实现无线传感器网络与互联网之间的端到端寻址是物联网发展和应用的重要内容。

2.6 本章小结

本章在对物联网基本概念有所了解的基础上，对物联网核心技术之一的寻址技术进行了详细的介绍，并对目前物联网 IP 寻址技术的研究现状进行了总结与分析。

本章首先向读者介绍了物联网编码标识与解析技术，并给出了其分类和技术特点分析，从中可以看出各类国际编码组织与编码标准众多，且使用范围与优势各异；然后介绍了顺应全 IP 化网络趋势的物联网轻量级 IP 寻址关键技术，并重点介绍了无线传感器网络 IP 技术的研究与发展现状；最后介绍了物联网端到端 IP 寻址技术，向读者展示了目前 IP - WSN 的一些研究现状。

参考文献

[1] HAMMOUDEH M, AL FAYEZ F, LLOYD H, et al. A Wireless Sensor Network Boarder Monitoring System: Deployment Issues and Routing Protocols[J]. IEEE Sensors Journal, 2017, PP(99): 1-1.

[2] 赵一凡. 基于节点状态感知的无线传感器网络混合路由协议[D]. 天津：河北大学，2016.

[3] 王慧. 物联网资源寻址模型研究[J]. 网络安全技术与应用，2016，(11)：50-52.

[4] 张静，葛丽娜，刘金辉，等. 物联网感知层中隐私保护方法研究[J]. 计算机应用与软件，2016，33(5)：293-297.

[5] 赵宁. 浅谈物联网中RFID技术及物联网的构建[J]. 通讯世界，2017，(13)：96.

[6] 贾志强. 企业级EPC网络中ONS系统的架构设计与实现[J]. 计算机应用与软件，2016，33(1)：116-119.

[7] FANGLI L, et al. RFID-based EPC System and Information Services in Intelligent Transportation System. in ITS Telecommunications Proceedings, 2006 6th International Conference on. 2006: 26-28.

[8] TUAN D L, et al. EPC information services with No-SQL datastore for the Internet of Things. in RFID (IEEE RFID), 2014 IEEE International Conference on. 2014: 47-54.

[9] CHEN B, YU H. Understanding RFID counting protocols[M]. IEEE Press, 2016.

[10] 裘莹，李士宁，徐相森，等. 传感器网络邻居发现协议综述[J]. 计算机学报，2016，39(5)：973-992.

[11] HALCU I, STAMATESCU G, STAMATESCU I, et al. IPv6 Sensor Networks Modeling for Security and Communication Evaluation [M]// Recent Advances in Systems Safety and Security. Springer International Publishing, 2016.

[12] LUO X, et al. A TCP/IP implementation for wireless sensor networks. in Systems, Man and Cybernetics, 2004 IEEE International Conference on. 2004:6081-6086.

[13] PETANA E, KUMAR S. TCP SYN-based DDoS attack on EKG signals monitored via a wireless sensor network. Security and Communication Networks, 2011. 4(12): 1448-1460.

[14] TIGLAO N M C, GRILO A M. An analytical model for transport layer caching in wireless sensor networks. Performance Evaluation, 2012. 69(5): 227-245.

[15] Wu Y, Zou D, Li S. A Modified Transport Protocol for Heterogeneous Wireless Sensor Networks, in Intelligence Computation and Evolutionary Computation, Z. Y. Du, Editor. 2013: 875-879.

[16] TIGLAO N M C, GRILO A M Ieee. Differentiated Reliability for Wireless Multimedia Sensor Networks. 2012 21st International Conference on Computer Communications and Networks (Icccn), 2012.

[17] SERDAROGLU K C, BAYDERE S. On the performance of asynchronous TCP connections to Wireless Sensor Network over WiFi. Wireless Communications and Networking Conference (WCNC), 2014 IEEE. 2014: 3106-3111.

[18] AWWAD S A B, et al. Second and subsequent fragments headers compression scheme for IPv6 header in 6LoWPAN network. Sensing Technology (ICST), 2013: 771-776.

[19] SREEJESH V K, KUMAR G S. Implementation and evaluation of an improved header compression for 6LoWPAN. in India Conference (INDICON), 2012 Annual IEEE. 2012: 439-443.

[20] NASCIMENTO A G, et al. Towards an efficient header compression scheme to improve VoIP over wireless mesh networks. in Computers and Communications, 2009. ISCC 2009. IEEE Symposium on. 2009: 170-175.

[21] MA L, et al. IP communication optimization for 6LoWPAN-based wireless sensor networks. Sensors and Transducers, 2014. 174(7): 81-87.

[22] AYADI A, et al. Implementation and evaluation of a TCP header compression for 6LoWPAN. in Wireless Communications and Mobile Computing Conference (IWCMC), 2011 7th International. 2011: 1359 - 1364.

[23] CUI L, Hua G, Lu N. A Dynamic 6LoWPAN Context Table Maintaining algorithm in Wireless Communications and Mobile Computing Conference (IWCMC), 2013 9th International. 2013: 1458 - 1463.

[24] LI N, HUANG X. A context system for 6LoWPAN network. In Broadband Network and Multimedia Technology (IC—BNMT), 2011 4th IEEE International Conference on. 2011: 522 - 525.

[25] TADAYONI R, HENTEN A. From IPv4 to IPv6: Lost in translation? [J]. Telematics & Informatics, 2016, 33(2): 650 - 659.

[26] ZIMMERMANN A, et al. 6GLAD: IPv6 Global to Link—layer ADdress Translation for 6LoWPAN Overhead Reducing. in Next Generation Internet Networks, 2008. NGI 2008. 2008: 209 - 214.

[27] YANG S, et al. Dual addressing scheme in IPv6 over IEEE 802. 15. 4 wireless sensor networks. ETRI journal, 2008. 30(5): 674 - 684.

[28] 王迪. 基于位置信息的 6LoWPAN 网络 IPv6 地址配置机制的研究[D]. 郑州：郑州大学，2017.

[29] NESARGI S, PRAKASH R. MANETconf: Configuration of hosts in a mobile ad hoc network. in INFOCOM 2002. Twenty — First Annual Joint Conference of the IEEE Computer and Communications Societies. Proceedings. IEEE. 2002: 1059 - 1068.

[30] BOLENG J. Efficient network layer addressing for mobile ad hoc networks. in in Proc. of International Conference on Wireless Networks (ICWN'02), Las Vegas. 2000. Citeseer.

[31] Zhou H, L M Ni, MUTKA M W. Prophet address allocation for large scale MANETs. Ad Hoc Networks, 2003. 1(4): 423 - 434.

[32] MOHSIN M, PRAKASB R. IP address assignment in a mobile ad hoc network. in MILCOM 2002.

[33] 王子文. 新一代互联网中 IPv6 地址变化特性的研究[D]. 北京：北京邮电大学，2017.

[34] HYOJEONG S, TALIPOV E, HOJUNG C. IPv6 lightweight stateless address autoconfiguration for 6LoWPAN using color coordinators. in Pervasive Computing and Communications, 2009. PerCom 2009. IEEE International Conference on. 2009: 1 - 9.

[35] HYOJEONG S, TALIPOV E, HOJUNG C. Spectrum: Lightweight Hybrid Address Autoconfiguration Protocol Based on Virtual Coordinates for 6LoWPAN. Mobile Computing, IEEE Transactions on, 2012. 11(11): 1749 - 1762.

[36] CHENG C Y, CHUANG C C, CHANG R L. Three-dimensional location—based IPv6 addressing for wireless sensor networks in smart grid. in 26th IEEE International Conference on Advanced Information Networking and Applications, AINA 2012, March 26, 2012 — March 29, 2012. Fukuoka, Japan: Institute of Electrical and Electronics Engineers Inc. p. 824—831.

[37] DAE - IN C, et al. Improve IPv6 global connectivity for 6LoWPAN. in Advanced Communication Technology (ICACT), 2011 13th International Conference on. 2011: 1007 - 1010.

[38] DAE - IN C, et al. IPv6 global connectivity for 6Lo WPAN using short ID. in Information Networking (ICOIN), 2011 International Conference on. 2011: 384 - 387.

[39] CHIH - YUNG C, CHI-CHENG C, RAY I C. Lightweight spatial IP address configuration for IPv6—based wireless sensor networks in smart grid. in Sensors, 2012 IEEE. 2012: 1 - 4.

[40] TALIPOV E, et al. A lightweight stateful address autoconfiguration for 6Lo WPAN. Wireless Networks, 2011. 17(1): 183 - 197.

[41] ISLAM M M, HUH E N. A novel addressing scheme for PMIPv6 based global IP-WSNs. Sensors,

2011. 11(9)：8430－8455.

[42] WANG X，GAO D. Research on IPv6 address configuration for wireless sensor networks. International Journal of Network Management，2010. 20(6)：419－432.

[43] W Xiaonan，Q Huanyan. Constructing a 6LoWPAN Wireless Sensor Network Based on a Cluster Tree. Vehicular Technology，IEEE Transactions on，2012. 61(3)：1398－1405.

[44] W Xiaonan，Z Shan. An IPv6 address configuration scheme for wireless sensor networks based on location information. Telecommunication Systems，2011：1－10.

[45] X Wang，D Gao. Research on IPv6 address configuration for wireless sensor networks. International Journal of Network Management，2010. 20(6)：419－432.

[46] W Xiaonan，DEMIN G. An IPv6 address configuration scheme for All-IP wireless sensor networks. Ad-Hoc and Sensor Wireless Networks，2011. 12(3－4)：209－227.

[47] X Wang，H Qian. An IPv6 address configuration scheme for wireless sensor networks. Computer Standards & Interfaces，2012. 34(3)：334－341.

[48] X Wang，H Qian. Hierarchical and low-power IPv6 address configuration for wireless sensor networks. International Journal of Communication Systems，2012. 25(12)：1513－1529.

[49] 张小珑，石志东，房卫东，等. 无线传感器网络能量有效性的评估指标分析[J]. 计算机应用与软件，2016(2)：84－88.

[50] MONTAVONT J，COBARZAN C，NOEL T. Theoretical analysis of IPv6 stateless address autoconfiguration in Low－power and Lossy Wireless Networks. in Computing & Communication Technologies-Research，Innovation，and Vision for the Future（RIVF），2015 IEEE RIVF International Conference on. 2015:198－203.

[51] KIM Y,LEE S. Energy-efficient wireless hospital sensor networking for remote patient monitoring. Information Sciences，2014. 282(0)：332－349.

[52] BAKR B A,LILIEN L T. Extending Lifetime of Wireless Sensor Networks by Management of Spare Nodes. Procedia Computer Science，2014. 34(0)：493－498.

[53] 邱杰. 基于IPv6的无线传感网络研究与实现[D]. 南京：南京邮电大学，2016.

[54] 刘童，程亮，秦斌. 基于全地址分配和能量阈值的6LoWPAN路由调度策略研究[J]. 通信技术，2017，50(2)：270－276.

[55] TAKIZAWA S，et al. Routing Control Scheme Prolonging Network Lifetime in a 6LoWPAN WSN with Power-supplied and Battery-powered Nodes. 2012 IEEE Consumer Communications and Networking Conference (Ccnc)，2012：285－289.

[56] CHANG L H，et al. Energy－Efficient Oriented Routing Algorithm in Wireless Sensor Networks. 2013 IEEE International Conference on Systems，Man，and Cybernetics (Smc 2013)，2013：3813－3818.

[57] RUKPAKAVONG W，et al. RPL Router Discovery for Supporting Energy-Efficient Transmission in Single-hop 6LoWPAN. 2012 IEEE International Conference on Communications (Icc)，2012：5721－5725.

[58] YUAN Q，et al. ECIS，an Energy Conservation and Interconnection Scheme between WSN and Internet based on the 6LoWPAN，in 2013 16th International Conference on Network-Based Information Systems. 2013：565－570.

[59] ZHANG R，et al. A Study on an Energy Conservation and Interconnection Scheme between WSN and Internet Based on the 6Lo WPAN. Mobile Information Systems，2015.

[60] DONGHYUK H，MOON C，GARCIA R C. Energy efficient wireless sensor networks based on 6Lo

WPAN and virtual MIMO technology. in Circuits and Systems (MWSCAS), 2012 IEEE 55th International Midwest Symposium on. 2012: 849 - 852.

[61] JIGN P, et al. Optimal packet fragmentation scheme for reliable and energy—efficient packet delivery in 6LoWPAN. in Cloud Computing and Intelligent Systems (CCIS), 2012 IEEE 2nd International Conference on. 2012:1106 - 1111.

[62] NEVES P, STACHYRA M, RODRIGUES J. odrigues, Application of wireless sensor networks to healthcare promotion. 2008.

[63] XU L J, DUAN Z, TANG Y M, et al. A Dual-Band On-Body Repeater Antenna for Body Sensor Network[J]. IEEE Antennas & Wireless Propagation Letters, 2016, 15: 1649 - 1652.

[64] KIM J H, et al. Address internetworking between WSNs and internet supporting web services. in Multimedia and Ubiquitous Engineering, 2007. MUE'07. International Conference on. 2007: 232 - 240.

[65] EMARA K A, ABDEEN M, HASHEM M. A gateway-based framework for transparent interconnection between WSN and IP network. in EUROCON 2009, EUROCON'09. IEEE. 2009: 1775 - 1780.

[66] JEONG G K, et al. Connecting low—power and lossy networks to the internet. Communications Magazine, IEEE, 2011. 49(4): 96 - 101.

[67] KAMIO M, YASHIRO T K. Sakamura. 6LoWPAN framework for efficient integration of embedded devices to the Internet of Things. in 2014 IEEE 3rd Global Conference on Consumer Electronics, GCCE 2014, October 7, 2014-October 10, 2014. Tokyo, Japan: Institute of Electrical and Electronics Engineers Inc. p. 302 - 303.

[68] MOHIUDDIN J, et al. 6LoWPAN based service discovery and RESTful web accessibility for Internet of Things. in 3rd International Conference on Advances in Computing, Communications and Informatics, ICACCI 2014, September 24, 2014—September 27, 2014. 2014. Delhi, India: Institute of Electrical and Electronics Engineers Inc. p. 24 - 30.

[69] SCHRICKTE L F, et al. Integration of wireless sensor networks to the internet of things using a 6LoWPAN gateway. in 2013 3rd Brazilian Symposium on Computing Systems Engineering, SBESC 2013, November 4, 2013—November 8, 2013. 2014. Niteroi, Rio De Janeiro, Brazil: IEEE Computer Society. p. 119 - 124.

[70] XU Y, et al. Connect internet with sensors by 6Lo WPAN. Journal of Networks, 2013. 8(7): 1480 - 1487.

[71] GUOP Y, et al. Design and implementation of interconnecting IPv6 wireless sensor networks with the Internet. in Robotics and Biomimetics (ROBIO), 2012 IEEE International Conference on. 2012: 1325 - 1330.

[72] PALATTELLA M R, et al. Standardized Protocol Stack for the Internet of (Important) Things. Communications Surveys & Tutorials, IEEE, 2013. 15(3): 1389 - 1406.

[73] AIKINS S K. Connectivity of Smart Devices: Addressing the Security Challenges of the Internet of Things. Connectivity Frameworks for Smart Devices, 2016: 333 - 350.

第三章　基于 IPv6 的物联网统一寻址

第二章介绍了物联网寻址技术，从中可以了解到物联网终端海量、多样异构以及资源能量有限等特点限制了物联网环境下端到端的信息交换模式，实现统一的终端寻址成为物联网发展亟待解决的问题。

目前，整个物联网表现出全 IP 化的态势，IP 地址随着互联网的发展态势已经渗入到全球的各个角落。采用 IP 地址作为物联网终端的一种编码形式，具有统一性、互通性的先天优势。利用 IP 技术进行物联网终端寻址，各类终端可以与互联网无缝连接，异构网络能够实现相互通信，真正实现物联网环境下的端到端信息交换，形成无处不在的泛在网络[1]。同时，IPv6 作为下一代互联网的解决方案，其地址空间庞大到足以为每一粒尘埃分配一个 IPv6 地址，完全不用担心地址枯竭的问题。

本章详细论述一种基于 IPv6 的物联网统一寻址的实现方式，包括寻址策略研究、地址配置机制研究、基于 6LoWPAN - IPHC 的上下文管理策略研究，以及基于 6LoWPAN 的轻量级寻址系统设计及实现。该实现方式能够完成物联网终端的统一寻址，实现异构网络之间的互联互通。

3.1　基于 IPv6 的物联网寻址策略

从第二章中对物联网寻址技术的研究与分析可知，目前物联网编码与寻址最大的问题是没有形成一个通用的技术标准。

目前对物联网的研究主要分为局域范围物联网(闭环物联网)与广域范围物联网(开环物联网)。大多数研究文献仍处于局域范围内(闭环物联网)，主要集中在 RFID 技术[2]和无线传感器技术[3]。闭环物联网中的节点无法直接接入互联网，并不能完全满足物联网的寻址需求，且目前一些对开环物联网寻址问题的研究也存在着各种各样的问题。

本节分析了互联网寻址机制，归纳了物联网资源的寻址特性，并依此给出了一种物联网编码寻址模型。在对感知层节点类型进行全面分类与定义的基础上，提出了直接寻址与间接寻址的方法，进而实现对不同感知节点的统一寻址。该模型根据 IETF(Internet Engineering Task Force，互联网工程任务组)工作组所提出的 6LoWPAN(IPv6 over Low - Power Wireless Personal Area Networks)[4]标准协议，实现了基于 IPv6 的轻量级编码寻址方式，完成了传感器节点的直接寻址，并且利用 RFID 中继器与 6LoWPAN 协调器完成了标签节点与其他传感网络节点的间接寻址，实现了多编码方式下基于 IPv6 的统一寻址。

3.1.1　物联网终端资源寻址模型

物联网资源大多是自身无法具备信息处理能力的物品，只能通过对物品编码实现物品信息的录入与识别。因此，研究物联网寻址包括两部分工作，即寻址方式研究以及编码解析研究。实现统一的物联网寻址，即针对物联网资源的编码多样性实现统一的资源寻址。

物联网架构的感知层涉及的资源包括两类节点：主动节点和被动节点。

定义 1　主动节点：指自身具备处理能力，能够为其分配 IP 地址、MAC 地址的节点。如传感设备、摄像头、移动终端等。

定义 2　被动节点：指自身不具备处理能力，通过标签存储资源信息的节点。如具有 RFID 标签编码的物品。

物联网架构的感知层涉及的较为成熟的编码方式有 RFID 设备编码、短地址编码以及 MAC 编码，它们均为直接编码。

定义 3　直接编码 D：指用于标识寻址底层某一实体的唯一编码。

定义 4　间接编码 MN：指用于标识寻址中间层某一实体的一个或多个编码。

物联网终端资源寻址系统与互联网寻址系统的共同点是具有层次迭代性。其中，迭代是指目标编码在经过一个独立的资源寻址子系统后，解析得到间接编码；间接编码是指通过另一个独立的资源寻址子系统后又一次寻址的过程。每一个资源寻址子系统之间既有相关性又相互独立。

每一个资源寻址子系统构成不同的寻址层，寻址层之间逻辑独立，不具耦合性；寻址层之间通过间接编码的接口信息相联系，上层寻址子系统能够多次调用下层寻址子系统，而下层寻址子系统亦可多次利用上层寻址子系统的解析结果。不同寻址系统之间的区别在于各层寻址子系统的实现方式，而非各层寻址子系统的交互实现。物联网终端资源的迭代寻址模型如图 3.1 所示。

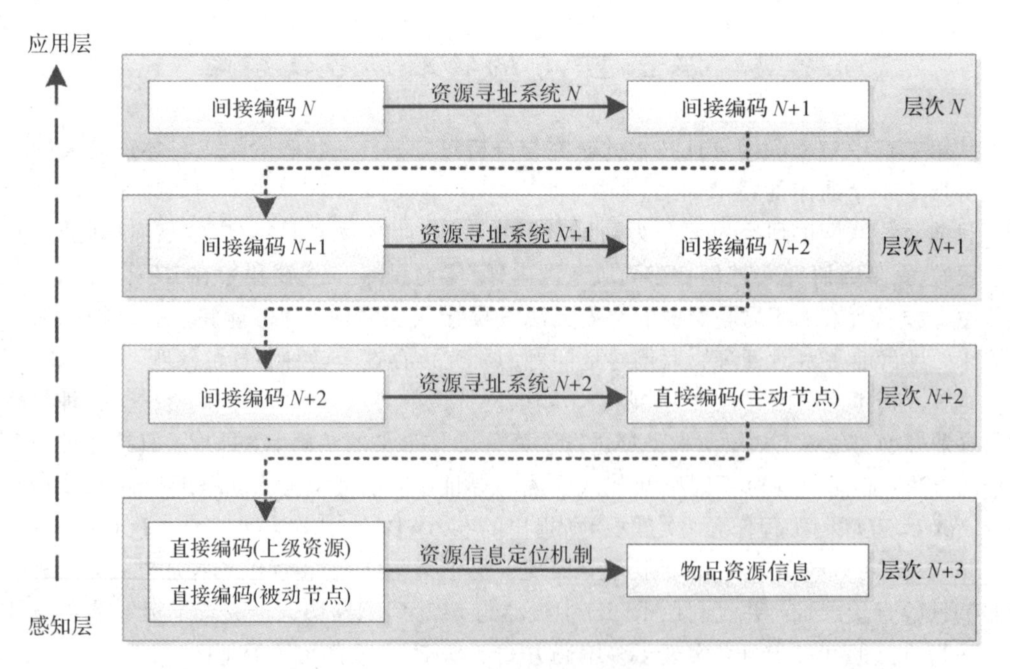

图 3.1　物联网终端资源迭代寻址模型

定义 5　直接寻址：指迭代的终止是该物联网资源的直接编码的寻址方式。

定义 6　间接寻址：指迭代的终止是该物联网资源的上级资源直接编码的寻址方式。

定义 7　上级资源：指代表被动节点接收或者发送消息的终端设备，或者是局域范围内代表一个或者多个节点接收或者发送消息的节点，称为被代表节点的上级资源。

如图 3.1 所示，间接编码 $N+1$ 由间接编码 N 通过资源寻址系统 N 解析得出，作为资源寻址系统 $N+1$ 层的输入编码，经由 $N+1$ 层寻址解析后得到间接编码 $N+2$，以此类推，直至寻址迭代到物联网主动节点的直接编码，寻址结束，此过程称为直接寻址过程。若某一主动节点是一些被动节点的上级资源，即在 $N+3$ 层通过资源信息定位机制可得到被动节点的直接编码解析信息，则寻址过程停止。

物联网资源寻迭代寻址模型的形式化描述如下。资源寻址层次 N 中的间接编码记为 MN，直接编码记为 D，那么第 N 层中的间接编码空间记为

$$\text{NameSpace}^{M_N} = \{M_1, M_2, \cdots M_j, \cdots M_k\} \tag{3-1}$$

$$\text{NameSpace}^{D} = \{D_1, D_2, \cdots D_j, \cdots D_k\} \tag{3-2}$$

定义资源寻址系统 N 的寻址函数为一元函数 AS_N，其满足等式(3-3)和式(3-4)，则有

$$\text{NameSpace}^{M_{N+1}} = \text{AS}_N(\text{NameSpace}^{M_N}) \tag{3-3}$$

$$M_i = M_j \Rightarrow \text{AS}(M_i) = \text{AS}(M_j) \tag{3-4}$$

直接寻址过程可以表示为

$$\text{NameSpace}^{D} = \text{AS}_N(\text{AS}_{N-1}(\text{AS}_{N-2}\cdots(\text{AS}_{K+1}(\text{AS}_K(\text{NameSpace}^{M_K}))))) \tag{3-5}$$

且 $1 \leqslant K \leqslant N \leqslant M$。

上述寻址模型具有以下几个特点：

(1) 提出的寻址方式不仅适用于感知层的传感器节点设备，也适用于自身不具备处理能力的物品标签类设备；

(2) 针对不同终端资源的特点，提出直接寻址与间接寻址的概念；

(3) 模型具有较强的兼容性与扩展性。在直接寻址阶段，其寻址方式适用于互联网寻址，自然形成与互联网主机的互联互通；在间接寻址阶段，其资源信息定位机制可以采用任何一种编码适配方式完成。

3.1.2　基于 IPv6 的物联网轻量级编码寻址策略

根据 3.1.1 节中所提出的物联网终端资源寻址模型，本节采用模型中的迭代寻址方式与 IPv6 的编码方式实现物联网感知层设备的统一寻址。采用 IPv6 作为主要的编码方式，其优点如下：

(1) 可以自然地实现与互联网的互联互通；

(2) 可以为每一个物联网节点分配一个全球唯一的 IPv6 地址，不用担心地址枯竭的问题；

(3) 能够满足物联网地址自动配置功能的自组织性需求。

图 3.2 为由感知设备、物联网网关、资源管理平台以及若干物联网应用构成的基于 IPv6 的物联网轻量级编码寻址架构。在感知层，架构采用虚拟域的划分方法将编码异构或协议异构的设备节点进行分类。不同于互联网网关，物联网网关处于网络层，除了进行数据包在网络层的转发，还需要适应不同的感知网络并进行相应的地址转换。物联网资源管理平台针对物联网环境中终端的多样性、异构性、数量大等特点，结合终端资源寻址方式对资源进行有效的定位与获取。

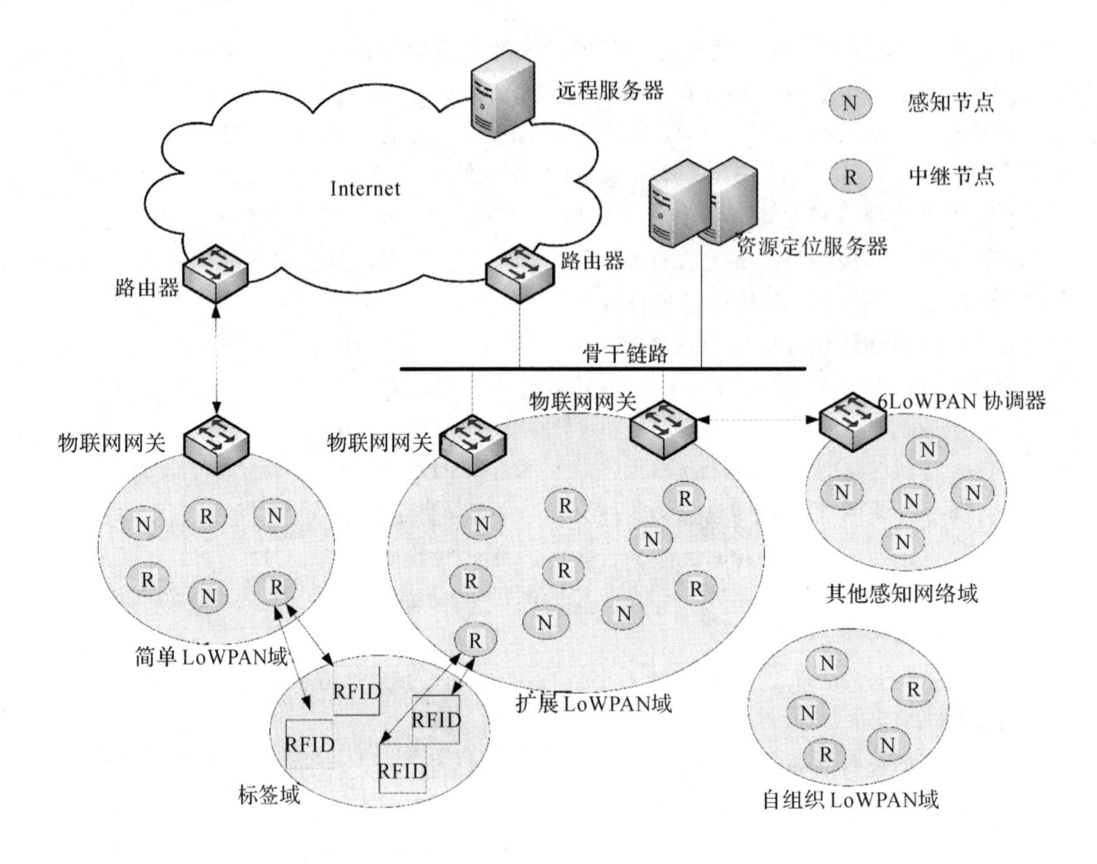

图 3.2 基于 IPv6 的物联网轻量级编码寻址架构

3.1.3 轻量级统一寻址的实现方式

定义 8 6LoWPAN 节点：配置 6LoWPAN 协议栈以及唯一 IPv6 地址的节点。节点具有接收和发送 IPv6 数据包能力，支持 TCP 协议、UDP 协议以及 ICMP 协议。

定义 9 6LoWPAN 域：包含 n 个 6LoWPAN 节点的无线传感器网络表示为

$$L = \{l_1, l_2, l_3, \cdots, l_n\}$$

在一个域中，所有节点拥有共同的 IPv6 地址前缀，即 prefix，且域中节点的 IPv6 地址不随域位置的变化而变化。

定义 10 简单 LoWPAN 域：传感器节点经过一个物联网网关与 Internet 相连的 LoWPAN 域表示为

$$L' = \{l_1, l_2, l_3, \cdots, l_n, g\}$$

其中，g 为网关。

定义 11 扩展 LoWPAN 域：传感器节点经由多个物联网网关与 Internet 相连的 LoWPAN 域表示为

$$L'' = \{l_1, l_2, l_3, \cdots, l_n, g_1, g_2, \cdots, g_n\}\}$$

其中，$g_i(l \leqslant i \leqslant n)$为网关。

定义 12 标签域：包含 n 个采用电子标签标识的传感器节点所构成的无线传感器网络表示为

$$S = \{s_1, s_2, s_3, \cdots, s_n\}$$

基于多种协议的物联网终端所构成的无线传感器网络用 I 表示，除 6LoWPAN 域以及标签域以外的无线传感器网络的集合表示成

$$O = I \cap (\overline{L \cup S})$$

集合 O 中的物联网终端无线传输协议可以是 Zigbee、蓝牙、WiFi 等。

定义 13　RFID 中继器：配置有 IPv6 地址及 6LoWPAN 协议栈的 RFID 标签上级资源，可被间接寻址。

1. 直接寻址实现方法

在图 3.2 中，6LoWPAN 域中的节点均为主动节点，可为其分配 IPv6 地址，采用直接寻址方式进行统一寻址。对于 6LoWPAN 域中的节点，以 Ping 为例，一次典型的轻量级 IPv6 编码直接寻址方式如图 3.3 所示。

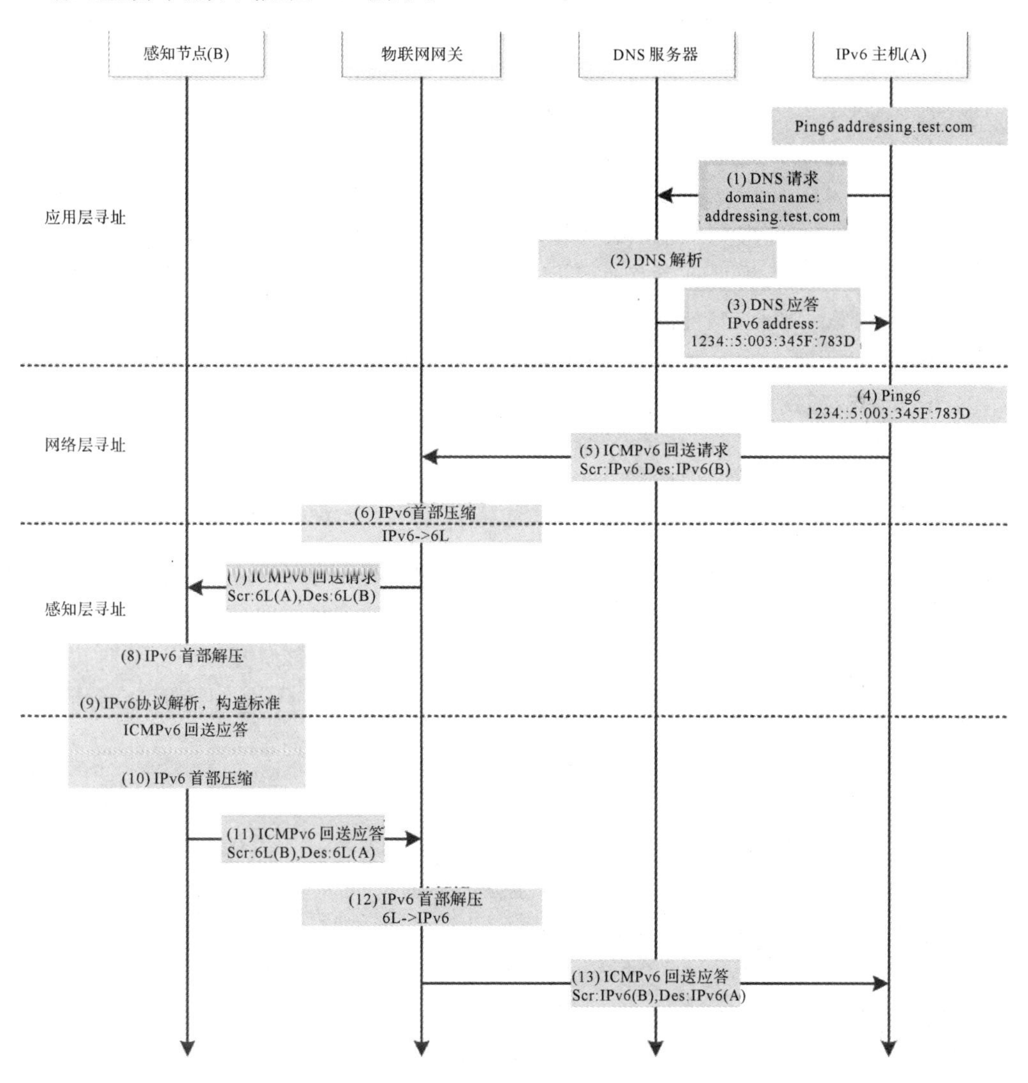

图 3.3　轻量级 IPv6 编码直接寻址方式下的 ping 流程

图 3.3 所示为从互联网中 IPv6 主机(A)Ping 无线传感器网络感知节点(B)的寻址过

程。Ping 过程中假设 Context 已知，感知节点 B 的域名为 addressing. test. com。详细寻址过程如下：

(1) A 主机发送 Ping6 命令，参数为感知节点 B 的域名 addressing. test. com。由于 Ping 命令来源于域名解析，DNS 服务器接收 Ping 消息。

(2) 感知节点 B 的域名信息作为第一层寻址子系统的输入，即间接编码，通过 DNS 寻址系统进行寻址，经过域名解析后得到感知节点 B 的 IPv6 地址 1234::5:003:345F:783D。

(3) DNS 服务器将解析得到的 IPv6 地址即第一层寻址子系统输出：IPv6 地址 1234::5:003:345F:783D 返回至互联网主机 A。

(4) 互联网主机接收到 DNS 服务器传回的 IPv6 地址后，利用该间接编码，构建 ICMP 回送请求数据包。IPv6 数据报的首部为标准 IPv6 首部，源、目的地址分别为主机 A 和感知节点 B。

(5) 互联网主机 A 将 ICMPv6 报文作为寻址输入编码发送至物联网网关，进行下一层寻址。

(6) 输入编码即 ICMP 报文经过第二层寻址子系统，网络层路由寻址，在物联网网关处由 6LoWPAN 适配层将 IPv6 首部压缩，得到 6LoWPAN 数据包，即该层寻址子系统的输出。

(7) 随后，物联网网关将压缩后的 ICMP 报文发送至感知节点 B。

(8) 报文经过链路层寻址子系统解析得出压缩过的数据包，感知节点 B 从链路层数据帧中提取 6LoWPAN 数据包，通过 6LoWPAN 适配层解压缩后得到 IPv6 数据包，并将其交由 IPv6 协议栈处理。

(9) IPv6 协议栈解析 ICMP 协议后，构建 ICMP 回送应答数据包。

(10) 感知节点 B 通过 6LoWPAN 适配层压缩 IPv6 首部。

(11) 压缩后的 6LoWPAN 数据报文转发给物联网网关。

(12) 物联网网关将 IPv6 首部解压。

(13) 同样，通过网络层路由寻址子系统，主机 A 收到 ICMP 回送应答数据包，寻址完成。

以上寻址过程中，感知节点 B 中配置了轻量级 IPv6 协议栈，即 uIPv6 协议栈。该协议栈与标准 IPv6 协议栈相比，增加了 6LoWPAN 适配层，同时网络层及以上部分将传感器网络中不需要的服务进行了剪裁与调整，更加适合在存储资源有限、处理能力较弱的无线感知设备中应用。

2. 间接寻址实现方法

对于物联网轻量级编码寻址架构中的其他感知网络域，其无线传输协议可能不是 IEEE 802.15.4，而是 Zigbee[5]、Bluetooth(IEEE 802.15.1)、红外等。对于这一类节点，本节利用图 3.2 中的 6LoWPAN 协调器将其接入网关。如以数据链路层采用 Zigbee 协议的感知设备为例，在该类设备需要与互联网端的主机进行通信时，6LoWPAN 协调器作为该类设备的上级资源，负责为其管辖网络内的节点分配一对 Zigbee 地址和 IPv6 地址。在寻址过程中，6LoWPAN 协调器作为感知节点的上级资源完成与互联网主机之间的寻址，对于 Zigbee 感知节点来说，它与互联网端主机之间的寻址迭代过程的终止始终是其上级资源，其过程称为间接寻址。同样，其他感知网络域也可采用间接寻址的方式，如图 3.4 所示。

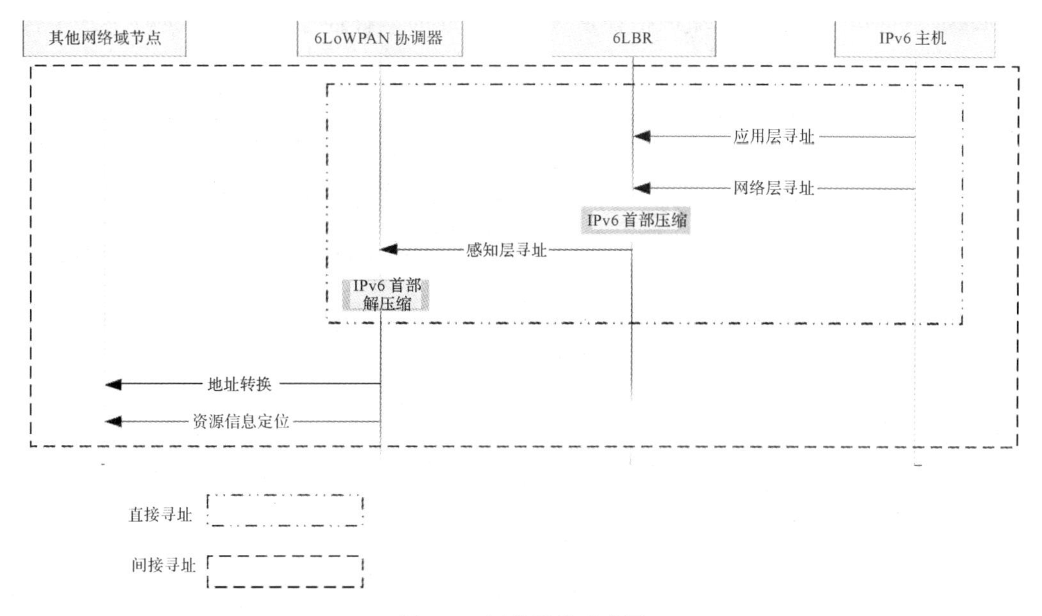

图 3.4　间接寻址示意图

针对标签域的节点，3.1节所述的物联网终端资源寻址模型将这类节点定义为被动节点，通过寻址到其上级资源的直接编码后，利用资源信息定位机制寻找标签资源信息。在基于IPv6的轻量级寻址架构中，标签域中节点的上级节点为RFID中继器，可运行6LoWPAN协议栈，获得IPv6地址，完成RFID设备的间接寻址工作。

3. 扩展性分析

一次典型的对某一物联网节点寻址的过程如下：将节点域名作为间接编码输入第一层寻址系统，经过寻址解析，返回节点的另一间接编码IPv6地址；物联网网关对通信数据包进行首部压缩与分片，经过轻量级IPv6协议栈，封装成数据帧，经过第二层寻址子系统，得到节点的直接编码MAC地址。若该节点为标签设备，则域名解析后的IPv6地址将指向其上级资源的IPv6地址，通过间接寻址的方式定位该节点的逻辑位置。若该节点不属于6LoWPAN域，则在解析域名的过程中，其IPv6地址指向其6LoWPAN协调器地址，由协调器进行第三次寻址，定位该节点的直接地址。

采用IPv6的编码与寻址方式，其优势是显而易见的，但对于物联网应用中很多无法分配IPv6地址的物品，本文提出采用RFID中继器和6LoWPAN协调器达到间接寻址的目的。因此，本模型的寻址方法能够兼容目前已有的多种编码方式。随着物联网业务的发展和物品标识的扩展，只要不断探索与开发协调器的功能，利用协调器的多样性向物联网网关提供统一的6LoWPAN服务，便能够实现对物品进行统一、简洁、高效的IPv6寻址方式。

3.1.4　系统测试与验证

1. 实验设置

为了验证本节提出的基于IPv6的轻量级编码寻址的可行性，本实验利用一台主机作为网关；采用两个传感器节点，一个作为传感网网关，一个作为发送节点；最后用一台连接

Internet 的主机作为远程客户端进行轻量级编码寻址的可行性验证测试。实验场景架构如图 3.5 所示。

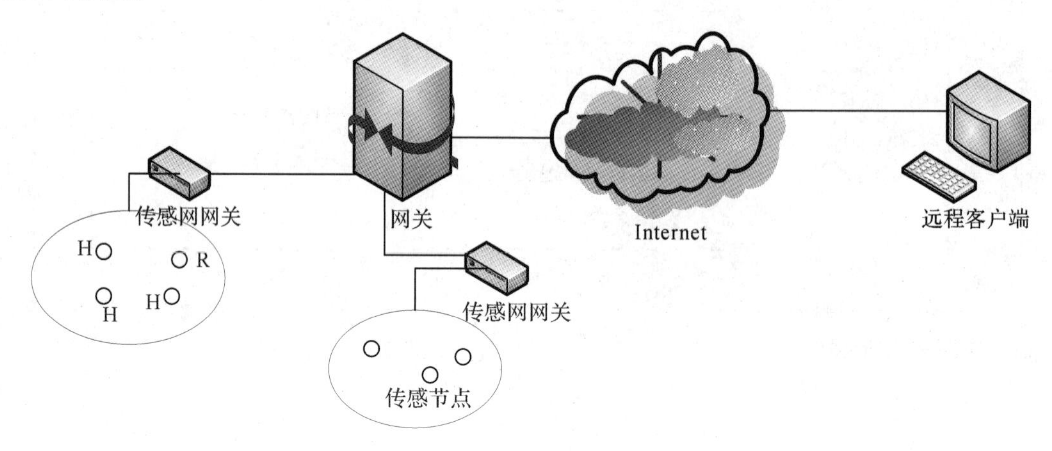

图 3.5　实验场景架构

作为网关的主机采用 Linux 系统，并在系统中配置了 6LoWPAN 协议、uIP 协议栈。同时利用 USB 外接一传感器节点，采用驱动的设计方式虚拟出轻量级 IPv6 数据包的网络接口 sisclowpan0。图 3.6 给出了主机中虚拟的 6LoWPAN 数据包网络接口 sisclowpan0 的参数配置。

```
root@instant-contiki:/home/cyl# ./sicslowpan -t sisclowpan0 -s /dev/ttyUSB0 127.
0.0.1 255.0.0.0
slip started on ``/dev/ttyUSB0''
opened device ``/dev/sisclowpan0''
opening: sisclowpan0ifconfig sisclowpan0 inet `hostname` up
route add -net 127.0.0.0 netmask 255.0.0.0 dev sisclowpan0
ifconfig sisclowpan0

sisclowpan0 Link encap:以太网  硬件地址 0a:3c:fb:09:0a:67
          inet 地址:127.0.1.1  广播:127.255.255.255  掩码:255.0.0.0
          inet6 地址: fe80::83c:fbff:fe09:a67/64 Scope:Link
          UP BROADCAST RUNNING MULTICAST  MTU:1500  跃点数:1
          接收数据包:0 错误:0 丢弃:0 过载:0 帧数:0
          发送数据包:0 错误:0 丢弃:0 过载:0 载波:0
          碰撞:0 发送队列长度:500
          接收字节:0 (0.0 B)  发送字节:0 (0.0 B)
```

图 3.6　网关中轻量级 IPv6 接口初始化

Linux 虚拟机中路由表的情况如图 3.7 所示。从图中可以看出，边界网关中除了正常连接 Internet 的网口 eth14 外，还有接收与发送 6LoWPAN 数据包的 sisclowpan0 接口。该网关作为连接无线传感器网络与互联网的边界网关，通过 siscLowpan0 接口接收 6LoWPAN

```
root@instant-contiki:~# route
内核 IP 路由表
目标            网关            子网掩码        标志  跃点   引用  使用 接口
192.168.128.0   *               255.255.255.0   U     1      0        0 eth14
link-local      *               255.255.0.0     U     1000   0        0 eth14
127.0.0.0       *               255.0.0.0       U     0      0        0 sisclowpan0
127.0.0.0       *               255.0.0.0       U     0      0        0 sisclowpan0
default         192.168.128.2   0.0.0.0         UG    0      0        0 eth14
```

图 3.7　网关路由表

数据包，而后经由协议栈处理后，解压重组为 IPv6 数据包，通过 eth14 转发至互联网中的主机节点。

2. 实验结果

1）网关 ping 传感器节点

配置有 IPv6 地址的传感器节点属于主动节点，可以采用直接寻址的方式与网关连通。为了验证 3.3 节所述的直接寻址的实现方式，我们事先测得一个远程节点的 IPv6 地址为：aaaa:0000:0000:0000:0212:7400:1467:93f5，该地址寻址模型中的间接编码即式(3－1)中的 M。通过式(3－5)的迭代过程，得到该节点的直接编码，即传感器节点的 MAC 地址，与传感器节点建立连接。实验在网关中使用 ping6 aaaa:0000:0000:0212:7400:1467:93f5，得到的实验结果如图 3.8 所示。

```
root@instant-contiki: /home/user/Desktop/contiki-2.4/tools/sky/ui
文件(F)  编辑(E)  查看(V)  终端(T)  帮助(H)
64 bytes from aaaa::212:7400:1467:93f5: icmp_seq=1817 ttl=128 time=199 ms
64 bytes from aaaa::212:7400:1467:93f5: icmp_seq=1818 ttl=128 time=246 ms
64 bytes from aaaa::212:7400:1467:93f5: icmp_seq=1819 ttl=128 time=300 ms
64 bytes from aaaa::212:7400:1467:93f5: icmp_seq=1820 ttl=128 time=214 ms
64 bytes from aaaa::212:7400:1467:93f5: icmp_seq=1821 ttl=128 time=253 ms
64 bytes from aaaa::212:7400:1467:93f5: icmp_seq=1822 ttl=128 time=291 ms
64 bytes from aaaa::212:7400:1467:93f5: icmp_seq=1823 ttl=128 time=201 ms
64 bytes from aaaa::212:7400:1467:93f5: icmp_seq=1824 ttl=128 time=239 ms
64 bytes from aaaa::212:7400:1467:93f5: icmp_seq=1825 ttl=128 time=277 ms
64 bytes from aaaa::212:7400:1467:93f5: icmp_seq=1826 ttl=128 time=312 ms
64 bytes from aaaa::212:7400:1467:93f5: icmp_seq=1827 ttl=128 time=218 ms
64 bytes from aaaa::212:7400:1467:93f5: icmp_seq=1828 ttl=128 time=251 ms
64 bytes from aaaa::212:7400:1467:93f5: icmp_seq=1829 ttl=128 time=299 ms
64 bytes from aaaa::212:7400:1467:93f5: icmp_seq=1830 ttl=128 time=201 ms
64 bytes from aaaa::212:7400:1467:93f5: icmp_seq=1831 ttl=128 time=244 ms
64 bytes from aaaa::212:7400:1467:93f5: icmp_seq=1832 ttl=128 time=290 ms
64 bytes from aaaa::212:7400:1467:93f5: icmp_seq=1833 ttl=128 time=203 ms
64 bytes from aaaa::212:7400:1467:93f5: icmp_seq=1834 ttl=128 time=246 ms
64 bytes from aaaa::212:7400:1467:93f5: icmp_seq=1835 ttl=128 time=277 ms
64 bytes from aaaa::212:7400:1467:93f5: icmp_seq=1836 ttl=128 time=319 ms
64 bytes from aaaa::212:7400:1467:93f5: icmp_seq=1837 ttl=128 time=242 ms
64 bytes from aaaa::212:7400:1467:93f5: icmp_seq=1838 ttl=128 time=283 ms
64 bytes from aaaa::212:7400:1467:93f5: icmp_seq=1839 ttl=128 time=326 ms
```

图 3.8　网关 ping 传感器节点

该实验结果验证了网关至 IPv6 无线传感器节点的连通性。ping 操作是一次典型的直接寻址过程，通过发送不同的操作指令，网关同样可以获取无线传感器节点所采集到的温湿度信息，其过程仍然是通过直接寻址完成的。

2）互联网中主机读传感器温湿度数据

采用 IPv6 编码方式的一个优势在于能够不需要协议转换自然地实现与 IPv6 网络的互联互通。在 ping 测试成功的基础上，本实验利用一台主机与网关通过 IPv6 网络连接，在主机端发送读取传感器节点采集数据的命令。

首先互联网主机已知所需数据的传感器节点的 IPv6 地址，将带有该地址的数据请求信息发送给网关，网关经过应用层与网络层寻址后，根据目的地址信息将 IPv6 数据包压缩分片成 6LoWPAN 数据包，并将数据包封装在 802.15.4 帧中发送给传感器节点，通过感知层寻址，节点收到数据请求信息。节点通过 uIP 协议栈中的 6LoWPAN 适配层功能，将数据包信息解压缩与重组后，通过相反的寻址过程，再将应答信息送回至互联网主机。

从互联网主机到网关的编码解析过程同互联网寻址过程；而由于传感器节点采用的是 IPv6 编码，同样依据 IP 地址到 MAC 地址的转换能够完成间接编码到直接编码的解析。其整个迭代解析的过程是一次直接寻址的过程，实验结果如图 3.9 所示，主机与传感器节点间首先通过网络初始化建立连接，随后互联网主机节点能够接受到传感器节点定时发来的温湿度值，节点设置默认 4 秒发送一次。

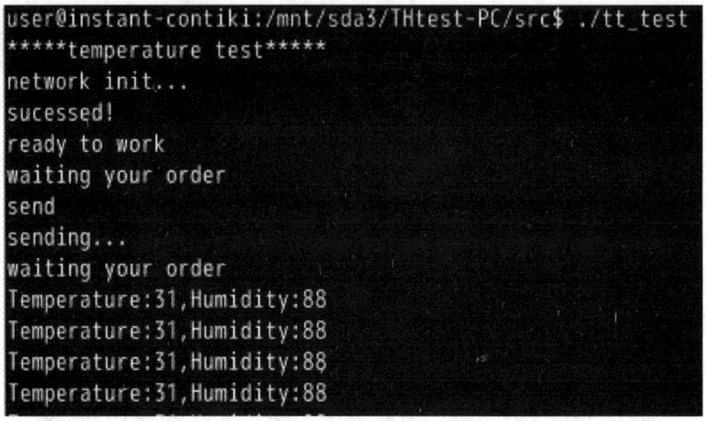

```
user@instant-contiki:/mnt/sda3/THtest-PC/src$ ./tt_test
*****temperature test*****
network init...
sucessed!
ready to work
waiting your order
send
sending...
waiting your order
Temperature:31,Humidity:88
Temperature:31,Humidity:88
Temperature:31,Humidity:88
Temperature:31,Humidity:88
```

图 3.9　互联网中主机读传感器温湿度数据

该实验通过在应用层编写程序完成了一次互联网主机到无线传感器网络中节点的直接寻址过程。其采集数据的传输过程是由无线传感器节点发送至网关，再由网关发送至互联网主机。其寻址过程是通过感知层寻址建立与边界网关的连接，再由边界网关通过网络层寻址及应用层寻址建立与互联网主机的连接。整个实验过程证实了本章所提出的基于轻量级 IPv6 编码方式实现主动节点的寻址能够实现无线传感器网络与互联网的互联互通。

然而，从实验结果中可以发现，ping 测试的数据包传输时间延迟过长，在应用层数据传输过程中，间隔时间设置较短时容易出现丢包的情况。通过对实验设置与实验过程的分析得出，是因为在 uIP 协议栈实现过程中，为了控制节点存储资源的消耗，并未给 6LoWPAN 的分片与重组数据包设置缓存空间，从而造成应用层数据在短间隔发送或者多节点并发时的丢包问题。除此以外，由于本实验中的网关设备通过计算机外接无线收发节点的方式工作，计算机与外接设备处理能力的不匹配同样造成了数据包的延迟与丢包率较高的问题。因此，本书将在 3.4 节对网关设备进行优化与完善，进一步提高异构网络之间的通信质量。

3.2　基于 IPv6 的物联网地址配置机制

地址配置机制是物联网寻址技术研究中的一项重要内容。在 3.1 节给出的基于 IPv6 的物联网寻址策略基础上，本节将要讨论如何为物联网终端提供高效、可靠并且灵活的地址配置机制。

本节通过对 IPv6 地址类型的研究以及对典型物联网应用需求及节点通信能力的分析，结合现有的成熟地址配置方案，介绍了一套可靠、灵活的轻量级物联网 IPv6 地址配置机制。

该机制摒弃了传统单一的地址配置策略，根据节点通信需求、节点数量及部署提供了终端地址配置解决策略，减少了地址配置过程中节点的能量消耗，切合了轻量级 IPv6 寻址机制过程中的首部压缩需求，为实现物联网终端的统一寻址提供了基础与保障。

3.2.1　物联网终端及网络架构

物联网终端类型与网络架构对地址分配机制具有决定性的影响，而物联网终端的多样化与拓扑结构的异构性使得物联网终端地址配置机制无法做到统一。本节将对物联网终端类型及物联网网络架构类型进行综合分析与定义。

物联网终端具有多样性特征，目前已有的物联网应用终端包括传感器节点、控制器节点以及 RFID 标签。对于无线感知域的终端节点分类，不同的标准有不同的分类方式，其中运用较为广泛的有 IEEE 802.15.4 低速率无线个域网络标准，其支持的拓扑结构主要是星型拓扑与点对点拓扑[6]。本节结合 IEEE 802.15.4 标准，通过对物联网典型应用的分析，将物联网末端 IP - WSN 内的设备定义为以下几种类型。

感知节点(n)：感知节点是指一般的传感器设备，主要功能是信息的采集，绝大部分属于资源受限设备。感知节点是物联网应用部署中数量最多的一类设备，处于网络拓扑的末端。

控制器设备(LC)：在物联网应用中，控制器设备是除感知节点以外最常用到的一类设备。物联网应用中除了需要对环境信息进行数据采集外，对设备进行智能控制也是物联网应用的一大重要特点。在物联网拓扑结构中，控制器设备通常与感知节点相连，能够接收来自感知节点的感知数据，同时能够通过对感知数据的简单判断，对所连接的设备进行控制与操作。控制器设备分为有源和无源两种，因此部分控制器设备满足固定安装、有源连接的条件，其功能较为完善，属于全功能设备；但部分控制器设备处于移动状态，存储通信资源有限，属于次功能设备。

路由节点(R)：路由节点在物联网拓扑中通常用于连接控制器设备与感知节点，或者边界网关与感知节点，其主要功能是转发感知节点发送给控制器或边界网关的数据包，或者是边界网关或控制器设备发送给感知节点的数据包。路由节点一般不具备感知能力，但其在地址分配机制中起到重要作用。

边界网关(LBR)：边界网关是指连接两个异构网络的网关设备，在本书中是指连接 IP - WSN 与互联网的网关设备。该设备除了负责两个网络之间的数据通信外，还承担着 IP - WSN 内节点的地址分配任务。

根据以上定义和 IEEE 802.15.4 标准的内容，本节将物联网典型应用的网络架构分为三大类。

1. 封闭式结构

如图 3.10 所示，封闭式结构网络由一个控制器设备或者信息聚集设备管理该局域网中的多个感知节点，域内节点可以采用星型拓扑或者网状拓扑。该类封闭的网络架构在传统的无线传感器网络中较为常见，特别是针对仅仅以采集信息为目的的应用。该类结构部署简单，易于实施与操作，物联网应用中局部

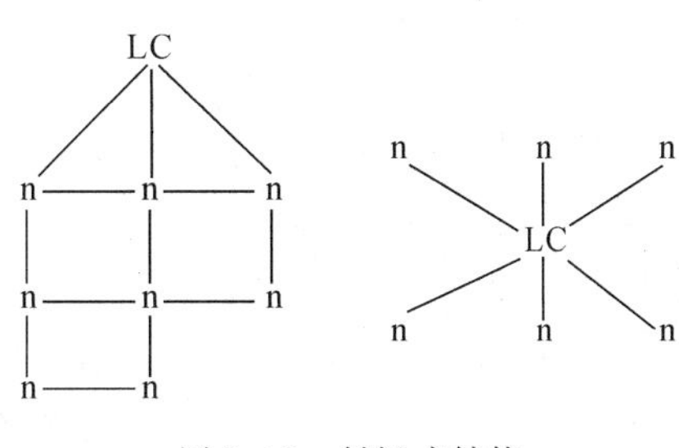

图 3.10　封闭式结构

也经常会采用此类结构。

一个典型的例子是针对农业大棚种植环境的监控。农业大棚温湿度的变化不会引起大棚内农作物质量的突变，但温湿度的控制能够让农作物的长势更加好，因此大棚内的网络布置可以不需要连接互联网进行实时监控与调整，而是通过部署固定位置的感知节点，由本地温湿度控制器设备周期性地接收来自感知节点的温湿度数据，并根据数据范围自动地控制温度与湿度调整设备。感知节点采集到的数据可以直接存放在本地数据库中，为后期数据分析提供资源。

2. 星型结构

如图 3.11 所示，星型结构与封闭式结构的最大区别是其有与外界其他网络进行通信的需求，因此网络中需要采用边界网关对控制器设备进行连接与管理。该类结构相对于封闭式网络结构更为常见。例如，物流行业的特殊物品仓储监测，以及智能化医院对于血库中血包的环境监测。这两个典型应用的特点是对环境变化敏感，需要控制节点尽快执行指令。因此，在部署此类应用的过程中，需要考虑到环境变化的实时警报与即时调整，此时单单依靠控制器设备不能解决上述问题，需要将控制器设备的消息及时传输给相关人员进行干预与调整，而将该监测网络接入互联网或者是医院与物流内网是应用网络部署的必要环节。

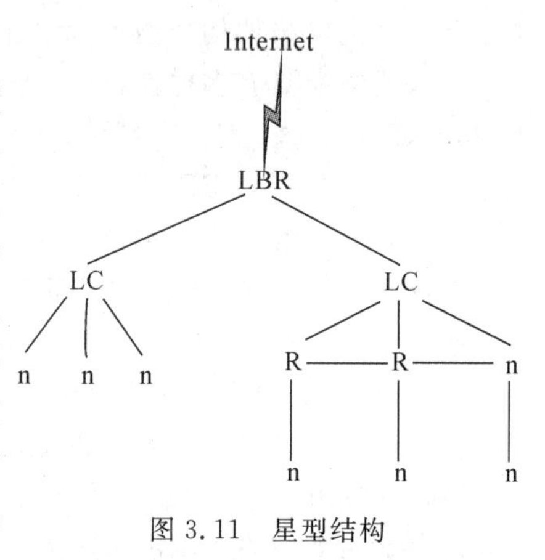

图 3.11　星型结构

3. 网状结构

如图 3.12 所示，网状结构与星型结构的最大区别在于边界网关与控制器设备的连接方式。星型结构的连接方式与网状结构的连接方式对地址配置策略有着重要的影响。而在物联网典型应用中，很多应用无法采用星型结构的连接方式，因此网状结构的网络架构是物联网应用中较为常见的。例如，在桥梁质量监测的应用场景下，每个控制器设备管理几个到十几个感知节点，根据设定的感知数据阈值，任何突破该阈值的采集数据都会触发报警系统。在该应用场景下，星型结构的节点部署显然不适用于狭长桥梁结构，但网状结构却能够满足该应用场景下的需求。

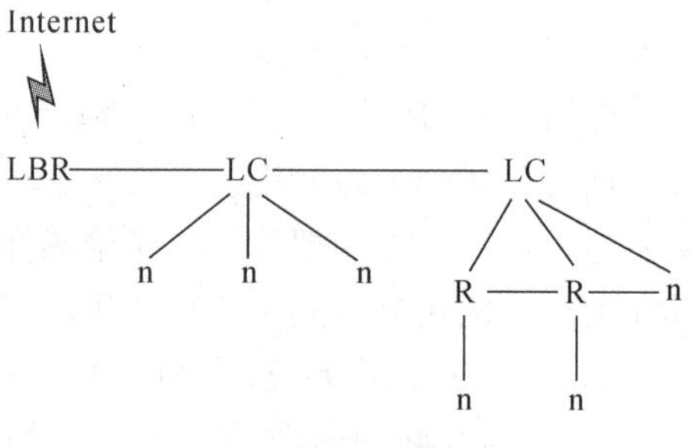

图 3.12　网状结构

该网络架构的另一个典型应用是智慧医疗。在智慧医疗应用场景中，病人可利用穿戴式设备组成感知网络，通过一个控制器设备及多个感知节点组成的星型结构网络实时地将病人的生命体征、运动轨迹、用药记录等信息传输到医院，在病人家中也可以部署一些固定位置的感知设备，例如在病人的床垫里部署感知节点，监测病人晚上睡眠时间的生命体征，通过家中的边界网关随时记录测量数据并将数据传输至健康监控中心，医院及病人家属可通过健康监控中心获取病人情况。同时，如果病人发生紧急情况，边界网关能够实时地将生命体征的报警信息反馈给医院。

3.2.2　基于通信需求的适配性地址配置策略

基于上文所总结的三种典型物联网应用拓扑类型以及现有成熟的 IPv6 地址配置机制，本节针对不同拓扑类型将分别给出感知节点(n)、路由节点(R)以及控制器或者信息聚集节点(LC)的地址配置策略。本节所提出的物联网终端 IPv6 地址配置策略需要满足以下两点前提：(1) 网络域中的所有节点设备在网络初始化过程中都需要配置链路本地地址，这是因为在初始化过程中为实现网络域内节点之间的通信，终端节点通过 LLA 地址进行通信，才能进一步实现 ULA 地址与 GUA 地址的配置。(在下文的示意图中，边界网关与控制器节点的 LLA 地址默认已配置。)(2) 为满足 IPv6 编码的节点寻址需求，同一网络域中共享相同的本地地址前缀。

1. 封闭式网络架构节点地址配置策略

封闭式网络架构中节点的通信需求较另外两种典型的网络架构而言更加简单。在物联网概念风靡的近几年，更多的学者将目光聚焦到了异构网络之间的节点通信与寻址技术的研究上。然而，即使物联网技术发展得越来越成熟，最简单的封闭式网络架构仍然是物联网应用中一种十分常用的网络架构类型。虽然封闭式网络架构简单，但地址配置策略却并不单一。

如图 3.13 所示，在封闭式网络架构中，一个网络域中通常由一个本地控制器或者信息聚集节点连接一定数量的感知节点。连接方式分为星型拓扑和网状拓扑。根据不同的连接方式，节点的通信需求也不尽相同，因此节点的地址配置策略也不同。

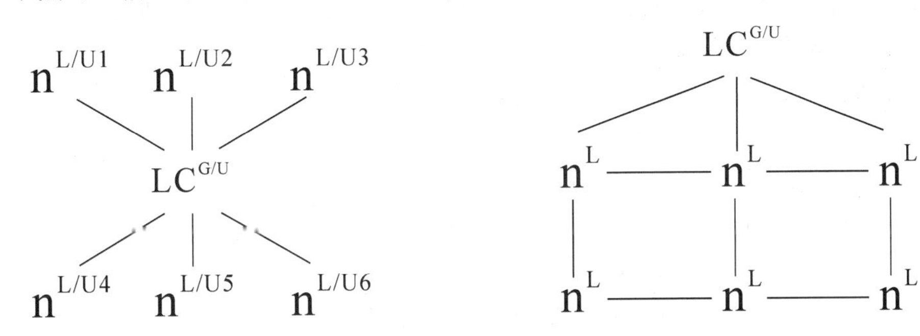

图 3.13　封闭式网络结构的地址配置策略

1) 控制器节点的地址配置

在封闭式网络架构中，控制器节点的数量一般不会很多，单独的封闭式网络架构应用中，控制器节点采用人工配置地址的策略是完全可行的。同时，在一些应用场景中，控制器设备的角色与现有传统网络中的网关较为类似，采用有状态的地址配置策略更加便于网络管理。

然而，在物联网应用中也避免不了的是，即使在封闭式结构的网络架构中，也存在设备节点是无源、移动的状态。例如，医院血液存储场景中，位于储血袋中的感知节点与一个箱式存储盒中的信息聚集设备所构成的封闭式网络结构。在这个场景中，储血袋中的感知节点只与信息聚集节点通信，而信息聚集节点根据所收集到的数据判断是否发送警报消息。在该情景下，为控制器节点手动配置一个全球可路由的 IPv6 节点是最为可靠高效的。

2）感知节点的地址配置

封闭式网络架构中的感知节点通信需求单一，一般都是感知节点单向地向控制器节点或者信息聚集节点发送采集信息。在网络中节点数量不多的情况下，采用手动配置地址的方式也是可行的，而无状态的地址配置策略更加适合数量较多且节点分布较为分散的状况。

若感知节点与控制器节点的连接采用星型结构，感知节点直接与控制器设备通信，由控制器设备为感知节点分配地址前缀，该地址前缀根据通信需求可以是相同网络域或者是不同网络域前缀，感知节点根据所分配到的地址前缀通过无状态地址分配机制生成链路本地地址。在封闭式网络结构中，链路本地地址即可满足感知节点通信需求，即避免了地址重复检测机制带来的通信资源的消耗。而采用不同网络域地址检测的唯一本地地址可以满足不同链路上不同接口的地址分配，且控制器节点可根据网络地址前缀实现地址过滤功能。

若感知节点与控制器节点的连接采用网状结构，感知节点通过路由节点与控制器设备通信，由控制器设备为感知节点和路由节点分配本地链路地址的地址前缀。由于网状结构不同链路之间的节点无法通信，因此，在网状结构下的感知节点与路由节点均由控制器设备分配相同的本地链路地址前缀，生成本地链路地址，即可满足通信需求。

2. 星型网络架构节点地址配置策略

第二类典型网络架构——星型拓扑的一个特征是该网络架构内的节点与外界网络节点有通信需求，而在本章所介绍的三类 IPv6 地址中，只有全球可路由地址能够用于互联网范围内的寻址，因此在星型网络架构中，边界网关(LBR)与控制器设备(LC)都需要配置全球唯一的可路由 IPv6 地址，具体配置策略如 3.14 所示。

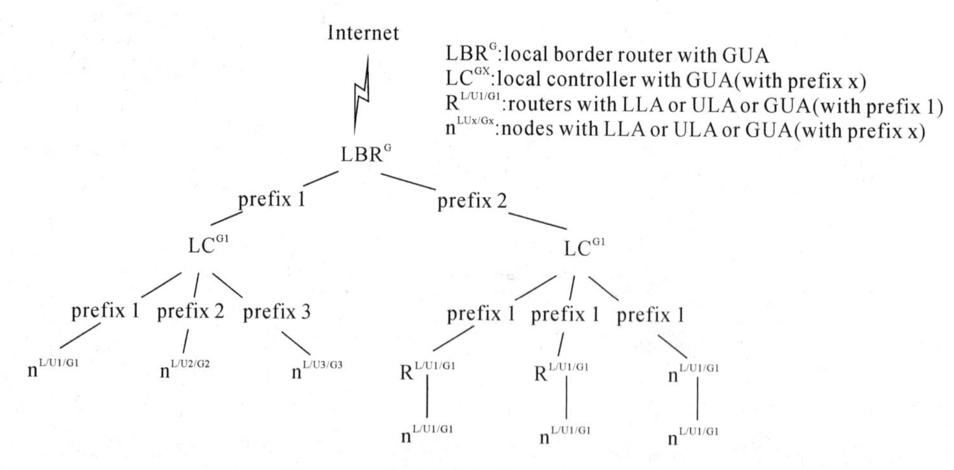

图 3.14 星型网络架构的地址配置策略

边界网关作为无线传感器网络与互联网之间的路由设备，既要负责无线传感器网络内节点的地址配置与注册，还需要承担互联网与无线传感器网络之间端到端的数据包传输。本章采用 IPv6 作为物联网终端的编码方式，因此边界网关可以摒弃代理配置的方法，仅仅通过协议解析实现数据包的接收与发送。而边界网关的 IPv6 地址可以通过手动配置或者有状态的地址配置方法获得，这两种地址配置机制对于边界网关来说都兼具准确性与可靠性。在边界网关获得 GUA 地址后，可通过 DHCP 协议获得所需要的地址前缀信息。控制器节点 LC 通过 LBR 分发的地址前缀信息，利用无状态地址配置协议完成 GUA 地址的配置与注册，其配置过程如图 3.15 所示。

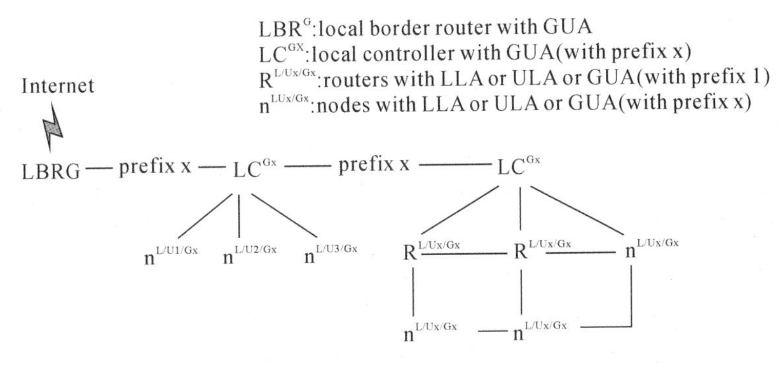

图 3.15 网状网络架构地址配置策略

在该网络架构类型中，终端感知节点的地址配置会根据通信需求的不同而有所区别。若在某一控制器节点管理的一簇感知节点网络中，感知节点仅仅需要将采集到的信息周期性地发送给控制器节点，而没有与边界网关或者互联网终端通信的需求，在这种情况下链路本地地址的配置策略即可满足感知节点的通信需求；若在某一控制器节点管理的一簇感知节点网络中，感知节点需要与边界网关进行通信，且通信数据需由边界网关二次处理后发送给其他网络节点时，ULA 的地址配置策略更加适合该类节点；若在某一控制器节点管理的一簇感知节点网络中，感知节点需要与互联网终端进行端到端的数据传输，则为该类终端节点配置 GUA 地址，以满足互联网的通信需求。

3. 网状网络架构节点地址配置策略

网状网络架构与星型网络架构的共同点是网络内的节点均有与互联网节点相互通信的需求，因此，在网状网络架构内的边界网关与控制器节点均需要配置全球可路由地址，以实现互联网范围内的寻址与通信。

网状网络结构的边界网关地址配置策略同星型结构的边界网关，这里不再赘述。控制器节点同样通过边界网关分配的地址前缀，利用无状态地址配置机制生成全球唯一的可路由地址 GUA。然而，网状网络架构的控制器节点之间共享相同的地址前缀，能够满足控制器节点之间，以及控制器节点管理下的感知节点之间的互相通信，如图 3.15 所示。

由控制器节点管理的感知节点在网状网络架构中仍然可组成下一级的星型网络或者是下一级的网状网络。同样，星型网络中的感知节点因为处于不同链路，若为其分配 ULA 地址，则可以采用不同的地址前缀；同时在理论上采用下一级星型网络结构的感知节点，若为其分配 GUA 地址，感知节点仍可以拥有不同的地址前缀，但是出于对路由协议以及通信协议复杂度的考虑，感知节点的 GUA 地址需要与控制器节点共享同一个地址前缀。这样的地址配置策略首先便于不同控制器节点管理的感知节点间的寻址与通信，其次共享同一本地网络地址前缀的节点间能够基于 6LoWPAN 协议实现寻址过程中的数据包首部压缩，降低节点存储空间及能量消耗，实现轻量级 IP 寻址。若控制器节点管理的感知节点采用网状结构，则无论是 ULA 地址或者 GUA 地址，均需要共享相同的地址前缀，才能满足节点间的通信与寻址。

以上三种地址配置策略都是基于典型的物联网终端网络架构所设计的，而在实际应用中，通常某一行业应用涉及多个典型网络架构，即混合型网络拓扑设计，但其地址配置策略依然可根据节点所处的子网络架构类型做出判断。根据本节所给出的地址配置策略，可将混合型网络架构终端节点地址配置策略总结如下：

（1）边界网关、控制器节点、路由节点以及感知节点均需要配置链路本地地址 LLA。

（2）子网络架构中有与互联网或者其他网络节点通信的需求时，边界网关或者控制器节点以及所需要通信的感知节点必须配置全球唯一可路由地址 GUA。

（3）子网络架构中没有与互联网通信的需求时，控制器节点、路由节点以及感知节点可配置唯一本地地址 ULA。

（4）网络架构为网状结构时，同一边界网关下共享同一地址前缀；网络架构为星型结构时，同一边界网关下可以有不同的地址前缀。

本节所提出的物联网 IPv6 地址配置机制是根据物联网终端的通信需求，利用 IPv6 地址类型，避免了一部分节点的地址重复检测，减少了节点在地址配置过程中的能量消耗；同时，该机制切合了低功耗 IP 寻址的首部压缩机制，降低了节点存储空间需求与数据收发能量消耗，满足了低功耗有损网络的轻量级 IP 寻址需求；最后，该机制利用了现有 IPv6 地址类型与配置标准，对实现物联网统一寻址具有重要意义。

3.2.3 IPv6 地址及典型地址配置技术

1. IPv6 地址技术

IPv6 由于其地址空间足够，以及其无状态的地址自动配置协议成为物联网感知设备寻址机制的首选。

IPv6 地址由子网前缀（prefix）和接口标识符（Interface ID，IID）构成，通常情况下，子网前缀和接口标识符均为 64 位，如图 3.16 所示。

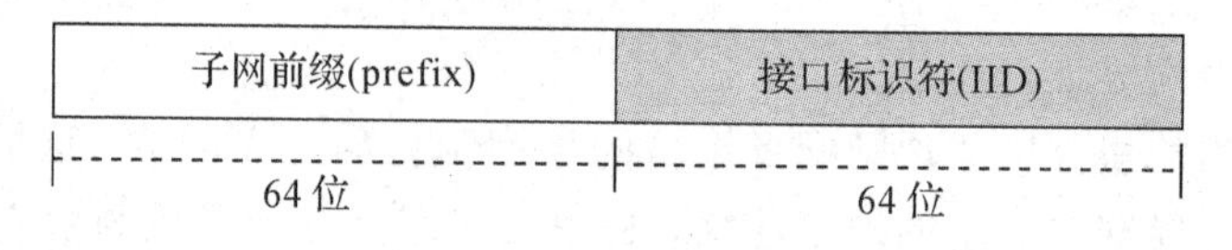

图 3.16　IPv6 地址结构

接口标识符用于区分同一条链路上的不同接口。目前，业界将 64 位接口标识符大致分为以下三种[7]：

· 基于 EUI-64 的 IID 是全球唯一的接口标识符：通常由 48 位的 MAC 地址生成，该类接口标识符多数情况下用于生成全球可路由单播地址。

· 私有地址标识符：由伪随机算法生成，当主机无法使用 EUI-64 IID 时，或者主机需要更多的保密性，不想接口标识符被追踪时可以使用该类接口标识符生成 IPv6 地址。

· 加密接口标识符：比私有地址标识符保密性更高的一类地址，该接口标识符通过公钥生成，再由私钥分发，保密性高，但使用频率极少。

IPv6 地址类型一共有三种，单播地址、组播地址以及任播地址。在 6LoWPAN 网络中，节点之间的通信不允许采用任播方式，因此感知节点均不配置任播地址。组播地址的配置依附于单播地址的配置，这里仅仅讨论单播地址的配置方法。

在标准RFC2373[8]中，IPv6单播地址又分为以下几种类型：链路本地地址、站点本地地址、全球可路由单播地址、唯一本地地址等。在物联网应用中，链路本地地址、全球可路由单播地址以及唯一本地地址是最常用的几种类型。

· 链路本地地址(Link Local Addresses，LLA)用于同一条链路上的不同接口，在全球范围内不唯一，不适用于全球路由。在传统IPv6网络中，该地址只用于链路上邻居节点之间的查找以及邻居发现过程的地址配置过程。基于该地址特性，在物联网应用中，可将链路本地地址应用于不需要与互联网以及其他无线传感器网络通信情况下的节点地址配置。

· 全球可路由单播地址（Globally Unique Addresses，GUA)是可以在互联网上使用的，具有全球唯一性、可路由的公网地址。GUA的64位地址前缀由三部分组成，固定前三位001；45位全球路由前缀，由ISP统一分发；16位子网ID。同时，GUA的64位接口标识符要求具有全球唯一性，一般按EUI-64位地址生成。

· 唯一本地地址（Unique Local Addresses，ULA)是指可适用于不同链路上不同接口的IPv6地址。该地址使用范围较LLA更加广泛，但仍然不能在互联网范围内使用。ULA的64位子网前缀中，40位的全球ID是随机生成的，因此由其构成的IPv6地址重复概率极低，具有全球唯一性，可以用于构建VPN。同时，由于ULA的前7位前缀是固定的1111110，因此边界路由器可十分方便地对其进行过滤。

2. 典型的IPv6地址配置机制

IPv6地址配置机制[9]可以分为两种：手动配置和地址自动配置。其中地址自动配置又分为有状态的地址配置机制和无状态的地址配置机制。手动配置机制与地址自动配置机制各有优劣，需要根据不同的应用需求采用不同的配置方法，手动配置机制更加适合网络规模小、节点数量少且网络拓扑固定的应用场景。特别是针对通信资源有限的无线传感器网络，手动配置可以节省很多节点之间的自动配置通信开销，也便于网络的管理与维护。但IPv6的无状态自动配置机制则是物联网终端采用IPv6地址进行编码的一个重要原因，因为在很多物联网应用场景中，面对节点分布范围广且数量较多的情况，手动配置无法满足应用需求，而有状态的地址配置机制需要占用过多的通信资源，IPv6的无状态地址配置机制却能很好地解决这个问题。

1）手动配置

手动配置IPv6地址需要在完成网络规划与网络部署后，为网络设备与终端节点逐个进行地址配置和网络前缀配置。在地址配置的同时，还需要对已完成地址配置的设备进行IPv6地址记录与整理，方便后续对网络进行管理与维护。

2）有状态地址配置机制[10]

有状态的地址配置机制的另一个代名词是动态主机配置协议(Dynamic Host Configuration Protocol，DHCP)，也是IPv4网络中最常用的地址配置方法。针对IPv6地址配置，其专门的地址配置协议为DHCPv6。DHCPv6的地址配置过程通过节点与DHCP服务器的交互完成，从节点发起地址配置请求到完成地址配置总共需要4个DHCP报文，如服务器上已有该节点的IPv6地址以及配置信息，也需要2个DHCP报文才能完成地址配置过程。因此，在物联网应用中，由于大部分终端感知节点都是资源受限节点，采用有状态地址配置机制会占用过多的节点通信资源，特别是网络拓扑经常变化或者节点处于移动状态的情况，需要频繁更新子网前缀，更加不适宜用有状态的地址配置机制。但是，利用有状态的地址配置机制不需要进行重复地址检测，能够保证地址的唯一性，在某些应用场景中，比无状态地址配置机制更加可靠与安全。

3）无状态地址配置机制

IPv6 邻居发现协议规定了实现 IPv6 地址无状态自动配置的过程。由于物联网终端的特殊性，IETF 工作组在 2012 年给出的最新的邻居发现协议标准是 RFC6775。6LoWPAN 邻居发现协议省略了 IPv6 邻居发现协议的某些字段，增加了 6LoWPAN 首部压缩所需要的上下文信息。协议规定了 6LoWPAN 网络节点自动配置本地链路地址与全球可路由地址的方法。LLA、ULA 以及 GUA 均由 EUI-64 位地址生成，EUI-64 位地址可以由 MAC 地址生成，具体方法是在 MAC 地址中间插入 FFFE，再将第一个字节中的第七位翻转得到 EUI-64 位地址。无状态地址配置方法通过“前缀＋EUI64 位地址”的方式实现，如图 3.17 所示。

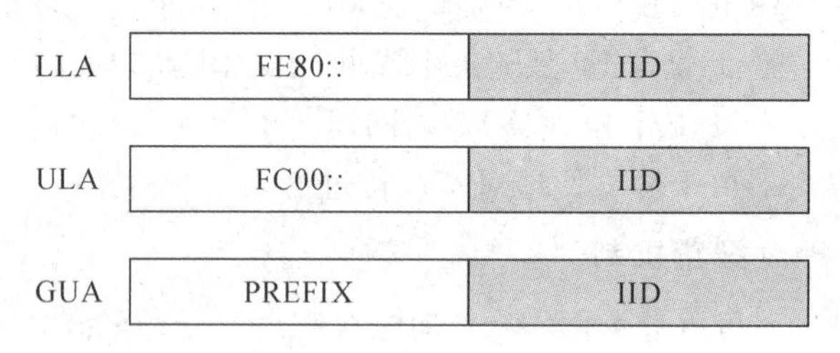

图 3.17　三类地址生成结构

基于 6LoWPAN 邻居发现协议完成一套寻址系统仍需要一系列地址生成流程与地址注册机制，如图 3.18 所示。6LoWPAN 网络中的终端节点首先根据自身的 EUI-64 地址生成链路本地地址，从而通过链路本地地址与边界网关交互获取网络前缀，再根据前缀配置其全球可路由 IPv6 地址，随后将此地址向边界网关进行注册，边界网关经过地址重复检测后，完成整套编码寻址流程[11]。

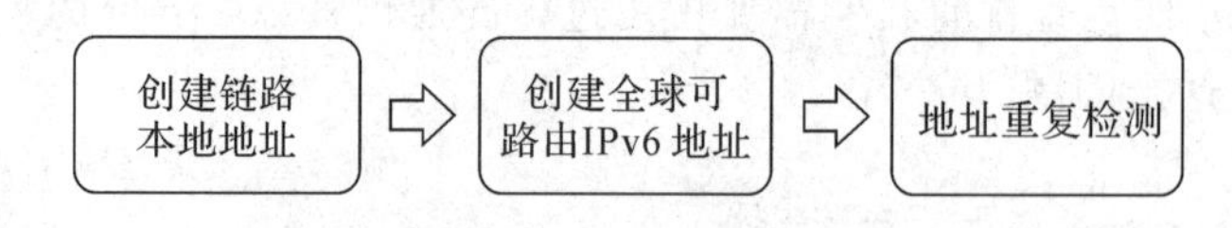

图 3.18　轻量级 IPv6 地址生成流程

3.3　基于 6LoWPAN-IPHC 的上下文管理策略

由于低功耗有损网络的带宽限制，节点间无法传输传统 IP 数据包。6LoWPAN 协议首部压缩机制 6LoWPAN_IPHC 在网络域内共享上下文的前提下，能够对 IPv6 数据包首部进行压缩与解压缩。通过对 6LoWPAN_IPHC 机制的深入研究发现，上下文表的写入、同步与管理直接影响到数据包压缩率。

在 6LoWPAN 网络初始化阶段，上下文表的分发，以及上下文表的后期维护都是 6LoWPAN 邻居发现协议基础交互过程中的重要内容。在标准文件 RFC6282 中，为了能够对全球唯一的 IPv6 地址进行有效的压缩，标准规定了一种 IPv6 首部的压缩机制

6LoWPAN_ IPHC。该机制可将 48 字节的 IPv6 数据包首部压缩为最短 4 字节的 6LoWPAN 首部，但该机制依赖于在同一个网关管理的 LoWPAN 域中节点之间需要同步上下文信息，该信息包括需要压缩的 IPv6 地址首部前缀(prefix)、上下文 ID(Context ID，CID)号等。这种基于上下文的首部压缩机制，即通过使用一个较短的上下文 ID 来替换掉需要压缩的 IPv6 地址前缀，一个 CID 对应于一个特殊的 IPv6 地址前缀。如果一个 LoWPAN 域内的数据报文采用 6LoWPAN_IPHC 的压缩方法，则该 LoWPAN 域中的边界路由需要对上下文(Context)以及 Context ID 进行配置与管理。若一个 LoWPAN 域内有 2 个或者多个边界路由，则该 LoWPAN 域称为扩展 LoWPAN 域。扩展 LoWPAN 域内的数据报文采用 6LoWPAN_IPHC 的压缩方法，但要求其中的 2 个或者多个边界路由中的上下文信息保持一致。

一个全球可路由的唯一 IPv6 地址有 128 位，由地址前缀与端口标识符组成[12]。上下文信息即一个任意长度的地址前缀或者是一个完整的 128 位 IPv6 地址，每一个上下文信息都包含在一个可选 6LoWPAN 上下文选项(optional 6LoWPAN Context Option，6CO)中。在该选项中，C、CID 以及 CID 的有效期、上下文地址前缀等字段均由该 LoWPAN 域内的边界网关进行配置与管理。在一条路由广播(Router Advertisement，RA)消息中最多可以包含 16 个 6CO 选项。通常情况下，边界网关通过 RA 消息将该选项以及信息发布给 LoWPAN 域中的每一个节点，并使节点之间保持同步；当节点接收到 RA 消息时，节点根据 RA 消息中的 6CO 选项更新与修改节点内存储的上下文表(Context Table，CT)。节点与所在 6LoWPAN 域中的边界网关共同维护相同的上下文表项，才能在网内顺利完成 IPv6 地址的压缩与解压缩。在 RA 消息中，了除了 6CO 选项外还需要包含一个授权边界路由选项(Authoritative Border Router option，ABRO)，该选项包含所分发上下文信息的版本号以及分发该信息的边界路由地址，特别是在扩展的 LoWPAN 域内，用多跳信息发布机制发布上下文信息时，路由之间互相传播 RA 消息时，ABRO 选项必须包含在 RA 消息中，用于辨别最新的上下文信息。具体上下文的概念及其与其他选项之间的关系如图 3.19 所示。

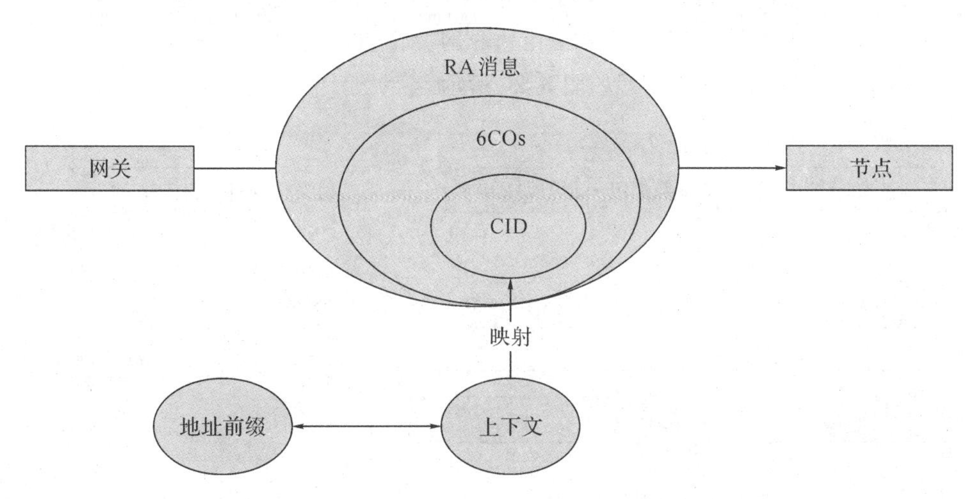

图 3.19 上下文的概念及其与其他选项之间的关系

多跳 Context 值的信息发布依赖于各路由之间的路由请求(Router Solicitation，RS)和 RA 信息的传播，以及利用 ABRO 选项获知 Context 值的版本号。利用多跳机制，节点可以处理来自任意多边界路由的任何信息。

通过以上内容可以发现，上下文信息的配置与管理将大大影响数据包在通信过程中的压缩率(被压缩的数据包个数与全部通信数据包个数总和比)，进而影响 6LoWPAN 节点的能量以及存储资源、通信资源的损耗。然而在一个 RA 消息中最多只能有 15 个地址前缀(16 个 prefix 中有一个是本地网络地址前缀)与 CID 形成映射，为了保证压缩率，如何选择使用最为频繁的 15 个地址前缀写入 RA 消息并进行全网同步是目前还未解决的问题。其次，在 6LoWPAN 域中如何管理和同步上下文信息才能保证上下文信息在全网节点中的一致性是保证数据包压缩率的另一个关键问题。从第二章的相关研究内容也可以看出，学术界虽然已经认识到该问题的存在，却未能给出详细的设计方法。

因此，本节介绍了一种基于 6LoWPAN－IPHC 的上下文动态管理机制，其中地址前缀自适应配置机制免除了手动配置的麻烦，适合在低功耗的有损网络中运行。同时，网关节点能够根据网络流量计算出地址前缀使用最为频繁的 15 个主机，并将这些主机的地址前缀优先写入上下文表中，以保证整个网络的压缩率。在此基础上，动态的上下文管理机制详细设计了上下文消息在全网节点中的更新与同步机制，并将这一机制应用到扩展 LoWPAN 域中，对 6LoWPAN－IPHC 机制进行了补充与完善。

3.3.1 基于 6LoWPAN 的动态上下文管理机制

基于 6LoWPAN 的动态上下文管理机制能够有效地选择并配置地址前缀信息 prefix，同时在 6LoWPAN 网络架构的基础上，规定了 6LoWPAN 域内的边界网关何时进行上下文信息的分发，以及如何进行上下文同步。该动态上下文管理机制的应用极大地提高了 6LoWPAN 网络内数据传输过程中的压缩率，同时完善了 6LoWPAN 网络的邻居发现协议。

此机制的核心思想是 6LoWPAN 边界网关作为 6LoWPAN 网络与互联网的通信桥梁，通过对网关的流量监控，提取出所有数据包的 IPv6 地址，再通过记录其地址前缀特征，决定是否将该地址前缀映射为 CID。同时，由边界网关将装载有 CID 的 6CO 选项分发、同步给整个 6LoWPAN 网络，具体流程如图 3.20 所示。

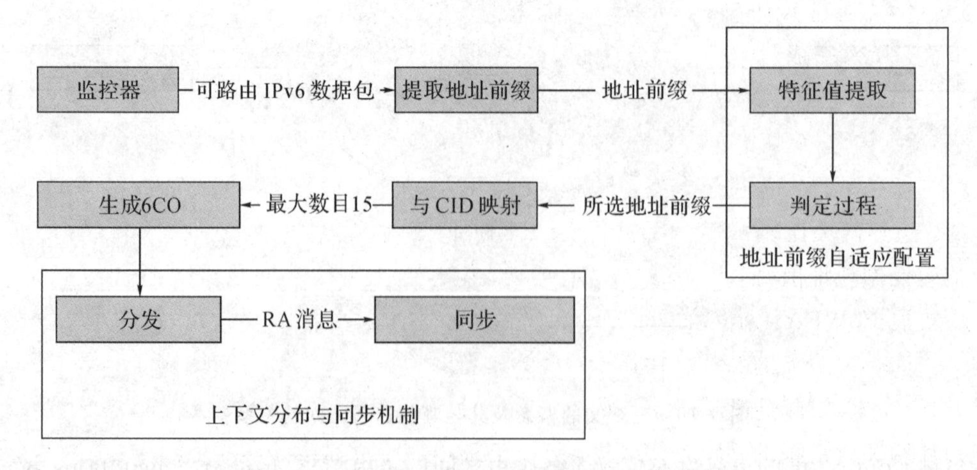

图 3.20 基于 6LoWPAN 的动态上下文管理机制

当 6LoWPAN 网络内的节点与 IPv6 网络的主机进行通信时，会产生可路由的流量，即具有外网地址前缀的数据包。在一个 RA 消息中，最多可以携带 16 个最常用的地址前缀信息。这 16 个地址前缀信息通过与一组 CID 之间的映射经由 RA 消息，由边界网关分发给网络内的所有节点。通常情况下，CID 0 与本地网络地址前缀相映射，因此，每次只有 15 个有效的地址前缀能够分发给网络内的感知节点。在动态上下文管理机制中，地址前缀自适应配置方法就是用于解决如何从众多的流经网关的流量中标记出各地址前缀特征，并选择最频繁使用的地址前缀信息分发给感知节点。

与此同时，在感知节点内存储的 CT 中的任何改动都会触发一轮全网节点间的上下文同步，以此来确保 6LoWPAN 中的所有节点共享相同的上下文信息，进而对数据包进行正确的压缩与解压缩。因此，在上下文动态管理机制中，本文提出一种扩展 LoWPAN 域的上下文信息发布与同步策略，以保证上下文信息在感知节点以及边界网关中的及时分发与同步，详细描述将在后面的内容中阐述。

1. 地址前缀自适应配置机制

边界网关执行地址前缀自适应配置机制免除了人工配置的需求，但如何选择使用频率最高的 15 个地址前缀与 CID 进行映射是该方法的关键。本文采用数据包检测技术，利用边界网关通过对经过的流量特征进行标记与计算，对地址前缀进行选择与映射。所要标记的数据包流量特征包括在一个上下文生存周期内，某一个地址前缀出现的次数、所有地址前缀出现的次数总和，以及所对应的数据包到达速率。通过对这些特征的量化与计算，得出每一个地址前缀的权重来反推是否将该地址前缀与 CID 进行映射与分发。

地址前缀权重计算公式如下：

$$R_i = \frac{T_i \lambda_i}{N_n} \tag{3-6}$$

其中，R_i 表示某一地址前缀的权重分值；λ_i 表示从该地址前缀所在网络内的主机发送的数据包到达速率，T_i 是在所计算的生命周期内这个地址前缀出现的次数，N_n 是在该生命周期内，所有出现过的地址前缀的出现次数总和。

边界网关通过 R_i 值的大小判断是否采用该地址前缀，具体流程如下：

首先，所有完成权重分值计算的数据包地址前缀信息都会在一个预备表中进行注册与记录，由 6LoWPAN 网络边界网关判断该地址前缀是否与 CID 进行映射。在简单的 6LoWPAN 域中，如果感知节点的 CT 存储空间未满，边界网关从预留表中选择足够的分值由高到低的地址前缀进行分发。如果感知节点的存储空间已满，则在边界网关发起定时同步时，边界网关比较 CT 中的地址前缀权重分值与预留表中的地址前缀分值，替换掉 CT 中分值较低的地址前缀，再将新的 CT 分发给感知节点。

在扩展 LoWPAN 域内，地址前缀自适应配置机制首先从多个边界网关中选出一个边界网关作为首要边界网关，同时所有其他的边界网关需要将流经自身的地址前缀信息汇报给首要边界网关。首要边界网关再执行与简单 LoWPAN 域内相同的地址前缀配置流，而其他边界网关所汇报的地址前缀信息包含了数据包的上下文信息及它们的权重分值，由首要边界网关进行比较与分发。

从以上地址前缀自适应配置过程来看，只有经常使用到的主机网络地址前缀才会被注册入 CT 中，因此，该机制能够最大程度地优化 CT，确保 6LoWPAN 网络与其他网络交互时数据包的被压缩率。

2. 上下文动态分发与多源同步机制

地址前缀配置完成后，由边界网关负责将上下文信息同步到全网节点中。标准文件 RFC 6775 中解释了上下文信息在简单 LoWPAN 域中的分发与同步方法，但是对扩展 LoWPAN 域而言，在至少有两个边界网关的情况下，标准文档中的上下文分发与同步机制将无法适用于扩展域[13]。因此，本文提出一种上下文多源同步机制，解决扩展 LoWPAN 域中多个边界网关之间上下文信息无法同步的问题，并在此基础上详细说明了多个边界网关如何向全网节点分发上下文信息的过程。

1）扩展 6LoWPAN 域内多源同步策略

多源同步策略，即在邻居发现协议中只有单个边界路由的 6LoWPAN 域内 Context 值同步的基础上，增加了适用于扩展 LoWPAN 域的上下文多源同步方法。在多个边界路由之间先完成 Context 值的信息与时间同步，即先同步边界路由 Context 信息，再由边界路由分发此 Context 信息，让扩展 LoWPAN 域内的路由与主机所接收到的 Context 信息与版本号都来自于同一个虚拟边界路由，解决了扩展 LoWPAN 域内多边界路由发布 Context 值不同步的问题。

根据标准 RFC6775，边界网关中的初始 prefix 信息是由人工配置或者通过 DHCPv6 协议获取的。因此，首先保证初始配置同一扩展 6LoWPAN 域内的边界路由(6LoWPAN Border Router，6LBRs)时 prefix 信息的一致性，即保证 6LBRs 所建 CT 的一致性。其中 PIO 中所需检测的一致性信息，如 RFC4861 标准文献规定 6CO 中需检测的一致性信息包括 Context prefix 内容、有效期以及 CID[14]。随后，由每一个 LBR 生成的 ABRO 选项中的版本号更新触发 6LBRs 间的多源同步。版本号的更新与 PIO 中的 prefix 内容和有效期，以及 6CO 中的 CID 和有效期有关。

在 6LoWPAN 域中可能发生的 Context 更新情况有以下几种：

(1) 某一 6LBR 根据 DHCPv6 协议获知外网某一与 LoWPAN 域内通信主机的 IPv6 地址前缀，并将其地址前缀加入到 Context 表项中，并更新了这一表项的版本号，触发了一轮新的多源同步；

(2) 某一 Context 值的有效期到期且为 0，需要删除该表项；

(3) 某一 Context 值的有效期进行了更改等。这些更改均可以触发多源同步机制，其同步步骤如下：

Step 1　将 6CO 表项中的 update 选项置 1，标识该表项进入更新同步阶段，不用于 RS 消息的应答，或者周期性 RA 消息的发布。

Step 2　该 6LBR 将更新的 CID、Context 内容、版本号内容(即 6CO 表项，其中包含了 update 标识)广播给其他 6LBRs，等待应答。

Step 3　其他边界路由接收到 update 位置 1 的 6CO 表项后，对比接收到的版本号与本地的版本号大小，若版本号大于本地版本号，则更新 CID 记录，存储新的版本号，将

update位置0，并回复应答信息；若版本号小于或者等于本地版本号，则不做更新操作，丢弃该选项，但给出确认信息。

Step 4　接收到所有LBRs应答信息后，该6LBR将6CO表项中的update位置0，将新的prefix Context信息填入6CO表项。

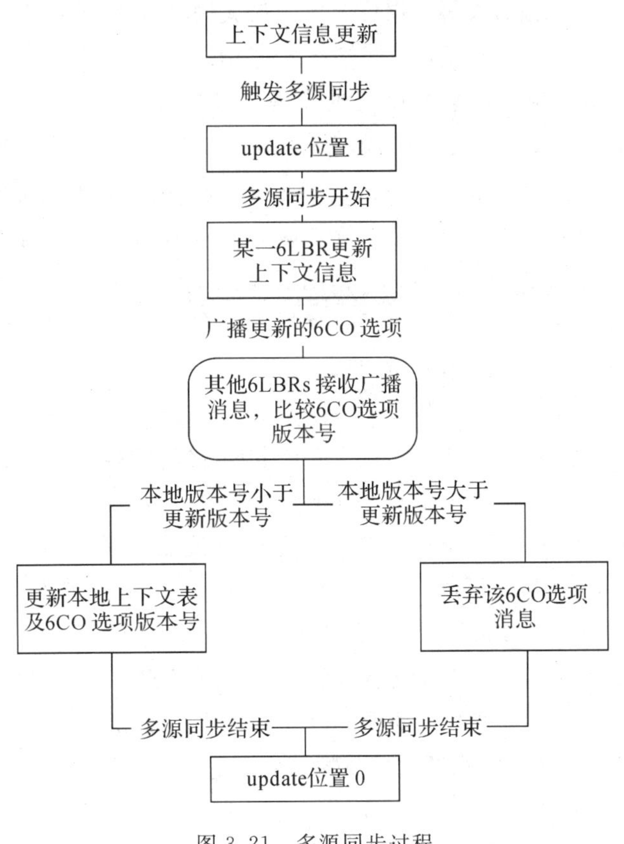

图3.21　多源同步过程

同步过程示意图如图3.21所示。

update标识位的设置对发起多源同步的边界路由来说，可以防止该路由在未完成与其他边界路由同步的情况下将该Context表项发布给6LoWPAN域内的路由和节点；对其他被同步的边界路由来说，则可以有效区分该更新信息是来源于边界路由之间的同步信息，还是来源于其他更新信息。

2）扩展6LoWPAN域内分发Context信息的方法

以上同步策略仅仅保证了6LBRs间配置的Context表项以及ABRO选项中版本号的一致性，但是在发布该表项时边界路由数量较多，且存在表项同步问题。

边界路由发布Context信息是通过发布RA消息完成的。标准中规定，RA消息的发布有两种情况：一是边界路由周期性发布Context信息时，周期性地发布RA消息；二是主机节点发送RS请求信息，边界路由应答RA消息。

(1) 6LBRs周期性地发布Context信息的方法。

在单个6LoWPAN域内发布Context信息时可配置两个时间间隔，分别是MinRtr-

AdvInterval 和MaxRtrAdvInterval，最大周期性发布时间间隔默认值为 600 s，最小周期性发布时间间隔是 0.33 * MaxRtrAdvInterval。根据此标准规定，提出一个同步时间的概念，即在周期性发布 RA 消息前，所有 6LBRs 等待一个同步时间再进入周期性发送环节。同步时间的设定有利于边界路由能够在周期性发布 RA 消息之前确保边界路由之间 Context 信息的一致性。同步时间设置的长短根据可配置的最大周期性发布时间间隔和最小周期性发布时间间隔来决定，因此，根据不同的网络状况与 6LoWPAN 域中的节点规模，同步时间的配置具备一定的调整空间。本文设定的参考同步时间为 0.05 * MaxRtrAdvInterval (MaxRtrAdvInterval>600 s)，若 MaxRtrAdvInterval≤600 s，其默认值为 30 s。

在同步时间内，6LBRs 具有三种状态：一是没有新的更新触发同步时，则等待同步时间结束后触发某一 6LBR 发送同步信息，待收到所有 6LBRs 的确认信息后，发布 RA 消息给其他 LR 和 Host；二是在同步时间内刚好有触发同步的更新产生，则等待同步完成后进入发布 RA 消息阶段；三是同步时间内正好有同步正在进行，则等待同步结束后进入发布 RA 消息阶段。周期性发布 Context 值的方法依据 Neighbor Discovery Optimization for Low Power and Lossy Networks(6LoWPAN) draft - ietf - 6LoWPAN - nd - 18 中的多跳发布 RA 消息的方法完成，LR 与 LR 之间、LR 与 host 之间的接口处理、RA 接收与转发过程同单个 LBR 的 6LoWPAN 域处理过程一样。

经过以上设计，扩展 6LoWPAN 域内的主机所接收到的 Context 值信息均是经过 6LBRs 同步过的 Context 信息版本，保证了域内主机 Context 信息的一致性，也保证了主机对 6LoWPAN 数据报文地址的正常压缩与解压缩。

(2) 主机由于 Context 表项的有效期到期，向 LBR 发出 RS 请求更新 Context 值。

由于任何 Context 表项的变换都能即时触发 6LBRs 之间的表项同步，同时周期性发送 RA 消息之前的同步等待时间，在即时更新的基础上进一步保证了 6LBRs 之间 Context 表项同步，因此在某一 LC 发出 RS 请求时，为避免不能即时应答 RA 消息而引发主机的多播 RS 发送，接收到 RS 请求的 6LBR 直接发送本地已有版本的 Context 信息给该主机，完成主机中的 Context 信息更新。

3.3.2 动态上下文管理机制在邻居发现协议中的实现

针对无线传感器网络低功耗、低速率等特性，为了节省无线传感器网络内节点在组网阶段的能量消耗，6LoWPAN 邻居发现协议在 IPv6 邻居发现协议[15] 的基础上进行了简化，省去了 IPv6 邻居发现协议中的 Neighbor Solicitation(NS)消息组播传输、Router Advertisement (RA)消息定期接收，以及需要节点处理的地址解析等功能，由边界网关处理较为复杂的功能。同时，6LoWPAN 邻居发现协议保留了基本的 ND 消息与选项，如 Router Solicitation (RS) 消息、Router Advertisement(RA)消息、单播 Neighbor Solicitation(NS)消息、Neighbor Adertisement(NA)消息、Source Link Layer Address Option (SLLAO)选项、Prefix Information Option(PIO)选项等等。为了满足无线环境下的节点地址无状态自动配置与 6LoWPAN 协议基于上下文的首部压缩机制 6LoWPAN_IPHC，新加入的选项有 6LoWPAN Context Option (6CO)选项、Authorized Border Router Option(ABRO)选项、地址注册选项等。

6LoWPAN 邻居发现协议完成的功能包括新加入节点的路由请求过程、地址注册过程以及上下文信息的获取与更新维护过程。图 3.22 所示为 6LoWPAN 邻居发现(6LoWPAN - ND)的基本交互流程。

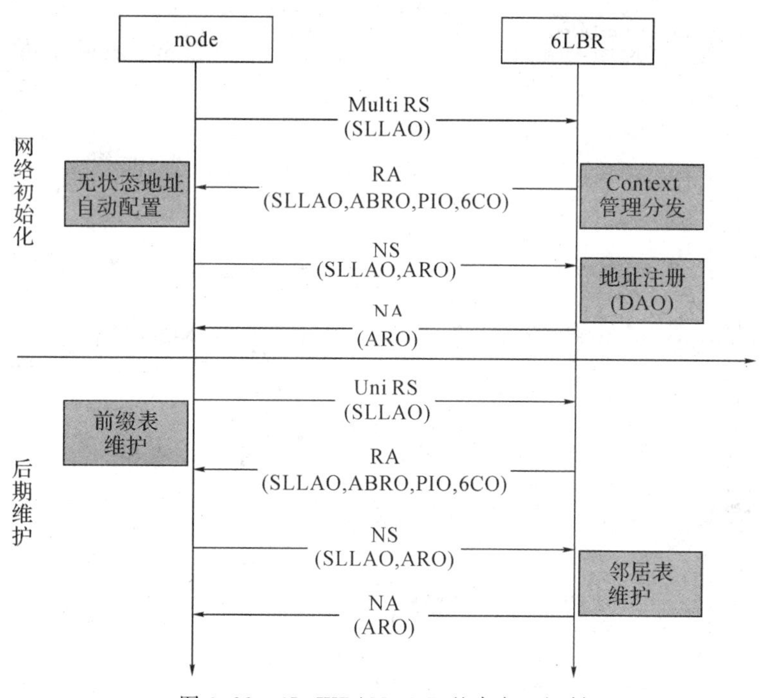

图 3.22 6LoWPAN - ND 基本交互机制

在网络初始化阶段，新加入的感知节点还未进行地址注册，通过链路本地地址构造 SLLAO 选项，用于邻居交互过程。此时，在 6LoWPAN 网络中传输的数据格式如图 3.23 所示。

IEEE 802.15.4 PHY/MAC 帧头	6LoWPAN 首部	ICMPv6 首部	RS/RA/NS/NA	选项

图 3.23 网络初始化数据格式

在邻居发现协议交互过程中，感知节点通过发送组播 RS 消息选择默认路由器并获取上下文信息，在获取路由信息后，即发送单播 RS 消息对路由器信息与上下文表进行维护与更新。网关节点向感知节点发送单播 RA 消息，该消息中携带有上下文信息的 6CO 选项以及 ABRO 选项，ABRO 选项中携带发送上下文信息的边界网关地址，便于感知节点确认发送上下文信息的边界网关。

3.3.3 实验与仿真

1. 仿真实现

本小节采用 Cooja 仿真器，通过对 Contiki 系统中的 6LoWPAN 协议及邻居发现协议进行修改，实现了 6LoWPAN 传感器节点与 6LBR 节点之间的组网与通信。验证了本文所设计的基于 6LoWPAN-IPHC 的上下文管理机制应用于邻居发现协议的有效性与可行性。仿真测试网络拓扑设计如图 3.24 所示。

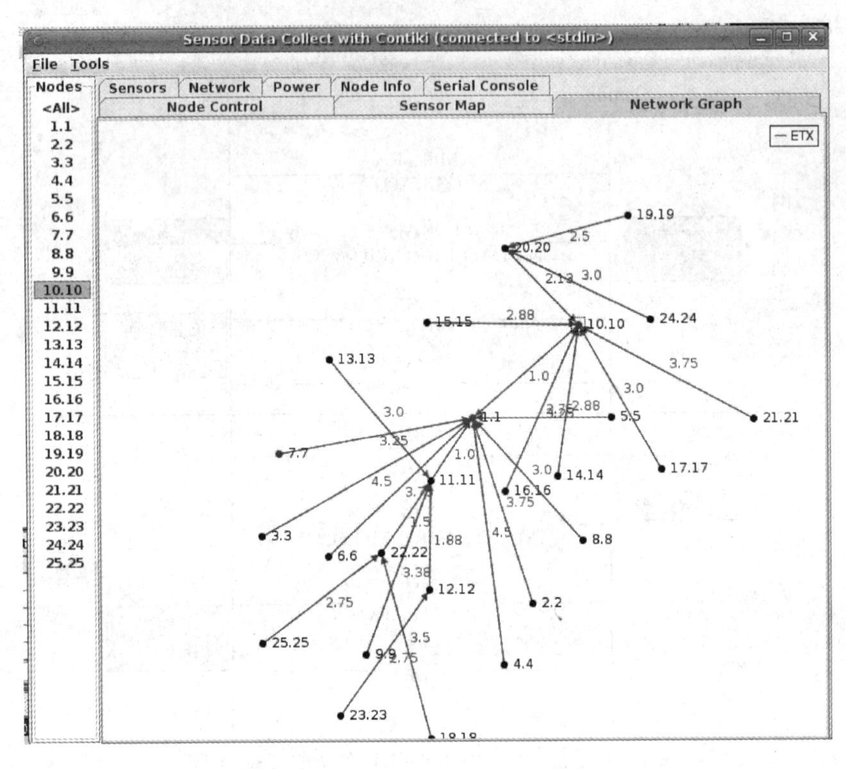

图 3.24 仿真测试网络拓扑设计

首先，网络初始化时 tap0 截获的数据包如图 3.25 所示，可看出初始时 RS/RA 交互采用链路本地地址。传感节点获取网络前缀后，采用全球可路由地址通过 NS/NA 消息对向网关注册，之后进入正常的邻居发现信息维护流程。

1 0.000000	fe80::212:7400:1467:ac69	ff02::2	ICMPv6	Router solicitation
2 0.002281	fe80::7600:14ff:fe67:a6d9	fe80::212:7400:1467:ac69	ICMPv6	Router advertisement
3 0.640199	2001:acf8:42ed:2590:212:7400:1467:ac69	fe80::7600:14ff:fe67:a6d9	ICMPv6	Neighbor solicitation
4 0.641345	fe80::7600:14ff:fe67:a6d9	2001:acf8:42ed:2590:212:7400:1467:ac69	ICMPv6	Neighbor advertisement
5 4.998850	fe80::7600:14ff:fe67:a6d9	fe80::212:7400:1467:ac69	ICMPv6	Neighbor solicitation
6 5.325427	fe80::212:7400:1467:ac69	fe80::7600:14ff:fe67:a6d9	ICMPv6	Neighbor advertisement

图 3.25 网络初始化

6LoWPAN 节点定时发送组播 RS 消息给网关，如图 3.26 所示。

```
Sendin RS to ff02:0000:0000:0000:0000:0000:0000:0002 from fe80:0000:0000:0000:0212:74
00:1467:ac69
Sendin RS to ff02:0000:0000:0000:0000:0000:0000:0002 from fe80:0000:0000:0000:0212:74
00:1467:ac69
Sendin RS to ff02:0000:0000:0000:0000:0000:0000:0002 from fe80:0000:0000:0000:0212:74
```

图 3.26 传感节点定时发送组播 RS

网关接收到 RS 消息后向 6LoWPAN 节点发送单播 RA 消息，如图 3.27 所示，该 RA 消息中携带了两个 6CO 选项，分别为以太网 IPv6 主机所在子网与 6LoWPAN 网络的子网前缀。

```
0000  06 12 74 67 ac 69 74 00  14 67 a6 d9 86 dd 60 00   ..tg.it. .g....`.
0010  00 00 00 80 3a ff fe 80  00 00 00 00 00 00 76 00   ....:... ......v.
0020  14 ff fe 67 a6 d9 fe 80  00 00 00 00 00 00 02 12   ...g.... ........
0030  74 00 14 67 ac 69 86 00  bf d7 40 00 23 28 00 01   t..g.i.. ..@.#(..
0040  d4 c0 00 00 0b b8 03 04  40 60 00 01 51 80 00 00   ........ @`..Q...
0050  38 40 00 00 00 00 20 01  ac f8 42 ed 25 90 00 00   8@...... ..B.%...
0060  00 00 00 00 00 00 20 03  40 10 00 00 00 78 20 01   ...... . @....x .
0070  ac f8 42 ed 25 90 00 00  00 00 00 00 00 00 20 03   ..B.%... ...... .
0080  40 11 00 00 00 78 20 01  ac f8 42 ed 88 88 00 00   @....x . ..B.....
0090  00 00 00 00 00 00 21 03  00 02 00 00 00 00 fe 80   ......!. ........
00a0  00 00 00 00 00 00 76 00  14 ff fe 67 a6 d9 01 01   ......v. ...g....
00b0  74 00 14 67 a6 d9                                  t..g..
```

图 3.27　携带 6CO 选项的 RA 消息

在初始化过程中，节点发送单播 NS 消息给边界网关，该 NS 消息中携带有 ARO 选项，如图 3.28 所示。

```
0000  74 00 14 67 a6 d9 06 12  74 67 ac 69 86 dd 60 00   t..g.... tg.i..`.
0010  00 00 00 30 3a ff 20 01  ac f8 42 ed 25 90 02 12   ...0:. . ..B.%...
0020  74 00 14 67 ac 69 fe 80  00 00 00 00 00 00 76 00   t..g.i.. ......v.
0030  14 ff fe 67 a6 d9 87 00  ce b0 00 00 00 00 fe 80   ...g.... ........
0040  00 00 00 00 00 00 76 00  14 ff fe 67 a6 d9 01 01   ......v. ...g....
0050  06 12 74 67 ac 69 83 02  00 00 00 00 00 3c 00 12   ..tg.i.. .....<..
0060  74 00 14 67 ac 69                                  t..g.i
```

图 3.28　携带 ARO 选项的 NS 消息

边界网关收到 NS 消息后，回复单播 NA 消息给 6LoWPAN 节点，同样携带 ARO 选项，如图 3.29 所示。

```
0000  06 12 74 67 ac 69 74 00  14 67 a6 d9 86 dd 60 00   ..tg.it. .g....`.
0010  00 00 00 28 3a ff fe 80  00 00 00 00 00 00 76 00   ...(:... ......v.
0020  14 ff fe 67 a6 d9 20 01  ac f8 42 ed 25 90 02 12   ...g.. . ..B.%...
0030  74 00 14 67 ac 69 88 00  35 9c c0 00 00 00 fe 80   t..g.i.. 5.......
0040  00 00 00 00 00 00 76 00  14 ff fe 67 a6 d9 83 02   ......v. ...g....
0050  00 00 00 00 00 3c 00 12  74 00 14 67 ac 69         .....<.. t..g.i
```

图 3.29　携带 ARO 选项的 NA 消息

初始化组网完成后，6LoWPAN 节点每隔 2/3 个 Context 有效期向边界网关发送单播 RS 索取新的 Context 状态，更新 CT。边界网关收到单播 RS 消息后，发送带有 6CO 选项和 ABRO 选项的单播 RA 消息作为回复，如图 3.30 所示。6LoWPAN 节点通过 RA 消息更新 CT。

```
22 123.900393   fe80::212:7400:1467:ac69    fe80::7600:14ff:fe67:a6d9   ICMPv6   Router solicitation
23 123.901110   fe80::7600:14ff:fe67:a6d9   fe80::212:7400:1467:ac69    ICMPv6   Router advertisement
32 217.083946   fe80::212:7400:1467:ac69    fe80::7600:14ff:fe67:a6d9   ICMPv6   Router solicitation
33 217.086541   fe80::7600:14ff:fe67:a6d9   fe80::212:7400:1467:ac69    ICMPv6   Router advertisement
42 310.180075   fe80::212:7400:1467:ac69    fe80::7600:14ff:fe67:a6d9   ICMPv6   Router solicitation
43 310.181048   fe80::7600:14ff:fe67:a6d9   fe80::212:7400:1467:ac69    ICMPv6   Router advertisement
```

图 3.30　前缀信息定期维护

2. 测试与对比

在仿真实现 6LoWPAN 邻居发现协议的基础上，本节对所提出的动态上下文管理机制进行了测试与评估。本节在一个扩展 LoWPAN 域中设置了 100 个 6LoWPAN 节点与 30 个路由节点，以及两个边界网关。同时，设置 80 个不同 IPv6 地址的互联网主机与 6LoWPAN

节点保持连接，静态上下文表中随机写入 15 个 IPv6 地址前缀，通过计算得出在 6LoWPAN 网关、路由及感知节点中配置静态上下文表时，互联网主机与 6LoWPAN 网络传输的数据包压缩率保持在 30%。随后，在两个边界网关中配置本文提出的动态上下文管理机制，在采用相同通信模式的情况下，计算平均数据包压缩率与节点能量消耗，测试结果如图 3.31 和图 3.32 所示。

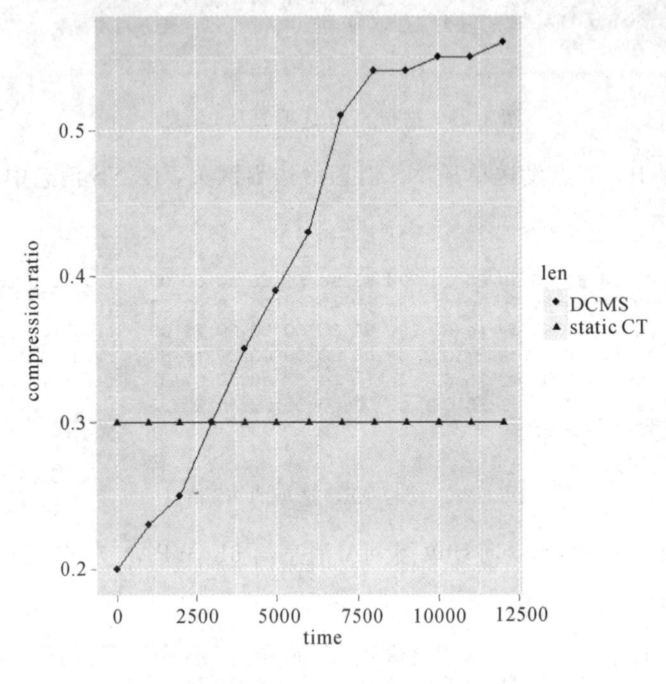

图 3.31　平均数据包压缩率

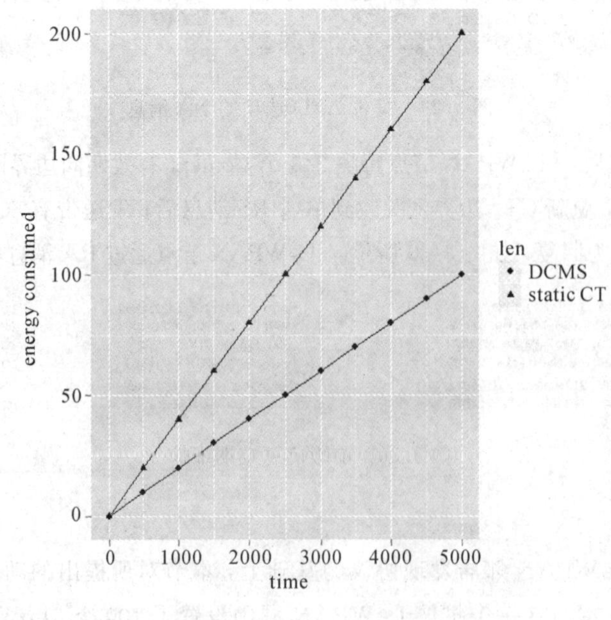

图 3.32　6LoWPAN 网络内节点能量消耗

在 4 小时的测试过程中，每 15 分钟记录一次数据包压缩情况。平均压缩率即被压缩数据包数与接收数据包总数之比。从图 3.31 可以看出，配置有动态上下文管理机制的边界网关网络中，开始时节点对数据包的压缩只有 20%，低于配置静态 CT 的情况；但是随着时间的推移，数据包压缩率呈明显上升趋势，并基本维持在 55%左右，明显高于静态 CT 的配置情况。这是因为随着通信时间的延长，边界网关在每次广播 RA 消息及应答 RS 消息时，都能够将累积计算出的最频繁通信主机的 IPv6 地址前缀及时向感知节点更新与同步；而静态 CT 无法保证节点内存储的 IPv6 地址前缀始终是处于通信活跃状态的主机。

从图 3.32 中可以看出，配置有动态上下文管理机制的 6LoWPAN 网络节点所消耗的能量也少于静态 CT 配置方法。通常来说，边界网关的能量一般采用有源接入，不需要担心能量消耗的问题，即使动态管理过程中需要更多的计算与配置能量消耗，也不会影响整个网络的通信质量。然而，采用动态上下文管理配置方法大大减小了节点与边界网关之间的交互信息，因为在动态上下文管理机制中，地址前缀信息由边界网关自动更新与同步，减少了节点因上下文信息到期向边界网关发送路由请求消息的几率，降低了节点的能量消耗。

3.4　基于 6LoWPAN 的轻量级寻址系统设计及实现

为了验证本章所提出的基于轻量级 IPv6 的物联网寻址机制，本节在基于 IP 的物联网寻址架构的基础上，提出了一套基于虚拟网络驱动的 6LoWPAN 边界网关的设计方法，给出了无线传感器网络与互联网的端到端寻址策略，在硬件设备上验证了基于 IPv6 编码的物联网终端在异构网络之间的端到端寻址，并对不同网关设计前提下的网络性能进行了测试与对比，搭建了基于 6LoWPAN 的轻量级物联网 IP 寻址系统。

3.4.1　基于虚拟适配驱动的网关设计

从前面的内容可知 6LoWPAN 工作组的任务是为 IEEE 802.15.4 物理层与数据链路层[16]设计一个适配层协议，从而满足 IPv6 协议在无线传感器网络中的应用[17]。6LoWPAN 工作组通过对适配层协议的设计，规定了 IPv6 首部压缩机制、数据包的分片与重装机制，使得 IPv6 数据包能够在无线传感器网络中传输。Adam Dunkels[18]为传感器节点设计了一种轻量级的操作系统 Contiki，实现了基于 6LoWPAN 适配层的 IPv6 数据包的压缩与解压缩、分片与重装。因此，只要有一个网关设备能够从传感器节点处接收 6LoWPAN 数据包，并且将 6LoWPAN 数据包解压缩为 IPv6 数据包，并将 IPv6 数据包转发给 IPv6 节点，配置有 Contiki 操作系统的传感器节点就能够直接与互联网 IPv6 主机进行通信与数据交互，而不需要进行协议转换、地址映射等工作。

随着 6LoWPAN 标准的提出，许多传感器网络领域的学者开始关注基于 6LoWPAN 网关的无线传感器网络与互联网的互联互通机制研究。采用 6LoWPAN 适配层协议实现无线传感器网络与互联网的通信，其优势在于无线传感器网络采用标准的 IPv6 协议作为网络层通信协议，而不影响物理层和数据链路层上 IEEE 802.15.4 数据包的传输。Dae 等人[19]为无线传感器网络提出了 6LoWPAN 网关的设计方案，在寻址机制方面，该文献只为无线传感器节点配置了短地址，通过短地址与128位IPv6地址的映射完成传感器节点的寻址。Arfah等人[20]分析了6LoWPAN节点与IPv6网络之间网关接口性能表现。这些文献都试图仅仅通过地址转换解决异构网络的互联互通问题，但是转发技术以及网关的实现问题都是实现无线传感器网络与互联网端到端寻址的关键技术难题。

Francesca[21]证明了6LoWPAN适配层协议能够满足IEEE 802.15.4无线传感器网络实现全IP通信。Bruno等人[22]利用6LoWPAN协议设计了一个即插即用的网关，它可以连接无线传感器网络与互联网。在此基础上，Bruno更进一步地改进了网关设计，通过一个桥接的架构能够满足IPv4用户与传感器节点之间的通信[23]。但是在这两篇文献中，作者还是没有详细解释网关的通信原理，而且文献中的传感器节点采用的是Tiny操作系统。

与前述的解决方案比较，本节利用PC设计了6LoWPAN网关，将网关中的6LoWPAN适配层功能封装在一个PC的虚拟网络驱动中，完成了基于虚拟适配驱动的网关设计。下面将进行详细介绍。

无线传感器网络发展早期，为了实现监控、防灾以及数据采集等目的，根据应用场景的不同，常采用不同的应用网关连接无线传感器网络与互联网[24]。应用网关的设计与实现往往比较复杂并且难以管理，因为应用网关除了需要执行数据包的转发与传输外，还需要承担协议转换以及应用层的协议规定等。然而，倘若无线传感器网络是基于IP网络的传输协议架构，那网关设备仅仅需要执行数据包转发的功能即可满足无线传感器网络与互联网之间的无缝通信。

6LoWPAN适配层主要承担了在IEEE 802.15.4协议上传输IPv6数据包的功能。因此，基于6LoWPAN的网关设备需要能够运行6LoWPAN适配层数据包分片与重装、IPv6首部压缩及解压缩的功能，并且负责无线传感器网络与互联网之间的数据包转发，而该网关设备的功能仅仅需要一台PC及一个支持IEEE 802.15.4的设备即可实现[25]。PC的内核可以在互联网端传输IPv6数据包并且执行路由协议，而在无线传感器网络端，文献[25]提出了两种方法实现路由机制与6LoWPAN的主要功能。如图3.33所示，一种实现方式是将6LoWPAN的主要功能交由PC处理；另一种实现方式是由IEEE 802.15.4设备的微处理器完成6LoWPAN数据包的压缩与解压缩。第一种实现方式能够在快速进行数据处理同

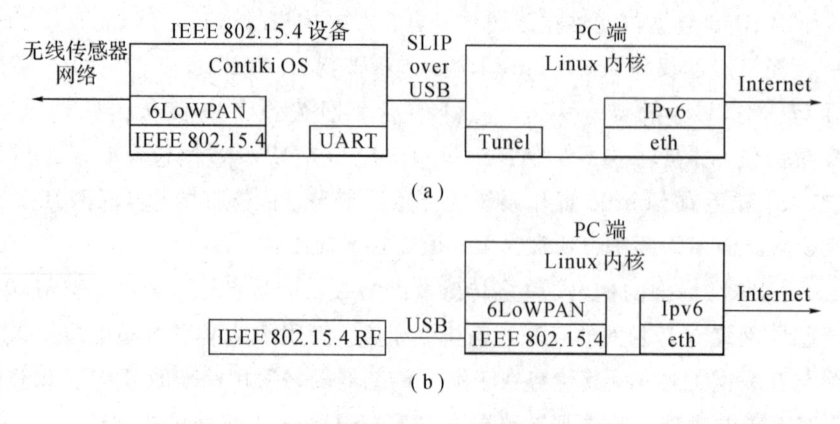

图3.33 两种实现路由与6LoWPAN功能的方式

时拥有巨大的存储空间，这种实现方式听起来很简单，但实现过程中存在很多困难[25]。第二种实现方式需要 IEEE 802.15.4 设备通过 USB 接口将所有数据传输给 PC，同时从 PC 接收所有来自互联网主机的数据，这种方式在实现过程中有很多的优势，但是存在处理速度慢、存储空间受限的问题。

本节提出一种网关设计方案，同样是基于 PC 与外接 IEEE 802.15.4 设备的。区别于前两种实现方案的是，本节将 6LoWPAN 适配层的功能封装在 PC 的一个虚拟适配驱动中实现，既不需要改变 Linux 内核，减小了实现难度，也避免了微处理器的低处理速率和有限的存储空间。图 3.34 给出了基于虚拟适配驱动的网关设计方法。表 3.1 是三种实现方式的对比，可以看出，基于虚拟适配驱动的网关实现方式相比于其他两种方式更适合于实现无线传感器网络与互联网之间的连接。

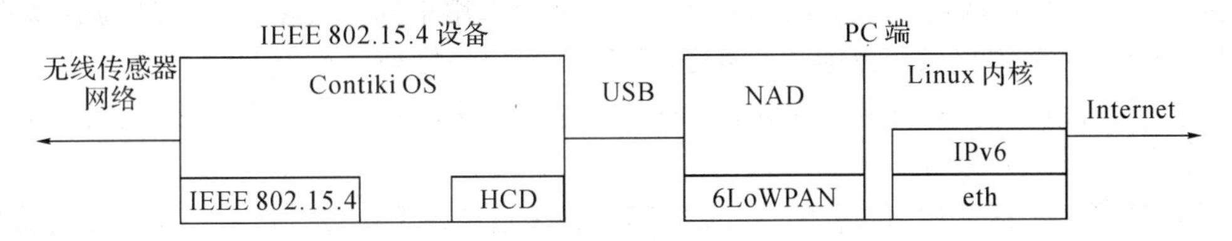

图 3.34　基于虚拟适配驱动的网关设计方法

表 3.1　网关设计实现三种方式

	微处理器处理方式	内核处理方式	虚拟适配驱动处理方式
6LoWPAN 配置	有	没有	没有
设备驱动	有	没有	网络适配驱动
处理能力	低	高	高
硬件限制	有	没有	没有
实现复杂度	适中	高	适中
接口	PPP/SLIP	USB	USB

3.4.2　基于 6LoWPAN 网关的端到端通信模块

1. 传感器网络与互联网之间的连接

无线传感器网络与互联网之间的互联互通一直是无线传感器网络研究领域中的重要方向，其中，应用最为广泛的有两种连接模型[26]。

一种是基于代理的连接模型，该代理一方面通过无线传感器节点采集数据，另一方面将互联网用户的询问信息转发给传感器节点，如图 3.35 所示。在该模型中，基于代理的网关设备需要采用协议转换的方式建立传感器节点与其他网络的连接，因此，这种架构特别适合采用特定传感器协议的无线传感网络[27]。

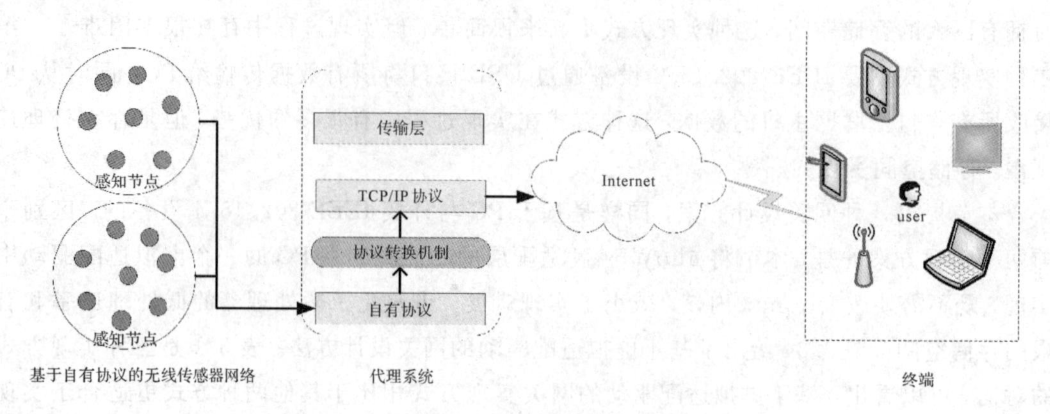

图 3.35 基于代理的无线传感器网络与互联网连接模型

然而，针对不同的应用场景，无线传感器网络需采用不同的传输协议，这种机制使得不同应用之间的数据交互变得困难。同时，基于代理的网络架构数据包具有明显的延迟现象，浪费了传感器节点的能量，限制了传感器网络的部署规模，也限制了无线传感器网络应用的发展。

第二种是基于网关的 IP 模型，如图 3.36 所示。这种模型在设计之初将基于 IP 的无线传感器网络[28-29]视为互联网的延伸。网关设备用于解决无线传感器网络与互联网之间的异构问题，将传统互联网与无线传感器网络进行桥接，使得异构网络之间的沟通更加简单，同时起到管理传感器网络设备的作用[30]。

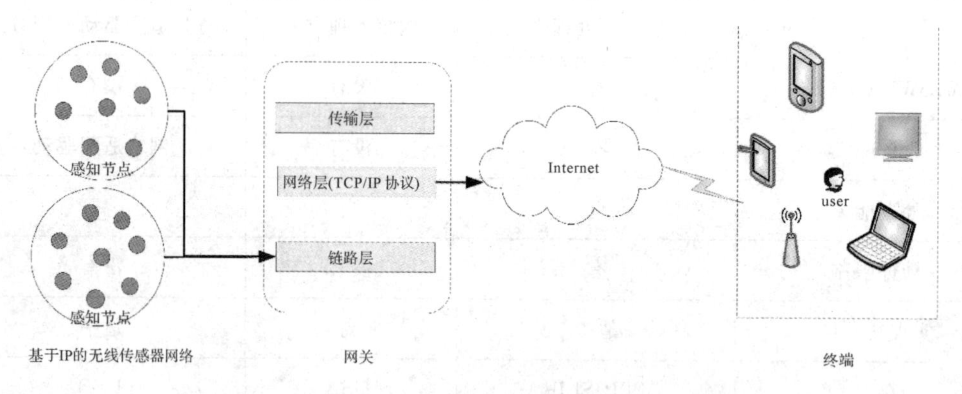

图 3.36 基于网关的 IP 无线传感器网络与互联网连接模型

2. 传感器节点通过 6LoWPAN 网关与 IPv6 主机的通信

传感器节点通过 6LoWPAN 网关与互联网主机的基本交互流程如图 3.37 所示。此交互过程包含了两个阶段：网络初始化阶段与数据传输阶段。

网络初始化阶段由标准文档 RFC6775 定义[31]，首先传感器节点发送路由请求消息给 6LoWPAN 网关，由 6LoWPAN 网关将包含有 6LoWPAN 上下文信息的路由回复消息发送给请求节点。同时，感知节点发送邻居请求消息给邻近路由器或者网关节点进行地址注册，6LoWPAN 网关进行重复地址检测后回复邻居应答消息给传感器节点。

数据传输阶段有两种情况：互联网 IPv6 主机向传感器节点请求数据，传感器节点主动发送采集数据给某一特定 IPv6 主机。第一种数据传输过程是基于 3.3 节中的上下文自动配置机制完成的，以保证数据传输过程中的首部正确压缩与解压缩。

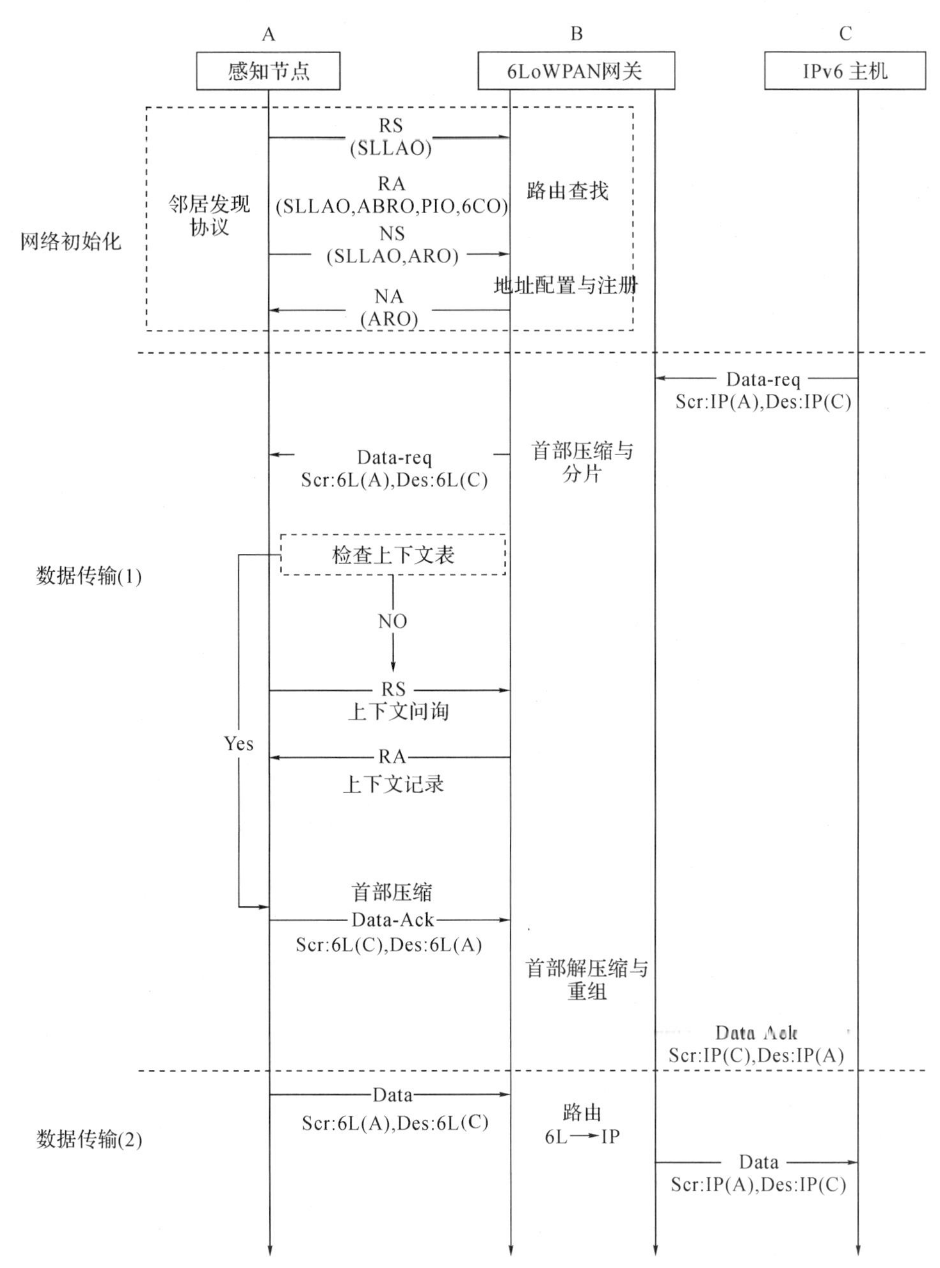

图 3.37　通信交互流程

3.4.3　基于 6LoWPAN 网关的寻址系统设计及实现

1. 6LoWPAN 网关

通过网关设备，原本感知节点之间的短距离通信可以延伸为感知节点与互联网主机之间的端到端寻址。基于 IP 的无线传感器网络作为互联网的延伸比其他使用特定无线传输协议的异构网络更容易实现数据交互。6LoWPAN 适配层能够提供 IPv6 首部的压缩与解压缩，以及数据包的分片与重装功能[32]，并且轻量级的嵌入式操作系统 Contiki 中已经写入了 6LoWPAN 的基本功能实现套件。然而，要实现基于 6LoWPAN 的无线传感器网络与互联网之间的端到端寻址，其最大的难点是网关设备的设计与实现[33]。

基于 IPv6 的物联网轻量级编码寻址架构，本节提出一种 6LoWPAN 网关的设计与实现方法。6LoWPAN 网关同时需要处理来自无线传感器网络与互联网的数据包[34]。为了达到此目的，采用一台配置了 Linux 操作系统的 PC 与一个配置有 Contiki 嵌入式操作系统的 IEEE 802.15.4 设备实现 6LoWPAN 网关的主要功能。根据 6LoWPAN 标准协议，图 3.38 给出了由感知节点经过 6LoWPAN 网关与 IPv6 主机通信的协议栈示意图。

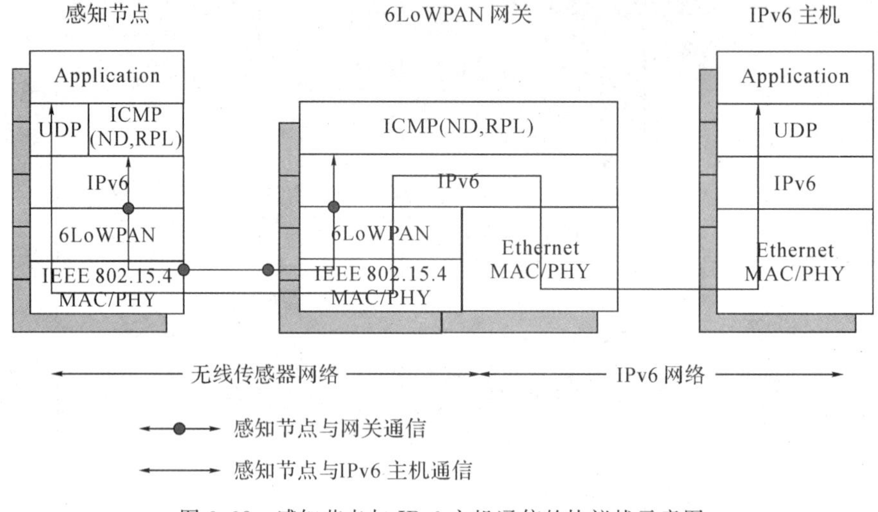

图 3.38　感知节点与 IPv6 主机通信的协议栈示意图

从协议栈层面出发，6LoWPAN 网关由三个部分组成，包括 6LoWPAN 适配器、网络适配驱动以及 Linux 内核，如图 3.39 所示。6LoWPAN 适配器主要负责处理物理层与数据链路层的功能，实现实体是 IEEE 802.15.4 设备；网络适配驱动部分封装了 6LoWPAN 适配层的主要功能，它是 PC 上实现的一个虚拟驱动；Linux 内核处理 IPv6 网络层以及网络层以上的协议功能，由 PC 实现。通过这三个部分的配合，PC 无需修改 Linux 内核即可实现 6LoWPAN 的逻辑，而 6LoWPAN 适配器由于不需要处理 6LoWPAN 数据包从而不会影响到整个网关的数据处理性能。

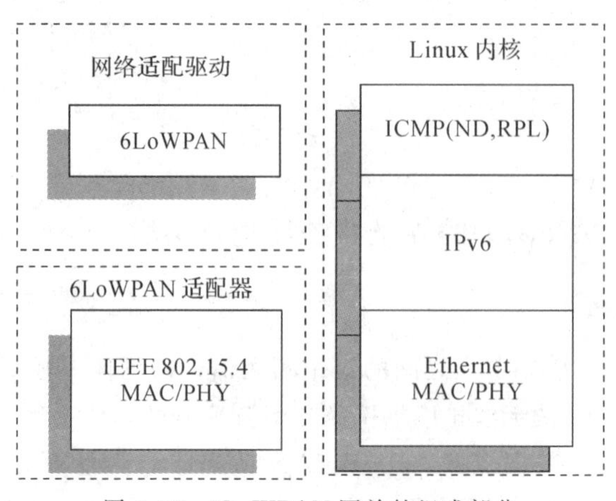

图 3.39　6LoWPAN 网关的组成部分

2. 6LoWPAN 适配器

Contiki 操作系统是用 C 语言开发的一种轻量级嵌入式操作系统[35]，它需要的存储空间非常小，只需要 2 KB 的 RAM 以及 40 KB 的 ROM 即可配置一个标准的 Contiki 操作系统。本章采用的 IEEE 802.15.4 设备预装有标准 Contiki 操作系统，非常适合 6LoWPAN 感知节点能量受限、存储空间受限的特点。

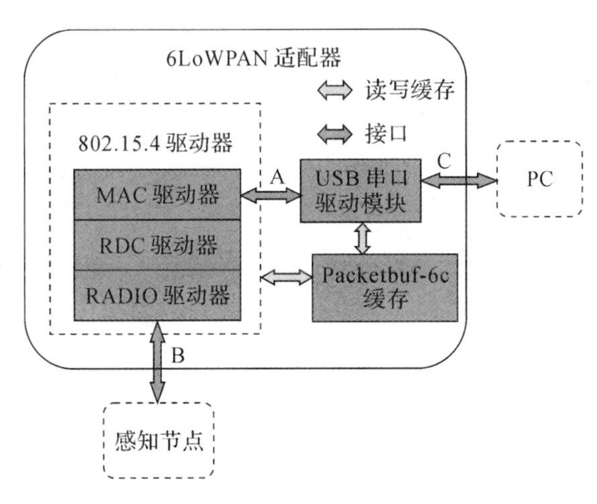

图 3.40　6LoWPAN 适配器的软件架构

6LoWPAN 适配器通过 USB 接口与 PC 相连，主要负责接收和转发从感知节点传来的 802.15.4 数据包，并将数据包解析后通过 USB 接口转发给 PC。图 3.40 给出了 6LoWPAN 适配器的软件架构，包括四个驱动器、一个缓存和三个接口。RADIO 驱动器负责驱动 RF 处理器 CC2420，监测无线信道并通过无线 RF 接口 B 转发数据。无线周期当值模块负责处理 IEEE 802.15.4 数据包，执行 RF 信号的周期测试以及节能机制。MAC 驱动器与 USB 串口驱动模块交互，通过接口 A 传输 6LoWPAN 数据包。接口 C 即 RS 232 通过 USB 连接 PC。Packetbuf－6c 是为存储数据帧而设计的缓存，能够减少因 PC 端与适配器端处理速度不匹配造成的丢包状况。该缓存由驱动模块调用，配合三个驱动模块一起完成数据的存储与转发工作。

3. 6LoWPAN 适配器与 PC 端的接口

图 3.41 给出了 6LoWPAN 适配器与 PC 之间的接口设计图，其中 USB 串口驱动模块用于传输 packetbuf－6c 与 packetbuf－pc 两个缓存之间的数据。缓存 packetbuf－pc 的结构和大小定义与缓存 packetbuf－6c 的一致。接口之间的数据交互逻辑如下：

从 6LoWPAN 适配器端到 PC 端：首先，6LoWPAN 适配器中的 MAC 驱动器调用 USB 串口传输模块并启动硬件终端，随后缓存 packetbuf－6c 中的数据包传输至 packetbuf－gw 中。当传输结束后，USB 串口驱动模块调用 PC 中的 6LoWPAN 控制器处理 6LoWPAN 数据包，具体的处理细节将在后面小节中介绍。

从 PC 端到 6LoWPAN 适配器端：6LoWPAN 控制器启动 USB 串口驱动模块以及硬件终端，随后 packetbuf－gw 中的数据传输至缓存 packetbuf－6c 中。当传输结束后，USB 串口驱动模块调用 6LoWPAN 适配器中的 MAC 驱动器完成数据包封装，并通过 RADIO 无线驱动模块转发数据包，无线周期当值模块向上层返回结果。

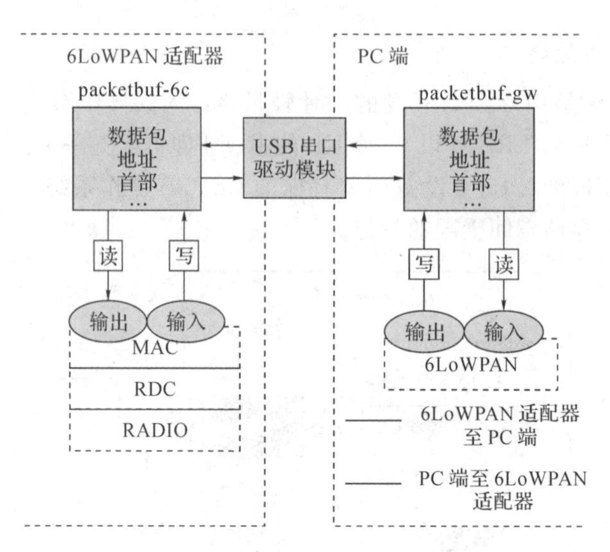

图 3.41　6LoWPAN 适配器与 PC 端的接口图

4. 网络适配驱动

6LoWPAN 网关是无线传感器网络与互联网之间的边界路由，在网关中除了需要运行 TCP/IP 协议外，还需要运行 6LoWPAN 协议以及 6LoWPAN 邻居发现协议。如图 3.42 所示，6LoWPAN 适配层的所有功能除了邻居发现协议外均由网络适配驱动完成。6LoWPAN 邻居发现协议不在驱动内实现的一个重要原因是，6LoWPAN 邻居发现协议是在 IPv6 邻居发现协议的基础上改动后形成的，因此直接在 Linux 内核中修改 IPv6 邻居发现协议实现 6LoWPAN 邻居发现协议的功能比在驱动内实现要更加容易。在网络适配驱动器中的 6LoWPAN 控制模块需要执行首部压缩与解压缩、数据包分片与重装等机制。数据包分片将存储在缓存 packetbuf - gw 中，而重装好的数据包将会发送给 TCP/IP 协议栈。同时，6LoWPAN 控制器还需要实现缓存 packetbuf - gw 与缓存 SK_buffer 之间的数据匹配与交换。

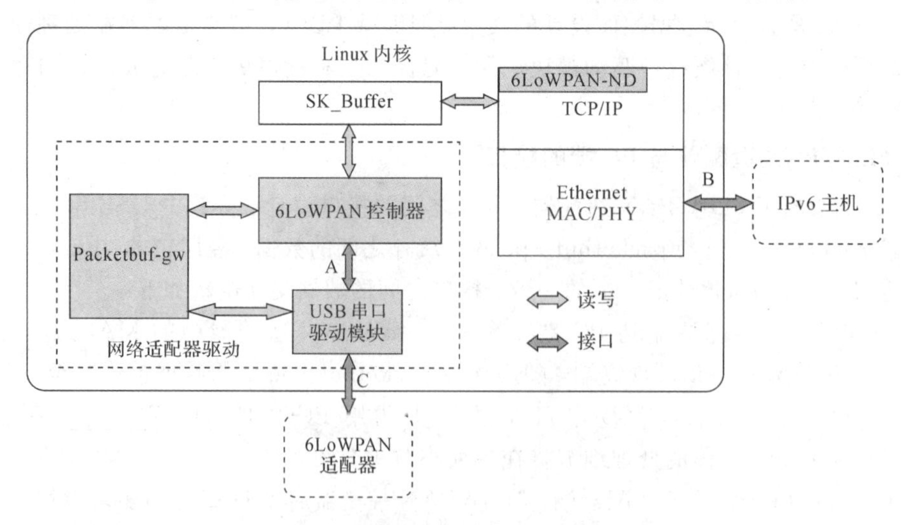

图 3.42　网络适配驱动软件架构及接口

当 6LoWPAN 控制器完成了数据包的分片与首部压缩后，它将调用 USB 串口驱动模块并通过接口 A 读取缓存 packetbuf - gw 中的数据，随后通过接口 C 将处理后的数据包发送给6LoWPAN适配器；当USB串口驱动模块接收到来自6LoWPAN适配器发送的6LoWPAN数据包后，它将调用6LoWPAN控制器，通过接口A读取缓存packetbuf-gw中的数据并执行重装机制。

5. 硬件实现

如前文所述，本节所设计的6LoWPAN网关由两部分组成：6LoWPAN适配器与PC。PC为有源设备，同时具有以太网接口、USB接口、网卡，这些都是一个网关设备所需要的。而Linux内核可以处理IPv6数据包，本节设计的虚拟网络适配驱动能够驱动6LoWPAN适配器并实现6LoWPAN适配层功能。

本节采用配置有MSP430处理器的iSense-Sky430开发板作为6LoWPAN适配器，该开发板提供48 K字节的芯片内存，10 K字节的RAM以及1 M字节闪存，完全能够满足Contiki操作系统的需求。RF处理器CC2420负责接收和转发IEEE 802.15.4数据包，它的最大传输速率是250 kb/s。重要的是，iSense-Sky430开发板还支持USB串口，能够与PC相连接，实现6LoWPAN网关功能。表3.2是6LoWPAN网关设备实现的硬件信息。

表3.2 6LoWPAN网关设备实现的硬件

实体	感知节点	6LoWPAN适配器	6LoWPAN网关	IPv6主机
硬件	Isense-sky430	Isense-sky430	PC	PC
操作系统	Contiki 2.5	Contiki 2.5	Linux	Linux
模块	UIPv6协议栈； 802.15.4驱动器	802.15.4驱动器	网络适配驱动； TCP/IP协议栈	客户端； TCP/IP协议栈

3.4.4 实验与仿真

为了验证感知节点与IPv6主机之间的互通性，本小节使用一台PC及一个6LoWPAN适配器设计了6LoWPAN网关。图3.43是6LoWPAN网关、三个感知节点，以及实验使用的IPv6主机的图片。6LoWPAN适配器搭载了Contiki操作系统，通过USB接口与PC相连，同时，在PC内的运行由虚拟网络适配驱动，与6LoWPAN适配器进行交互。感知节点采用iSense-Sky430开发板，能够提供温度、湿度以及光照信息的数据采集及收发。

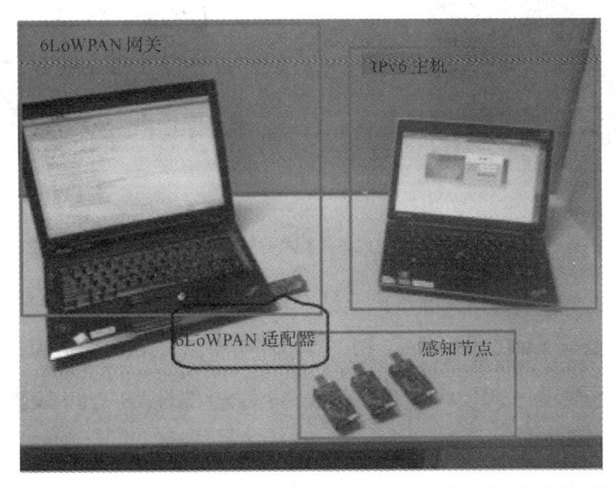

图3.43 实验采用的6LoWPAN网关及感知节点配置图片

1. 网络互通性及应用测试

本实验采用三个感知节点，在3.3节组网实验成功的基础上测试IPv6主机的ping功能。图3.44给出了成功建立感知节点与IPv6主机之间通信的测试结果。

```
user@instant-contiki:/mnt/sda3/contiki-2.5-terry/examples/udp-ipv6-THtest$ ping6 2001
:acf8:42ed:2590:0212:7400:1467:ac69
PING 2001:acf8:42ed:2590:0212:7400:1467:ac69(2001:acf8:42ed:2590:212:7400:1467:ac69)
56 data bytes
64 bytes from 2001:acf8:42ed:2590:212:7400:1467:ac69: icmp_seq=1 ttl=63 time=231 ms
64 bytes from 2001:acf8:42ed:2590:212:7400:1467:ac69: icmp_seq=2 ttl=63 time=102 ms
64 bytes from 2001:acf8:42ed:2590:212:7400:1467:ac69: icmp_seq=3 ttl=63 time=129 ms
64 bytes from 2001:acf8:42ed:2590:212:7400:1467:ac69: icmp_seq=4 ttl=63 time=152 ms
64 bytes from 2001:acf8:42ed:2590:212:7400:1467:ac69: icmp_seq=5 ttl=63 time=179 ms
64 bytes from 2001:acf8:42ed:2590:212:7400:1467:ac69: icmp_seq=6 ttl=63 time=198 ms
^C
--- 2001:acf8:42ed:2590:0212:7400:1467:ac69 ping statistics ---
6 packets transmitted, 6 received, 0% packet loss, time 5004ms
rtt min/avg/max/mdev = 102.459/165.727/231.802/42.969 ms
```

图3.44 从IPv6主机ping感知节点的测试结果

在实验测试过程中，我们设计了两个应用场景：一是IPv6客户端向感知节点请求实时数据，另一个是感知节点周期性地向IPv6主机发送采集到的数据。图3.45给出了IPv6主机发送给感知节点的四种命令及回复结果，包括(1)发送命令；(2)设置周期时长并发送命令；(3)停止命令；(4)错误命令。

```
*****temperature test*****
network init...
sucessed!
ready to work
waiting your order
send
sending...
waiting your order
03:01:53:Temperature:27,Humidity:64
```

(a)感知节点向IPv6主机发送应用数据

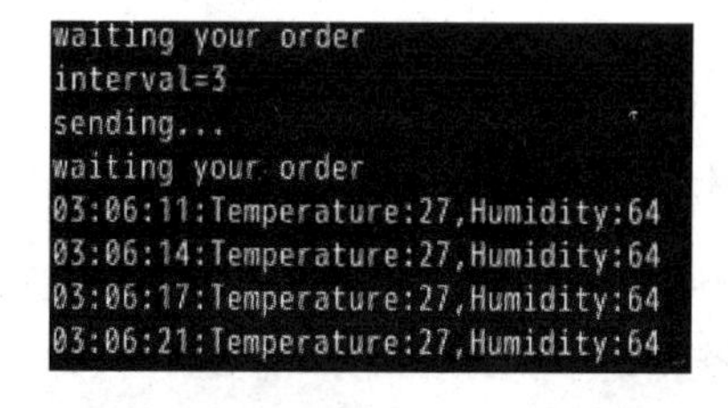

(b)感知节点间歇性向IPv6主机发送数据

```
03:46:54:Temperature:30,Humidity:61
03:46:58:Temperature:30,Humidity:61
stop
sending...
waiting your order
03:47:02:stop sending
```

(c)停止发送数据包

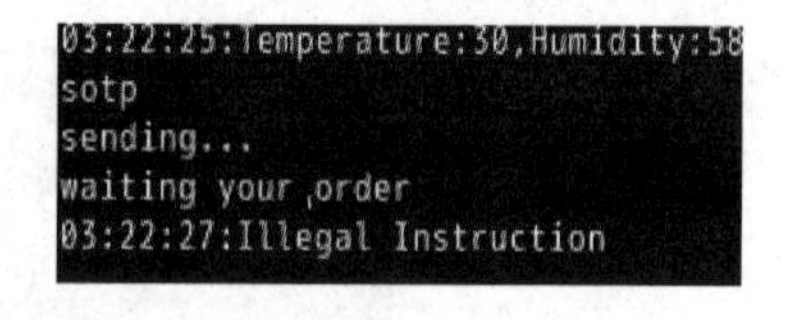

(d)错误指令

图3.45 IPv6主机向感知节点发送读取数据命令

ping测试与温度感知应用测试验证了无线传感器节点与IPv6主机之间的互通性。本实验同时验证了6LoWPAN网关的基本功能，包括网络适配驱动对6LoWPAN数据包的压缩与解压缩、分片与重装等，还验证了6LoWPAN适配器与适配驱动之间数据传输的可行性。

2. 测试与分析

为了验证6LoWPAN网关设计方案的优越性，本小节对其他两种网关处理方式进行了仿真与测试，并对测试结果进行了分析，证明基于虚拟网络适配驱动的 6LoWPAN 网关不仅能够满足无线传感器网络与互联网的端到端寻址，并且在数据包传输速率以及丢包率上都更加有优势。

本节首先对基于虚拟网络适配驱动的网关在网络中进行数据包转发时的平均数据包往返时间进行了测试，即在不同跳数情况下，随着数据包的数量的增多，ICMP 数据包以及 UDP 数据包的平均往返时间。如图 3.46 所示，在跳数分别为 1、2、3 的情况下，ICMP 数据包以及 UDP 数据包平均往返时间随着数据包数量的增多都有小幅减少。然而，当跳数设定为 3 时，ICMP 和 UDP 数据包的平均往返时间达到了 100 ms。根据分析是因为在实验中，IEEE 802.15.4 协议传输 1 个字节所需要的最少时间是 32 μs[36]，而通过串口设备传输 1 字节数据的传输时间取决于串口的最大传输速率为 9600 b/s，这是影响本实验测试结果最重要的因素。但是，在实际网关设备的制作过程中，通过采用总线连接虚拟网络适配驱动与 6LoWPAN 适配器能够避免串口传输速率对整个网络平均数据包往返时间的影响。

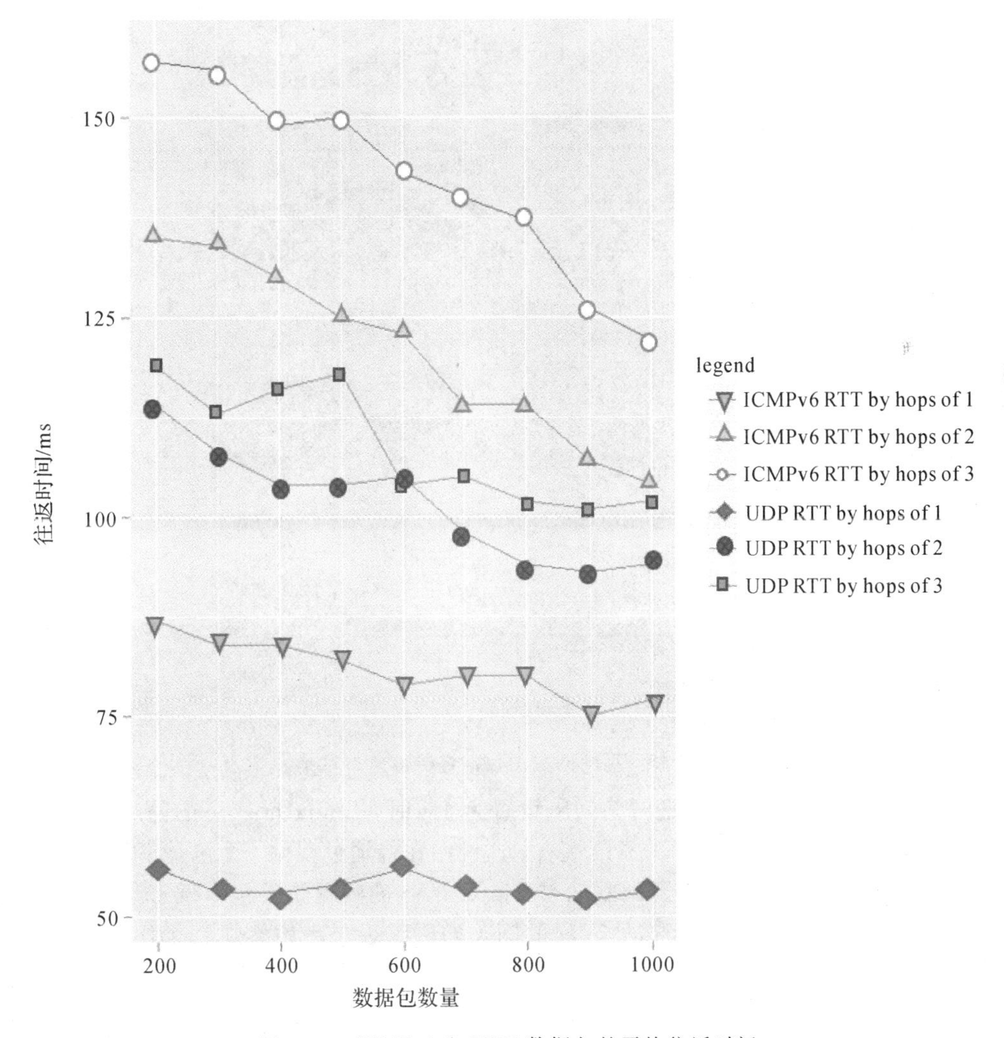

图 3.46　ICMPv6 和 UDP 数据包的平均往返时间

为了进一步验证网关对节点的数据包传输速率、网络丢包情况以及吞吐量的影响，我们设置了在不同的时间间隔内使感知节点发送200个数据包，每个数据包包含127个字节，根据接收到的数据包数量以及发送时间计算数据包的丢包率和传输速率。该仿真实验的测试网关如表3.1所示，包括基于Linux内核处理6LoWPAN的网关架构、基于微处理器的网关架构以及基于虚拟网络适配驱动的网关架构。

测试结果如图3.47和图3.48所示。从图中可以看出，随着间隔时间的增加和数据包发送时间的增长，三种网关设置的传输速率均呈下降趋势。同时，随着发送时间的增长，丢包率也随之下降。从图3.47中可以看出，在Linux host和虚拟网络适配驱动之间传输速率基本没有差别，但是微处理器方式下的网关由于受到IEEE 802.15.4设备的硬件限制，与其他两种方式相比，传输速率明显较低。

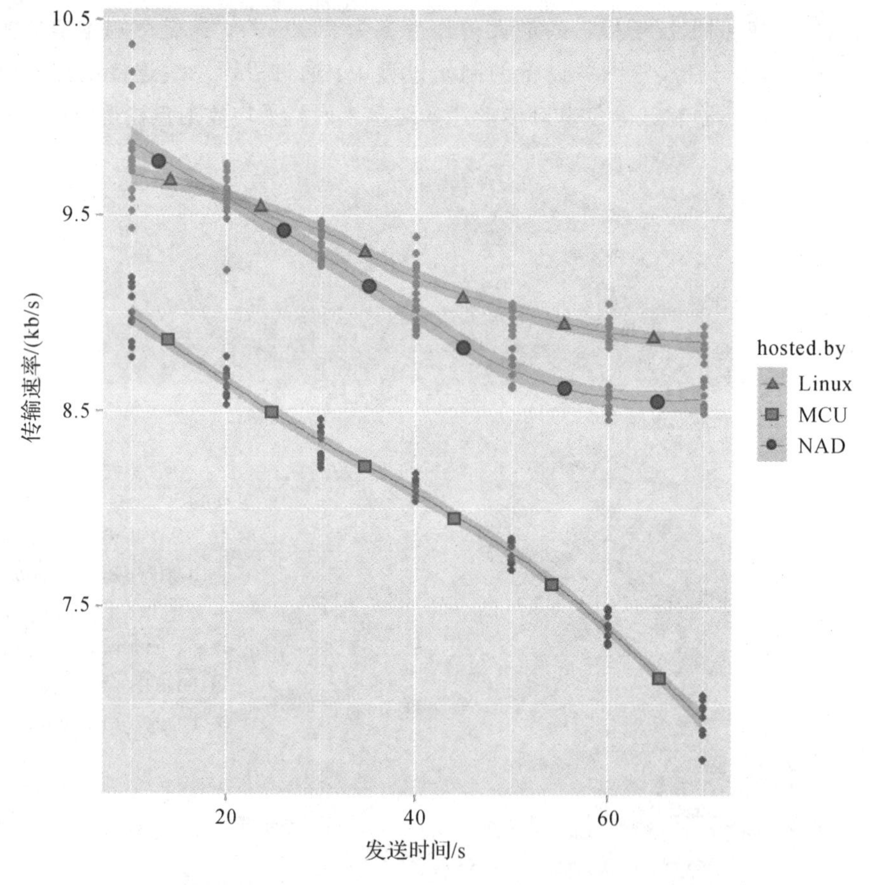

图3.47　不同网关的数据包传输速率对比

在图3.48中，当我们把发送时间间隔设置为1 s时，Linux host下的网络数据包丢包率和虚拟网络适配驱动的丢包率在3%左右，这说明在传输过程中，丢包是不可避免的。当传输间隔为0.3 s时，虚拟网络适配驱动与Linux host的数据包丢包率低于10%，传输速率在5.8 kb/s左右。然而，基于微处理器的网关的网络丢包率始终在一个比较高的水平，其中一个很重要的原因是IEEE 802.15.4设备的处理速率与PC的处理速率不匹配，且没有设置缓存机制造成的。通过以上分析可以得出，当使用Linux内核或者虚拟网络适配驱动来处理6LoWPAN的主要机制时，其网络的性能是相接近的，但通过改变Linux内核实现6LoWPAN适配层的难度要远大于采用虚拟网络适配驱动的方式。

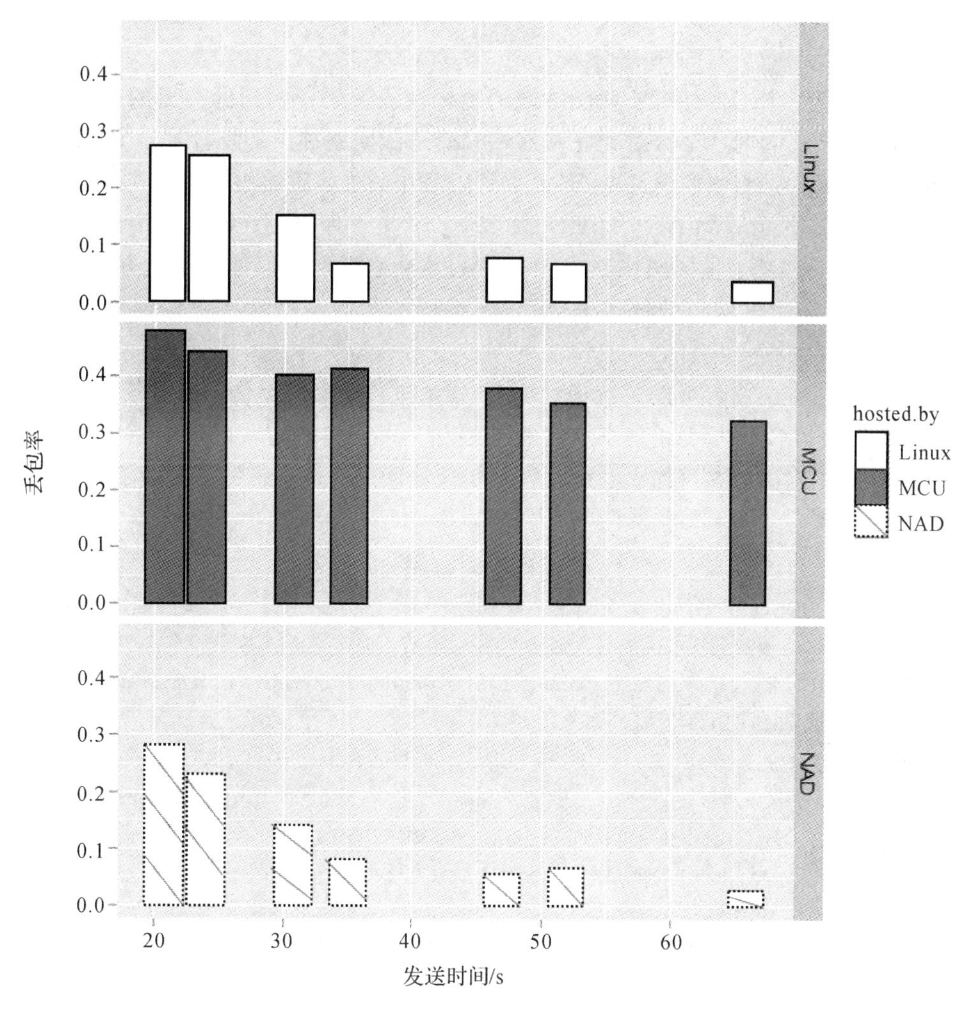

图 3.48　不同网关的数据包丢包率对比

影响无线传感器网络与互联网的端到端寻址质量的两个重要因素就是响应时间和丢包率。通过仿真分析可知，发送数据包的速率与接收数据包速率之间的不平衡是影响网络质量的重要原因。对于感知节点而言，其数据收发速率要远低于普通主机的通信，为了降低存储空间的消耗和代码复杂度，在 uIP 协议栈中所有数据包都存储在同一个缓存中，这就导致了如果某一应用还未完成时，缓存中的数据常常会被后面进来的数据所覆盖，造成整个数据包丢包的状况。同时，我们发现仿真过程中随着连接数量的增大，丢包率也明显上升，这同样与缓存管理机制相关。

uIP 协议栈的内存使用量取决于该系统中应用的具体实施过程[35]。在本次测试中，我们采用的轻量级 IP 协议栈仅仅配置了 10 K 字节的 RAM，这也是导致网络吞吐量低，以及并发连接数少的一个重要原因。

3.5　本章小结

本章以物联网技术发展为背景，以实现物联网终端的统一寻址为目标，根据物联网终端的多样性、网络异构性、资源受限性等特征，对物联网终端寻址技术进行了深入的研究与探索。

本章主要分为四部分：针对物联网终端的多样性及编码异构问题提出的一种统一的物联网终端资源迭代寻址模型；针对物联网终端编码适配问题提出的一种基于IPv6的物联网终端地址配置策略；针对物联网终端IPv6寻址过程中，首部压缩机制中存在的上下文管理问题提出的一种基于6LoWPAN-IPHC的动态上下文管理机制；针对异构网络间端到端寻址问题提出的一种基于虚拟网络驱动的6LoWPAN边界网关设计及实现方法。同时，本章通过6LoWPAN边界网关验证了基于IPv6编码的物联网终端在异构网络之间的互联互通。

通过本章的介绍，读者可以了解到利用IP技术进行物联网终端寻址，各类终端可以与互联网进行无缝连接，异构网络能够实现相互通信，真正实现物联网环境下的端到端信息交换，形成无处不在的泛在网络。本章内容对实现物联网终端的统一寻址具有重要意义。

参考文献

[1] 厉正吉. 物联网终端安全技术挑战与机遇[J]. 移动通信，2017(20)：54-57.

[2] ZHOU Z，CHEN B，YU H. Understanding RFID Counting Protocols[J]. IEEE/ACM Transactions on Networking，2016，24(1)：312-327.

[3] RANGANATHAN G，BOEGEL G V，MEYER F，et al. A Survey of UWB Technology Within RFID Systems and Wireless Sensor Networks[C]// Smart SysTech 2016；European Conference on Smart Objects，Systems and Technologies；Proceedings of. VDE，2016.

[4] KUSHALNAGAR N，MONTENEGRO G，SCHUMACHERC. IPv6 over low-power wireless personal area networks (6LoWPANs)：overview，assumptions，problem statement，and goals. RFC4919，August，2007，10.

[5] KUMAR T，MANE P B. ZigBee topology：A survey[C]// International Conference on Control，Instrumentation，Communication and Computational Technologies. IEEE，2017：164-166.

[6] SHELBY Z，et al. Neighbor Discovery Optimization for IPv6 over Low-Power Wireless Personal Area Networks (6LoWPANs). 2012，RFC 6775，November.

[7] SAVOLAINEN T，SOININEN J，SILVERAJAN B. IPv6 Addressing Strategies for IoT. Ieee Sensors Journal，2013. 13(10)：3511-3519.

[8] HINDEN R，DEERING S. RFC 2373. IP version，1998. 6：6.

[9] 王迪. 基于位置信息的6LoWPAN网络IPv6地址配置机制的研究[D]. 郑州：郑州大学，2017.

[10] 王子文. 新一代互联网中IPv6地址变化特性的研究[D]. 北京：北京邮电大学，2017.

[11] SAVOLAINEN T，SOININEN J，SILVERAJAN B. IPv6 Addressing Strategies for IoT. Ieee Sensors Journal，2013. 13(10)：3511-3519.

[12] HEMALATHA M，RUKMANIDEVI S. A study on IPv6 prefix matching through DNA computing [J]. Journal of Computational & Theoretical Nanoscience，2017，14(8)：3867-3873.

[13] TROAN O，DROMS R. RFC3633：IPv6 Prefix Options for Dynamic Host Configuration Protocol (DHCP) version 6. Standards Track，http：//www. ietf. org/rfc/rfc3633. txt，2003.

[14] NARTEN T，et al. Neighbor discovery for IP version 6 (IPv6). 2007.

[15] GROUP I W. Standard for Part 15.4：Wireless Medium Access Control (MAC) and Physical Layer

(PHY) Specifications for Low Rate Wireless Personal Area Networks (LR - WPANs). ANSI/IEEE 802.15, 2003. 4.

[16] KO J, et al. Connecting low - power and lossy networks to the internet. Communications Magazine, IEEE, 2011. 49(4): 96 - 101.

[17] 邱杰. 基于 IPv6 的无线传感网络研究与实现[D]. 南京: 南京邮电大学, 2016.

[18] CHOI D I, et al. Improve IPv6 global connectivity for 6LoWPAN. in Advanced Communication Technology (ICACT), 2011 13th International Conference on. 2011:1007 - 1010.

[19] HASBOLLAH A A, ARIFFIN S H, HAMINI M I A. Performance analysis for 6loWPAN IEEE 802.15. 4 with IPv6 network. in TENCON 2009 - 2009 IEEE Region 10 Conference. 2009: 1 - 5.

[20] LO P, F, et al. Towards fully ip - enabled IEEE 802.15. 4 LR - WPANs. in Sensor, Mesh and Ad Hoc Communications and Networks Workshops, 2009. SECON Workshops' 09. 6th Annual IEEE Communications Society Conference on. 2009:1 - 3.

[21] DA S C B, et al. Design and construction of a wireless sensor and actuator network gateway based on 6LoWPAN. in EUROCON - International Conference on Computer as a Tool (EUROCON), 2011 IEEE. 2011: 1 - 4.

[22] DA S C B, et al. Design and construction of wireless sensor network gateway with IPv4/IPv6 support. in Communications (ICC), 2011 IEEE International Conference on. 2011:1 - 5.

[23] YU H, et al, Enabling end - to - end secure communication between wireless sensor networks and the Internet. World Wide Web, 2012: 1 - 26.

[24] OIKONOMOU G, PHILLIPS I. Experiences from porting the Contiki operating system to a popular hardware platform. in Distributed Computing in Sensor Systems and Workshops (DCOSS), 2011 International Conference on. 2011: 1 - 6.

[25] EUIHYUN J, et al. An OID - based identifier framework supporting the interoperability of heterogeneous identifiers. in Advanced Communication Technology (ICACT), 2012 14th International Conference on. 2012: 304 - 308.

[26] RODRIGUES J, NEVES P A. A survey on IP-based wireless sensor network solutions. International Journal of Communication Systems, 2010. 23(8): p. 963 - 981.

[27] DURVY M, et al. Making sensor networks IPv6 ready. in Proceedings of the 6th ACM conference on Embedded network sensor systems. 2008: 421 - 422.

[28] HUI J W, CULLER D E. IP is dead, long live IP for wireless sensor networks. in Proceedings of the 6th ACM conference on Embedded network sensor systems. 2008: 15 - 28.

[29] GUBBI J, et al. Internet of things (IoT): A vision, architectural elements, and future directions. Future Generation Computer Systems, 2013.

[30] SHELBY Z, et al. Neighbor Discovery Optimization for IPv6 over Low - Power Wireless Personal Area Networks (6LoWPANs). 2012, RFC 6775, November.

[31] FERRARI F, et al. Efficient network flooding and time synchronization with Glossy. in Information Processing in Sensor Networks (IPSN), 2011 10th International Conference on. 2011: 73 - 84.

[32] 罗鹏, 刘争红, 郑霖. 6LoWPAN 多网关设计与实现[J]. 计算机工程与应用, 2016, 52(23): 148 - 152.

[33] 朱大鹏. 支持 6LoWPAN 与 IPv4 网络互通的网关关键技术研究与实现[D]. 重庆: 重庆邮电大学, 2016.

[34] 铁玲, 任海波. 基于 Contiki 的无线传感器网络的 6LoWPAN 子网和互联网互联研究[J]. 成都大学学报(自然科学版), 2017, 36(3): 262 - 264.

[35] 冯韬，朱立才．Contiki系统进程与事件剖析[J]．计算机时代，2016(12)：1-4.
[36] HOSSEN M, et al. Interconnection between 802.15.4 devices and IPv6: implications and existing approaches. arXiv preprint arXiv: 1002.1146, 2010.

第四章　无线传感器网络定位技术

无线传感器网络处于物联网的感知层面，是物联网信息的捕捉和获取通道。近些年，随着便携式计算机和无线通信技术的快速发展，无线传感器网络已经成为人们研究的热点，具有广阔的应用前景。分簇与定位都是无线传感器网络的关键支撑技术，是无线传感器网络能够较长时间高效地为人类服务的必要条件。

本章重点研究其中的定位技术，在研究和分析现有定位技术算法的优势与缺陷的基础上，针对二维定位以及三维定位方面提出各自的优化定位算法，分别是：基于改进遗传算法优化的高精度定位算法 PFGA；基于邻接信息与启发式路径的移动信标式定位算法；一种改进的 APIT－3D 定位算法；一种改进的 3D－加权质心定位算法。

4.1　传统的无线传感器网络定位技术

本节主要对现有无线传感器网络的定位技术所采取的定位算法进行分类综述，详细介绍各算法的优势与缺陷，即后续章节提出的优化算法的来源。

4.1.1　二维定位算法

无线传感器网络的定位技术最初采用二维定位算法，因为在高度值意义不大的环境中，可以将整个应用看作二维定位环境。本小节重点分析已有的二维定位算法，讨论其优势与缺陷，从基于静止信标与基于移动信标两方面阐述。

1. 基于静止信标的二维定位算法

根据算法是否采取硬件测距技术，将基于静止信标的二维定位算法分为基于测距的定位算法与基于非测距的定位算法。

1）基于测距的定位算法

（1）基于 AOA 测距技术的定位算法。

AOA(Angle Of Arrival)又称为基于信息角度的测距手段，是一种用来估算邻居节点发送信号方向的技术。它通过在传感器节点上安装阵列天线与接收器来感知其他节点传来信号的方向。现有的 AOA 测距技术在硬件上可以实现 40°角内 5°的误差，但是，仍然容易受到外在环境的影响，所以需要设计算法对误差进行优化。现有的基于 AOA 测距技术的定位算法有许多，主要是在硬件上进行优化，然后在结果中进行相关精度优化。

最早提出的在室内利用节点采集方向信息，是 AOA 测距定位的源头，定位系统采用微控制器、RF 接收器和 5 个接收器等硬件设备，测量精度误差在 5°左右，但是依赖于硬件设备；而通过计算 4 个飞行节点至目标节点的到达时间差，从而推算出到达角度，这种计算角度方式可以减小角度误差，并提高定位精度，同时利用卡尔曼滤波方式在定位阶段减小误差，在一定程度上改善了基于 AOA 定位的精度，但是仍然需要很多硬件的支持；对此，有学者提出利用旋转天线装备取代单方向的天线，这样可以避免设置多个节点而用到达时间差的方法计算角度，最后取接收能量最大的角度作为到达角度，虽然具有一定的创新，减少了参与计算的节点数目，但是在精度上稍差，同时定位能耗也不乐观。

综上可以发现，基于 AOA 测距的定位技术依赖于 AOA 测距结果的精度，到达角度误差越大，定位结果精度越低。且 AOA 测距的结果由硬件条件决定，提高天线的质量才能取得较好的测距结果，因此不适用于大型无线传感器网络，在精度要求较高的室内传感器网络应用比较多。

(2) 基于 TOA 测距技术的定位算法。

TOA(Time Of Arrival)为基于到达信号传输时间的测距方式。TOA 测距方式的原理较为简单，需要定位的节点计算信号到达参考节点的时间，也需要天线等硬件设备。通过基于 TOA 测距的定位将测定的时间转化为距离，再用三边测量法求解未知节点的坐标。此定位方法对于时钟要求非常高，如果网络中节点的时钟不一致，就要采用对称双程测距的方法。如果只用单程测距方法，所有节点就需要通过时钟同步技术达到统一时钟标准。

综上所述，基于 TOA 的定位算法在硬件上要求比基于 AOA 的要低，同时可以经过优化提高定位精度，适用于同步网络系统与室内网络系统，缺陷是仍会受到环境影响，也需要硬件支持。

(3) 基于 TDOA 测距技术的定位算法。

TDOA(Time Difference Of Arrival)是基于到达时间差的测距技术。与 TOA 技术一样，TDOA 也是属于基于时间的测距手段。TDOA 测距采取两种不同速率的传输信号，一般是电磁波与超声波，测距时锚节点同时发送两种信号，接收节点计算到达的时间差来得出两节点之间的距离。基于 TDOA 测距技术的定位算法由于精度比较高，因而在很多无线传感器网络应用中使用。

基于 TDOA 测距技术的定位算法比基于 TOA 测距技术的定位算法的定位精度更高，但是能耗更高，并且更容易受到外界干扰，因此适用于高精度的室内定位系统中。

(4) 基于 RSSI 测距技术的定位算法。

RSSI(Received Signal Strength Indicator)是基于信号接收强度的测距方法。这种测距方法是最简单的测距方法，硬件比较简单，只要能够发送与接收电磁信号即可。当接收点测量出接收功率，并计算信号在传播过程中的能耗，利用传播模型就可以计算出发送节点与接收节点之间的距离。

$$P_t(d) = \frac{P_t G_t G_r \lambda^2}{(4\pi)^2 d^2 L} \tag{4-1}$$

其中，$P_t(d)$是在相距 d 时的接收功率；P_t 是发送端的功率；G_tG_r 分别是两端天线的增益；λ 是波长；L 是系统参数。由于 RSSI 测距技术的能耗低、代价小，所以基于 RSSI 的定位算法最为广泛，但是精度不高，需要进行优化。

根据上面所述，基于 RSSI 测距技术的定位算法比所有基于其他测距技术的定位算法的定位精度都要低，需要优化算法辅助提高定位精度，但是其能耗低，因此硬件要求较低，适合于大部分无线传感器网络应用环境。

综上所述，基于测距的静止式信标定位算法依赖于硬件设备，硬件条件越高，定位精度越高，但是通信代价越大，网络能耗越大，因此此类定位算法适用于室内小规模无线传感器网络的定位。为了降低定位过程中对硬件的要求同时提高定位的精度，很多学者提出了基于非测距的定位算法。

2）基于非测距的定位算法

为了以较低的通信代价获得较高的定位精度，许多研究学者提出利用非测距的定位算法实现无线传感器网络的定位。基于非测距的定位算法有两种，一种是通过静止信标节点所围成区域的质心等关键位置估计未知节点的坐标，另一种是通过估算节点之间的距离再采取三边测量法等方法计算节点的位置。

（1）质心估计法。

利用未知节点周围邻居信标节点所围成的不规则区域的质心位置作为未知节点的估计位置，即质心估计法。这种算法比较简单，但精度太低，属于粗粒度定位，同时依赖于信标节点密度。对此有学者提出，进一步缩小质心估计法的估算区域，利用质心节点取代离未知节点比较远的信标节点重新组合估算区域，从而减小估算区域，此算法降低了质心估计法的复杂度，且提高了定位精度。

总体来讲，质心估计法的精度相对于其他定位算法来说比较低，但定位能耗也比较低，因此在精度要求较低的大型网络中应用比较多。

（2）DV－hop。

DV－hop 算法第一次是由 D. Niculescu 和 B. Nath 提出的，是一种基于距离矢量计算跳数的算法。假设某个信标节点为(x_i, y_i)，其他的信标节点为$(x_j, y_j)(j=1, 2, \cdots, n)$，那么可以根据式(4－2)计算出信标节点的网络平均每跳距离。

$$\text{hopsize}_i = \frac{\sum_{j=1}^{n}\sqrt{(x_i - x_j)^2 + (y_i - y_j)^2}}{\sum_{j=1}^{n}\text{hopcount}_{ij}} \tag{4-2}$$

其中，hopcount_{ij}表示两节点之间的跳数。待定位的节点取最近的信标节点的平均每跳距离作为自己的平均每跳距离，然后与跳数乘积作为距离，最后根据三边测量法求出节点的位置。此算法对硬件要求不高，但是依赖于网络连通，适合于密集度较高、分布均匀的无线传感器网络。

后来有学者提出 DV－hop 的优化，主要是通过节点通信半径调整跳数和利用去除偏远节点减小计算均跳长度的误差，此优化算法相比传统的 DV－hop 算法的精度更高。文献[1]提出利用粒子群算法对 DV－hop 的定位结果进行优化，利用粒子群迭代优化取代最大似然法，实现定位精度的提高，但是算法复杂度较大。对此有学者提出利用遗传算法优化 DV－hop 定位算法，在定位的第二阶段不采取三边测量法等，而是选取遗传算法进行迭代搜索，极大地提高了定位的精度，但是算法复杂度较大。本书 4.2 节也是采取遗传算法优化定位精度，将与这两篇提出的算法结果进行对比。

综上，DV－hop 及其优化算法的定位能耗和精度适中，但是节点之间的通信代价大，同时网络必须保证连通，密度越高定位精度越高。

(3) APIT。

APIT(Approximate PIT Test)算法又称为三角形内点测试算法，由文献[2]第一次提出，该算法选取未知节点的参考信标节点中的任意三个组成三角形，判断未知节点是否在其中，找出所有包含未知节点的三角形，取交叉区域的质心位置表示未知节点的估计位置。常家银[3]提出APIT的改进，在APIT定位过程中引入方向搜索的思想。文献[4]提出一种VN-APIT定位算法，在原来的APIT算法中融入一种VN-APIT测验方法，在定位过程中布置模拟节点进行内点测试，降低了三角形内点测试法的复杂度，此算法能够在优化APIT定位精度的同时具有较低的计算能耗。

APIT算法及其优化算法可以说是质心估计法的延伸，相比质心估计法其定位精度更高，但是由于要进行大量的内点测试，其算法复杂度显得较为庞大，适合于较为疏松的中型无线传感器网络应用。

(4) 凸规划。

凸规划算法是集中式定位算法，就是将节点定位问题转换成凸集上具有约束条件的最优化问题，需要采用线性规划与半定规划的数学计算方法来确定最终的节点位置。凸规划算法的定位精度依赖于信标节点的比例，一般情况下信标节点密度越高，定位精度越高，定位覆盖率越大。文献[5]对凸规划定位算法进行性能分析并与半定义规划定位算法(SDP)进行对比，同样是将定位问题转为数学模型，凸规划在计算复杂度与定位精度方面都更加理想。但是凸规划需要考虑太多的约束条件，计算复杂度相比前几种算法更大，所以基本上应用很少。

综上，基于非测距的静止信标式定位算法所需网络能耗较低，对硬件依赖比较弱，但是定位精度一般不高，需要第二阶段的精度优化过程，所以此类算法在许多大中型无线传感器网络中应用较多。因为需要考虑定位精度与定位能耗的优化，所以此类算法的研究空间较大。

至此，具有代表性的静止信标式定位算法已经全部介绍完，可以发现静止信标式定位算法的定位精度在优化后比较可靠，适用于能耗要求不太高的无线传感器网络的定位问题。但是当网络规模变大、信标节点数量陡增时，静止信标式算法的定位能耗就比较大，因此移动信标式算法就应运而生了。

2. 基于移动信标的二维定位算法

基于移动信标的定位算法不再采用原来信标静止不动的思想，而是利用移动的信标给其他节点传播位置信息。这种类型的定位算法一般分为两个步骤，第一步是规划移动信标的路径，第二步是利用原来传统定位算法进行定位。基于移动信标的定位算法的优势在于定位精度高，不受环境影响，定位能耗适中，所以近几年这类定位算法的研究也比较流行。本小节根据移动信标路径规划方式的不同将这类定位算法分为基于静态路径规划与动态路径规划的二维定位算法。

1) 基于静态路径规划的二维定位算法

基于静态路径规划的移动信标式定位算法中，移动信标的移动路径的实现是规划好的，信标在每一时刻都知道下一时刻移动的状态，所以在网络初始化时就要设计出移动信标的搜寻路径。这种定位算法整体依赖于节点的拓扑分布，一旦网络出现故障，算法就要做相应调整。

文献[6]首先提出 SCAN 路径规划模型，并用基于此路径规划方式的定位算法在规则的网络中进行实验，发现定位精度相对可靠。此路径规划方式示意图如图 4.1(a)所示，从图中可以看出，当只有一个信标节点时，移动路径基本是直线，未知节点接收到的信息共线概率比较大，容易产生镜像误差。于是，文献[7]提出利用两个信标同时进行 SCAN 算法以降低共线信号的概率，称为 DOUBLE SCAN，如图 4.1(b)所示，基于这种路径规划方式的定位算法较 SCAN 精度更高，但是能耗相对较大。文献[8]提出应用几何理论对 SCAN 路径规划方式进行简单优化，并讨论在应用环境中存在障碍时如何重新规划 SCAN 路径，该算法提高了基于 SCAN 路径规划方式的定位算法的适应性。文献[9]提出 Hilbert 路径规划方式，此方式是为解决 SCAN 容易信标共线问题而提出的，规划方式如图 4.2(a)所示，基于此路径规划方式的定位算法相对精度更高，但是信标路径长度更大，计算能耗也变得更大。

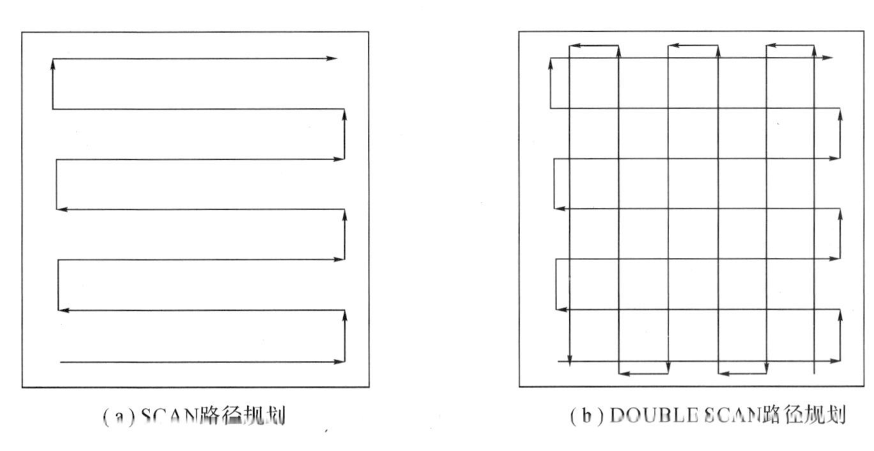

(a) SCAN路径规划　　(b) DOUBLE SCAN路径规划

图 4.1　SCAN 与 DOUBLE SCAN 路径规划示意

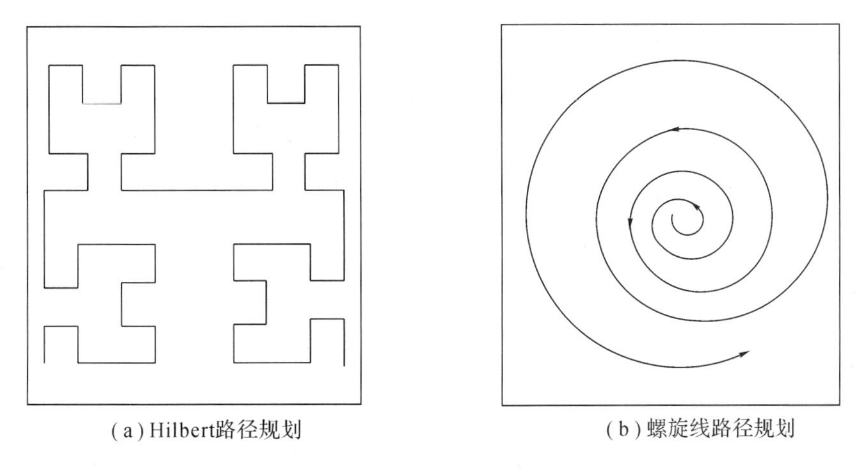

(a) Hilbert路径规划　　(b) 螺旋线路径规划

图 4.2　Hilbert 与螺旋线路径规划示意

文献[10]提出螺旋线的路径规划方式，如图 4.2(b)所示，基于此路径规划的定位算法复杂度较低，但是却能有效避免信标共线产生的误差问题，因为路径都是曲线移动的。

除了上述的常规静态路径规划方式外，还有其他许多各式各样的静态路径规划方式。例如文献[11]提出的 LMAT 路径规划方式，此规划方式来源于三边测量的思想，使得传播点构成三角形，基于这种路径规划方式的定位算法的定位精度可观，但是算法复杂度较大。文献[12]提出 S - curve 路径规划方式，如图 4.3(a)所示，与螺旋线类似，它减小了信标共线的可能，从而提高了定位精度。文献[13]指出曲线路径规划对移动节点的要求太高，提出了一种 Z - curve 路径规划方式，如图 4.3(b)所示，虽然没有按照曲线路径而是按照 Z 型的路线移动信标节点，但是仍可取得较为理想的定位结果。

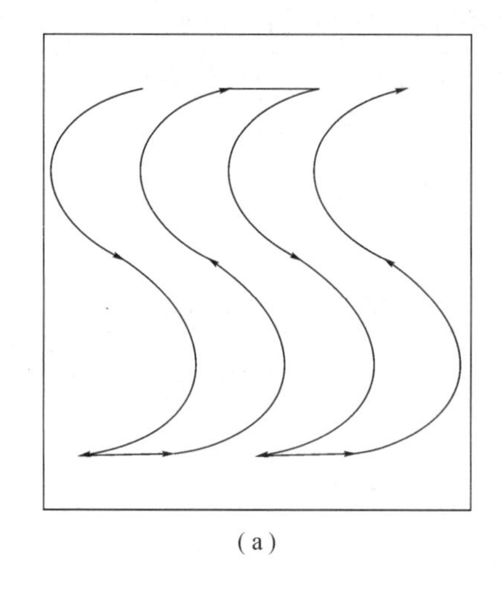

(a)

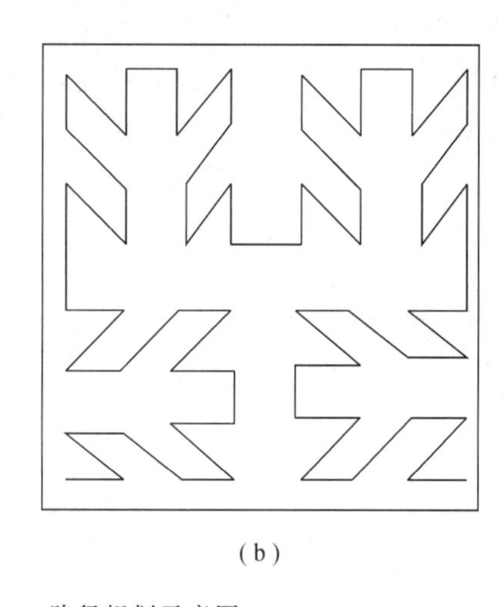

(b)

图 4.3　S - curve 与 Z - curve 路径规划示意图

基于静止路径规划的定位算法不仅可以通过寻找适合的信标移动方式来优化定位结果，也可以通过在定位算法中融入其他寻优算法来进行优化。文献[14]提出在定位过程中引入粒子群算法优化定位结果，可以提高定位的精度，但是复杂度较高；文献[15]提出利用三重覆盖原则找到所有可能的信标停留点，再使用旅行商算法进行决策路径，提高了定位的覆盖率，计算复杂度也比较高；文献[16]提出优化 Z - curve 路径方式使得其能够更好地适应存在障碍的网络；文献[17]提出利用三角形的三边垂直交点 PI 来减小 Z - curve 算法的信标传播次数，减小网络的能耗，但是计算精度不高。

总之，基于静止路径规划的定位算法核心在于如何取得能够适用于任何网络拓扑结构的定位系统。基于静态路径规划的定位算法在网络初始化的时候就已经确定信标的遍历路径，这种定位算法在密度较大的小范围传感器网络应用中优势更大，但在密度较小的大范围传感器网络中就会产生许多不必要的能耗。

2) 基于动态路径规划的二维定位算法

动态路径规划参考网络分布的拓扑结构，在运动的过程中根据网络节点之间的关联信息不断更改信标的移动状态，相比静态路径规划，其更加适用于大部分无线传感器网络应用，定位算法能耗更低，精度更高。但是，这类定位算法由于构造路径的困难性，研究尚未太深入，比较有代表性的是下面几篇文献。

文献[18]第一次提出利用图论的思想解决定位问题，将网络转换成图，网络的节点就是图中节点，如果两节点在相互的通信范围中，则在图中就会有相对应的边，这就将定位问题中的路径规划问题转换为求解图的最小生成树问题，再利用回溯贪婪和深度遍历算法求解即可。基于此路径规划的定位算法覆盖率较高，但定位精度不理想。

文献[19]提出将网络转换成图的时候，可以采取寻找最短路径的方式完成网络节点的遍历。基于这种路径规划方式的定位算法复杂度较低，计算能耗适中，但定位精度一般。

文献[20]提出一种适应性调整的路径规划方式，移动信标在移动过程中会考虑移动路径长度与传播信标信号的次数，在每次接收到未知节点反馈时都按照三角锯齿移动方式前进，不同于静态路径规划，其会根据接收到的信息适应性地调整自己的下一次移动状态。基于此路径规划方式的定位算法覆盖率较高，定位精度也比较可观，但是计算复杂度较高。

当然，也有些定位算法通过给移动信标节点安装硬件装置(例如定向天线)来判别移动方向，例如文献[21]提出在移动信标的四周安装四个定位天线协助信标移动，并利用天线接收的信息可以成功避开障碍物。基于这种方式的定位算法虽然硬件成本高，但是适应性强，定位精度可靠。

为了节约网络能耗，文献[22]提出利用分簇思想，将网络先按照结构分簇，然后在簇头间进行全局规划，在簇间根据簇头提供的信息进行局部路径规划。基于此方式的定位算法可以明显节省网络能耗，并且定位精度相对也比较高。

除了上面几篇文献提出的定位算法，还有些定位算法会根据信标移动过程中参考节点之间的关联信息，不断更改自己的移动状态。例如文献[23]提出一种信标节点引导机制，先通过 RSSI 测距技术测出带有误差的距离，然后构成网络参考信息，再利用引导机制进行路径决策以减小定位误差。文献[24]第一次提出利用启发式路径决策方式，构造一种 DREAMS 路径决策方式，在信标移动的过程中根据节点反馈信息进行启发式路径决策，从而使得信标用最短路径给所有未知节点传播位置信息。基于此算法的定位算法网络能耗较低，定位精度十分可观。因此，本章的第三节也将利用启发式路径决策的方式给信标做路径选择，并将其与此算法进行对比。

总之，基于动态路径规划的定位算法不断考虑网络分布的具体情况，不盲目移动信标，从而达到节约网络能耗的目的，此类定位算法适用范围较广，更符合实际情况。

二维定位算法适用于高度意义不大的应用环境，当传感器节点位置的高度值对于无线传感器网络的决策管理具有一定的作用时，高度往往就不能忽略，定位会上升到三维层面上，下面具体介绍三维定位的已有算法。

4.1.2　三维定位算法

三维定位算法对于一些应用十分重要，因此对于此类算法的研究也具有很大的意义。本小节主要根据基于测距的定位和基于非测距的定位将现有的三维定位算法分为两大类，每类中再分为集中式定位和分布式定位，下面详细研究了一些热门的三维定位算法并分析、总结它们的优缺点。

1. 基于测距的三维定位算法

基于测距的三维定位算法与二维定位算法相类似，是指首先通过测距算法测量节点间的距离或者角度信息，之后利用所测信息并通过数学计算得出未知节点坐标的方式。按照节点处理信息的方式,基于测距的三维定位算法分为集中式定位和分布式定位两类。

1）集中式测距三维定位算法

集中式定位是指将各个节点所收集到的信息传送到服务器节点进行处理，然后计算出未知节点坐标位置的方式。

文献[25]提出了一种被引用较多的 Landscape - 3D 定位算法。如图 4.4 所示，它需要借助移动的定位辅助装置 LA(Location Assistant，一般为装有 GPS 的小型无人驾驶飞行器 UAV)在监测区域上空周期性地广播自身的位置信息，网络中的未知节点根据接收到的位置信息，利用 RSSI 计算其与 LA 之间的距离，从而确定自身位置。该算法主要依靠 LA 装置的灵活性和健壮性，不需为节点配备 GPS，但对 LA 的硬件装备需求较高。该算法有即时迭代和离线迭代两种，前者增加了网络的计算量，后者对节点的存储能力要求较高。文献[26]提出结合 MDESM 算法的微差分进化算法可以根据收集到的来自 UAV 的信息计算未知节点的位置坐标。

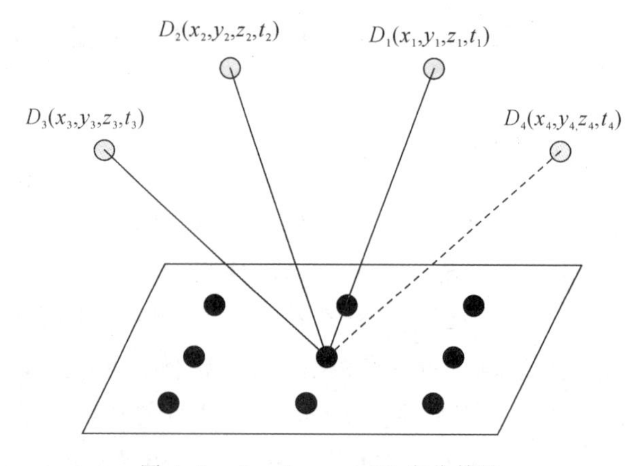

图 4.4　Landscape - 3D 定位算法

文献[27]提出了一种在使用 RSSI 和三边定位法计算未知节点坐标之前预处理的方案：基于凹凸性划分和分层的 3D - CDD 算法。该算法首先根据节点的高度将 WSNs 定位区域水平划分为几个适当的逻辑层，并在每层中根据凹凸性的不同划分为几个分支区域，以减小由于网络地形的凹凸程度不同造成的误差。

基于测距的三维定位算法中需要测量大量的距离信息或角度信息，且与二维定位算法相比增加了一个维度的信息，这恰好迎合了集中式定位算法中服务器节点计算量和存储量没有限制的优点。但同时集中式定位算法需要传感器节点和服务器节点之间的大量通信，导致网络通信量较大，距离服务器节点距离较近的节点耗能大且易失效，故集中式定位算法不适用于资源受限型网络。

2）分布式测距三维定位算法

分布式定位是指未知节点根据与通信范围内邻居节点交换的信息在后台自行计算自己坐标位置的方式。

文献[28]提出了基于传统三角计算的Constrained-3D算法。如图4.5所示，该算法假定锚节点都部署在底部同一平面内，以该平面为中心向上依靠测量与邻居节点之间的距离来推算未知节点的位置。

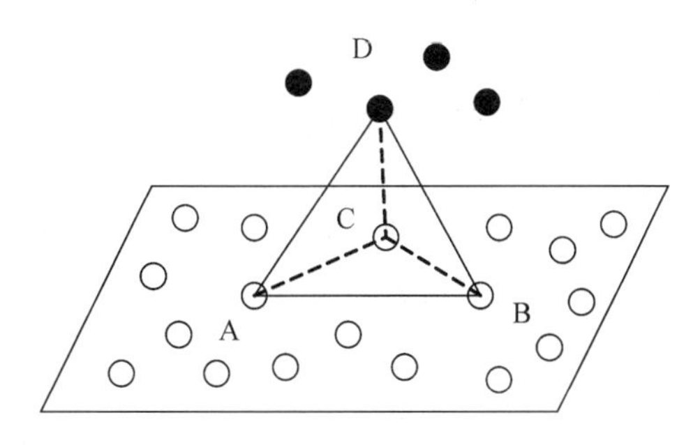

图4.5　空间节点定位说明

分布式测距三维定位算法中每个节点都根据通信范围内的邻居节点传来的信息在后台计算自己的位置，降低了网络通信量且节省了网络资源的消耗，可推广至各种规模的无线传感器网络。但由于普通节点资源受限，计算能力和存储能力相对于服务器来说较弱，难以实现复杂算法。

3）集中式与分布式混合测距三维定位算法

文献[29]提出了一种在二维、三维空间中均适用的多点定位算法ReNLoc，它至少需要四个不共线的位置静止的基础节点和一个能够测量其到基础节点之间的距离，并且只测量该距离的移动测量节点。ReNLoc算法既可使用所有测量节点的测距结果(集中式定位)，也可使用自身和邻居测量节点的测距结果(分布式定位)来给自身和基础节点定位，故属于混合定位。除此之外，该算法属于无锚节点的定位(指不需要预先知道位置信息的锚节点，仅根据局部距离值来定位的方式)。因为不需要锚节点，所以该算法比较节能，网络生命周期较长，适用于人员不易接近的危险区域和有障碍物的复杂三维地理环境，但定位精度有待提高。

混合定位算法综合了集中式定位和分布式定位的优点，平衡了资源利用率和定位精度之间的矛盾，但实施较为复杂。

基于测距的定位算法相对于无需测距的定位算法来说定位精度较高，但同时也对硬件设备要求高，计算量和通信量开销较大，这会导致网络耗能多、成本高、生命周期短。此外，基于测距的定位算法受锚节点的密度及分布影响较大，且在三维环境中可能会导致空间多解问题。

综合考虑上述集中式定位算法和分布式定位算法的优缺点，由于分布式定位算法对节点计算能力和存储能力的要求更具平均性，三维环境中在使用基于测距的定位算法时更倾向于采用分布式定位方式。

2. 基于非测距的三维定位算法

无需测距的定位是指依靠网络连通性即可完成定位，无需测量绝对距离和角度的方式，它通过估计节点间的跳数或确定包含未知节点的可能区域继而求质心的方法来确定未知节点的位置。下文将无需测距的三维定位算法按照节点处理信息的方式分为集中式定位和分布式定位两类分别研究。

1）集中式非测距三维定位算法

集中式定位是指将各个节点所收集到的信息传送到中心节点(服务器)进行处理，计算出未知节点坐标位置的方式。

文献[30]提出了一种无需测距的基于球壳交集的 APIS 算法。该算法将基于三角形的 APIT 算法扩充到三维，划分空间为球壳并取球壳的交集来定位，其定位精度受锚节点密度和分布影响较大。

文献[31]提出了基于费马点分离的 FM－APIT－3D 算法，如图 4.6 所示，利用费马点将三棱锥划分为四块，可以显著改善定位精度和覆盖率。以上与 APIT 有关的几种方法均易受到锚节点密度及分布的影响。

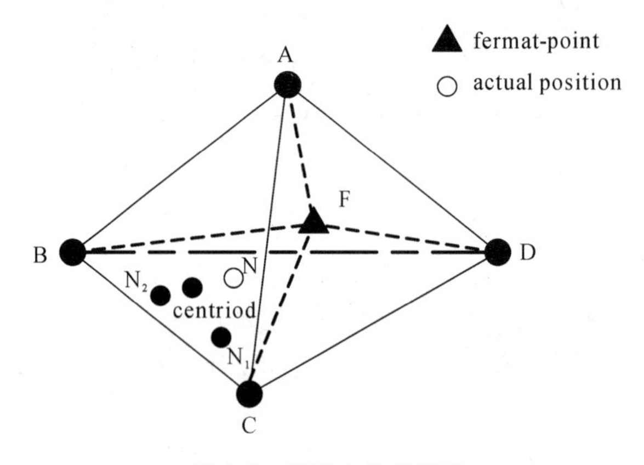

图 4.6 费马点分离模型

文献[32]提出了一种基于球面坐标的 SBLS 算法。未知节点通过与移动锚节点之间交互的信息来构建多元线性方程组，再利用克莱姆法则求解并解决多解、无解问题，最终利用最小二乘法进行优化。

无需测距的三维定位算法经常被用于以测控和控制为目的的应用中，此类应用中大量的数据需要汇总到数据中心进行处理，这大多需要使用集中式定位算法。此外，集中式定位算法定位精度较高，但同时也会因为网络资源紧缺而受到限制。

2）分布式非测距三维定位算法

分布式定位是指未知节点根据与通信范围内的邻居节点交换的信息在后台自行计算自己坐标位置的方式。

文献[33]在结合了 ROCRSSI 算法[34]中锚节点多次广播信标信息的方案和 ALS 算法[35]中无线电信号强度随传输距离的增加而衰减的特性的基础上，提出了 DBRF－3D 算法。该算法属于无需测距的定位算法，只需要锚节点广播自身的信标信息，在锚节点一跳通信范围内的未知节点通过监听到的信标信息来估计自身位置。

文献[36]将分布式定位算法 Bounding box 扩展到三维空间。未知节点的所有邻居锚节点根据通信范围作球，各在所作球中取一个三边分别与 x、y、z 轴平行的内接正方体，再取各内接正方体的交集确定出包含有未知节点的限定立方体，之后用该立方体的质心作为未知节点的估计位置。该算法的优点是定位计算量很小，适用于运算复杂的三维定位。

文献[37]在结合 DV－Hop 和 Bounding box(二者均为分布式算法)的基础上提出 DB

算法。DB首先利用DV－Hop测量锚节点和未知节点之间的距离；再利用Bounding box以所测距离为半径构建正方体，这些正方体的交集即为未知节点的估计位置。该算法克服了Bounding box算法中因为锚节点通信范围有限而对锚节点数量要求较高的弊端。

文献[38]对定位误差较大的二维DV　Hop算法进行了改进，在充分利用地形特点的基础上提出了基于近似投影校正的三维定位算法。该算法将三维DV－Hop算法所计算出的结果近似投影到靠近地形表面的位置，大幅提高了定位精度。

分布式定位算法资源利用率较高。三维环境中的节点定位过程相对于二维环境来说资源消耗量较大，所以更倾向于采用分布式方法，但分布式定位算法由于节点资源的紧缺，难以追求高精确度。

3）集中式与分布式混合非测距三维定位算法

文献[39]认为3D－质心定位算法的通信开销较小但定位偏差较大，3D－DV－Hop算法的定位偏差较小但通信开销较大，综合两种算法的优势提出了3D－CDHL算法。由于3D－质心定位算法属于集中式定位，3D－DV－Hop算法属于分布式定位，故3D－CDHL属于混合定位。

值得一提的是，3D－CDHL算法中配备GPS的锚节点是可以按照事先预定的路径移动的，移动过程中锚节点不断更新自身坐标，并向通信范围内的节点广播其位置信息。未知节点接收到一定数量的位置信息便可以采用定位算法确定自己的坐标，进而升级为静止锚节点，但此过程中会产生误差的积累。这种方式利用了节点自身的位置可变性，一个移动锚节点可以替代多个不同位置的静止锚节点，减少了锚节点的数量，降低了网络成本，还可以减小节点多跳和远距离传输的累积误差，提高精确度，但要注意对移动锚节点的活动范围和路径进行合理规划，以减少能耗，延长使用寿命。

考虑到三维环境中往往有较多的障碍物阻碍电磁波的传播，无需测距的定位算法排除了测量绝对距离和角度时的测量误差，所受环境干扰较小，成本和功耗较低，扩展性好，更适用于数量级较高的三维环境。但同时无需测距的定位算法定位精度普遍较低，对网络连通度和锚节点密度要求较高。

综合考虑上述集中式定位算法和分布式定位算法的优缺点，由于分布式定位算法资源利用率较高，三维环境中节点定位过程的资源消耗量较大，在使用无需测距的定位算法时更倾向于采用分布式定位方式。

4.2　基于改进遗传算法优化的高精度定位算法PFGA

4.2.1　PFGA算法基础

遗传算法(Genetic Algorithm，GA)又称为进化算法。此算法模仿生物界的“物竞天择，优胜劣汰”的进化原则，形成一种特有的全局寻优方式。美国的J. Holland教授于1975年第一次在文献[40]中提出遗传算法，并分析此算法的鲁棒性和收敛性。该算法的基本思想是通过初始化一些粒子，然后经过选择、交叉以及变异等操作实现粒子的优化，最后取最优的粒子作为对应问题的最优解。

定位问题其实是一种数学问题，可以认为是无约束条件的最优化问题。而遗传算法最擅长的领域恰巧就是最优化问题，正因为如此，近几年利用遗传算法优化定位成为定位优化领域的研究趋势。现有的文献中比较具有代表性的是文献[12]、[13]，虽然这两篇文献成功实现了定位精度的优化，但是有些问题却没有考虑到导致仍存在个别节点定位误差大、算法收敛速度慢的问题。

假设待定位的网络共有 N 个节点，其中 M 个信标节点，$N-M$ 个未知节点，通过测距方式或者估距方式，每个未知节点都知道通信半径 R 内一跳邻居节点与自己的距离。然后未知节点 $O(x,y)$ 搜索通信半径范围内的信标节点，假设存在 n 个信标节点 $A_i(x_i,y_i)$，其中 $i=1,2,3,\cdots,n$，未知节点到信标节点的距离为 $d_i(i=1,2,\cdots,n)$（本文假设每个未知节点周围的参考节点数目都是 n，实验时根据实际情况选择相应的数值），则可以建立方程：

$$\begin{cases}(x-x_1)^2+(y-y_1)^2=d_1^2\\(x-x_2)^2+(y-y_2)^2=d_2^2\\\quad\vdots\\(x-x_n)^2+(y-y_n)^2=d_n^2\end{cases}\tag{4-3}$$

利用前 $n-1$ 个等式减去最后一个等式，整合成 $AX=b$ 的形式：

$$\begin{bmatrix}2(x_1-x_n) & 2(y_1-y_n)\\2(x_{n-1}-x_n) & 2(y_{n-1}-y_n)\end{bmatrix}\times\begin{bmatrix}x\\y\end{bmatrix}=\begin{bmatrix}x_1^2-x_n^2+y_1^2-y_n^2+d_n^2-d_1^2\\x_{n-1}^2-x_n^2+y_{n-1}^2-y_n^2+d_n^2-d_{n-1}^2\end{bmatrix}\tag{4-4}$$

最后根据最小二乘法求解最终的结果，便可以得到节点的位置。如果节点间的距离比较准确，则此方法误差不会太大。但是当定位硬件条件比较弱，节点间距离误差比较大时，此方法便会形成误差累积，定位精度就会很差。

遗传算法是迭代式搜索算法，可以高效有规律地枚举合适的解，使得最终的结果最接近理想值，因此可以用来求解方程(4-3)。

首先需要将方程(4-3)转换成适合于遗传算法的自适应度函数，可以理解为求解式(4-3)就是需要使得所有待定位节点到信标节点的测量距离与实际距离的差值最小，所以可以设计遗传算法中粒子的适应度函数如下：

$$f=\sum_{i=1}^{n}\left|\sqrt{(x-x_i)^2+(y-y_i)^2}-d_i\right|\tag{4-5}$$

其中，(x, y)是未知节点坐标；(x_i, y_i)是信标节点坐标；d_i 是未知节点到信标节点(x_i, y_i)的测量距离。同时可以得出定位问题就是求解无约束极值问题，每次定位一个未知节点的位置时调用一次遗传算法，染色体编码就是未知节点的待定坐标。

传统的遗传算法迭代速度慢，易陷入局部最优，因此根据定位存在的问题对遗传算法的自适应度函数以及交叉变异算子做相关优化可以提高定位优化算法的运行效率，并且能有效地避免局部最优，提高定位的精度。

4.2.2 PFGA 算法的详细设计

1. 自适应度函数设计

为了使得算法能够有效地避免局部最优，加快收敛速度以及减小镜像误差，针对自适应度函数进行优化，除了要满足基本自适应度函数公式(4-5)之外，还要在此基础上加入下面两个罚函数项。

1）越界罚函数项

由于测距误差只是高斯误差，粒子搜索不能超过此误差界限，即原问题应该在式(4-5)的基础上加入如下约束条件：

$$d_i - |\varepsilon_i| \leqslant g_i(x, y) \leqslant d_i + |\varepsilon_i|, \ i = 1, 2, \dots, n \tag{4-6}$$

其中，$g_i(x,y)=\sqrt{(x-x_i)^2+(y-y_i)^2}$；$\varepsilon_i$ 服从 $N(0,\delta_i^2)$分布，是高斯误差。此约束条件表示待定位的节点与信标节点之间的距离误差不能超过 ε_i，从而可以减小粒子的搜索范围。但是遗传算法是一种无约束条件求极值算法，所以需要将约束条件转化为罚函数式(4-7)和式(4-8)，加入到自适应度函数中：

$$f_1 = \sum_{i=1}^{n} h_i(x, y) \tag{4-7}$$

$$h_i(x, y) = \begin{cases} |g_i(x, y) - (d_i - |\varepsilon_i|)| & \text{if} \quad g_i(x, y) < d_i - |\varepsilon_i| \\ |g_i(x, y) - (d_i + |\varepsilon_i|)| & \text{if} \quad g_i(x, y) > d_i + |\varepsilon_i| \\ 0 & \text{else} \end{cases} \tag{4-8}$$

越界罚函数项的目的是限制粒子搜索范围，避免算法在不必要的空间搜索最优解，添加此罚函数项，当粒子进入自适应度函数值异常的空间时，会为了避免较大罚值而迅速地转回合适的空间进行搜索，从而实现算法收敛速度的加快。

2）误判罚函数项

如果某未知节点定位所采取的参考信标节点近似共线，则易产生镜像误差，所以本文将此类未知节点的定位优化放在最后阶段。由于每个节点在网络初始化时都能接收到邻居节点广播的信息，因此可以测算出与邻居节点的距离。利用真实未知节点周围已经确定位置的邻居未知节点对此误判位置进行排斥，强迫此误判位置不被认可，即可以引入下面的罚函数：

$$f_2 = \sum_{\forall j \in N,\ d_j > R} (d_j - R)^2 \tag{4-9}$$

其中，N 表示真实未知节点 O 通信范围内已定位的未知节点集合；d_j 表示坐标(x, y)和 j 节点之间的几何距离。

最后将两个罚函数引入式(4-5)，形成新的自适应度函数：

$$\text{fitness}(x, y) = \sum_{i=1}^{n} \left| \sqrt{(x-x_i)^2 - (y-y_i)^2} - d_i \right| + c_1 f_1 + c_2 f_2 \tag{4-10}$$

其中，c_1、c_2 为权重。如果未知节点采取的参考信标节点近似共线，c_1、c_2 各取 0.5；否则，c_1 为 1，c_2 为 0。

综上，考虑遗传算法一般求极小值问题，可以设置最终的自适应度函数为

$$F(x,y) = \frac{1}{1+\text{fitness}(x,y)} \tag{4-11}$$

越界罚函数项可以有效地保证粒子在合理区域中搜索，提高了搜索效率，降低了陷入局部最优的可能性；误判罚函数项可以避免由镜像误差造成的节点误判现象。

2. 初始点选择

遗传算法的初始染色体位置应该根据信标节点到此未知节点的距离进行限制，为了减小搜索的复杂度，初始化选择范围取信标节点通信的交叠区域，如图 4.7 所示。

如果可参考的信标节点较多，假设为 n 个，那么表达式如式(4-12)所示。

$$\begin{cases} \max\limits_{i=1,2,3,\ldots,n}(x_i-d_i)\leqslant x\leqslant\min\limits_{i=1,2,3,\ldots,n}(x_i+d_i) \\ \max\limits_{i=1,2,3,\ldots,n}(y_i-d_i)\leqslant y\leqslant\min\limits_{i=1,2,3,\ldots,n}(y_i+d_i) \end{cases} \tag{4-12}$$

其中，d_i 是未知节点与信标节点 i 之间的测量距离。在区间里随机选取 k 个位置作为初始染色体坐标进行迭代。

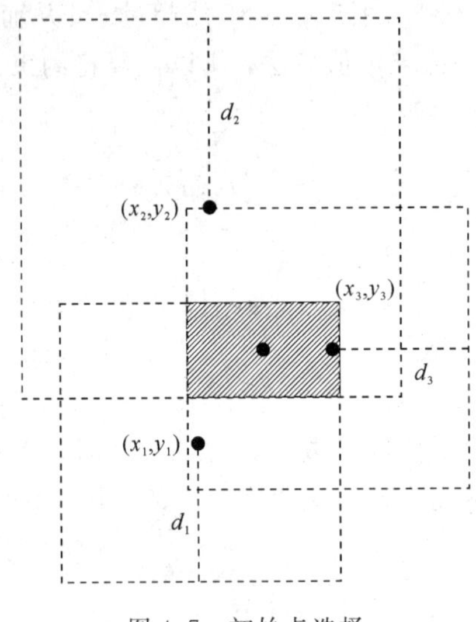

图 4.7 初始点选择

3. 算子设计

遗传算法的算子设计决定了遗传算法是否可以快速收敛到最优解，所以本算法也需要对算子进行优化。算法中共有三种算子，选择算子在种群换代时对粒子进行挑选，排除劣质粒子，保留优质粒子；交叉算子负责交叉粒子基因，从而可以丰富种群类别，扩大搜索区域；变异粒子负责种群多样性和增加搜索可能性。

1) 选择算子

为了保留上一代的优质基因，此处采用这样的个体选择方式：根据自适应度函数值(4-11)排序，保存最优质个体的坐标(x_{gbest}，y_{gbest})，不交叉不变异，直接进入下一代。对于其他个体，根据交叉算子与变异算子进行相关的交叉变异操作。对比文献[14]、[15]中的选择算子，此处采取的策略更容易保证每次迭代种群的优质性，从而可以加快算法的收敛速度。

2) 交叉算子

遗传算法中参加交叉操作的粒子需要筛选，筛选的标准就是交叉概率，因此交叉概率的设计决定着交叉操作是否能够有效。此处选取的交叉概率如下：

$$p_c=\begin{cases} \dfrac{p_{c1}F_{\text{g}}-F_{\text{avg}}}{F_{\text{gbest}}-F_{\text{avg}}}(F_{\text{g}}\geqslant F_{\text{avg}}) \\ p_{c2}(F_{\text{g}}<F_{\text{avg}}) \end{cases} \tag{4-13}$$

其中，p_{c1}、$p_{c2}\in(0, 1)$；F_{g} 是个体 g 的自适应度函数值；F_{gbest} 是最优个体自适应度函数值；F_{avg} 是平均值。

每一代的最优染色体不交叉，其余染色体通过如下方式进行交叉：随机产生一个随机数 r，如果 $r \leqslant p_c$，则此染色体需要交叉，这样形成待交叉染色体集合。如果集合数目是偶数，顺序两两交叉；如果是奇数，顺序两两交叉后，集合中最后一个染色体不交叉直接进入下一代。

为了上一代的优秀基因能够遗传到下一代，本文采取以下交叉方式：

$$\begin{cases}(x'_{g1},\ y'_{g1}) = l_1(x_{g1},\ y_{g1}) + l_2(x_{g2}, y_{g2}) + l_3(x_{best},\ y_{best}) \\ (x'_{g2},\ y'_{g2}) = l_2(x_{g1},\ y_{g1}) + l_1(x_{g2}, y_{g2}) + l_3(x_{best},\ y_{best})\end{cases} \tag{4-14}$$

其中，$l_1 + l_2 = 0.5$，$l_3 = 0.5$，继承父母基因与全局最优基因各一半。此交叉方式表示上一代的优秀基因可以影响到下一代，每代选取出的全局最优粒子具有影响整个算法最优粒子的能力，这也符合生物界遗传学定律。

3）变异算子

与交叉算子一样，参加遗传算法变异操作的粒子也需要进行筛选，筛选的标准是变异概率。变异概率相对于交叉概率来说较小，因为种族变异是小概率事件，只有当种群多次迭代时，变异现象才比较明显。此处定义变异概率为

$$p_m = \begin{cases} p_{m1}\dfrac{F_g - F_{avg}}{F_{gbest} - F_{avg}}(F_g \geqslant F_{avg}) \\ p_{m2}(F_g < F_{avg})\end{cases} \tag{4-15}$$

其中，p_{m1}、$p_{m2} \in (0.01, 0.1)$；F_g 是个体 g 的自适应度函数值；F_{gbest} 是最优个体的自适应度函数值；F_{avg} 是平均值。

每代的最优染色体不变异，其余染色体随机产生一个随机数 r，如果 $r \leqslant p_m$，则选择其进行变异。变异方式如下：

$$\begin{cases} x'_g = x_g + \Theta_1 \\ y'_g = y_g + \Theta_2 \end{cases} \tag{4-16}$$

其中，Θ_1 与 Θ_2 都服从 $N(0,\ 1)$分布，每一次变异随机产生。此变异算子的设计比较简单，但是符合变异规律，有益于算法的收敛。

采用本节算子可以在较少迭代次数下达到收敛，同时能够提高算法的定位精度。

4. 改进遗传定位优化算法 PFGA 总述

根据前面的各点改进，下面给出优化算法 PFGA 的伪代码(默认已知各节点之间带有误差的测量距离，只表示改进的遗传算法具体流程)：

Algorithm 4.1：PFGA **算法**

Input：所有参考节点坐标$(x_i,\ y_i)$，d_i，式(4-10)的参数 c_1，c_2

Output：定位结果$(x,\ y)$

1：　根据式(4-12)的准则选取初始点位置$(x_0^l,\ y_0^l)$，$l=1,\ 2,\ \ldots,\ g$

2：　$F_{best}=0$，$(X_{best},\ Y_{best})=(0,\ 0)$，$k=0$

3：　　while $k \leqslant$ msteps

4：　　　for $l=1:g$

5：　　　　根据式(4-10)计算$(x_k^l,\ y_k^l)$对应的 f_k^l

6：　　　end for

7：　　　对所有 f_k^l 进行由小到大排序并修改对应的值

8：　　　记录最小值 f_k^{best} 以及对应的$(x_k^{best},\ y_k^{best})$

```
9:              if  f_k^best ≤ F_best
10:                 f_k^best ← F_best
11:                 (x_k^best, y_k^best) ← (X_best, Y_best)
12:             end if
13:             for l=2 : g
14:                     根据式(4-13)计算(x_k^l, y_k^l)的交叉概率 P_c^l
15:                     根据本文交叉准则筛选交叉点
16:             end for
17:             根据本文交叉算子与式(4-14)进行交叉运算
18:             重组(x_k^l, y_k^l)并且计算对应的 f_k^l
19:             for l=2 : g
20:                     根据式(4-15)计算(x_k^l, y_k^l)的变异概率 P_m^l
21:                     if  rand ≤ P_m^l
22:                             根据式(4-16)进行变异运算
23:                     end if
24:             end for
25:                 for  l=1 : g
26:                     (x_k^l, y_k^l) ← (x_{k+1}^l, y_{k+1}^l)
27:                 end for
28:                 if  |f_best^k - f_best^{k-1}| ≤ T_s   break
29:                     k=k+1
30:         end while
31:             (X_best, Y_best) ← (x, y)
```

其中，T_s 是连续两次迭代的差值界限；msteps 是最大迭代步数；rand 是 0 到 0.1 之间的一个随机数。

首先，初始化网络后，各节点获取通信范围里邻居节点的信息并保存待用，利用信息初步测算节点之间的距离。针对每个未知节点依次采用本章优化算法进行优化定位，参考信标节点近似共线与参考信标节点数目小于 3 的未知节点应放在最后考虑。由于通过定位算法获取的位置信息有误差，所以采取以下参考策略：如果参考信标节点大于等于 3，不采用其他定位节点作为参考，否则，可以采用已经定位的其他节点作为参考。下面给出定位算法的总述伪代码。

Algorithm 4.2：**基于 PFGA 优化的定位算法**

```
Input：N_A 的位置，D
Output：N_U 的位置
1：while 存在未定位的未知节点
2：      select i from N_U
3：         if num(anc(i)) ≥ 3
4：             if line(anc(i)) = false
5：               用节点 i 的信标节点信息与 Algorithm 4.1(c_1=1, c_2=0)计算节点 i 的坐标
6：             else if num(near(i)) ≥ 3
7：               用节点 i 的参考点信息与 Algorithm 4.1(c_1=0.5, c_2=0.5)计算节点 i 的坐标
8：                 else  continue
9：                 end if
```

```
10:              end if
11:          end if
12:        if num(anc(i))<3
13:          if num(anc(i))+num(near(i))≥3 and line(anc(i), near(i))=false
14:            用节点 i 的参考点信息与 Algorithm 4.1(c1=0.5, c2=0.5)计算节点 i 的坐标
15:            else continue
16:            end if
17:        end if
18:        end while
```

其中，N_A 表示信标节点集合；N_U 表示未知节点集合；D 表示邻居节点距离集合；anc(·)表示·的可参考信标节点集合；near(·)表示·已知位置的邻居节点集合；num(·)表示·的容量即数目；line(·)判断·向量是否共线。

4.2.3　PFGA 算法的仿真实验

1. 仿真环境与检验参数定义

为了测试本章所提出的 PFGA 优化定位算法的定位性能，我们在 Matlab2014a 平台上进行仿真模拟实验。本实验采用的网络布局为：随机在 100×100 的网络中分布若干节点，并选中其中部分节点作为信标节点，采取的网络为 100 个节点，其中 20 个为信标节点，其余为未知节点，节点的通信半径一般取 $R=25$。遗传算法中参数的选择：种群数目为 20，交叉算子中 $l_1=l_2=0.25$，$l_3=0.5$，$p_{c1}=0.6$，$p_{c2}=0.4$，变异算子中 $p_{m1}=0.06$，$p_{m2}=0.04$，最大迭代次数为 500，迭代差值界限 T_s 设为10^{-5}。

由于初始化网络无论采用硬件测距还是估距的方式，所得距离均与真实距离之间有误差，在仿真过程中，本实验假设两距离之间的误差符合正态分布，即

$$d_{\text{true}} = d_{\text{est}} + \zeta \tag{4-17}$$

其中，d_{true} 是真实距离；d_{est} 是测量距离；ζ 服从 $N(0, 1)$分布，通过计算机随机产生。

定位算法的目的是使得定位后的预测节点坐标和真实坐标之间的距离和最小，因此本实验定义如下的后验误差用于对比分析，单一未知节点 i 的误差记为

$$\text{Error}(i) = \sqrt{(x_{i\text{est}} - x_{i\text{true}})^2 + (y_{i\text{est}} - y_{i\text{true}})^2} \tag{4-18}$$

其中，$(x_{i\text{est}}, y_{i\text{est}})$是未知节点 i 的估计位置；$(x_{i\text{true}}, y_{i\text{true}})$是未知节点 i 的真实位置。定位算法所有未知节点定位的后验误差平均值为

$$\overline{\text{Error}} = \frac{\sum_{i=1}^{N-M} \text{Error}(i)}{N-M} \tag{4-19}$$

2. 结果与分析

通过计算机模拟的仿真网络如图 4.8 所示。经过算法优化定位后，运用传统定位方法的结果如图 4.9 所示，经过本节优化定位算法后未知节点的定位情况如图 4.10 所示。

从图 4.8、图 4.9 和图 4.10 中可以看出，PFGA 优化定位算法具有较好的定位精度，相比原来传统的定位算法，所有未知节点都能定位而且定位误差都比较小，因此算法在优化定位方面效果较为理想，每个节点详细的定位误差可以在柱状图可以看到。

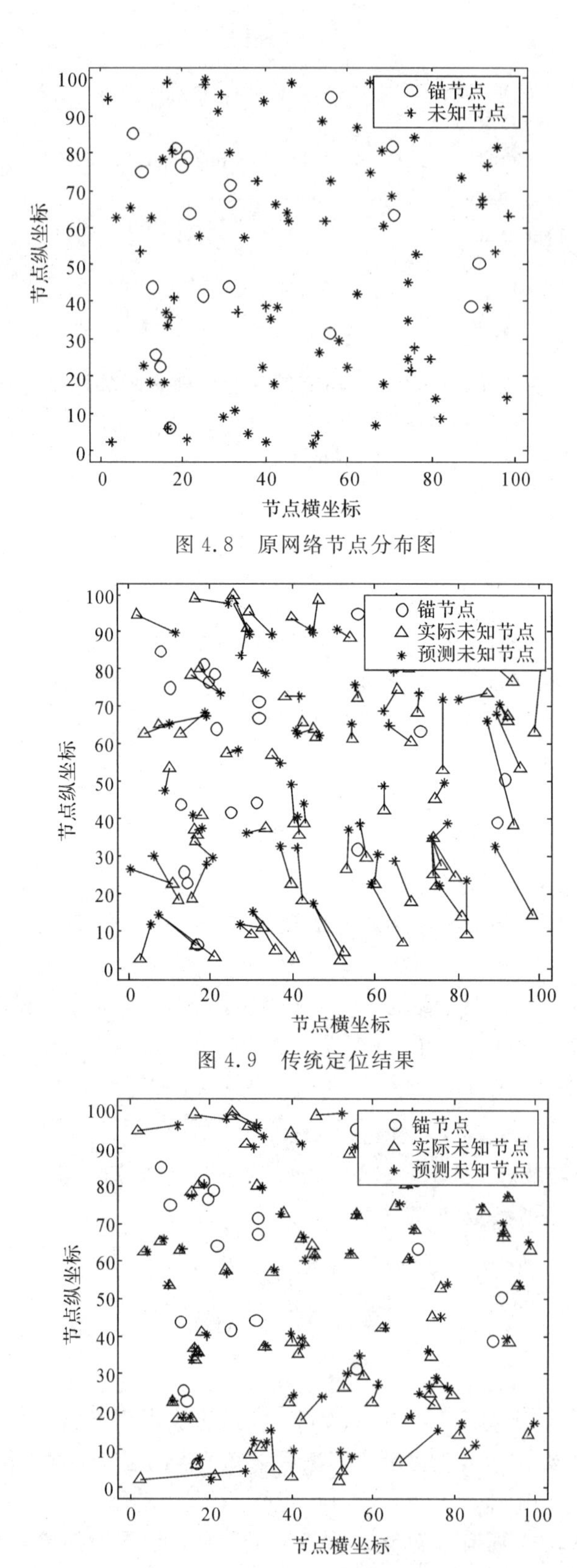

图 4.8 原网络节点分布图

图 4.9 传统定位结果

图 4.10 PFGA 定位结果

为了分析三种算法的收敛速度，在相同环境下运行 PFGA 优化定位算法与文献[14]、[15]所说的优化定位算法，分析其迭代速度，如图 4.11 所示。

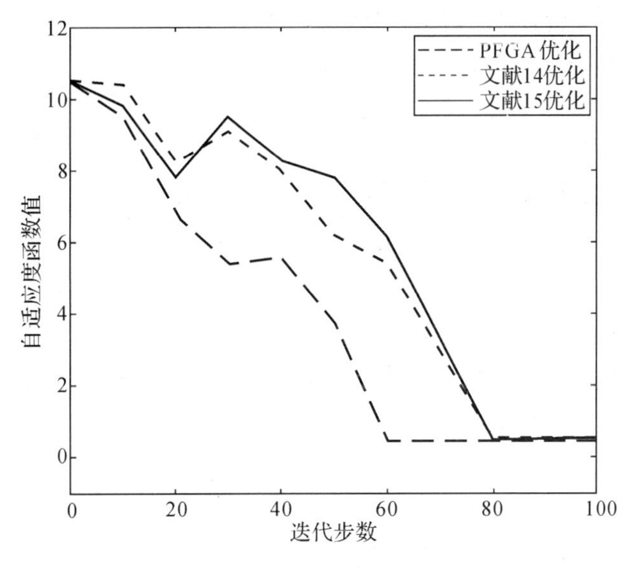

图 4.11　算法收敛速度对比分析图

从图 4.11 中可以看出，PFGA 算法在迭代 60 步时出现收敛，而文献[14]、[15]算法在 80 步左右开始收敛，则 PFGA 算法的收敛速度较快。

为了更好地说明算法的性能，针对锚点的数量做深入分析，其余参数不变，信标节点数目取 10～90，分析信标节点数目对网络的影响如图 4.12 所示。

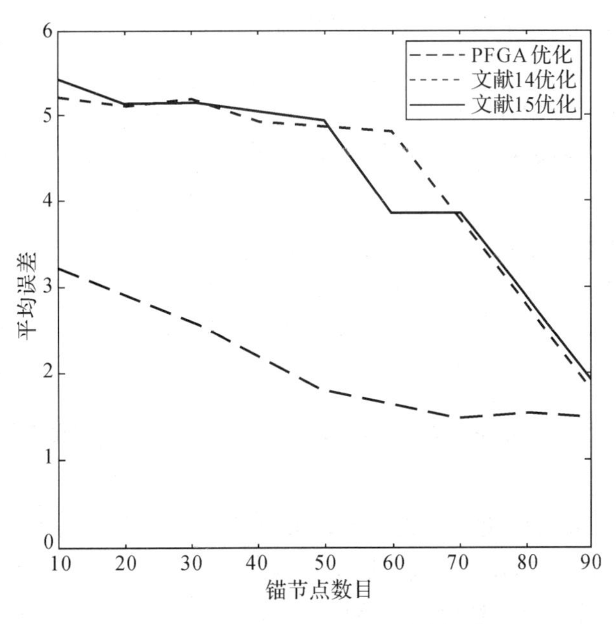

图 4.12　信标节点数目影响分析图

从图 4.12 中可以看出，当信标节点数目增加时，节点定位平均误差都在降低，但无论是哪种优化算法，在信标节点数目增大到一定数目时，定位误差都出现平衡。同时，相同信标节点数目下，PFGA 算法的定位误差更小。

其他环境不变，使节点通信半径从 10～90 均匀变化，分析节点通信半径对定位误差的影响，如图 4.13 可以分析，当通信半径增大时，定位平均误差降低，通信半径越大，定位精度越高，但是能耗越高。同时，在相同的通信半径下，PFGA 算法的定位精度更高。

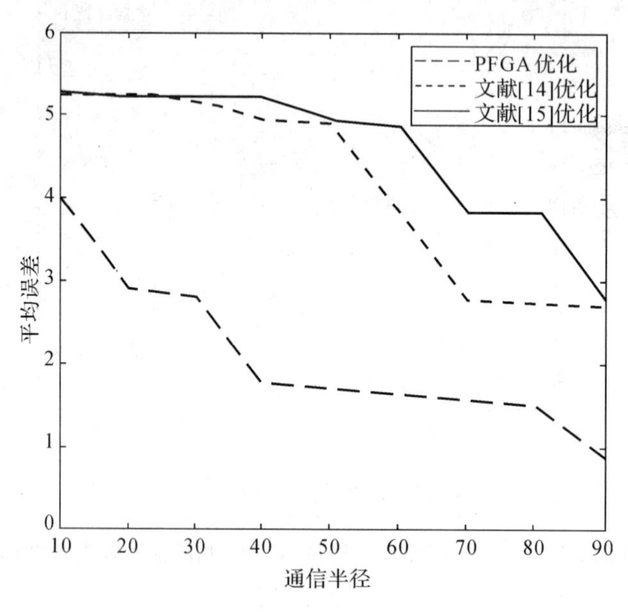

图 4.13　通信半径影响分析图

传统的无线传感器网络的定位问题采用最小二乘法计算未知节点的位置，肯定会受到距离误差累积的影响，运用遗传算法可以有效地降低距离误差带来的定位误差。本节提出全新的遗传优化定位算法 PFGA，可以有效地避免镜像误差，提高收敛速度，避免陷入局部最优。仿真结果表明利用本节的算法优化定位，不仅可以加快收敛速度，还可以提高定位精度。虽然遗传算法经过优化，定位算法可以提高精度，但是仍需要很多的信标节点，造成很大的网络能耗。当网络应用环境规模比较大时，即使优化定位算法可以提高精度定位，但由于需要很多高能耗的信标节点，则不利于网络寿命的延长。因此，如果能够利用较少的信标节点就可以定位，则网络能耗就会降低，4.3 节将介绍一种低能耗的移动信标式定位算法。

4.3　基于启发式路径的移动信标式定位算法 HML

4.2 节对遗传算法进行改进，使得其可以被很好地应用于定位算法中以提高定位精度，对定位进行优化。但是，PFGA 定位算法始终没有脱离对信标节点的依赖，只有信标节点数目与密度都很大时才可以高精度定位，本节针对这一缺点，提出利用移动信标进行定位流程，通过参考节点之间的邻接信息，同时对信标的移动路径进行优化，以实现低能耗高精度移动信标式定位。

4.3.1　算法基础

1. 启发式路径

启发式路径[26]是基于启发式搜索算法的路径决策算法的简称，启发式搜索(Heuristic Search)是目前用于人工智能领域路径选择的重要技术。经典的启发式搜索算法分为爬山法、最好优先法以及图搜索算法(A＊算法)。

爬山法是一种典型的启发式搜索算法，它通过计算当前状态所有邻接点的启发函数值，然后在低于当前状态启发函数值的集合中选择最优值替代当前状态值，从而不断搜索直至到达收敛。爬山法是一种易于陷入局部最优的启发式搜索方法。最好优先法对爬山法进行了优化，将候选集合扩大到整个已生成的状态集合，可以成功地避免局部最优。A＊算法是一种单向启发式搜索算法，此算法较为复杂，需要设计一个估价函数，函数要考虑耗费代价、路径长短等，搜索过程中总是选取最小代价函数值的状态作为下一状态。

本小节提出的移动信标式定位算法在信标的路径决策方面采取的是一种类似于最好优先法的启发式路径算法，启发式函数值就是移动信标与目标访问节点之间的距离。

2. 初始网络构建

假设需要被定位的无线传感器网络共有 N 个节点，均为未知节点，一开始随机地被分布在网络的各个位置。所有节点均具有弱通信能力，能够接收和发送简单的数据包，数据报格式如图 4.14 所示，其中访问标志 flag1＝1 表示节点已经被访问，flag1＝0 表示未访问，flag2 与 flag1 一样，1 表示已定位，0 表示未定位。

<table>
<tr><td rowspan="2">节点编号ID</td><td rowspan="2">能量信息RSSI</td><td>访问标志flag1</td><td rowspan="2">附加信息</td></tr>
<tr><td>定位标志flag2</td></tr>
</table>

图 4.14　节点之间传输的数据报格式

在某节点的通信范围内，其他未知节点都可以与此节点相互发送与接收数据包，称这些节点与此节点互为邻接节点，满足的几何关系如下：

$$\text{link}(A,B)=\begin{cases}1 & \text{if } |A-B|\leqslant R_c\\ 0 & \text{else}\end{cases}\tag{4-20}$$

其中，R_c 表示通信半径；$|A-B|$表示 AB 两节点间距离；link(A，B)表示 AB 之间的邻接关系，1 表示邻接，0 表示不邻接。同时，节点之间会发送能量信号 RSSI，根据能量与距离的关系将能量转化为距离使用，即

$$P=P_0-P(d_0)-10\eta\lg\left(\frac{d}{d_0}\right)-x_\sigma\tag{4-21}$$

其中，P_0 是发送的初始能量；$P(d_0)$是能量在 d_0 单位上的能量损耗；η 是能损系数；d 是距离；x_σ 是满足高斯分布的误差常量。经过一段时间的信息交流，所有未知节点都知道了自己邻接节点的信息，主要是邻接节点的编号及其与自己的距离，可以认为已经构建成初始网络 $G(V,E,W)$。其中 V 是所有节点集合，E 是所有边集合，W 是所有边的权集合，G 就是邻接点间的距离，称 W 为邻接信息。但是，由于考虑到网络能耗，这些信息并没有通过汇聚节点传给系统总部，所以只能在信标移动的过程中动态地享用。

4.3.2 HML算法的详细设计

1. 基于贪婪推荐原则的全局路径搜索

1）相关定义

移动信标(以下称为robot)一般希望通过访问所有未知节点的方式来实现最精确的定位。但是考虑到网络能耗，本节提出的定位算法的目的仍然是实现所有未知节点能够收到三次不共线的信标位置信息并进行定位。所以，本节提出一种简单的节点访问流程，给移动信标做全局路径参考。

在初始网络构建阶段，所有节点都是未访问和未定位的，所以信息包中的flag1＝flag2＝0。

定义1 定位一开始时，移动信标将随机移动，并不停地发送数据包，直到第一个未知节点接收到数据包并返回信息，这第一个未知节点称为根节点。

定义2 robot移动过程中会以某些节点为目标作为欲访问对象，称这些节点为目标节点，一般是通过其邻接节点推荐产生的。

定义3 只要曾经被作为目标节点的未知节点都是被访问过的节点，其发送的信息包中flag1＝1。

定义4 robot找到合适的位置才进行广播，这些特殊的位置称为robot的传播点。

通过以上定义可以知道，目标节点就是robot的全局路径指导节点，决定着robot全局路径的设计，并且根节点是第一个被作为目标节点的未知节点，之后通过邻接信息不断推荐合适的邻接节点作为目标节点，直至所有节点被定位。

2）贪婪推荐原则

如果当前目标节点已经通过接收三次不共线的robot位置信息完成了定位，就不再需要robot的服务，则向robot反馈自己的估计位置，同时向robot举荐下一个服务对象，即下一轮的目标节点。在此轮目标节点拥有很多未访问邻接节点的情况下，就需要一个很好的目标节点推荐方法。考虑到要减少robot的移动路径，此处提出一种贪婪推荐原则。

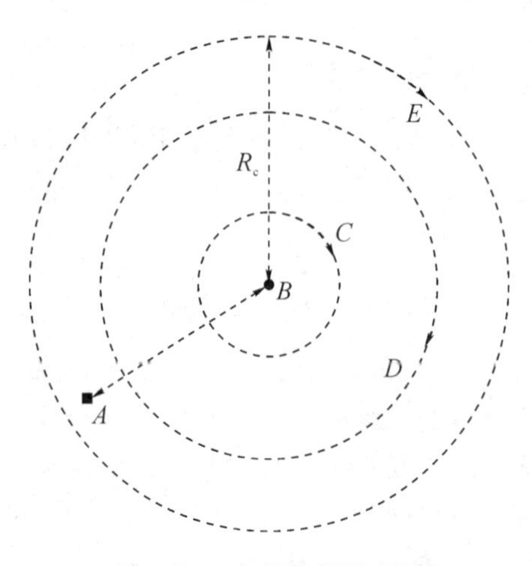

图4.15 贪婪推荐原理图

首先，此轮目标节点的邻接节点是最主要的推荐对象，优先选取未被访问的邻接节点，再将距离最近的节点作为推荐对象；如果邻接节点都被访问过，就选取上一轮目标节点作为下一轮目标节点。这种方式类似于树的深度遍历，并且不断贪婪地选择最近的节点作为推荐对象，可以极大地降低 robot 盲目搜索的可能。下面以图 4.15 为例介绍这种推荐方式。

如图 4.15 所示，B 节点是此轮目标节点，A 是上轮目标节点，C、D、E 是 A 的邻接节点。如果 C、D、E 都未被访问过，根据距离最近的贪婪原则，我们选取 C 进行推荐。如果 C、D、E 都被访问过，我们选取 A 作为下一轮推荐。如果 B 是根节点，同时 C、D、E 都被访问过，那么 A 就不存在，只能返回 Nnull，表示没有节点可以推荐，这种情况下，robot 的全局搜索过程即结束。

3）全局路径搜索

当 robot 接收到根节点的信息反馈后，开始通过 HDWS 局部搜索算法执行根节点的访问过程，当根节点能够定位后，会根据贪婪推荐原则向 robot 推荐下一个目标节点。当 robot沿直线通往根节点的估计位置过程中探测到新一轮的目标节点时，就进行新一轮的访问过程。按照这样的搜索方式不断地移动 robot，直至所有节点能够被定位。

算法 4.3 就是基于贪婪推荐原则的全局路径搜索算法中目标节点访问流程，所有目标节点访问流程整合就是全局路径搜索方法。在算法 4.3 中，如果算法结果反馈异常，说明当前执行的目标节点定位有问题，需要重新执行算法 4.3 求解结果。

Algorithm 4.3：**目标节点访问流程**

Input：目标节点 i 的编号；节点 i 的反馈信息

Output：节点 i 的位置；下一个要访问的节点 S 的编号

```
1:  do
2:        robot 按照启发式路径决策算法 HDWS 选择路径并传播数据包给 i
3:  while i 节点没有接收到三次不共线的 robot 信息
4:        i 自我定位并给 robot 反馈估计位置信息，robot 停止 HDWS
5:        i 根据贪婪推荐原则给 robot 推荐下一个目标节点 S
6:  if S 是根节点
7:        return i 的位置 and 根节点的编号
8:  else
9:        robot 沿直线通往节点 i 的估计位置并不断发送数据包
10:       if   robot 接收 S 的反馈
11:             return i 的位置和 S 的编号
12:       end if
13:       if robot 到达 i 仍就没收到 S 的信号
14:          退出当前程序并报出异常，说明节点 i 位置有误
15:       end if
16:     end if
```

2. 基于启发式路径决策算法 HDWS 的局部路径搜索

1）HDWS 的几何条件

当移动的信标 robot 第一次接收到当前目标节点的反馈信号时，开始决定如何移动才

能访问到此目标节点，这就需要比较明智的路径决策，而不能盲目地行进。下面介绍支撑路径决策算法 HDWS 的相关几何条件，如图 4.16 所示。

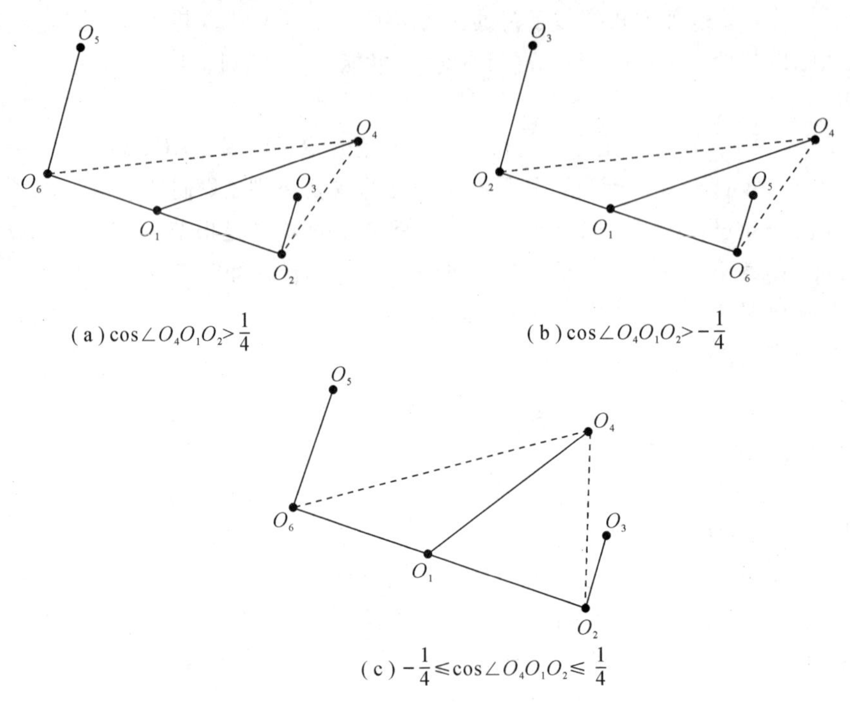

(a) $\cos\angle O_4O_1O_2>\frac{1}{4}$

(b) $\cos\angle O_4O_1O_2>-\frac{1}{4}$

(c) $-\frac{1}{4}\leqslant\cos\angle O_4O_1O_2\leqslant\frac{1}{4}$

图 4.16　HDWS 几何条件

图 4.16 中有六个点 $O_1\sim O_6$，O_1 在线段 O_6O_2 上，且是 O_6O_2 的中点，$|O_2O_4|=2|O_2O_3|$，$|O_4O_6|=2|O_5O_6|$，$|O_4O_1|=2|O_1O_2|$，O_2O_3 与 O_5O_6 都垂直于 O_2O_6。从图 4.16(a)中可以看出，当 $\cos\angle O_4O_1O_2>\frac{1}{4}$ 时，$|O_2O_4|<|O_4O_1|$，从图 4.16(b)中可以看出，当 $\cos\angle O_4O_1O_2<-\frac{1}{4}$时，$|O_4O_6|<|O_4O_1|$，从图 4.16(c)中可以看出，当$-\frac{1}{4}\leqslant\cos\angle O_4O_1O_2\leqslant\frac{1}{4}$，$|O_5O_4|<|O_4O_1|$且$|O_3O_4|<|O_4O_1|$，具体证明见文献[38]。因此，当 robot 处在点 O_1 处，目标节点是 O_4，如果下一步是要找到距离 O_4 比 O_1 近的点，首先随机选择方向前进$\frac{1}{2}|O_1O_4|$到达 O_2，如果 $\cos\angle O_4O_1O_2>\frac{1}{4}$，那么已经成功。如果 $\cos\angle O_4O_1O_2<-\frac{1}{4}$，那么下一步则反方向前进$|O_1O_4|$到达 O_6 也达到了目的。如果$-\frac{1}{4}\leqslant\cos\angle O_4O_1O_2\leqslant\frac{1}{4}$，进行几何计算可以发现$|O_2O_4|\in(|O_4O_1|,\frac{\sqrt{6}}{2}|O_4O_1|)$，同时$|O_6O_4|$也一样，于是上两步都不能达到效果，就取垂直方向前进$\frac{1}{2}|O_6O_4|$达到 O_5。

综上所述，如果不考虑通信因素，robot 一开始随机选择 O_2 或 O_6 作为第一个传播点，按照上面的路径选择方式总能找到一个合适的位置作为下一个信标传播点。

2）HDWS的具体流程

根据上面提出的几何关系设计一种特殊的启发式路径决策方案，决策依据就是距离所满足的关系。robot在接收到目前的目标节点反馈的信息后开始准备根据HDWS寻找目标节点，寻找的路径就从几何关系中描述的$O_1 \sim O_6$中选择。由于距离具有误差并且通信范围有限制，有可能多次决策找不到合适的传播点，本节给出如下处理方法：如果多次遍历发现找不到合适的传播点，就报出异常并返回出发点重新决策。

Algorithm 4.4：**HDWS路径决策**

Input：目标节点i的编号

Output：robot下一个传播位置

1：r←robot现在位置

2：　robot随机选择一个方向dir_0

3：　沿dir_0移动$\frac{1}{2}|ri|$到q_1

4：　if $|q_1 i|<|ri|$

5：　　return q_1

6：　else dir_1←dir_0反方向

7：　沿dir_1将robot移动$|ri|$到q_2

8：　if $|q_2 i|<|ri|$

9：　return q_2

10：　else if $|q_2 i|=\infty$

11：　　退出当前程序，报出异常，并将robot归位

12：　else

13：　　dir_2←dir_1的垂直方向

14：　　　沿dir_2方向移动$\frac{1}{2}|q_2 i|$到达q_3

15：　　if $|q_3 i|<|ri|$

16：　return q_3

17：　else dir_3←dir_2的反方向

18：沿dir_3将robot移动$|q_2 i|$到q_4

19：if $|q_4 i|<|ri|$

20：　return q_4

21：else

22：　退出当前程序，报出异常，将robot归位

3. 局部优化策略

在信标节点移动过程中，由于采取的洪泛式的信号传播方式，所以所有节点只要在信标节点的通信范围内，就有可能接收到三次不共线的信标位置信息，并用三边测量法进行准确定位。如果这些节点以后被作为目标节点，则可以省略对其进行HDWS搜索，直接让其推荐下一个目标节点，并让信标按直线前往此节点的估计位置。

如图 4.17 所示，假设 q 是移动信标的初始位置，初次想要以 A 作为目标节点进行访问，采取 HDWS 路径选择策略，即 $q_1q_2q_3q_4$ 的路径后，A 已经可以通过 qq_2q_4 三个不共线的信标位置信息进行定位，并给信标传递了估计的位置信息。

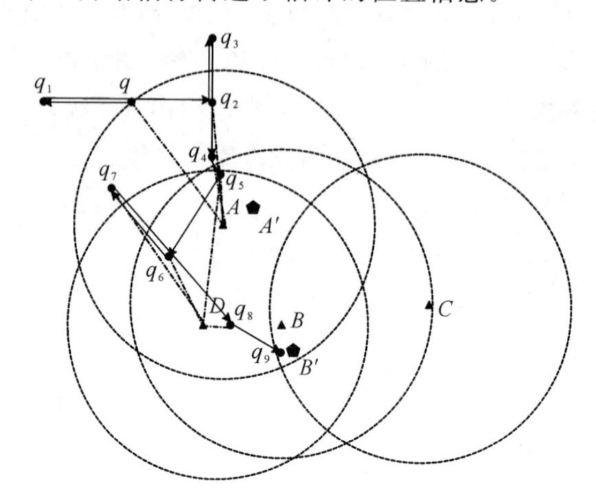

图 4.17　局部优化策略示意

图中，B、D 都是 A 的邻接节点，根据贪婪推荐原则，A 可以向信标推荐最近的 D 节点作为下一个目标节点。移动信标 robot 在 q_4 处没有探测到 D，于是向 A 的估计位置 A' 前进，当到达 q_5 处时检测到 D 的信息，开始把 D 作为新的目标节点，并开始新的一轮 HDWS，即经过 $q_5q_6q_7q_8$ 路径后，D 由于接收到 $q_5q_6q_8$ 三个不共线的信标位置信息，于是可以确定自己的位置，同时给信标 robot 推荐邻接节点 B 作为下一个目标节点。由于在此过程中，B 也可以通过 $q_5q_6q_8$ 进行定位，同时在 q_8 处 robot 已经探测到 B 的信息，于是不用经历 HDWS，直接沿直线向 B 的估计位置 B' 前进，同时 B 推荐 C 作为下一个目标节点，所以 robot 在 q_9 处经历 C 点的 HDWS。

通过这样的局部优化策略，很多节点都省略了 HDWS，降低了定位算法的复杂度，减少了能量的损耗。

4. HML 定位算法总述

本节提出的基于邻接信息与启发式路径决策的移动信标式定位算法，首先规划 robot 的全局大致路径，然后基于邻接信息形成一种贪婪式的目标节点推荐方式，使得 robot 按照目标节点逐一访问，访问的过程采取基于 HDWS 启发式路径决策算法的局部路径搜索，robot 在规定的传播点处传播信息，所有节点能够定位时算法方能终止。

如果所有节点中不存在孤立节点，即没有邻接节点的未知节点，那么按照本文的算法都能进行定位；如果存在孤立节点，离某些节点不太远，robot 也能大概率地定位；如果存在特别偏僻的孤立节点，则当这些节点的意义并不大时可以忽略，所以此定位算法具有很高的覆盖率。

Algorithm 4.5：**定位算法总流程**

Input：robot 初始位置；所有节点的邻接信息 W

Output：所有未知节点的位置；

1：　　do

2：　　　robot 沿初始位置与水平方向 45 度方向开始行进并传播消息

```
3:   until robot 接收到第一个未知节点(根节点)的反馈信息
4:        i←根节点
5:     do
6:        将 i 代入算法 4.3 进行求解，返回 i 的位置与下一个推荐节点 S
7:        if 程序无结果
8:              重新执行算法 4.3 直至产生结果
9:        else if   S 不为 Null
10:             记录 i 的位置且 i←S
11:        else
12:           break
13:              end if
14:        end if
15:    while true
```

从理论上分析，移动信标式定位算法是根据相应网络的实际分布信息进行路径决策的，相比其他移动信标式定位算法更考虑实际情况。在网络能耗方面，该算法仅需要提供较短路径的信标移动能量和较少的传播信号能量，不需要频繁浪费地传播信号，从而节省了能量。当然，如果在密集的小型室内网络的定位应用中，该算法可能相比其他移动信标式定位算法能耗较大，但在稀疏的室外大型网络中，该移动信标式定位算法是完全可以胜任的。下面就根据实验对算法性能进行细致讨论。

4.3.3　HML 算法的仿真实验

1. 仿真环境与检验参数定义

为了测试本文提出的移动信标式定位算法的定位性能与网络能耗，在 Matlab2014a 平台上进行仿真模拟实验。采用的网络布局为随机在 100×100 的网络中分布若干节点，本节采取的网络为 100 个节点，均为未知节点，一般采取通信半径 $R_c=20$，在仿真过程中，假设距离之间的误差符合正态分布，即

$$d_{true}=d_{est}+\xi \tag{4-22}$$

其中，d_{true}是真实距离；d_{est}是测量距离；ξ 服从于 $N(0,1)$分布，通过计算机随机产生。

定位算法的目的是使定位后的预测节点坐标和真实坐标之间的距离和最小，因此本节定义如下的后验误差用于对比分析，单一未知节点的误差记为

$$\mathrm{Error}(i)=\sqrt{(x_{iest}-x_{itrue})^2+(y_{iest}-y_{itrue})^2} \tag{4-23}$$

其中，(x_{iest}, y_{iest})是未知节点的估计位置；(x_{itrue}, y_{itrue})是未知节点 i 的真实位置。定位算法所有未知节点定位的后验误差平均值，其中 N 是未知节点个数：

$$\overline{\mathrm{Error}}=\frac{\sum_{i=1}^{N}\mathrm{Error}(i)}{N} \tag{4-24}$$

2. 结果与分析

在上述的仿真环境下，图 4.18 是原网络分布图。移动信标的初始位置选在正方形的左下角，即坐标(0，0)，初始选择移动方向沿水平正方向 45°。移动信标的移动速度为 2，传播数据包的时间间隔为 0.2 s。图 4.19 是最终的移动信标的路径显示。

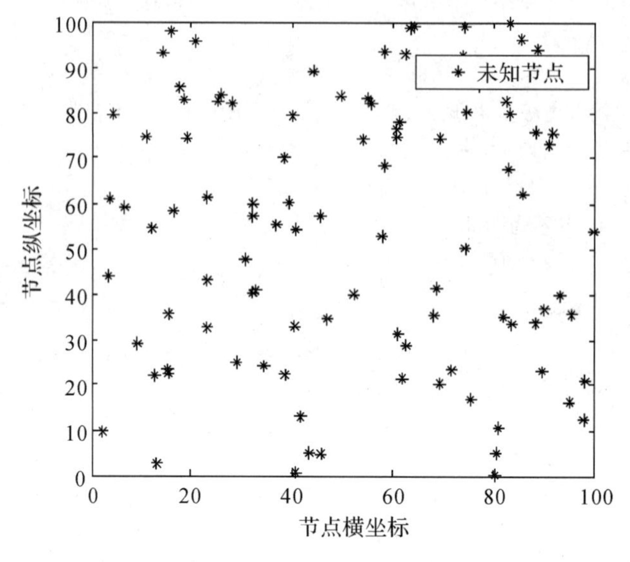

图 4.18 网络分布图

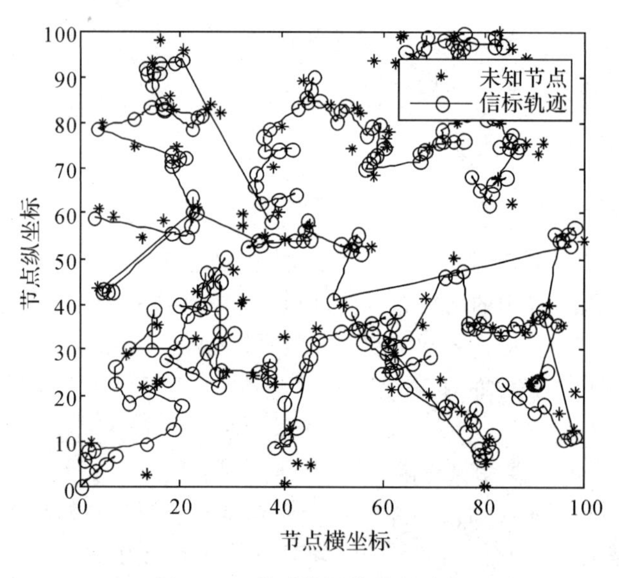

图 4.19 移动信标的路径示意

从图 4.19 中可以看出，在本节算法下，移动信标可以根据邻接信息进行很好的路径决策行为，所有路径都是启发式生成，同时能够完整地类树状遍历整个未知节点的分布区域。由于本文算法在定位过程中一直避免共线信标节点位置的使用，并且信标都是通过逼近访问的形式给节点传输位置信息的，因此在未知节点的定位阶段，仍然采取传统的最大似然法进行计算，定位结果如图 4.20 所示，可以看出定位结果还是非常理想的。

从图 4.20 中可以看出，大部分节点的误差线很短，预测的位置与现实位置误差很小。为了更详细地解释定位结果的优劣，下面给出不同误差区域中的节点数目，如图 4.21 所示的饼状图。从图中可以看出，定位误差在 2.0 以上的只有 12.9%，大部分节点的定位误差在 1.0～1.5 之间。

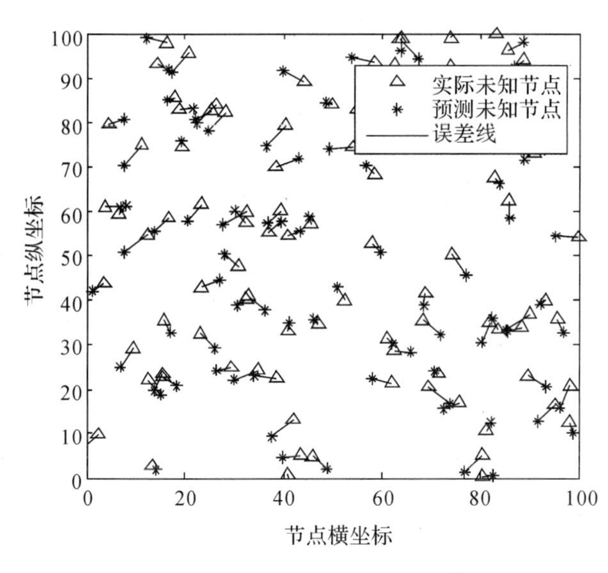

图 4.20 定位结果示意图

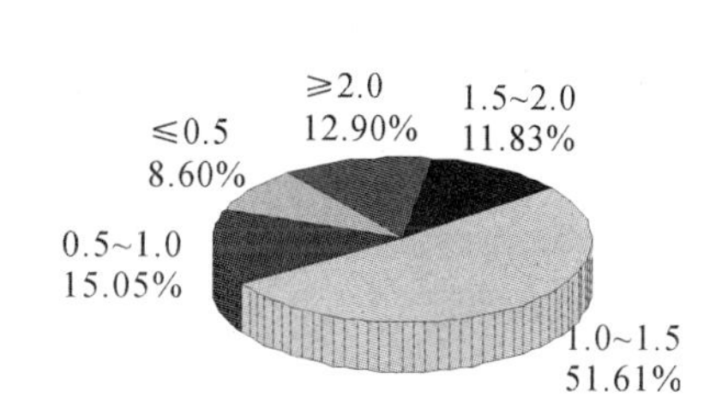

图 4.21 结果数据比例分析

为了证明本节的算法在移动信标路径规划阶段能够减少网络损耗，在定位阶段可以保证定位精度，本节将与文献[13]、[24]作实验对比。文献[13]是该领域提出较新的静态路径规划的移动信标式定位算法，具有一定的代表性。本节利用文献[24]EAMS－LMST 的启发式路径规划思想，同时结合了前面提出的贪婪推荐原则，优化了全局的路径，提出了节点优化策略，降低了网络能耗。

对于网络能耗的比较，本算法主要注重两个方面：移动信标发送数据的次数(信标广播次数)与信标路径长度。信标的广播次数就是信标每次停顿 0.2 秒发送数据包给周围未知节点的次数，信标路径长度就是信标整个移动过程路径的长度。我们在同样的正方形区域中取节点数 50、100 和 150 来比较三种算法下信标广播次数与信标的移动路径长度，如图 4.22和图 4.23 所示。

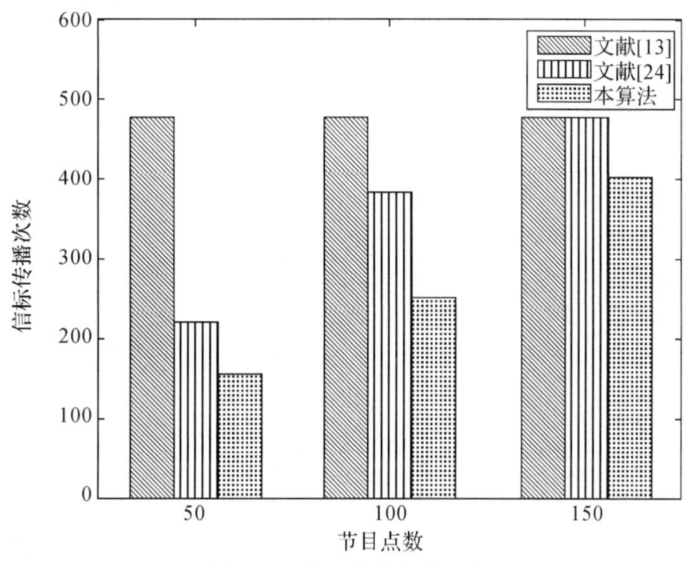

图 4.22 信标传播次数对比

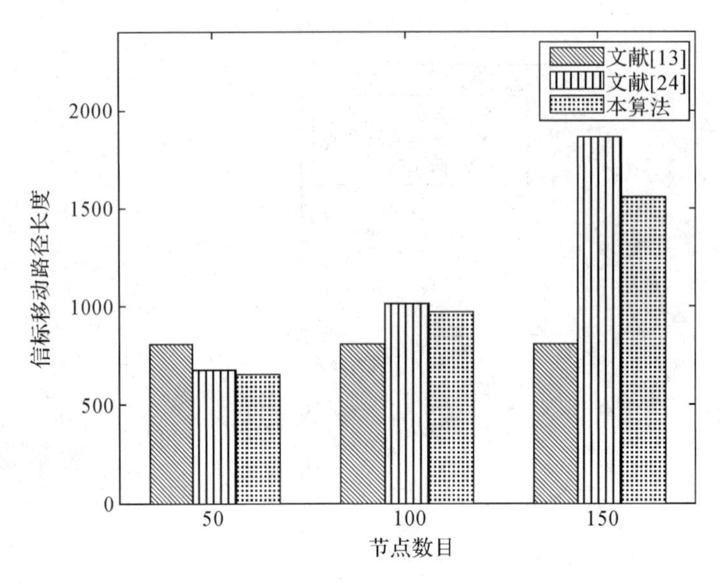

图 4.23　移动路径长度对比

从图 4.22 和图 4.23 中可以看出，文献[13]信标的广播次数与路径长度均与节点数目无关，因为它是静态路径规划。文献[24]与本节算法的广播次数与路径长度均随节点数目增多而增加，但本节算法比文献[24]算法稍好，特别是在信标广播次数上，本节算法占有较大优势。为了更清晰地比较网络能耗，假设这里只考虑移动信标的网络能耗。每传播一次消耗 1 J，每移动一个单位消耗 0.1 J，那么可以得出能量损耗的对比如图 4.24 所示，可以看出在节点密度较低的情况下，静态路径规划相当不节能，在高密度的情况下启发式就显得没必要，但是一般情况下，网络的节点密度都是适中的，启发式路径决策更加适合一般情况。同时，本节的算法在网络能耗方面还是稍微优于文献[24]的。

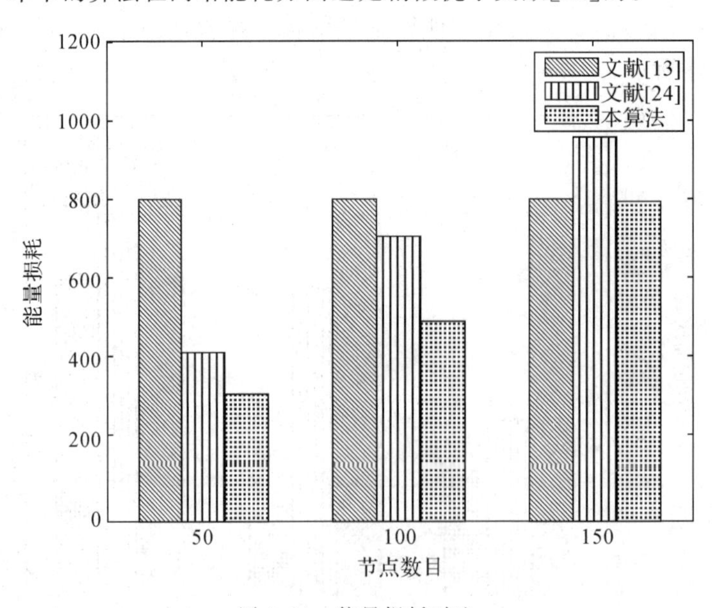

图 4.24　能量损耗对比

定位结果的质量主要表现在两方面：定位的覆盖率与定位的精度。静态规划的路径使得移动信标节点没有较多的选择余地，因此会有很多节点错过定位的机会，而启发式动态路径规划下的定位算法却可以很好地覆盖大部分未知节点的定位，同时还能选择最好的信标位置使得定位精度能够保持良好。本节选取不同通信半径下的三种算法，对比定位覆盖率(如图 4.25)与定位误差(如图 4.26)。

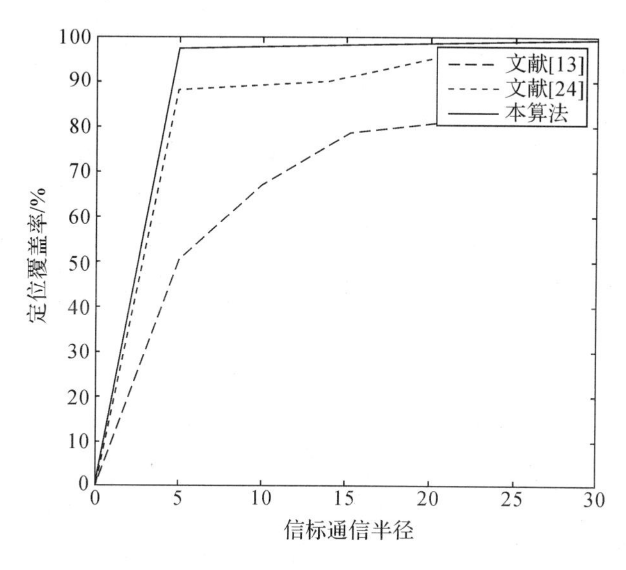

图 4.25 定位覆盖率对比

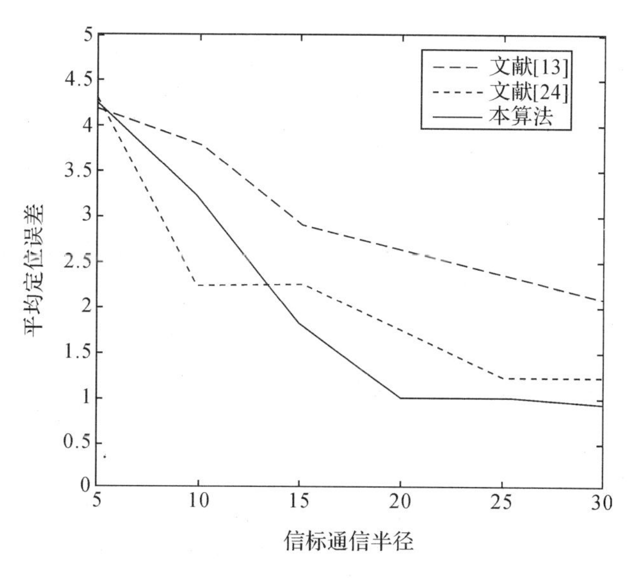

图 4.26 定位误差对比

通过上面的对比，我们发现 HML 算法在覆盖率与定位精度方面都能给出很好的结果，因此本节算法能够在减小网络能耗的同时保证定位的质量。

基于移动信标节点的无线传感器网络定位算法是基于需要解决网络能耗问题而提出的，算法的核心部分在于如何给移动信标节点设计路径。本节算法摒弃了静态路径设计的冗余不足，根据未知节点的邻接信息进行全局路径决策，并在局部利用启发式路径决策算法进行局部动态路径决策，合理地规划了移动信标的路径。仿真结果表明，利用本节的算法，移动信标的路径长度与传播次数都会减少，从而能够降低网络能耗，同时还能保证定位的质量。

然而二维定位对于有些无线传感器网络应用并不适用，因为海拔高度有时对于传感器节点的位置来说也很重要，因此许多研究学家提出三维定位的思想，4.4 节将详细介绍三维定位优化算法。

4.4 一种改进的 APIT - 3D 定位算法

前面两小节已经描述了二维定位的优化算法，本节开始描述三维定位算法部分。在费马点定位模型的基础上，结合 PB - APIT 算法中利用中垂线划分测试三角形平面的思想提出了一种改进的 APIT - 3D 定位算法。

4.4.1 相关算法

APIT 算法于 2003 年被提出，但存在一些问题：① 锚节点稀疏时对网络覆盖率影响较大，网络边缘处的未知节点定位难，可扩展性较弱；② 需要判断测试三角形内的静止未知节点是否出现假阳性；③ 重叠区域中节点的定位精确度需要改进。基于 APIT 算法存在的问题，文献[3]提出了一些改进算法，它将未知节点升级为锚节点，提出了一种基于中垂线分割的算法，命名为 PB - APIT。三角形被每一边的垂直平分线划分为 4 或 6 个子区域，通过检测信号强度来确认未知节点位于某一个子区域，该方案使定位精度大约提高 18%，解决了问题①；文献[12]降低了“In - To - Out Error”和“Out - To - In Error”误判的可能性，以增加判断的正确性；文献[13]提出将重叠区域划分为多个子区域以减小三角形区域的大小，解决了问题③。然而，由于无线传感器网络的节点是随机分布的，建立网络拓扑结构相当困难，上面的改进算法只能分析一些特殊情况，随机性问题仍然是一个难点。

上述文献均是为了解决无线传感器网络中更为精确的节点定位问题，但是以上大部分定位算法仅适用于二维平面中，部分可用于三维环境中的定位算法也存在定位精度与网络覆盖率较低的问题。故本节利用数学模型对现有的三维定位算法进行改进，以提高定位精度与网络覆盖率。

4.4.2 基础模型分析

1. 费马点模型

1）费马点位置的计算

费马点是三维空间内的特殊点，类似于质心和内部中心。如果存在一个点，它到某有限点集的所有顶点的距离和最小，这一点便被称为费马点。在任意三棱锥中，费马点必然唯一存在且可以将三棱锥划分为四个子三棱锥。建立三维坐标系后，三棱锥的四个顶点为 $A(x_1, y_1, z_1)$、$B(x_2, y_2, z_2)$、$C(x_3, y_3, z_3)$、$D(x_4, y_4, z_4)$，并用 $F(x_i, y_i, z_i)$表示费马点。可以通过式(4 - 25)计算出 $F(x_i, y_i, z_i)$：

$$D = f(x, y, z) = \sum_{i=1}^{4} \sqrt{(x - x_i)^2 + (y - y_i)^2 + (z - z_i)^2} \tag{4-25}$$

为了得出 D 的最小值，可通过式(4-26)求式(4-27)的偏导数：

$$\begin{cases} \dfrac{\mathrm{d}D}{\mathrm{d}x} = 0 \\ \dfrac{\mathrm{d}D}{\mathrm{d}y} = 0. \\ \dfrac{\mathrm{d}D}{\mathrm{d}z} = 0 \end{cases} \tag{4-26}$$

计算公式如下：

$$\begin{cases} \displaystyle\sum_{i=1}^{4} \frac{x - x_i}{\sqrt{(x - x_i)^2 + (y - y_i)^2 + (z - z_i)^2}} = 0 \\ \displaystyle\sum_{i=1}^{4} \frac{y - y_i}{\sqrt{(x - x_i)^2 + (y - y_i)^2 + (z - z_i)^2}} = 0 \\ \displaystyle\sum_{i=1}^{4} \frac{z - z_i}{\sqrt{(x - x_i)^2 + (y - y_i)^2 + (z - z_i)^2}} = 0 \end{cases} \tag{4-27}$$

最终获得费马点的位置 $F(x_i, y_i, z_i)$。

2）优缺点分析

文献[14]提出的 DFPLE 算法均使用了上述费马点模型。这两种算法通过使用费马点划分空间来达到优化定位模型的目的，但仍存在一些问题：

(1) 费马点模型借助费马点来估计节点的位置，但因分割前后均使用 APIT-3D 算法来判断未知节点的有效范围，算法过程重复且单一。

(2) 费马点模型多次把未知节点估计在一个形为三棱锥的有效范围内，再通过计算这些三棱锥重叠范围的质心来估计未知节点的坐标。由于同为三棱锥的估计范围容易造成累积误差，导致定位精度较低。

(3) 未知节点通信范围内的邻居锚节点有很大的概率会少于四个，这会严重影响定位精度或导致网络覆盖率降低。锚节点的密度是影响定位精度的关键因素，锚节点越多，定位精度越高，但单纯的添加锚节点又会增加能耗和成本。

(4) APIT 算法选择周围邻居节点密度相对较高的未知节点来模拟运动。当未知节点周围的邻居节点密度较低时，势必会影响到算法的实施过程。

基于上述问题，本节提出一种新的使用费马点模型的三维定位算法，其定位精度和网络覆盖率与 FM-APIT-3D 算法、DFPLE 算法相比均有所提高。

2．PB-APIT 定位算法

PB-APIT 算法针对二维的 APIT 算法进行了改进，是一种仅适用于二维平面的二维定位算法。该算法的执行步骤如下：

(1) 第一步与 APIT 算法相似，未知节点与周围的邻居节点交换各自从测试三角形的三个锚节点接收到的信息，比较二者接收到的信号强弱，也顺便比较未知节点自身从测试三角形的三个锚节点接收到的信号强弱。

(2) 利用 APIT 算法判断未知节点位于测试三角形的内部或外部。若未知节点周围存在一个邻居节点，它接收到的来自测试三角形的三个锚节点的信号强度都大于或小于未知节点所接收到的，则该未知节点位于测试三角形内；反之，则位于测试三角形外。

(3) 如果未知节点位于某测试三角形的内部，则利用测试三角形三边的中垂线对测试三角形进行分割。对于直角三角形和钝角三角形，可被分割为四个小区域；对于锐角三角形，可被分割为六个。

(4) 由于已经比较过未知节点从测试三角形的三个锚节点接收到信号的强弱，故可以直接判断出未知节点位于哪个区域内。以图 4.27 为例，已知锚节点 C 接收到的来自未知节点的信号强度比锚节点 A、B 接收到的信号强度都大，且锚节点 A 接收到的信号强度比锚节点 B 接收到的信号强度要大，则可推断出未知节点位于区域 5 中。若存在两个锚节点接收到的信号强度一样大的情况，则可认为未知节点位于对应中垂线两侧的任意区域中。

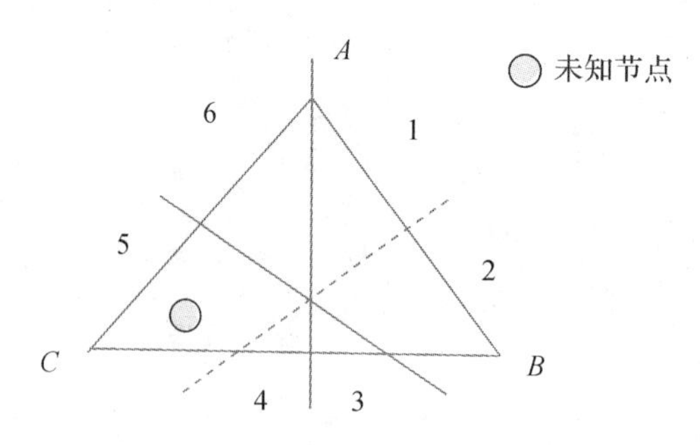

图 4.27　锐角三角形分割示意图

PB－APIT 算法与 APIT 算法的不同之处在于，有效区域不再是三角形而是分割后的小区域，求出所有小区域的重叠区域，其质心即为未知节点的坐标。有效区域从三角形到多边形区域的改变，减少了累积误差的产生，提高了定位精度，有着较好的使用前景。但由于现实中的无线传感器网络往往被布局在复杂的三维地形中，二维的 PB－APIT 算法在现实场景中使用受限。故本节将适用于三维环境的费马点模型与 PB－APIT 算法中的分割思想相结合，提出了一种基于三角形中线垂面分割的 APIT－3D 的改进算法(简称 VTM－APIT－3D)。

4.4.3　VTM－APIT－3D 定位算法

本节在费马点模型的基础上融入 PB－APIT 算法的分割思想，提出了 VTM－APIT－3D 算法。

1. VTM－APIT－3D 算法流程

(1) 通过执行 APIT－3D 算法找到所有包含未知节点的三棱锥。

(2) 在某一三棱锥中找到一个名为费马点的特殊点，将该点链接到其他四个顶点，把三棱锥分割成四个部分，然后通过 APIT－3D 算法判断哪个子三棱锥中包含有未知节点。

(3) 在该子三棱锥内，找到顶点不含费马点的三角形，取其任意一边作该边的中线，再过这条中线作三角形面的中线垂面，把该三棱锥划分为两部分。

(4) 执行步骤(2)中的 APIT－3D 算法时，已经得出未知节点从该三角形的三个锚节点接收到信号的强弱，根据信号强弱判断未知节点位于中线垂面两侧的哪一侧。若存在两个锚节点接收到的信号强度一样大的情况，则可认为未知节点位于中线垂面两侧的任意小区域中。

(5) 再通过同样的方法找到其他包含未知节点的分割小区域，通过求这些不规则小区域重叠范围的质心来估计未知节点的坐标。

Algorithm 4.6：VTM－APIT－3D **算法流程**

```
1：未知节点收集附近锚节点的信息
2：  while 存在未知节点
3：        选择一个待定位的未知节点
4：        找到所有包含未知节点的三棱锥，数量为 C_n^4（n 为通信范围内的锚节点个数）
5：        C_n^4→m
6：        while  m>0
7：              使用费马点模型将原三棱锥分割为 4 个小三棱锥
8：              执行 APIT－3D 算法判断未知节点位于哪个子三棱锥内
9：              执行 VTM－APIT－3D 算法将子三棱锥分割为 2 个分割小区域
10：             判断未知节点位于中线垂面两侧的哪一侧
11：            m－1→m
12：        end while
13：        计算分割小区域的重叠区域
14：        计算重叠区域质心的坐标
15：  end while
16：  定位结束
```

2. 三角形中线垂面的定义以及分割模型

VTM－APIT－3D 算法中提到的三角形中线垂面是指对某三角形的任一边作它的中线，然后过这条线作一个与该三角形所在平面垂直的面，这个面便被称为三角形中线垂面，如图 4.28 所示。

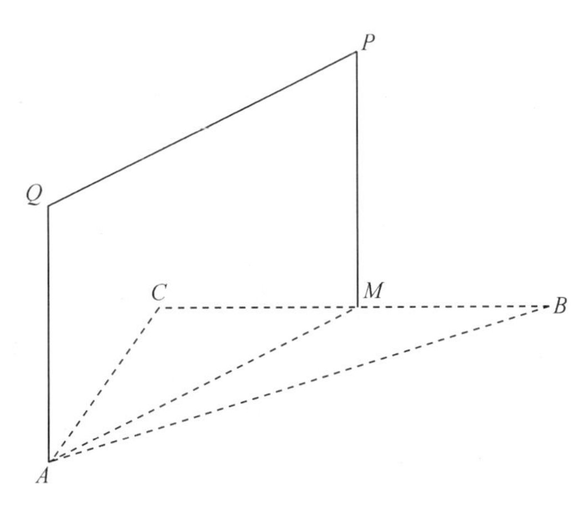

图 4.28　三角形中线垂面模型

如图 4.29 所示，三角形 ABC 的中线为直线 AM，其中线垂面为面 $AMPQ$。通过 APIT－3D

算法已得知未知节点 N 位于三棱锥 $F-ABCN$ 内，且已比较过未知节点 N 从三角形 ABC 的三个锚节点接收到信号的强弱。若锚节点 B 接收到的来自未知节点 N 的信号强度比锚节点 C 接收到的信号强度都大，则 N 位于中线垂面偏 B 的一侧；反之，N 位于中线垂面偏 C 的一侧。

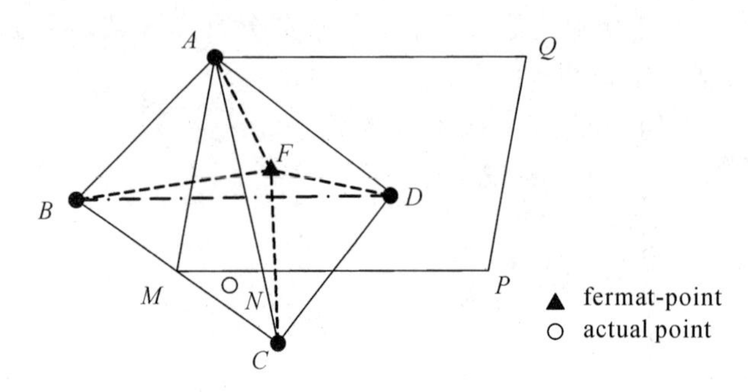

图 4.29　三角形中线垂面分割模型

3. 网络覆盖率的优化

由于节点在空间内随机部署，每个节点通信范围内的锚节点数量都不同。如果未知节点周围的锚节点少于 4 个，它将无法使用以上算法进行定位，这种情况会影响算法的网络覆盖率。本节使用中线的概念对该情况下未知节点的位置估计进行了改进，以优化定位精度与网络覆盖率。无法定位的情况可分为以下几种：

（1）当未知节点周围有三个锚节点时，如图 4.30(a)中所示。将三个锚节点彼此连接构成一个三角形，取该三角形的任意一边作该边的中线，将该三角形分割成两个小三角形。比较中线两侧的锚节点接收到信号的强弱，未知节点应落在接收信号较强的锚节点为顶点的小三角形内。最后根据定义计算出小三角形的费马点，该位置即是未知节点的估计位置。

（2）当未知节点周围有两个锚节点时，如图 4.30(b)所示，连接这两个锚节点形成一条线段，取该线段的中点将线段分为两段。比较中点两侧的锚节点接收到信号的强弱，未知节点应落在接收信号较强的锚节点为端点的一侧线段上。该线段的中点即为未知节点的估计位置。

（3）当未知节点周围只有一个锚节点时，如图 4.30(c)所示，可以使用锚节点的位置作为未知节点的估计位置。

（4）当未知节点周围没有锚节点时，如图 4.30(d)所示，可以使用网络空间的重心作为未知节点的估计位置。

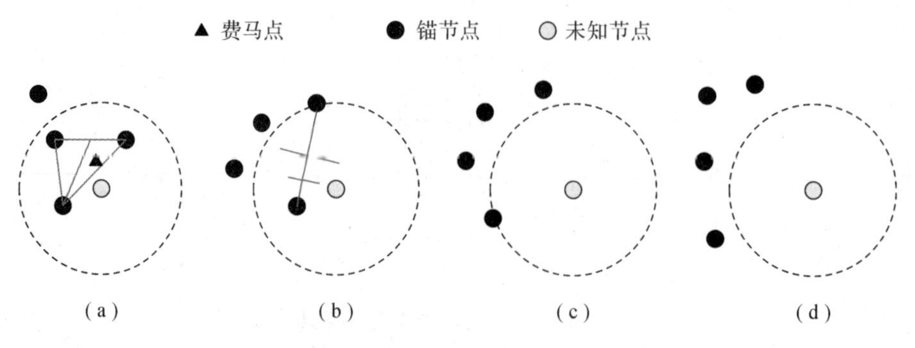

图 4.30　使用中线解决无法定位的情况

4.4.4 仿真结果与实验分析

本节对 VTM－APIT－3D 算法、DFPLE 算法和 FM－APIT－3D 算法的性能进行了详细的对比和分析。仿真模拟实验在 Matlab2014a 平台上进行，采用的网络布局为随机分布在 100 m×100 m×100 m 大小的立方体网络中的 200 个节点，并选中其中 20 个节点作为锚节点，其余为未知节点。

1. 性能评估

算法改进的目的之一是提高定位精度，定位精度由定位误差判断，定位误差越小，定位精度越高。未知节点 i 的定位误差计算公式如下：

$$\text{Error}(i)=\frac{\sqrt{(x_{i-\text{act}}-x_{i-\text{est}})^2+(y_{i-\text{act}}-y_{i-\text{est}})^2+(z_{i-\text{act}}-z_{i-\text{est}})^2}}{R} \qquad (4-28)$$

其中，($x_{i-\text{act}}$，$y_{i-\text{act}}$，$z_{i-\text{act}}$)为节点 i 的实际位置；($x_{i-\text{est}}$，$y_{i-\text{est}}$，$z_{i-\text{est}}$)为节点 i 的估计位置；R 为节点 i 的通信半径。

假设该网络中一共有 M 个节点，其中 N 个为锚节点($i=1$ 至 $i=N$ 为锚节点，$i=N+1$ 至 $i=M$ 未知节点)，则所有未知节点的平均定位误差如下：

$$\text{Average-error}=\frac{\sum_{i=N+1}^{M}\text{Error}(i)}{M-N} \qquad (4-29)$$

下文从定位精度与网络覆盖率的角度，比较 VTM－APIT－3D 算法、DFPLE 算法和 FM－APIT－3D 算法的性能。

2. VTM－APIT－3D 算法仿真结果

取随机分布在 100 m×100 m×100 m 大小的立方体网络中的 200 个节点进行仿真实验，其中 20 个节点为锚节点，其余为未知节点。通过计算机模拟的仿真网络如图 4.31 所示。经过 VTM－APIT－3D 算法优化定位后，未知节点的定位过程如图 4.32 所示，定位结果如图 4.33 所示，FM－APIT－3D 算法的定位结果如图 4.34 所示。

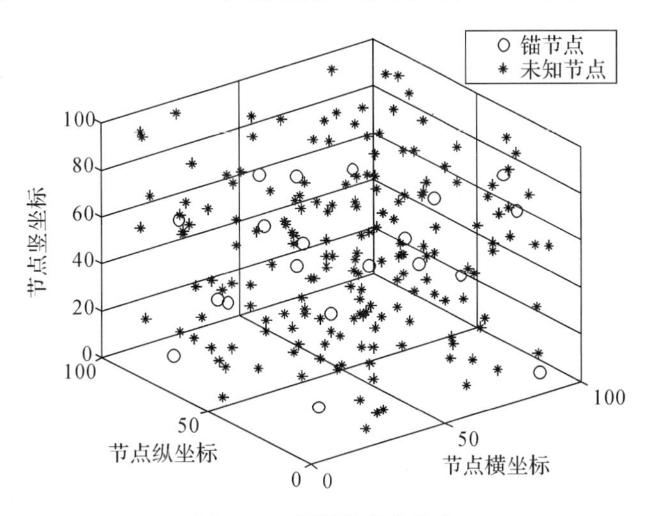

图 4.31　原网络节点分布

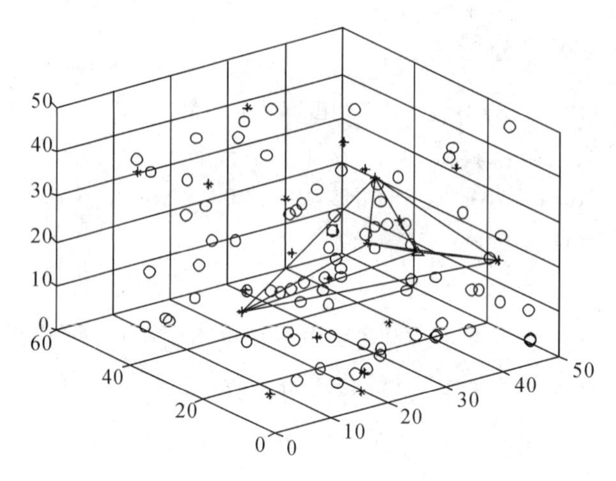

图 4.32 VTM - APIT - 3D 算法定位过程

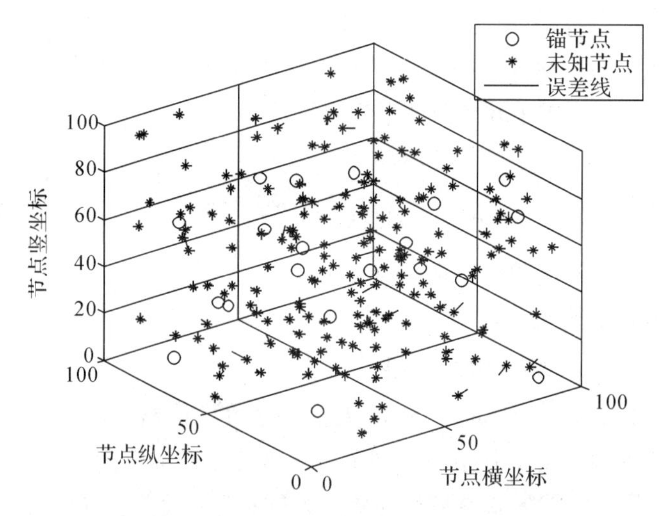

图 4.33 VTM - APIT - 3D 算法定位误差

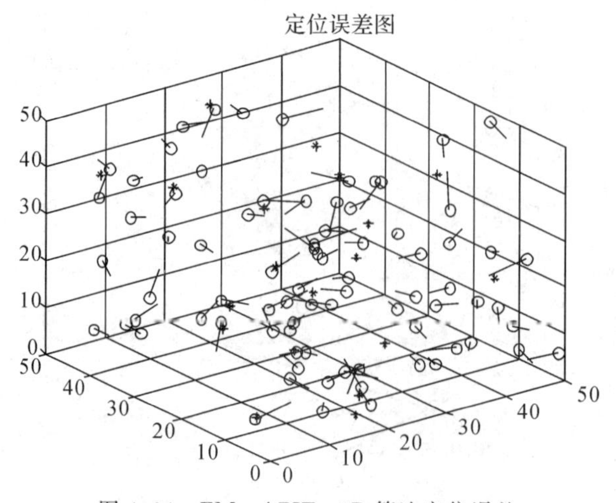

图 4.34 FM - APIT - 3D 算法定位误差

节点通信半径 $R=15$ 时，定位结果分析如表 4.1 所示。

表 4.1　定位结果分析

定位误差 Error(i)	≤0.1	0.1～0.5	0.5～1.0	1.0～1.5	≥1.5
节点数目	27	25	86	20	22

从图 4.33 和图 4.34 的对比中可见，VTM－APIT－3D 算法的定位误差明显小于 FM－APIT－3D 算法。从图 4.31、图 4.33 以及表 4.1 中可以看出，VTM－APIT－3D 算法定位精度较高，所有的未知节点都能被定位且定位误差较小，因此该算法在优化定位方面效果较为理想。

3. 不同锚节点数量下的定位精度

如图 4.35 所示，当节点通信半径 $R=16$，且锚节点的数目 N 从 1 逐渐增加到 50 时，三个算法的定位精度均有所提高。由于参考节点数量和测试三棱锥数量的增加，未知节点定位的估计范围被缩小，定位精度自然就提高了。此外，锚节点对节点定位的可能性有直接影响。当锚节点数量较少时，VTM－APIT－3D 算法的定位精度明显优于 DFPLE 算法和 FM－APIT－3D 算法。VTM－APIT－3D 算法改进了定位模块的划分，缩小了定位的估计范围，加快了定位速度。定位的估计范围可减少至其他算法的二分之一。更重要的是，VTM－APIT－3D 算法可以解决无法定位的情况，所以定位精度有较大提高。

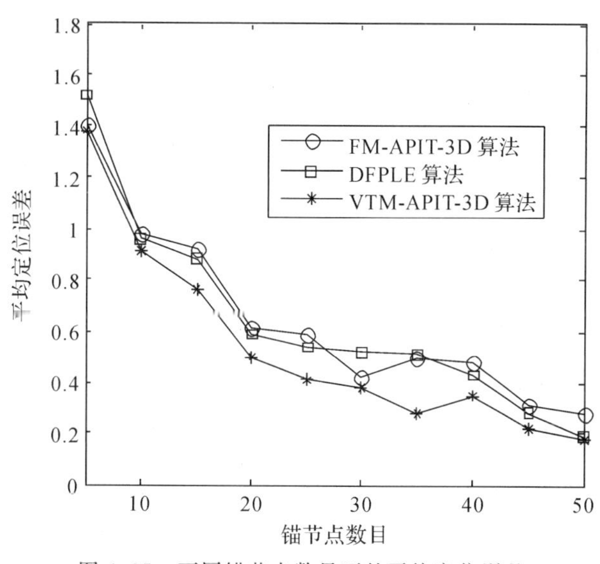

图 4.35　不同锚节点数量下的平均定位误差

4. 不同通信半径下的定位精度

如图 4.36 所示，当锚节点数量 $N=18$，且节点通信半径 R 从 1 逐渐增加到 30 时，可见图中三条曲线都快速下降。这是因为 R 的增大使未知节点可以与更多的锚节点进行通信，所以测试三棱锥的数量不断增长，节点的估计范围逐渐减小。由于节点通信半径的大小对定位精度的影响尤为明显，可以得出结论：VTM－APIT－3D 算法的定位精度明显优于 DFPLE 算法和 FM－APIT－3D 算法。随着 R 的增加，一跳通信范围内的锚节点数目也会更多，VTM－APIT－3D 算法获得的测试三棱锥数量也更多。当 $R=30$ 时，

VTM－APIT－3D算法的定位精度提高了约17.2%。

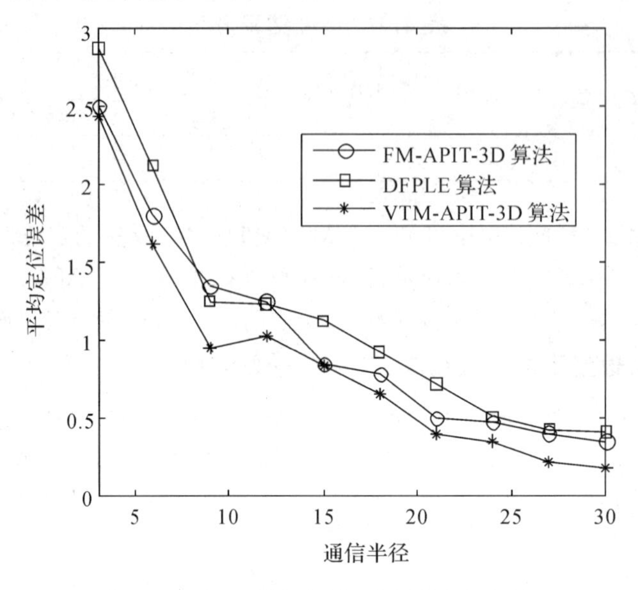

图4.36　不同通信半径下的平均定位误差

5. 不同锚节点密度下的网络覆盖率

网络覆盖率是无线传感器网络中一项十分重要的性能参数。在实际应用中，目标节点的可行性和位置准确性会直接影响到整个事件的结果。如图4.37所示，当节点通信半径$R=16$，且锚节点密度从0.05逐渐增加到0.35时，FM－APIT－3D算法和VTM－APIT－3D算法的网络覆盖率均一直为100%，二者都可以完全解决无法定位的情况。但当锚节点密度大约为0.25时，DFPLE算法的网络覆盖率才接近100%，VTM－APIT－3D算法的网络覆盖率明显优于DFPLE算法。

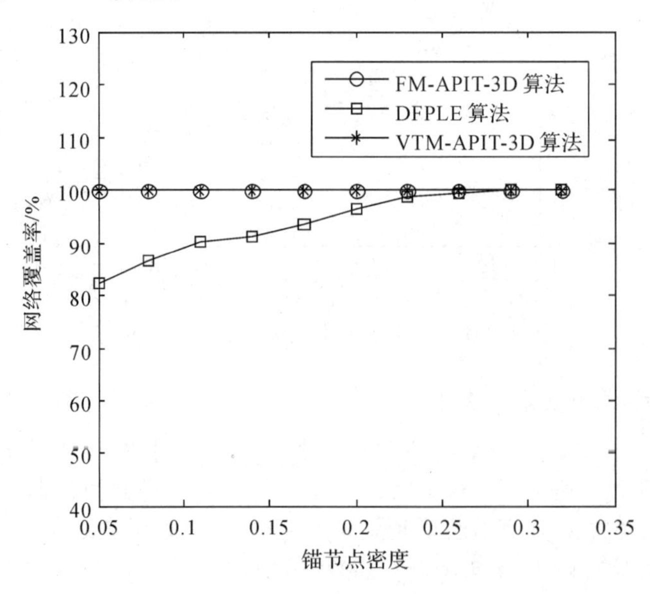

图4.37　不同锚节点密度下的网络覆盖率

本小节提出利用中线垂面切割三维区域的思想，减少了使用费马点模型的算法中多次把未知节点估计在三棱锥形状的有效范围内造成的累积误差。仿真结果表明，利用VTM - APIT - 3D算法在三维环境中对未知节点进行定位，定位精度和网络覆盖率均有明显的提高。当然，该算法相对于DFPLE算法和FM - APIT - 3D算法而言时间复杂度较高，网络能耗也有所增加，今后的研究方向应在提高定位精度和网络覆盖率的同时注重减少定位所需的能量消耗。

4.5　一种改进的3D-加权质心定位算法

4.1.2节详细研究了一些热门的三维定位算法，并分析总结了它们的优缺点，本节在上述分析的基础上结合模糊推理系统从另一角度提出了一种改进的3D-加权质心定位算法。

4.5.1　相关算法

无需测距的定位算法不需要测量绝对距离和角度，排除了测量误差，其所受环境干扰较小，成本和功耗较低，扩展性好，更适用于数量级较高的三维环境。

文献[44]提出的质心定位算法是一种最为简单、经济的无需测距的定位技术，通过计算所有相邻锚节点的质心位置为传感器节点进行定位。该算法利用相邻且可连通的锚节点的位置信息(x_i, y_i)来估计未知节点的位置。其中最为核心的三个步骤是：

(1) 锚节点向周围发送包含各自位置信息的信标。

(2) 所有的未知节点接收邻居锚节点发送来的信标信息。

(3) 未知节点计算它所有相邻且可连通的锚节点位置的质心坐标，将其作为它的估计位置。

该算法虽成本、耗能较低，但定位误差很大。

$$(x_{\text{est}},\ y_{\text{est}}) = \left(\frac{x_1 + x_2 + x_3 + \cdots + x_n}{n},\ \frac{y_1 + y_2 + y_3 + \cdots + y_n}{n}\right) \tag{4-30}$$

二维定位算法大多用于锚节点和未知节点处于同一个平面上的情况，但考虑到如果锚节点与地面之间的距离较小时，由于无线信号可能因为障碍物被多次折射和反射，精度会受到较大的影响。此外，特别是对于包含移动节点的网络，自始至终保持每个锚节点和未知节点都在同一平面内也是一个极大的挑战。因此，有必要设计一种适用于三维空间的3D-质心定位算法。三维质心定位算法是二维定位算法的扩展，每个锚节点在x、y和z轴的空间坐标均已知。三维空间中的传感器节点通过计算所有相邻且可连通的锚节点位置的质心坐标，将其作为估计位置，给定的公式如下：

$$(x_{\text{est}},\ y_{\text{est}},\ z_{\text{est}}) = \left(\frac{x_1 + x_2 + x_3 + \cdots + x_n}{n},\ \frac{y_1 + y_2 + y_3 + \cdots + y_n}{n},\ \frac{z_1 + z_2 + z_3 + \cdots + z_n}{n}\right) \tag{4-31}$$

其中，$(x_{\text{est}}, y_{\text{est}}, z_{\text{est}})$表示未知节点的估计位置坐标；$n$表示未知节点所有相邻且可连通的锚节点的总数。采用质心算法的位置估计方法十分经济简单，但结果表明位置估计的误差较大，在要求传感器节点精确定位的应用中是不可接受的。

为了提高3D-质心定位算法的性能，文献[16]提出了一种改进的3D-加权质心定位算法。该算法在未知节点的估计位置计算公式中引入了与未知节点相连通的锚节点的边权，并且该计算公式是在二维的基础上扩展 z 坐标得来的[17]。

$$(x_{\text{est}}, y_{\text{est}}, z_{\text{est}}) = \left(\frac{w_1 x_1 + w_2 x_2 + w_3 x_3 + \cdots + w_n x_n}{\sum_{i=1}^{n} w_i}, \frac{w_1 y_1 + w_2 y_2 + w_3 y_3 + \cdots + w_n y_n}{\sum_{i=1}^{n} w_i}, \frac{w_1 z_1 + w_2 z_2 + w_3 z_3 + \cdots + w_n z_n}{\sum_{i=1}^{n} w_i} \right) \tag{4-32}$$

其中 w_i 是指与未知节点相通的锚节点的边权。边权由锚节点与未知节点之间距离决定，即RSSI信号的强度。此类算法虽然定位精度较高，但其定位精度高度依赖于边权选择的最优化程度。

综上所述，3D-加权质心定位算法硬件成本低、功耗小，与质心定位算法相比定位精度有所提高，适用于数量级较高且对定位精度要求不过于严格的三维应用，但其定位精度高度依赖于边权选择的最优化程度。故本节将模糊推理系统引入边权的计算过程中，在提高定位精度的同时，简化最终估计位置的计算过程，以减小定位所需的时间复杂度。

4.5.2 基础模型分析

1. 隶属函数

隶属函数用于描述事物对模糊概念的从属程度。论域 U 上的模糊集合 A 是指，对于论域 U 中的任意元素 $\mu \in U$，都指定了[0, 1]闭区间中的某个数 $\mu_A(u) \in [0,1]$ 与之对应；映射 $\mu_A: U \to [0,1]$，$u \to \mu_A(u)$ 被称为模糊集合 A 的隶属函数。$\mu_A(u)$ 的值越接近1，说明 μ 从属于模糊集合 A 的程度越高；$\mu_A(u)$ 的值越接近0，说明 μ 从属于模糊集合 A 的程度越低。常用的隶属度函数有三角形隶属函数、梯形隶属函数、高斯隶属函数等。

2. 模糊推理系统

模糊推理系统(FIS)主要由模糊化、模糊规则库、模糊推理方法以及去模糊化几部分组成，是一个具有处理模糊信息能力的系统。它可以实现将一个给定输入空间非线性映射到一个特定输出空间的功能，而且其输入输出都是精确的数值，主要用于解决带有模糊现象的复杂推理问题，可广泛应用于数据分析、自动控制中。

模糊推理系统的输入输出值必须为精确的数值，其工作过程为：

(1) 通过模糊化模块将输入的精确量进行模糊化处理，转化为给定论域上的模糊集合；

(2) 激活模糊规则库中相对应的模糊规则，选用适当的模糊推理方法获得推理结果；

(3) 将该模糊结果进行去模糊化处理，得到最终的精确输出量。

模糊化的方法主要有模糊单值法、三角形隶属函数法、高斯隶属函数法。

模糊规则 R：IF x is A，THEN y is B，其中 x 为输入变量，A 为推理前件的模糊集合，y 为输出变量，B 为模糊规则的后件。

模糊推理方法有Mamdani法、Zadeh法、Larsen法、Takagi-Sugeno(T-S)法。

去模糊化去又称为清晰化，它的任务是确定一个最能代表模糊集合的精值，其方法有最大隶属度法、加权平均法、中心平均法。

Mamdani 模糊推理方法于 1975 年为了控制蒸汽发动机而提出[47]，它将经典的极大-极小合成运算方法作为模糊关系和模糊集合的合成运算规则。Mamdani 模糊推理系统具有模糊产生器和模糊消除器，每一条规则推理后得到的输出是变量的分布隶属度函数或离散的模糊集合。在将多条规则的结果合成以后，对每一个输出变量模糊集合都需要进行去模糊化处理，以得到期望的最终精确输出量。Mamdani 模糊推理方法的规则形式符合人们的逻辑思维习惯，但计算复杂，过程繁琐，并具有随意性，不利于数学分析。

T-S 模糊推理方法于 1985 被提出[48]，它与 Mamdani 模糊推理方法在很多方面都十分相似，其中输入量模糊化和模糊逻辑运算过程完全相同。Mamdani 系统与 T-S 系统之间的主要区别是，T-S 系统将去模糊化结合到模糊推理中，其输出隶属函数是线性函数或是常数，输出结果为精确量。当系统输入为模糊时 T-S 模糊推理方法会造成一定困难，但其计算过程简单，不需要耗时解数学上不易分析的去模糊化运算，是目前基于样本的模糊建模中最常用的方法。

4.5.3　使用 FIS 的 3D-加权质心定位算法

1. 寻找相邻的锚节点

无线传感器网络中，在一个大范围内可随机部署一组传感器节点，以监视其感兴趣的特定网络参数。这些传感器节点可以分为两大类：锚节点和普通传感器节点（未知节点）。锚节点配备有嵌入式 GPS 以获得其在网络中的位置信息，另一种方案是将这些节点手动放置在网络中的已知位置。假设锚节点的位置为(x_1, y_1, z_1)，(x_2, y_2, z_2)，…，(x_n, y_n, z_n)，未知节点被随机部署在传感领域，锚节点周期性地发送包含它们各自位置信息的信标，未知节点收集到锚节点发送的信标信息后，通过信标信息为自身定位。每个传感器节点从接收到的信标信息中收集所有相邻且可连通的锚节点的 RSSI 信息，该 RSSI 信息用于判断在加权质心定位算法中使用的锚节点的边权。以下是一些假设：

- 锚节点通过配置嵌入式 GPS 获得其位置信息或手动部署在已知位置。
- 为了避免多个锚节点发送的信标信息互相干扰，采用时分复用（TDM）技术。
- 无线电信号以完整的球形状态传播，所有节点的通信范围是相同的。

2. 使用模糊推理系统计算边权

未知节点收集其与锚节点之间的接收信号强度指示（RSSI）值，借助 RSSI 值可获得相邻且可连通的锚节点的边权。为了得出未知节点的位置，此处使用模糊推理系统计算锚节点的边权，该系统的模糊化输入（RSSI）使用了对称梯形隶属函数，去模糊化输出（权重）使用了三角形隶属函数。该模糊推理模型的规则如下：

规则 i：IF x is A^i，THEN y is B^i

x 是所有锚节点发送的 RSS 信息，同时也是该系统的输入，有效区间范围为$[0, RSS_{max}]$，其中，RSS_{max} 指最大的 RSS 值。该系统的输出 y 是某个给定的未知节点的各个相邻且可连通的锚节点的边权，有效区间范围为$[0, W_{max}]$，其中 W_{max} 为最大权重。在模糊逻辑推理系统的建模过程中必须时刻考虑 IF-THEN 规则，所遵循的基本原则如下：如果一个未知节点从锚节点处接收到的信号功率较高，这意味着该未知节点与锚节点之间的距离较近，并且它接收到的 RSSI 值较高，因此该锚节点所分配到的权重也应较高。相反，如果一个未知节点从锚节点处接收到较低的功率信号，则该锚节点很可能距离这个未知节点较远，因此被分配的权重也应较低。我们采用的基于隶属函数的模糊规则如表 4.2 所示[49, 50]。

表 4.2 模糊规则

规则	IF RSSI is	THEN WEIGHT is
1	极低	极低
2	低	低
3	中	中
4	高	高
5	极高	极高

3. 使用 Mamdani FIS 发现边权

在改进的 3D-加权质心定位算法中，模糊推理系统的建模可以采用 Mamdani 模糊推理方法。模糊化输入(RSSI)的空间被划分为五个对称梯形隶属函数(横坐标为输入 RSSI 的值，纵坐标为隶属度)，去模糊化输出(权重)的空间被划分为五个三角形隶属函数(横坐标为输出权重的值，纵坐标为隶属度)，均为极低、低、中、高、极高，如图 4.38、图 4.39 所示。

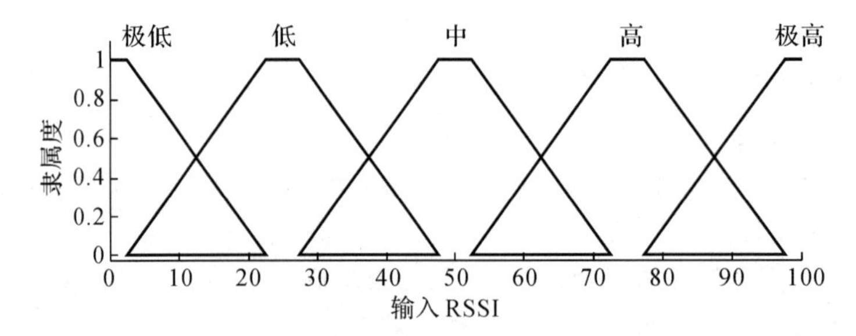

图 4.38 RSSI 的 Mamdani 隶属函数

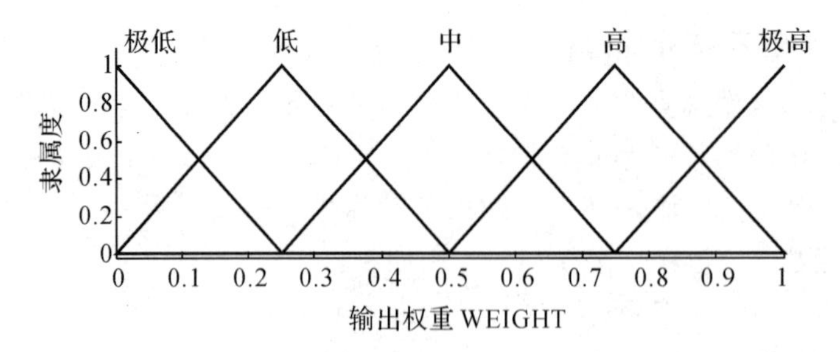

图 4.39 WEIGHT 的 Mamdani 隶属函数

五个输入对称梯形隶属函数的解析式如下：

$$\mu_A^1(x)=\begin{cases}1, & 0\leqslant x<2.5\\ \dfrac{22.5-x}{20}, & 2.5<x\leqslant 22.5\end{cases}\tag{4-33}$$

$$\mu_A^2(x)=\begin{cases}\dfrac{x-22.5}{20},\ 2.5\leqslant x<22.5\\1,\ 22.5\leqslant x\leqslant 27.5\\\dfrac{47.5-x}{20},\ 27.5<x\leqslant 47.5\end{cases}\tag{4-34}$$

$$\mu_A^3(x)=\begin{cases}\dfrac{x-27.5}{20},\ 27.5\leqslant x<47.5\\1,\ 47.5\leqslant x\leqslant 52.5\\\dfrac{72.5-x}{20},\ 52.5<x\leqslant 72.5\end{cases}\tag{4-35}$$

$$\mu_A^4(x)=\begin{cases}\dfrac{x-52.5}{20},\ 52.5\leqslant x<72.5\\1,\ 72.5\leqslant x\leqslant 77.5\\\dfrac{97.5-x}{20},\ 77.5<x\leqslant 97.5\end{cases}\tag{4-36}$$

$$\mu_A^5(x)=\begin{cases}\dfrac{x-77.5}{20},\ 77.5\leqslant x<97.5\\1,\ 97.5\leqslant x\leqslant 100\end{cases}\tag{4-37}$$

五个输出三角形隶属函数的解析式如下：

$$\mu_B^1(x)=\begin{cases}\dfrac{0.25-x}{0.25},\ 0\leqslant x\leqslant 0.25\end{cases}\tag{4-38}$$

$$\mu_B^2(x)=\begin{cases}\dfrac{x}{0.25},\ 0\leqslant x\leqslant 0.25\\\dfrac{0.5-x}{0.25},\ 0.25<x\leqslant 0.5\end{cases}\tag{4-39}$$

$$\mu_B^3(x)=\begin{cases}\dfrac{x-0.25}{0.25},\ 0.25\leqslant x\leqslant 0.5\\\dfrac{0.75-x}{0.25},\ 0.5<x\leqslant 0.75\end{cases}\tag{4-40}$$

$$\mu_B^4(x)=\begin{cases}\dfrac{x-0.5}{0.25},\ 0.5\leqslant x\leqslant 0.75\\\dfrac{1-x}{0.25},\ 0.75<x\leqslant 1\end{cases}\tag{4-41}$$

$$\mu_B^5(x)=\frac{x-0.75}{0.25},\ 0.75\leqslant x\leqslant 1\tag{4-42}$$

用多条模糊规则描述系统时，一般一个具体的输入数据会与多个模糊集合相关，此时便会激活多条模糊规则，因此，模糊推理的结果往往是多个模糊集合的交或并。该系统采用的计算系统其输出的去模糊化方法为加权平均法，它取各隶属度对应的所有基础变量的加权平均值作为清晰值，计算公式如下：

$$U=\frac{\sum_{i=1}^{N}(w_i\mu(w_i))}{\sum_{i=1}^{N}\mu(w_i)}\tag{4-43}$$

其中，N 为所激活模糊规则的数量；w_i 指论域中对应第 i 个模糊规则的单点的去模糊化值；$\mu(w_i)$为 w_i 对应的隶属度。

4. 使用 T－S FIS 发现边权

在改进的 3D－加权质心定位算法中，模糊推理系统的建模也可以采用 T－S 模糊推理方法。Mamdani 系统和 T－S 系统之间的主要区别是，T－S 系统的输出隶属函数是线性函数或是常数。模糊化输入(RSSI)的空间同样被划分为五个对称梯形隶属函数(横坐标为输入 RSSI 的值，纵坐标为隶属度)，即极低、低、中、高、极高，如图 4.40 所示；去模糊化输出(权重)是五个与输入相对应的线性输出隶属函数(横坐标为输入 RSSI 的值，纵坐标为对应于 RSSI 值的边权)，如图 4.41 所示。

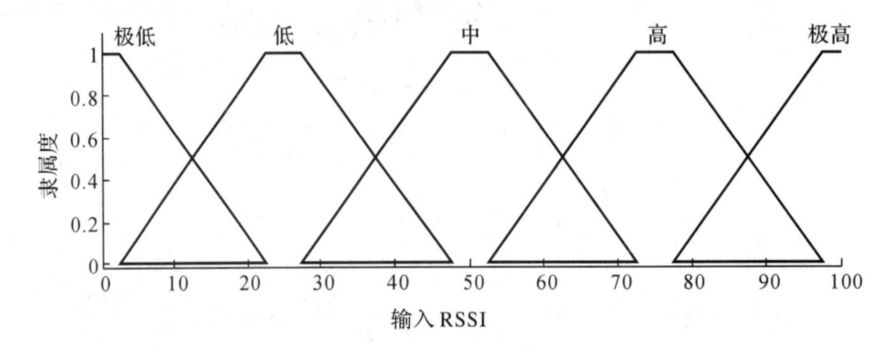

图 4.40　RSSI 的 T－S 隶属函数

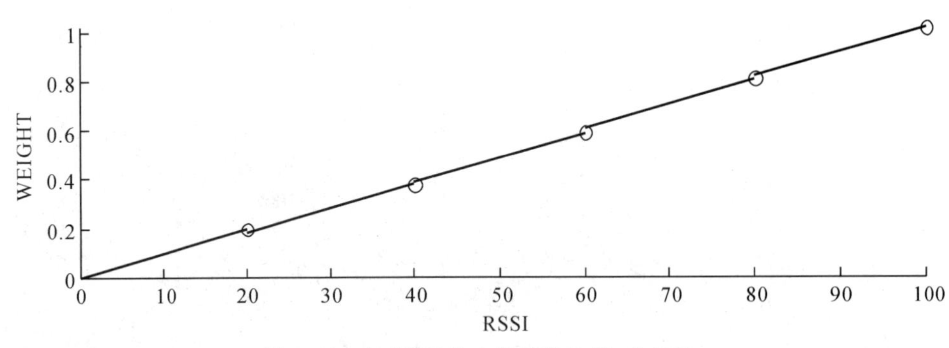

图 4.41　与 RSSI 输入相对应的 T－S 权重

五个输入对称梯形隶属函数的解析式同式(4－33)～式(4－37)。

五个线性输出隶属函数的解析式如下：

$$y = 0.01x,\ 0 \leqslant x < 20 \tag{4-44}$$

$$y = 0.01x - 0.02,\ 20 \leqslant x < 40 \tag{4-45}$$

$$y = 0.01x - 0.01,\ 40 \leqslant x < 60 \tag{4-46}$$

$$y = 0.01x + 0.01,\ 60 \leqslant x < 80 \tag{4-47}$$

$$y = 0.01x + 0.02,\ 80 \leqslant x \leqslant 100 \tag{4-48}$$

该系统同样使用加权平均法计算系统的输出，计算公式同式(4－43)。

4.5.4　仿真结果与实验分析

本节对简单 3D－质心定位算法、使用 Mamdani 模糊推理系统的 3D－加权质心定位算法和使用 T－S 模糊推理系统的 3D－加权质心定位算法的性能进行了详细的对比和分析。仿真模拟实验在 Matlab2014a 平台上进行。主要网络参数如下：随机分布在 100 m×100 m×100 m 区域内的 80 个未知节点和 20 个位置坐标已知的锚节点。假设所有锚节点的通信半径为 15 m，未知节点与相邻锚节点之间的距离小于通信半径。使用的 RSSI 模型如下：

$$R_{ij} = (kd_{ij}^{-\alpha}) - (\mathrm{AWGN} * \mathrm{Var}) \tag{4-49}$$

其中，R_{ij} 是第 i 个未知节点与第 j 个邻近锚节点之间的 RSS 值；k 是被计为常数的载波频率和发射功率；d_{ij} 是第 i 个未知节点和第 j 个邻近锚节点之间的距离；α 是衰减的供给量。假定 $k=50$，$\alpha=1$。

1. 性能评估

使用以下两种性能指标评估简单 3D－质心定位算法和改进的 3D－加权质心算法。定位误差根据未知节点的估计坐标和实际坐标之间的距离来计算：

$$\text{Location}-\text{error}(i) = \frac{\sqrt{(x_{i-\text{act}} - x_{i-\text{est}})^2 + (y_{i-\text{act}} - y_{i-\text{est}})^2 + (z_{i-\text{act}} - z_{i-\text{est}})^2}}{R} \tag{4-50}$$

其中，$(x_{i-\text{act}}, y_{i-\text{act}}, z_{i-\text{act}})$ 为未知节点 i 的实际坐标；$(x_{i-\text{est}}, y_{i-\text{est}}, z_{i-\text{est}})$ 为未知节点 i 的估计坐标。R 为节点 i 的通信半径。

假设该网络中一共有 M 个节点，其中 N 个为锚节点($i=1$ 至 $i=N$ 为锚节点，$i=N+1$ 至 $i=M$ 为未知节点)，平均定位误差指所有未知节点的估计坐标和实际坐标之间的平均距离：

$$\text{Average} - \text{error} = \frac{\sum_{i=N+1}^{M} \text{Error}(i)}{M-N} \tag{4-51}$$

2. 改进算法仿真结果

通过计算机模拟的仿真网络如图 4.42 所示。使用 Mamdani 模糊推理系统的 3D－加权质心定位算法，未知节点定位情况如图 4.43 所示。使用 T－S 模糊推理系统的 3D－加权质心定位算法，未知节点定位情况如图 4.44 所示。

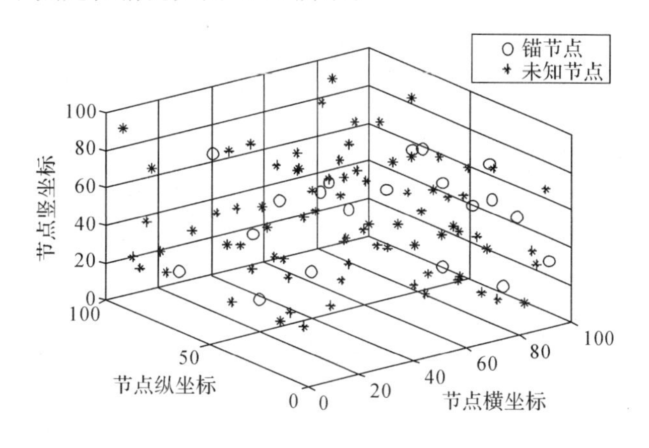

图 4.42 原网络节点分布

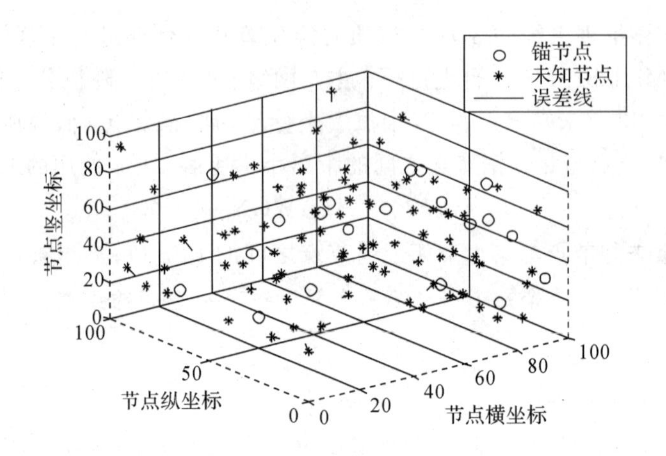

图 4.43 使用 Mamdani FIS 的 3D-加权质心算法的位置估计结果

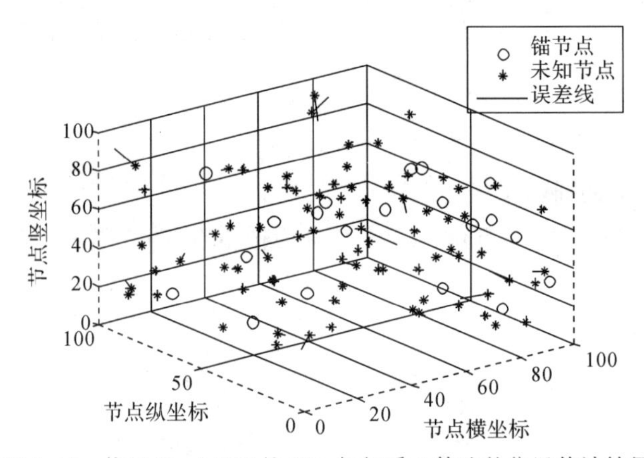

图 4.44 使用 T-S FIS 的 3D-加权质心算法的位置估计结果

当节点通信半径 $R=15$ 时，使用 Marhdani FIS 的 3D-加权质心算法的定位结果分析如表 4.3 所示，使用 T-S FIS 的 3D-加权质心算法的定位结果分析如表 4.4 所示。

表 4.3 使用 Mamdani FIS 的 3D-加权质心算法的定位结果分析

定位误差 Error(i)	≤0.5	0.5～1.5	1.5～2.5	2.5～3.5	≥3.5
节点数目	1	18	24	12	25

表 4.4 使用 T-S FIS 的 3D-加权质心算法的定位结果分析

定位误差 Error(i)	≤0.5	0.5～1.5	1.5～2.5	2.5～3.5	≥3.5
节点数目	0	8	23	15	34

从图 4.42～图 4.44 以及表 4.3、表 4.4 中可以看出，使用模糊推理系统的 3D-加权质心定位算法的定位精度较高，所有的未知节点都能被定位且定位误差较小，因此这两种改

进后的算法在优化定位方面效果较为理想。

目前，许多科学研究都致力于无线传感器网络的定位问题，但其中绝大部分的设计和评估都只考虑了二维角度，即传感器网络被部署在平坦的地形上。在现实的应用程序中，传感器网络往往部署在三维地形中。此处试图通过使用无需测距的定位算法来解决三维无线传感器网络中的定位问题。

简单3D-质心定位算法实现比较容易且十分经济，但这种近似算法的定位精度较差。为了提高定位精度，可采用改进的3D-加权质心定位算法，该算法借助锚节点的权重来提高定位精度。本节使用Mamdani模糊推理系统和T-S模糊推理系统来寻找基于RSSI的锚节点的权重。通过模拟仿真来评估简单的3D-质心定位算法，以及使用模糊推理系统的3D-加权质心定位算法在无线传感器网络三维定位上的性能。研究表明，使用模糊推理系统的3D-加权质心定位算法简单、有效，具有良好的定位精度。

4.6　本章小节

本章首先从二维定位和三维定位方面对现有的定位算法进行归纳介绍，然后在这些定位算法的基础上提出了四种改进的定位算法，分别是基于改进遗传算法优化的高精度定位算法PFGA，基于邻接信息与启发式路径的移动信标式定位算法，基于三角形中线垂面分割的APIT-3D改进定位算法，基于模糊推理系统的改进的3D-加权质心定位算法，最后通过仿真实验对上述改进算法做了详细的分析。实验结果表明，PFGA算法相比已有的定位优化算法收敛速度更快，定位精度更高；提出的移动信标式定位算法相比已有的算法所需的网络能耗更低；两种三维定位的改进算法与原算法相比，定位精度和网络覆盖率均有明显提高，具有一定的创新性和实用性。

参考文献

[1] 李新春，郭欣欣. 基于最优跳距和改进粒子群的DV-Hop定位算法[J]. 计算机应用研究，2017，34(12)：3775-3778+3783.

[2] HE T，HUANG C，BLUM B M，et al. Range-free localization schemes for large scale sensor networks[C]. MobiCom 2003，2003：81-95.

[3] 常家银. 基于RSSI和APIT的无线传感器网络定位算法的改进研究[D]. 广州：广东工业大学，2016.

[4] Liu Jilong，Wang Zhe，Yao Mingwu，et al. VN-APIT：virtual nodes-based range-free APIT localizationscheme for WSN[J]. Wireless Network，2016 (22)：867-878.

[5] 任腾飞. 基于凸规划的无线传感器网络定位算法研究[D]. 桂林：广西师范大学，2017.

[6] KOUTONISKOLAS D，DAS S M，HU Y C. Path planning of mobile landmarks for Lo-calization in wireless sensor networks[C]. Proceedings of ICDCS Workshops，Lisbon，Portugal，2006：86.

[7] Mao Guoqiang，BARIS F，BRIAN D. Wireless sensor network localization techniques[J]. Computer Networks，2007，51(10)：2529-2553.

[8] 谭中华. 无线传感器网络AOA定位算法与三维移动路径规划方法研究[D]. 温州：温州大学，2016.

[9] BAHI J M，MAKHOUL A，MOSTEFAOUI A. Hilbert mobile beacon for localisation and coverage in

sensor networks[J]. International Journal of Systems Science, 2003, 13(2): 1081 - 1094.

[10] HUANG R, ZARUBA G. Static path planning for mobile beacons to localize sensor networks[J]. Pervasive computing and communications workshops, 2007, 11(3): 323 - 330.

[11] HAN G, XU H, DUONG T, et al. Localization algorithms of wireless sensor networks: A survey [J]. Telecommunication Systems, 52: 2419 - 2436.

[12] LI M, LI Z, VASILAKOS A. A survey on topology control in wireless sensor networks[J]. Proceedings of the IEEE, 2010, 11(12): 2538 - 2557.

[13] JAVAD R, MARJAN M, ABDUL S I. Superior Path Planning Mechanism for Mobile Beacon - Assisted Localization in Wireless Sensor Networks[J]. IEEE SENSORS JOURNAL, 2014, 66(14): 3052 - 3063.

[14] Wang Feng, Wang Cong, Wang Zizhong, et al. A Hybrid Algorithm of GA + Simplex Method in the WSN Localization[J]. International Journal of Distributed Sensor Networks, 2015(13): 1 - 9.

[15] Peng Bo, Li Lei. An improved localization algorithm based on genetic algorithm in wireless sensor networks[J]. Cogn Neurodyn, 2015(9): 249 - 256.

[16] ARUNAL M S, GANESAN R, PRAVIN RENOLD A. Optimized Path Planning Mechanism for Localization in Wireless Sensor Networks[C]. 2015 International Conference on Smart Technologies and Management for Computing, Communic- ation, Controls, Energy and Materials, 2015(15): 171 - 177.

[17] Guo Zhongwen, Guo Ying. Perpendicular Intersection: Locating Wireless Sensors With Mobile Beacon[C]. IEEE TRANSACTIONS ON VEHICULAR, 2010(59): 3501 - 3509.

[18] LI H, WANG J, LI X, et al. H. Real-time path planning of mobile anchor node in localization for wireless sensor networks[C]. In Information and automation ICIA, 2008: 384 - 389.

[19] WANF H, QI W, WANG K, et al. Mobile-assisted localization by stitching in wireless sensor networks[C]. In ICC, IEEE, 2012: 1 - 5.

[20] KIM K, JUNG B, LEE W. Adaptive path planning for randomly deployed wireless sensor networks [J]. Journal of Information Science and Engineering, 2011, 27(10): 1091 - 1106.

[21] Ou Chia ho. A Localization Scheme for Wireless Sensor Networks Using Mobile Anchors With Directional Antennas[J]. IEEE SENSORS JOURNAL, 2011(11): 1607 - 1616.

[22] 赵方，马严，罗海勇，等. 一种基于网络密度分簇的移动信标辅助定位方法[J]. 电子与信息学报，2009(31): 2988 - 2992.

[23] CHANG C T, CHANG C Y, LIN C Y. Anchor-guiding mechanism for beacon - assisted localization in wireless sensor networks[J]. IEEE Sensors Journal, 2012, 12(23): 1098 - 1111.

[24] LI X, MITTON N, SIMPLOT R I, et al. Dynamic beacon mobility scheduling for sensor localization [J]. IEEE Transactions on Parallel and Distributed Systems, 2012, 23(8): 1439 - 1452.

[25] VILLAS L A, GUIDONI D L, UEYAMA J. 3D Localization in Wireless Sensor Networks Using Unmanned Aerial Vehicle[C]// Network Computing and Applications (NCA), 2013 12th IEEE International Symposium on. IEEE, 2013: 135 - 142.

[26] CARDOSE C B, GUIDONI D L, MAIA G, et al. An Energy Consumption Aware Solution for the3D Localization and Synchronization Problems in WSNs[C]// Computer Networks and distrbute - d Systems (SBRC), 2014 Brazilian Symposium on. IEEE, 2014: 376 - 385.

[27] ZHANG A, YE X, HU H. Point In Triangle Testing Based Trilateration Localization Algorithm In Wireless Sensor Networks[J]. Ksii Transactions on Internet & Information Systems, 2012, 6(10): 2567 - 2586.

[28] WANG R J, BAO H L, CHEN D J, et al. 3D - CCD: a Novel 3D Localization Algorithm Based on Concave/Convex Decomposition and Layering Scheme in WSNs[J]. adhoc & Sensor Wireless Networks, 2014.

[29] KUMAR A, KHOSLA A, SAINI J S, et al. Stochastic Algorithms for 3D Node localization in Anisotropic Wireless Sensor Networks[J]. Advances in Intelligent Systems & Computing, 2013, 201: 1 - 14.

[30] 李锋. 粒子群 APIS - 3D 算法在三维传感网络中的定位研究[J]. 计算机应用与软件, 2017, 34(03): 329 - 333.

[31] WANF J, FU J. Research on APIT and Monte Carlo Method of Localization Algorithm for Wireless Sensor Networks[C]// Final Program and Book of Abstracts of the 2010 International Conference on Life System Modeling and Simulation & 2010 International Conference on Intelligent Computing for Sustainable Energy and Environment. 2010: 128 - 137.

[32] 田丽芳. 基于球面坐标的目标定位位置的封闭解算法[J]. 传感技术学报, 2017, 30(09): 1433 - 1437.

[33] Dai Guilan, Zhao Chongchong, Qiu Yan. A Localization Scheme Based on Sphere for Wireless Sensor Network in 3D[J]. Acta Electronica Sinica, 2008, 36(7): 1297 - 1303.

[34] ZHU H. A Novel Distributed and Range - Free Localization Algorithm in Three - Dimensional Wireless Sensor Networks[J]. Chinese Journal of Sensors & Actuators, 2009, 22(11): 1655 - 1660.

[35] 董银. 基于 ALS 协同过滤算法的个性化推荐研究与应用[J]. 无线互联科技, 2016(06): 125 - 126+142.

[36] PENG G. Study of Localization Schemes for Wireless Sensor Networks[J]. Computer enginee - ring & Applications, 2004, 40(35): 27 - 29.

[37] 杨慧. 试论无线传感器网络中分布式定位算法的研究与实现[J]. 科技创新与应用, 2017(13): 65.

[38] 侯志伟, 包理群, 安丽霞. 基于残差加权的三维 DV - Hop 改进 WSN 定位算法[J]. 计算机应用与软件, 2016, 33(01): 112 - 115.

[39] SHARMA S P K M. Radially Optimized Zone - Divided Energy - Aware Wireless Sensor Networks (WSN) Protocol Using BA (Bat Algorithm)[J]. Iete Journal of Research, 2015, 61(2): 170 - 179.

[40] HOLLAND J H. AdaPtation in Natural Artifieial Systems[M]. MITPress, 1975: 1 - 17.

[41] ZNEG J, WANG X H. Improvement on APIT Localization Algorithm for Wireless Sensor Networks. In: International Conference on Networks Security, Wireless Communications and Trusted Computing, 2009, 1: 719 - 723.

[42] VIVEKANANDAN V, WONG V W S. Concentric Anchor Beacons Localization for Wireless Sensor Networks. In: IEEE International Conference on Communications, 2006,9: 3972 - 3977.

[43] HUANG P H, CHEN J L, LAROSA Y T, et al. Estimation of distributed fermat - point location for wireless sensor networking[J]. Sensors, 2011, 11(4): 4358 - 4371.

[44] 龙佳. 无线传感器网络加权质心定位算法研究[D]. 徐州: 中国矿业大学, 2017.

[45] KIM S Y, KWON O H. Location estimation based on edge weights in wireless sensor networks. Journal of Korea Information and Communication Society 30, 10A (2005).

[46] Wang Dan. Rereach of 3D Wireless Sensor Network Self - localization. 成都西南交通大学,2007, 16 - 23.

[47] 高彤, 王贵君. 基于模糊相似度的广义 Mamdani 模糊系统及其逼近[J]. 模糊系统与数学, 2018, 32(01): 137 - 143.

[48] SUGENO M. An introductory survey of fuzzy control. Information Sciences 36, 1985(1 - 2):

59 - 83.
[49] 柯德营. 基于粒函数的模糊控制算法的研究[D]. 上海：上海师范大学，2016.
[50] SUKHYUN Y, JAEHUN L, WOOYONG. A soft computing approach to localization in wireless sensor networks. Expert Systems with Applications 36, 2009, 4: 7552 - 7561.

第五章　无线传感器网络分簇技术

第四章系统介绍了无线传感器网络的定位技术，并详细分析了四种改进的定位算法，通过仿真实验证明了四种算法各自的优越性。本章将对无线传感器网络分簇技术进行系统的研究。在深入分析大量分簇算法以及近年来最新研究成果的基础上，本章提出了两种改进的分簇算法：一种改进的最小加权分簇算法和一种能量高效的分簇算法。

5.1　经典无线传感器网络分簇算法

5.1.1　相关概念

无线传感器网络是由放置在检测区内的大量低成本并拥有传感、计算、数据处理和通信能力的微型传感器节点组成的网络，主要功能是对覆盖区域中的目标对象进行感知、收集和处理，并且把消息发送给监测者。无线传感器网络是一种全分布式的系统，一般没有中心节点，所有的传感器节点都会以随机投放的方式部署在目标区域。在人员无法到达(如污染严重或者敌对的区域)、电源供给和布线困难，以及某些特殊场景(如自然灾害发生时，固定的通信方式不能使用)等区域，无线传感器网络都可以得到应用。目前，在环境、医疗、家庭、军事和其他工用、商用领域，无线传感器网络已经被普遍运用，在反恐、救灾和空间探索等特殊的领域也有很大的发展前景。由于传感器节点的能量非常有限，而且通常情况下能量不能及时得到补充，所以能量效率在无线传感器网络中非常重要，它影响了整个网络的寿命。

如果每一个传感器节点都在网络中进行通信和数据传输，那么就会发生严重的数据拥塞和碰撞，从而很快耗尽传感器网络中的能量。为了提高能量效率和减少传输延迟，节点被合并成许多集群，称为簇，这种结合传感器节点的方法称为分簇。在无线传感器网络的分层路由实施过程中，分簇算法是一个非常关键的方法。在分组无线网中，分簇的思想首次被提出，它主要是层次划分网络中的节点，使部分相邻的节点形成一个簇，每个簇内选举一个簇头(CH)，负责收集汇总簇中其他节点的数据，并传送到基站(BS)或汇聚节点(sink)，其余节点称为成员节点(CM)，如图 5.1 所示。上层骨干网是由簇头连接而成的，它负责转发数据从而实现簇间通信。到目前为止，为了层次路由协议的实施，在无线自组网中已经提出最低移动性算法、基于节点 ID 的链路分簇算法(LCA)[1]等很多分簇算法。在无线传感器网络中，分簇算法设计的目标是保持网络负载均衡，最大化地延长网络生命周期。

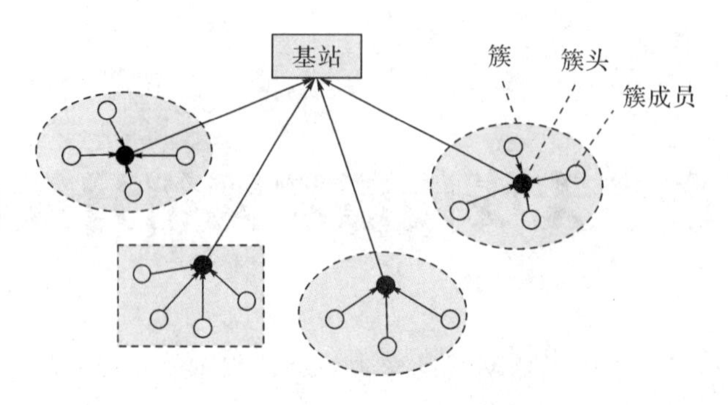

图 5.1　分簇路由协议拓扑结构

簇头为大量节点提供可扩展性以及降低能量消耗，簇头的选择在设计分簇算法中是一个重要的问题。簇头选择算法通常都会基于以下几个原则：节点和邻居节点的剩余能量；簇头与基站之间的跳数和距离；簇内和簇间的通信代价；簇头的分布密度。在近些年提出的大量优秀分簇算法中，大多数算法考虑了以下几个技术：簇头节点有较大的剩余能量；簇头节点周期性地旋转以使能量达到平衡；簇头选择是基于剩余能量和与基站的通信距离。因此，可以通过优化簇头选择的算法来进一步提升网络运行，节约单个节点的能量，延长网络寿命。

本节将分簇算法分为三类：分布式分簇算法、集中式分簇算法和混合式分簇算法，分别从这三类算法中梳理无线传感器网络中分簇算法的相关研究，分析和比较了它们的优点和不足，并在此基础上给出了进一步深入研究的方向。

5.1.2　分布式分簇算法

在分布式分簇算法中，一般根据一定的概率或者相邻节点之间动态交换的信息来决定自己是否成为簇头。分布式分簇算法可用于地理位置未知的传感器中，即这些传感器不知道自己的网络位置，所有的路由方法必须根据它们的内部信息。

MIT(麻省理工学院)的 Heinzelman 等人提出的 LEACH[2] 是分布式分簇算法中最经典的算法，它是一种低功耗自适应分簇算法。LEACH 是周期性执行的，工作过程如图 5.2 所示。首先是簇的建立阶段，每个节点通过比较相应的随机数和给定的阈值，来决定自己是否成为簇头。接着，每个节点都会收到簇头的广播消息，并且根据该信号的强弱决定加

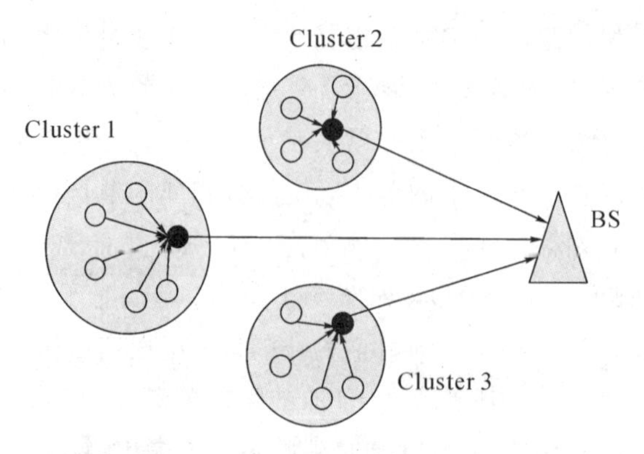

图 5.2　LEACH 中每个簇与基站通信的方式

入哪个簇。在数据传输阶段，簇内的所有节点按照TDMA(时分复用)时隙向簇头发送数据。簇头聚集收到的消息，并发送到基站，经过一段时间后，网络会再次进入启动阶段，进行下一轮的簇头选择并重新进行建立簇的过程。为了降低网络的能量消耗，从而达到延长网络寿命的目的，在选择簇头节点时，可以通过使用等概率的随机循环方法，来平均整个网络的能量负载并分配到网络中的每个传感器节点。实验结果显示，LEACH算法比一般的平面多跳路由协议和静态分层算法的网络生存时间更长，可以延长15%[3]。但是，LEACH没有考虑到以下问题：① 数据传送阶段的过程没有得到改进；② 随机选择簇头的方法不能使簇头在整个网络中分布均匀；③ 对于离汇聚节点较远的簇头节点，可能会因为过早用尽自身的能量而导致网络分割。

TEEN[4]是一种除了在数据传送阶段使用，其他和LEACH相似的分簇算法。为了降低发送数据的频率，该算法设置了硬、软两个阈值，通过合理调节这两个阈值的大小，可以平衡精度要求与系统能耗。通过这种方法，能够减少网络通信量，并且很好地监测热点地区和发生突发事件的地区。但是TEEN有以下两点不足：一是节点会因为不能达到阈值而不传送数据；二是如果达到阈值，节点会在第一时间传送数据，这样易导致信号受到干扰，而假如节点采用TDMA的方式传送，就会发生数据延迟。该算法中软、硬阈值的设置，在减少数据传输量的同时，也阻挡了部分数据的上传，因此在需要周期性上报数据的应用中使用这个算法是不恰当的。SEP[5]是将LEACH算法中的概率值和节点能量结合起来的算法，能量越高的节点被选为簇头的概率越大。

PEGASIS[6]算法是根据LEACH的缺陷而提出的，它主要采用了贪婪算法。该算法解决了LEACH簇头节点选择频繁带来的问题，而且簇头本身具有链式数据聚合的特点，这样可以有效减少数据通信量和传输频率；为了节省能量消耗，每个节点会优先选择使用低功率与相对距离较近的邻居节点进行通信，这种多跳的通信方式可以有效延长网络的生命周期，但是这会导致簇头成为路由唯一的决定因素，如果簇头失效，路由也会随之失败；每个节点都必须能够与sink点进行通信；在形成链的过程中，节点需要知道其他节点的位置信息，这会造成很大的开销；在链过长的情况下，就不适用于需要实时信息的应用，因为这会增加数据传输时延。

LSCP[7]是针对某种应用场景提出来的，这种场景中目标会发出一些信号，并且随着距离的增加，信号强度会衰减，从而使目标周围形成一个信号强度的“磁场”，传感器会采集这些信号并且实现目标探测与追踪，通过传感器节点分簇确定目标的位置和数量。LSCP提出了DAM(Distributed Aggregate Management)的分簇算法，这个算法最后会形成一棵树，这棵树的根是与目标距离最小的簇头节点，即能够感知到目标的最大信号强度的节点。信号强度随着与根节点距离的增大而衰减，从而实现剩余节点从根节点到叶子节点的有序分布。

为了提高分簇算法的效率，后续提出的很多基于优化的分簇算法都是对节点的通信开销、邻居节点数、成员节点到簇头节点的距离等分配一定的权重，最后综合考虑这些因素来选取簇头。HEED[8]算法主要是依据主、次两个参数来周期性地选择簇头，主参数根据剩余能量来随机选择初始的簇头集合，次参数根据簇内通信开销来判断落在多个簇内的节点最终属于哪个簇，并实现簇头节点间的负载均衡。HEED的改进之处在于：在选择簇头的过程中，引入了主从关系、多个约束条件和节点剩余能量。HEED的分簇速度比LEACH更快，能产生分布更加均匀的簇头、更合理的网络拓扑。CEFL[9]中的簇头选择使用了

Mamdani 模糊逻辑方法，该算法综合考虑了节点的向心性、密集度和节点能量。这种将决策理论引入簇头选取中的分簇算法与 LEACH 相比，可以延长网络生存时间，但是复杂度也更高，因此适用于中等规模的网络。GCHE - FL[10] 算法采用两次模糊逻辑选择簇头，用来确定传感器成为网关和簇头的概率。第一次是网关选择，综合考虑了它们与基站的接近度以及节点能量这两个因素。第二次是簇头选择，使用了两个模糊参数，分别是每个节点剩余能量和簇内平均能量的比值，一个节点和簇内其他节点的距离之和。该算法利用地方决策来选择簇头和网关，从而正确分配能量及保证最大网络生存时间。

文献[11]提出的 ACE 也是一种自适应分布式算法，具有良好的反馈机制。该算法能够对报文丢失或者节点失效迅速作出反应，成簇的方法可以大大降低相互间的重叠率，从而有效减少簇间通信的干扰；具有良好的健壮性，而且网络规模的大小不会影响成簇的收敛速度。DAEA[12] 提出的 3 层簇头数据融合结构是能量与延迟之间的折中，它首先根据地理位置信息划分成等大、相邻又不重叠的正方形区域。该算法提出为每个簇选择簇头作为局部汇聚点 LA，并且从 LA 中选择上层簇头作为主汇聚点 MA，以便更好地汇总数据和节省能耗。由节点之前已被选为簇头的次数和节点能量来决定 LA，为了延长网络生存时间，MA 是从 LA 的集合中选取的最优值，它主要的任务就是向基站转发数据，该算法一般用于中小型网络。HGMR[13] 是基于位置信息的，并且采用多播方式的分簇算法，它涵盖了分层会合点多播协议和地理多播路由的思想。为了处理网络中存在的多 sink 点[14] 及 sink 点移动的问题，文献[15]提出了 TTDD 算法，它主要被运用于某种特殊场合，在这种场合中，sink 节点不断移动而其他节点是固定的。

无线传感器网络集通信技术、计算技术和传感技术于一体，其中传感器节点的能量有限，因此能量效率在无线传感器网络的设计中显得尤为重要，它已经成为研究工作者关注的主要方向。为了提高无线传感器网络中的能量利用率，文献[16]提出 CHEP 算法，它通过能量预测的方式来选取簇头节点。该算法是将所得的剩余能量预测参数作为考虑因素引入阈值的计算，使能耗较慢并且剩余能量较高的节点能够被优先选为簇头节点，这样可以使网络负载更加均衡，从而延长网络寿命。根据无线传感器网络中节点能量受限的特性，文献[17]提出了 RCDA 算法，它是一种响应式分布分簇算法，簇头选取仅依据局部拓扑信息，而不需要提前知道所有节点的位置信息，利用代价函数对簇进行划分，该算法适用于需要周期性获取信息的无线传感器网络。对于分簇过程中簇头节点能量消耗过快的问题，文献[18]提出了一种综合节点剩余能量和节点度数进行簇头选取的分簇算法 ENCA。该算法在每轮的簇头选择中考虑了每个簇内所有节点的剩余能量和平均剩余能量，并在每个簇中依据节点的度数优化簇头的选择。该算法能够有效避免拥有较低能量的节点被选为簇头，并且能使网络的连通性得到保证。仿真结果表明，ENCA 算法比 LEACH 算法和 ACE 算法更能均衡网络负载，从而可以延长网络寿命。

随着时间推进，分簇算法也获得了空前的发展，以至于不断有一些更优秀的分簇算法产生。文献[19]就是众多优秀分簇算法中比较突出的一个。它首先基于分簇的无线传感器网络数据汇聚传送协议 CDAT，然后采取了一个能够使能耗得到均衡的分簇方法以及更加优秀的数据预测传送机制。通过这一系列的措施，这种方法很有效地延长了网络的生命周期。通过严谨的理论分析并辅以充分的实验，我们可以得到以下结论：在保障服务质量的前提下，CDAT 通过均衡能耗、减少数据传送次数，让网络生命期得到有效的延长，从而优于 LEACH、PEGASIS 等协议。文献[20]提出了一种能量高效均衡、非均匀分簇和簇间多跳路由有机结合的无线传感器网络分布式分簇路由协议 DEBUC。该协议是基于时间的，它的广播时间由候选簇头的剩余能量和其邻居节点的剩余能量所决定。需要注意的是，通过控制不同位置候选簇头的竞争范围，使得距离基站较近的簇的几何尺寸较小。这样操作以后，我们就可以让网络中不同位置节点之间的簇内和簇间通信能耗得以互相补偿。我们在进行众多仿真实验以后可以知道，DEBUC 能够有效地利用单个节点能量，让网络能耗得以均衡，从而使网络生命周期得以延长。

文献[21]提出一种新的基于预测能源消耗效率(PECE)的分簇路由算法，它由两个阶段组成：簇的形成阶段和数据的稳定传输阶段。在簇的形成阶段，设计了一种基于节点度、节点间相对距离和节点剩余能量的节能分簇算法。选择簇头时充分考虑节点度和节点间的平均距离，因此簇间通信代价很小。在数据的稳定传输阶段，利用蜂群优化算法(BCO)设计了用于数据传输的预测能源消耗效率的方法。在考虑预测能量消耗、跳数和传播延迟的基础上，利用两种类型的蜜蜂代理从源节点到汇聚节点对各个路由路径进行预测，通过优化设计的算法，可以提高分簇质量，从而提高整体的网络性能，降低和平衡整个网络的能量消耗，延长网络的生存时间。

通常情况下，无线传感器网络有很少甚至根本没有基础设施，而且经常由若干个传感器节点来监控一个区域，以获得有关环境的数据。传统的技术如 MTE 效率较低，LEACH 中簇头在整个网络所有节点间随机轮转，VAP-E[22]是基于虚拟区域异构无线传感器网络的划分，DNR[23]介绍了一种分布式系统级诊断算法，允许一个分区任意拓扑网络的每个节点确定网络的哪些部分可达和不可达。ANPC-PSO[24]很好地解决了这个问题，它是一个自适应划分网络域以及考虑网络状态信息来选择簇头节点的协议，利用(PSO)[25]可以得到多模态最优值。该算法在自适应划分网络和生产簇头节点时综合考虑了传感器网络的状态信息，如剩余能量、节点位置、邻居节点和基站。绩效评价结果表明，该协议可以通过网络中的分布式能量耗散来提高系统的寿命和数据分发。

文献[26]提出一种在容迟网络环境下基于动态半马尔可夫路径搜索模型的分簇路由方法 CRSMP，该方法既考虑了节点拥有的社会属性所导致的分簇问题，又考虑到节点间未来一段时间内的最大相遇概率以及对应的相遇时间，结合分簇结果和相遇情况生成动态路由表，完成一种单副本的路由方法。EDDEEC[27]由异构网络模型、能量消耗模型、基于分簇的路由机制组成。基于分簇的路由机制用一种高效动态的方式改变了簇头选择的概率，实现网络负载均衡。文献[28]提出一种自适应分簇算法，它基于平面路由体系结构提出一种基于分簇机制的方案。分簇后，数据传输在一定程度上被限制，以使功率得到更高的效率。最后，根据算法的能量平衡原理构建多跳路由路径。实验表明，该算法能够很好地节省能量，从而延长网络生命周期。

总体而言，分布式分簇算法有较好的扩展性、较快的收敛速度和能量的高效性，但是健壮性较差；具有较强的自组织能力，能够适应灵活多变的环境，但实现的分簇质量不高。这类算法简单、高效、灵活，因此更适用于大规模无线传感器网络。

5.1.3　集中式分簇算法

在集中式分簇算法中，仅由基站负责整个网络的簇划分。中心控制节点(基站)通常有持续的电源供应、较高的存储与计算能力，并能获得网络的全局信息(如每个节点的位置以及剩余能量等)，再通过一定的算法确定网络的簇头，最后将选取出的簇头向全网广播，因此可以采用复杂的算法获得优化的分簇结果。集中式分簇算法可以用于地理位置已知的传感器，传感器知道自己的网络位置，所有的路由方法都由中心控制节点决定。

在集中式分簇算法中，LEACH－C[29]是一个经典的算法，其成簇过程如图5.3所示。基站会采集它所处的整个网络中的所有节点，然后经过一系列的运算之后得到能量的平均值，进而筛选出高于平均能量的节点，通过一定的算法从集合中选取出一定数量的节点成为簇头。该算法的优点是簇头的选择得以优化。LEACH－F[30]采用了模拟退火算法来建立簇，与此同时，基站为每个簇生成一个簇头列表，代表簇内被选为簇头的节点序列。簇的结构具有固定性，这主要表现在其结构一旦形成就不会再改变了。与LEACH和LEACH－C相比，LEACH－F的缺点也是很明显的：它并不适合真实的网络应用，因为实际的网络应用中存在各种各样的动态变化，而它不能很好地处理这种变化，如节点在处理时的失败与移动等。

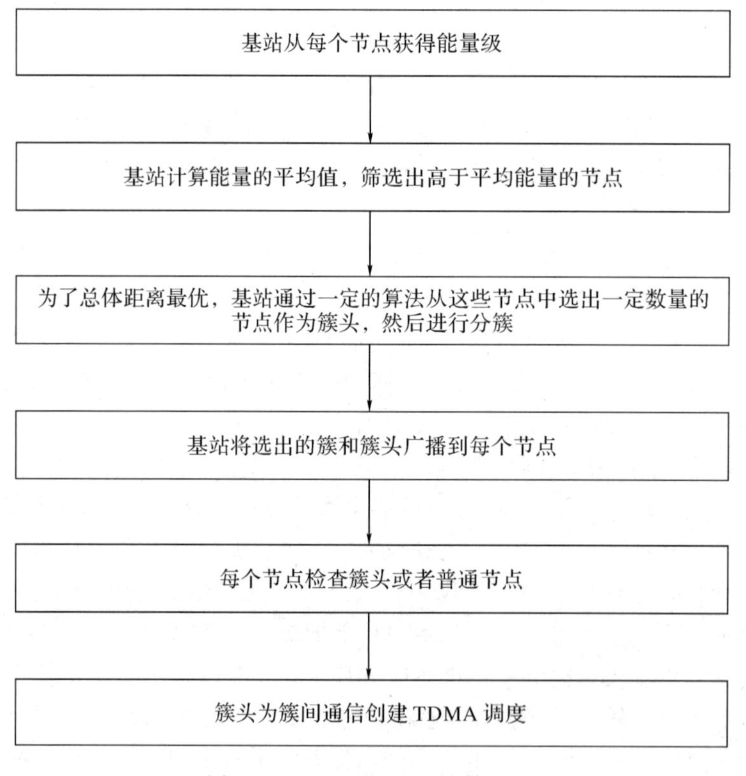

图5.3　LEACH－C的成簇过程

和LEACH－C算法基本一样的还有BCDCP[31]。它在LEACH－C的基础上做了一定的优化，如使用迭代法来选取簇头，整个过程一直二分，直到产生了规定数目的子簇。但其一个很明显的缺点就是会导致出现簇头的能量很有可能分布不均匀，这个问题被后来的PLEACH[32]算法较为有效地解决了。基于AHP的分簇算法[33]和基于模糊逻辑的分簇算法[34]都在簇头选择中引入了决策理论，这两种算法在簇头选择阶段比上面的几种算法更优，但是复杂度也更高。

重新分簇会导致很多能量的损耗，而其中很大一部分其实是可以节省下来的。正是出于节约能量这个目的，一种名为 HYENAS 的算法[35]被提出了，它产生簇头的过程与 LEACH－C 算法大体上是一致的。不同的是，HYENAS 中簇的结构具有较好的稳定性，它并不需要每一次循环都进行调整，这一个过程节省了很多能量。在一些情况下，簇是不需要重组的，其中的判定标准就是簇的相似度，在判断的时候使用了机器学习的思想。该算法的具体思想如下：首先产生适当数目的簇，然后生成一个名为 blacklist 的列表。blacklist 在这个算法中扮演着核心的角色。这个 blacklist 会把每一次循环中平均能量大于整个网络耗费的平均能量阈值两倍的簇归结为一个坏簇，并且记录下详细的信息。与此同时，它会采用 k－NN 算法来决定是否重新选择簇头。在使用 k－NN 算法的同时，它提出了使用松弛算法来进行优化，节省了能量开销。

在以上提出的 LEACH、LEACH－C、LEACH－F、HEED 等算法中，一般不突出如何处理无线传感器网络中能量负载均衡的问题，因此文献[36]提出了 DCS 算法，可以有效地延长网络寿命，很容易地实现第一个和最后一个节点的死亡时间最小化。该算法重点介绍了由固定节点组成的随机部署的无线传感网络中最优簇数的形成问题，其新颖之处在于它介绍了一种新的集中式双相控协议，首先获得能量平衡的簇，然后使每个固定簇内传感器节点的剩余能量信息作为其数据包的一部分传输给簇头节点(以均匀量化的能量等级形式)。这种共享的量化能量信息可以接近最佳的能量负载平衡，形成一个长期的系统。

通过上面的分析，我们可以看出：在集中式分簇算法中，簇头在生成的过程中所产生的费用会比较大，而且它的生成方式已经限制了它在未来可能会存在的各种各样需要修改的情况。在上面所列举的众多算法中，LEACH－C 等集中式分簇算法的健壮性相对来说比较出众，但同时也存在一些缺点。在这个过程中，基站扮演了一个很重要的角色：它选择决定了一个簇头。在具有较强的健壮性的背后，我们可以看到它的缺点也是很明显的：高网络流量、高信号延迟和时间延迟，因此，以 LEACH－C 为代表的集中式算法比较适合规模较小的网络。

5.1.4 混合式分簇算法

我们将混合式分簇算法分为两类，其中一类是集中式和分布式相结合的方式。例如 LEACH－KED[37]是在 LEACH 基础上提出的，基于无线传感器网络中的能量和距离，结合了集中式分簇算法 LEACH－C 以及分布式分簇算法 K－means[38]的一些好的思想，在簇头选择上采用了基于权重的方法，综合考虑了候选簇头节点的位置信息、剩余能量、与基站间的距离，从而能够选取最佳的节点来作为簇头。

另外一类是在集中式或分布式分簇算法的基础上添加了其他元素，以减少能量消耗。其中以文献[39]为代表的、动态的且具有明显能量结构层次的分簇算法中，比较经典的就是 DEEH 算法了。相较于其他算法，它采用了一些较为先进的设计理论，如机制设计理论，很好地解决了大型 WSN 中自私节点的问题。而且，它也不需要了解网络中传感器节点所存储的本地信息，因而在应用到大型的 WSN 时，它具有很明显的优势。

为了解决无线传感器网络在大规模案例中的可扩展性问题，也有研究者提出了解决方案。文献[40]提出的算法，即传感器节点将能量存储在节点密度场(NDF)，增加了无线传感器网络的寿命。对于数据管理，高效节能路由执行基于树的中继路由算法，将重要数据从传感器节点传输到汇聚节点。该算法通过六边形的边缘来进行路由，并且为路由提供最短路径的最小生成树，来控制无线传感器网络中的传输功率。有效的多跳六边形分簇，可以提高无线传感器网络的能量效率，延长网络寿命，更加适用于大型网络。

分布式和集中式的分簇算法各有千秋，因此，我们对其进行融合，这样就能得到常见的混合式分簇算法，它从一定程度上促进了对无线传感器网络的研究。

5.2 一种改进的最小加权分簇算法

5.1节分析了目前无线传感器网络一些经典和主流的分簇算法，本节在已有的加权分簇算法的基础上，提出一种改进的最小加权分簇算法，并对该算法进行详细的分析，最后进行仿真实验。

5.2.1 相关算法

文献[41]提出W-LEACH，一个数据流分簇和扩展LEACH性能的分簇算法，同时也在非均匀分布的网络中管理流量。W-LEACH引入了能量和距离权重度量来确定簇头节点。与LEACH不同的是，它在每个簇内激活一定比例的节点来收集数据。为此，在均匀和非均匀网络中，根据第一个节点死亡(FND)和最后一个节点死亡(LND)的寿命度量，W-LEACH优于LEACH。

文献[42]中提出一种新的能量感知的分簇算法MWCLA。一方面，它基于一个成本标准选择潜在的簇头节点，并且量化每个候选簇头节点的适用性；另一方面，它基于剩余能量水平，用一种确定的方式在节点间轮换簇头。MWCLA的目的是基于节点的相对距离、能量水平以及目标范围内的位置来合理组织簇中的节点，以延长网络生存时间。MWCLA分为三个阶段：第一阶段，簇的数量确定、节点分组和簇头选择；第二阶段，簇成员节点和它们的簇头之间进行数据通信；第三阶段，为了均匀分布节点的能量消耗速率，进行簇头旋转选择。它以一种有效的方法在节点间均匀地平衡能量消耗，延长了网络寿命。

上述两种算法均是在LEACH算法的基础上进行改进的分簇算法，并且都运用了加权的概念。但是，以上算法还是存在一些不足：

(1) 分簇过程复杂，计算量大，不适用于大型网络。例如，MWCLA算法的第一阶段是先根据一定的方法进行节点分组，然后再进行潜在簇头选择，最后对潜在簇头进行检验。这个过程虽然精确度较高，但是过程较为复杂，计算的工作量大，在大型网络中并不适用。

(2) 权重度量没有考虑到节点的分布密度。显然，MWCLA算法并未考虑到这一点，这在一定程度上会影响了簇头选择的准确性。

本节分析了MWCLA分簇算法的不足，将W-LEACH中好的思想融入进去，改进形成新的最小加权分簇算法，有效提高了簇头选择的合理性，从而达到均衡能量消耗、延长节点和网络的生命周期的目的。

5.2.2 算法设计与流程

1. 相关定义

平面无线传感器网络由 N 个节点组成，网络节点的特征都相同。为了更方便地描述算

法，本章中的无线传感器网络用无向连通图 $G=(V(G), E(G))$ 表示。其中，$V(G)=\{v_1, v_2, \cdots, v_N\}$ 表示网络中所有节点集合，而且满足 $|V(G)|=N$。$E(G)$ 表示传感器节点间的双向链路集合。如果 v_i，$v_j \in N$，同时存在一条边 $(v_i, v_j) \in E$，那么节点 v_i，v_j 称为邻居节点，它们之间能够直接通信。因此，本节的算法可以叙述为：在无向连通图中，找出作为簇头的节点集合，它们与其他节点形成簇，并且完成正常的通信。

定义 1　密度

密度是指某特定区域内传感器分布疏密的度量。一方面，在高密度区域内选一个簇头将会节省簇内传感器节点的能量，因为传感器和簇头之间的距离相对较短，能量消耗也较少。另一方面，在低密度区域内选一个簇头将会导致消耗更多的能量，因为簇成员发送数据给簇头会经过相对较长的距离。在高密度区域中，若簇内所有传感器节点都发送数据给簇头，则可能会导致簇头接收多余的数据。这些传感器与簇头之间的距离很短，可能会感知非常接近的信息，也就是这些信息高度相关。而在低密度区域中分布传感器来发送数据给簇头，必须确保这个低密度且远离簇头的区域都覆盖，因为它们可能会有未被其他传感器感知到的有价值的数据。因此，密度的测量可以确保低密度区域的传感器尽可能存活比较长的时间，而且它们总是通过发送数据给簇头来表明它们所能感知的区域。

节点 i 在 R 范围内存活的传感器节点构成的集合为 C，节点 i 的密度用 D_i 来表示，则有

$$D_i = \frac{|C|}{|V|} \tag{5-1}$$

其中，$|C|$ 表示节点 i 在 R 范围内存活传感器的数量；$|V|$ 表示所有存活传感器的数量。$1<i<N$，R 范围的节点数基本可以反映节点的密度。如果没有传感器位于传感器 i 范围内，那么密度就设为 0；如果所有传感器都位于传感器 i 范围内，那么密度就设为 N。

定义 2　密度阈值

D_t 表示一个密度阈值，来定义低密度区域内的传感器集合。我们需要比较传感器节点在一定范围内的传感器密度与该阈值密度的大小，来决定选出的发送数据给簇头的候选节点是否在本轮发送。

定义 3　权重

本节分簇算法的主要特点是给传感器节点分配一定的权重 W_i。将节点剩余能量、节点间的相对距离、传感器节点分布密度作为计算权重的参数。该权重不仅决定了哪些传感器可以作为候选簇头，来汇总数据并发送到基站，而且决定了每个簇作为发送数据到簇头的候选节点的数量。因此，不是簇内所有的传感器都发送数据到簇头。

定义 4　能耗模型

本节根据第一个无线电频率能耗模型，推导出在数据发送和接收过程中控制能量消耗的方程。这个模型可分为自由空间模型和多径衰落模型[43]，都是用来表示由于发送节点和接收节点间的距离 d 而导致的能量损耗。

用这个无线电模型以距离 d 发送一个 m 比特的消息，消耗的能量为

$$E_{tx}(m, d) = m \times e_{\text{elect}} + m \times e_{\text{amp}} \times d^n \tag{5-2}$$

其中，$n=2$ 时为自由空间模型，$n=4$ 时为多径衰落模型。

为了接收这个数据，需要消耗的能量为

$$E_{rx}(m) = m \times e_{\text{elect}} \tag{5-3}$$

其中，e_{elect}是信号处理所消耗的能量，e_{amp}是功率放大所需的能耗，单位为J/bit。接收消息所消耗的成本并不低，因此，协议应尽量减少传输距离及对于每个消息的发送或者接收操作的次数。本章还假设节点和簇头间通信运用自由空间模型，簇头和基站间的通信用多径衰落模型，并且在两种模型下，单位分别为J/(bit·m^2)和J/(bit·m^4)。

定义5 成本函数

欧式距离d在无线通信期间对能量分布起着至关重要的作用。我们定义成本函数cost(i, j)，用于计算一个节点i到另一个节点j在能耗方面的成本，因此有

$$\text{cost}(i, j)=\begin{cases}\dfrac{d^2}{E_i+\Delta}, & d\leqslant d_0\\ \dfrac{d^4}{E_i+\Delta}, & d>d_0\end{cases} \tag{5-4}$$

d_0是一个参数(阈值)，在d_0范围内，信号的传播遵循自由空间模型，超过d_0，则遵循多径衰落模型。Δ是一个非常小的常数。E_i表示节点i的剩余能量。当能量耗散速度很快时，E_i会变小，成本则变大。

2. 算法的设计与流程

首先，在所有存活节点中选择权重W_i最小的$p\%$的传感器作为簇头，即仅根据每个节点i来选择，而不考虑这个传感器在最近的前几轮是否被选为簇头。当所有的簇头都被选出后，其余所有传感器都会加入与自己距离最近的簇头所在的簇。该算法不需要簇头从本簇内所有传感器节点收集数据，它在每个簇只选择权重最小的$q\%$的传感器来发送数据给簇头。然后，簇头对汇总的数据进行压缩，并且传送到基站BS。最后进行簇头重选，如图5.4所示。

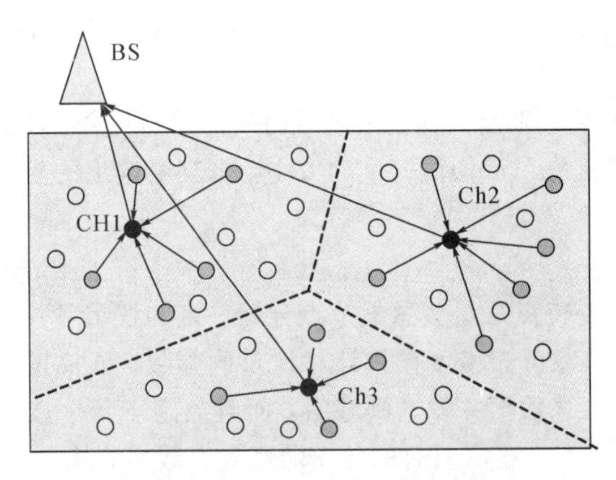

图5.4　改进的最小加权分簇算法

第一阶段：簇头选择。

每一轮，每个传感器节点i都会被分配一个权重W_i，$1\leqslant i\leqslant N$。权重是基于剩余能量E_i、节点间的相对距离d以及节点分布密度D_i的，成本(即通信代价)函数用剩余能量和节点间相对距离来表示。这样，权重只与成本函数和密度相关。剩余能量是传感器在T轮后剩下的能量，密度表示第T轮、R范围内存活的传感器在整个网络存活的传感器中所占的比例。因此几轮之后，随着天气变化或该范围内其他传感器节点的死亡，密度也会相应地进行更新。

所有传感器节点的初始能量相等。对于每一轮，首先计算传感器密度，随后根据下列

方程计算权重。N 个传感器中低权值的 $p\%$ 被选为簇头，所以没有簇头会被放置在另一个簇头 R 范围内。

$$W_i = \frac{\sum_{k=1}^{N} \text{cost}(k, i)}{D_i + \Delta} \tag{5-5}$$

其中，Δ 是一个非常小的常数。

第二阶段：簇的形成。

簇头选出后，每个非簇头节点加入到最近簇头所在的簇。在每个簇内再选出低权值的 $q\%$ 发送数据给簇头，因此低于密度阈值的传感器被选为发送数据给簇头的节点频率比高密度区域内的节点的更高，这可能会缩短这些传感器的寿命，最终它们所在的区域将不再有传感器覆盖，也不会有相关数据从这里发送出去。

为了解决这个问题，我们的算法不需要低密度传感器($D_i \leqslant D_t$)每一轮都发送数据到簇头，而是允许这些传感器以某个概率 P 来发送数据给它们的簇头。例如，在每一轮 T，如果一个传感器 $D_i \leqslant D_t$，并且满足 P，那么它发送数据给它的簇头。否则，就不会发送数据，等待下一轮。一旦确定了发送数据给簇头的传感器，每次发送数据以及能量的衰减都会被记录。每个簇的簇头从这些传感器收集数据，并将汇总后的数据发送到基站。与此同时，簇头的能量也会相应地减少。

第三阶段：数据通信。

数据传输是在分簇之后开始的。如果传感器节点总是有新的数据包需要传送给簇头，那么它们会根据 TDMA 所分配的时隙期间以单跳的方式传送，簇头在数据通信阶段保持无线电循环接收。

为了进一步节省能量，簇头根据一个压缩系数 $c \leqslant 1$ 压缩收到的数据，传送 $c \times m$ 比特的消息(总消息)到基站。

第四阶段：簇头重选。

每轮结束，首先要更新所有节点的剩余能量 E_i，再除去剩余能量为 0 的节点，然后计算下面的度量：

$$C_i = \frac{E_i}{\text{cost}(i, \text{BS}) \times W_i} \tag{5-6}$$

$\text{cost}(i, \text{BS})$表示节点 i 到基站 BS 所需要的成本，因此式(5-6)结合了剩余能量水平、每个簇中节点间的距离成本、每个节点和基站间的距离成本以及节点密度。每一轮中簇头都会重选，具有最大 C_i 值的节点作为本簇中的下一个簇头。

Algorithm 5.1：**改进的最小加权分簇算法**

i←节点编号；N←节点总数量；D_i←节点密度；E_i←节点剩余能量；W_i←节点权重；D_t←密度阈值。

1：do

2：　　计算每个节点 i 在 R 范围内存活节点的密度：$D_i \leftarrow |C|/|V|$

3：　　计算每个节点 i 的权重：$W_i \leftarrow \sum_{k=1}^{N} \text{cost}(k, i)/(D_i + \Delta)$

4：while $1 \leqslant i \leqslant N$

5：选择最小权重 W_i 的 $p\%$ 作为簇头节点

6：其余节点加入离自己最近的簇头所在的簇

7：每个簇中选择最小权重的 $q\%$ 作为发送数据给簇头的节点
8：if 节点密度 $D_i > D_t$
9：　　该节点发送数据给簇头
10：　　else if 满足概率 P
11：　　　　该节点发送数据给簇头
12：　　　　else
13：　　　　　该节点不发送数据
14：　　簇头对数据进行压缩：$m \leftarrow c \times m$，$0<c<1$
15：　　簇头将压缩后的数据传送给基站 BS
16：　　更新每个节点的剩余能量 E_i
17：　　if $E_i=0$
18：　　　　去除该节点，更新存活节点个数 N
19：　　else
20：　　　　计算 $C_i \leftarrow E_i/[\text{cost}(i, BS) \times W_i]$
21：　　　　每个簇中具有最大计算值 C_i 的节点作为下轮簇头
22：进入下一轮
23：退出程序

本节提出的改进的最小加权分簇算法，一方面，通过引入传感器节点的密度来改进 MW-CLA 算法的权重计算公式，提高了算法的通用性。另一方面，它选择一定比例的传感器作为簇头和簇内传送数据的节点，降低了信息重复所带来的能耗，提高了簇头选择的效率。

5.2.3 仿真实验

为了测试本节改进的最小加权分簇算法的性能，在 Matlab2014a 的平台上进行仿真模拟实验。采用的网络布局为在 100 m×100 m 的网络中随机分布若干节点，参数的选择：节点个数 $N=100$，$R=5$ m，基站 BS 坐标为(50，50)，节点最初能量为 1 J，发送数据量 $m=2000$ bit，选择簇头的概率 $p\%$ 中的 $p=5$，选择发送数据给簇头的传感器的概率 $q\%$ 中的 $q=50$，概率 $P=25\%$。

1. 网络模型

本节对网络模型中的节点做如下假设：

(1) N 个节点随机分布在 $M \times M$ 的二维正方形区域上。

(2) 拓扑和节点都是固定的，即节点和基站都不能移动。

(3) 所有传感器节点在硬件特性方面都是同构的，即在网络中的地位一样，通信和数据处理能力相同，并且能量有限。

(4) 最初，节点具有相等的能量。

(5) 存在一个对称的传播通道，如果一个传感器可以发送消息到另一个传感器，那么就会支持一个反向的通信信道。

(6) 每个节点都有一个唯一的标识(ID)。

(7) 簇头的负载能力和簇内成员数量都不一定相同。

(8) 每个节点发送一个 m 比特的数据包。

(9) 在低密度区域内能量对权重的影响可以忽略不计。

(10) 基站可以放置在这个区域的内部或者外部，并且具有充足的能量资源。

根据上文选取的数据进行仿真实验，通过计算机模拟的仿真网络如图 5.5 所示，有 100 个节点随机分布在一个二维区域中，基站 BS 的坐标是(50，50)。在节点分簇之前，传感器节点以单跳方式发送数据到基站。

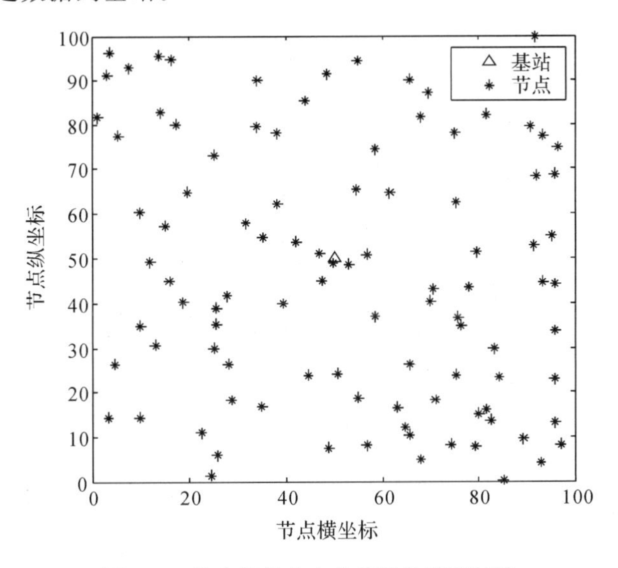

图 5.5　节点随机分布的无线传感器网络

2. 改进的最小加权分簇算法仿真结果

为了分析改进的最小加权分簇算法的网络寿命，我们通过仿真来观察 4000、4500、5000、5500 轮网络中存活节点的数目变化。为了可以更直观地观察，我们用柱形图来表示指定轮数时存活节点个数和网络剩余能量总和，如图 5.6 和图 5.7 所示。

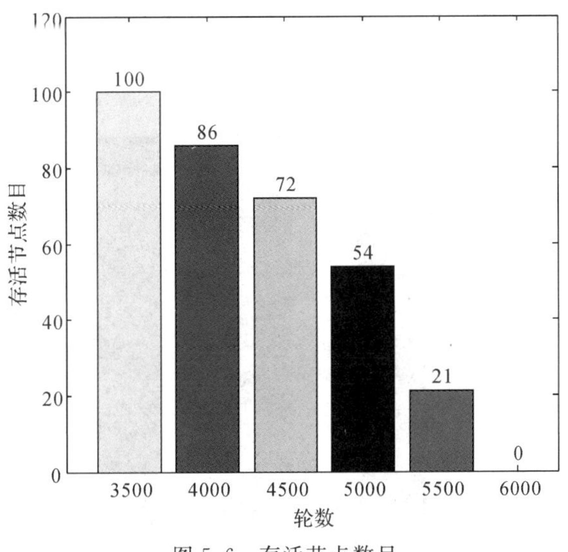

图 5.6　存活节点数目

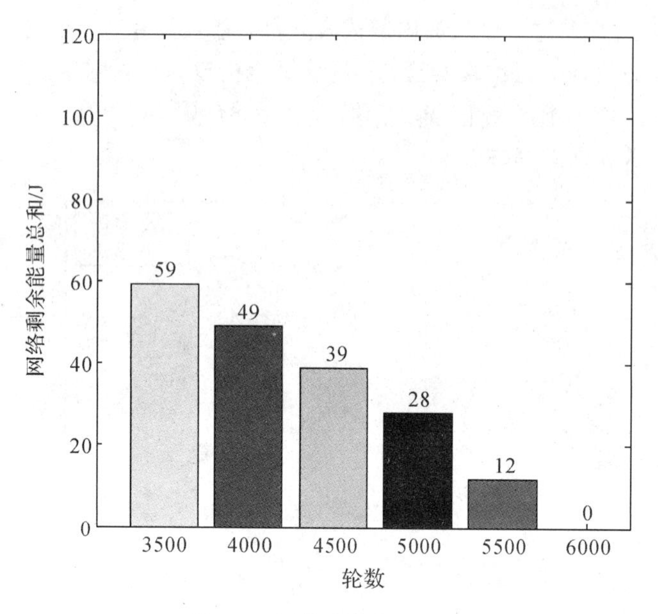

图 5.7　网络剩余能量总和

从图 5.6 和图 5.7 可以分析出，改进的最小加权分簇算法具有较长的网络寿命，并且能够很好地平衡能量消耗。

3. FND、LND、NAL

在有些应用场景中，所有节点都需要存活尽可能长的时间，因为一旦第一个节点死亡(FND)，在传感测试方面的网络质量就会降低得非常快。在节点靠近彼此的情况下，相邻的节点可以记录相关数据，FND 不是一个合适的衡量寿命的度量。因此，单一节点的损失并不会降低网络服务的质量。

图 5.8～图 5.10 分别比较了三种算法的第一个节点死亡(FND)、最后一个节点死亡(LND)和平均节点寿命(NAL)。

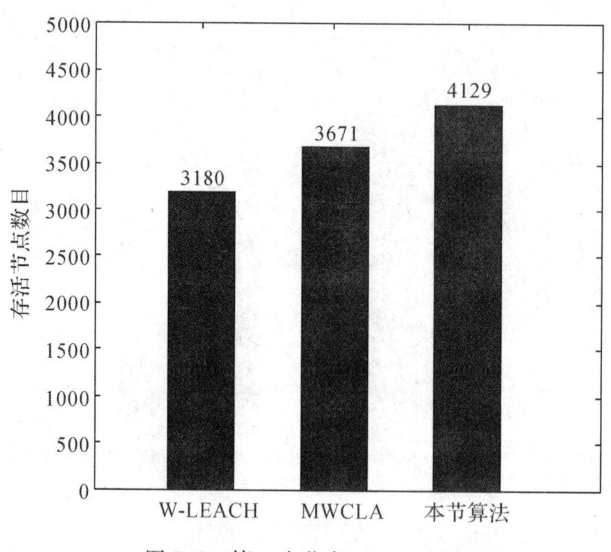

图 5.8　第一个节点死亡(FND)

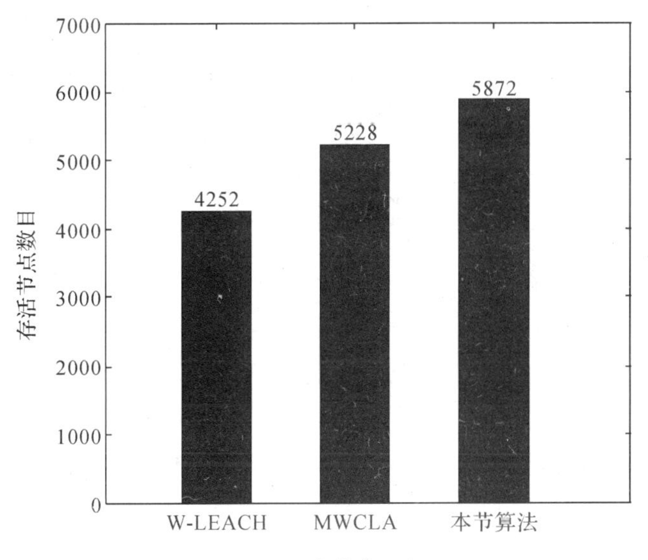

图 5.9　最后一个节点死亡(LND)

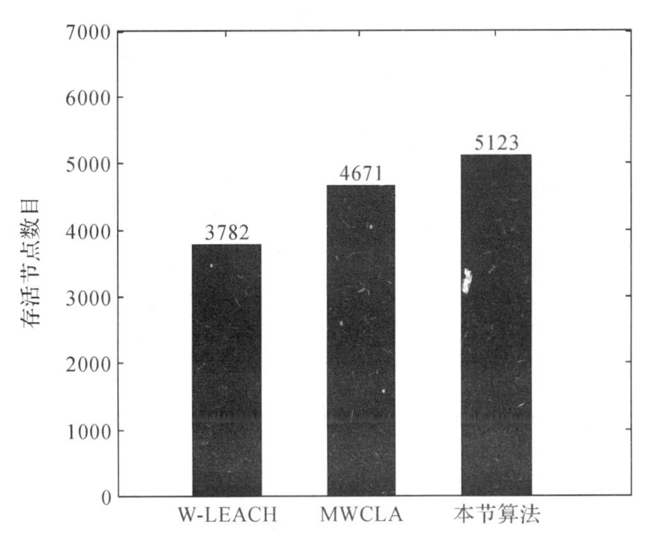

图 5.10　平均节点寿命(NAL)

通过分析以上三个图可以得到，改进的最小加权分簇算法的第一个节点死亡和最后一个节点死亡都慢于其他两种算法，并且延长了平均节点寿命。因此，本节算法优于 W-LEACH 和 MWCLA。

4. 存活节点数量

为了更好地说明算法的性能，我们通过分析这三种算法存活节点数量的变化，来直观地比较它们的网络寿命，如图 5.11 所示。

由图可知，W-LEACH 算法的存活节点数量衰减很快，并且在 4000 多轮的时候，节点全部死亡；MWCLA 优于 W-LEACH，存活节点数量衰减速度比较慢，最后一个节点死亡在 5000 多轮。而改进的最小加权分簇算法在延长传感器节点的寿命上，比前面两种算法更优，并且，对于以后总的网络寿命的轮数，该算法可以保持网络中大多数节点存活。

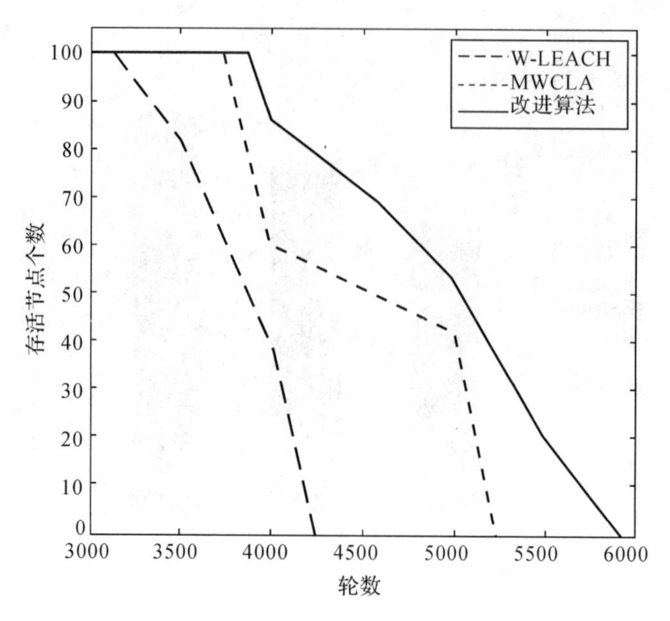

图 5.11　存活节点的数量

5. 网络能量消耗

图 5.12 展示了三种算法的网络能量消耗情况，本节提出算法的能量消耗速率明显慢于其他两种算法。

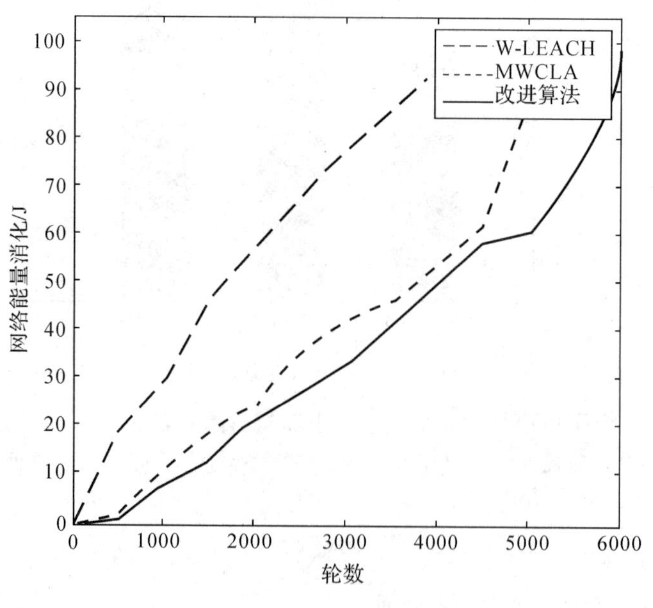

图 5.12　网络能量消耗

6. 剩余能量

图 5.13 比较了这三种分簇算法中传感器节点的剩余能量，从另一方面反映了它们平衡能量消耗能力的差别。

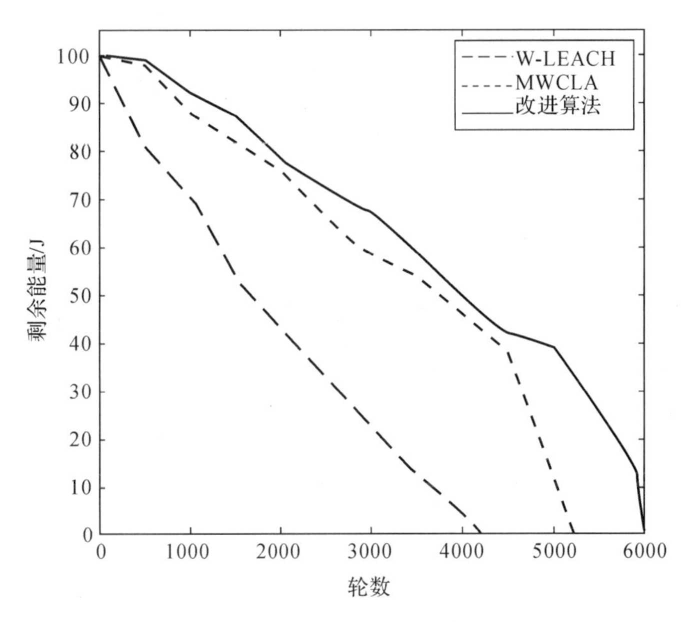

图 5.13 无线传感器网络的剩余能量

图 5.13 清楚地显示，改进的最小加权分簇算法能够尽可能节省传感器节点的能量，并且这个结果与上述的存活节点数量的结果相符。

本节针对传感器非均匀分布的无线传感器网络，提出了一种改进的最小加权分簇算法，综合考虑了节点的剩余能量、节点间的相对距离以及传感器分布密度。实验结果表明，该算法能够有效节省能量，延长网络的整体寿命。当然，该算法可能会影响数据汇总阶段的准确性，今后的工作应注重于分簇算法精度方面的研究。

5.3 一种能量高效的分簇算法

5.3.1 相关算法

文献[44]提出一种基于 K - means 的新的分簇算法，是基于节点间的欧式距离来成簇的。它随机选择 k 个节点作为簇头，节点根据欧式距离确定它靠近哪个簇头。计算簇的质心，一个靠近质心的节点将作为新的簇头，然后它会基于新簇头重新分簇。这个方法最大限度地减少了传感器节点传送数据到簇头所消耗的能量，同时簇头的能耗也减少了。但是这个方法花费了大量时间来分簇和再分簇，因此会导致更多的能量消耗。而且，它是基于节点位置来分簇的，会导致很多簇。

文献[45]对分布式 K - means 分簇算法和集中式 K - means 分簇算法进行了研究，K - means 是一个基于原型的算法，主要在两个主要步骤间进行交替，首先是观测簇，其次是计算簇中心，直到满足停止的标准。实验验证，对于 K - means 算法，分布式比集中式分簇算法更高效。QK - means 算法[46]是一种基于复杂网络的群体检测和传统 K - means 分簇技术的混合分簇算法。仿真结果表明，QK - means 监测了群体和非群体，因此消息丢失速率增加，无线传感器网络覆盖率也会增加。

延长网络寿命、可扩展性、节点移动性和负载均衡是许多无线传感器网络应用的重要要求，将传感器节点进行分簇是实现这些目标一种有效的方法，不同的分簇算法也有不同的目标。文献[47]提出一种新的方法来实现这些目标，这个方法结合了 MAP - REDUCE 编程模型和 K - means 分簇算法。文献[48]提出一个增强的 PFF 技术，在这个新技术中，将 PFF 技术应用在产生的簇之前，在数据上整合了 K - means 分簇算法。通过这种方式，可以尽量减少找相似数据集的比较次数，从而减少数据的延迟。用真实的传感器数据进行实验，结果表明，该技术可以显著减少计算时间，而不影响 PFF 技术数据聚合的性能。

上述算法大部分都是基于 K - means 算法进行改进的算法，主要是利用 K - means 算法简单、高度可靠、快速收敛迭代等优点，将它与其他算法相结合，形成新的算法。本节从能量角度出发，针对 K - means 算法的三个缺点对它进行改进，形成新的能量有效的无线传感器网络分簇算法。其缺点如下：① K - means 算法需要不断地再分簇，这样计算量太大，并且需要花费更多的时间，从而消耗了更多的能量；② 每个簇的能量不平衡；③ 在簇头没有对数据进行处理，造成太多不必要的数据传输。

本节提出了一种能量高效的分簇算法，通过逐步增加簇半径来产生平衡的簇。簇头选择过程仅限于靠近簇中心，并且有最大剩余能量和最多邻居数量的传感器节点。为了减少传输数量，还设置了一个过滤器，来消除冗余和避免不必要的传输。

5.3.2 K - means 算法简介

1. K - means 算法的目标函数

数据集 $X=\{x_1, x_2, \cdots, x_i, \cdots, x_n\}$ 有 n 个 d 维数据点，$x_i \in R^d$，生成 K 个数据子集，K - means 算法是将数据对象划分为 K 个类，集合为 $C=\{c_k, k=1, 2, \cdots, K\}$，每个类 c_k 都有一个类别中心 μ_k。将欧式距离作为距离与相似性的判断准则，计算类内各点到该类中心 μ_k 的距离平方和，有

$$J(c_k) = \sum_{x_i \in c_k} \| x_i - \mu_k \|^2 \tag{5-7}$$

使各类总的距离平方之和 $J(C) = \sum_{k=1}^{K} J(c_k)$ 最小，是聚类的目标。

$$J(C) = \sum_{k=1}^{K} J(c_k) = \sum_{k=1}^{K} \sum_{x_i \in c_k} \| x_i - \mu_k \|^2 = \sum_{k=1}^{K} \sum_{i=1}^{n} d_{ki} \| x_i - \mu_k \|^2 \tag{5-8}$$

其中，$d_{ki} = \begin{cases} 1, & x_i \in c_i \\ 0, & x_i \notin c_i \end{cases}$。

根据最小二乘法和拉格朗日原理，类的中心 μ_k 是由类 c_k 内各数据点的平均值确定的。

K - means 聚类算法中，首先是 K 类别划分，然后在各个类别中放入数据点，以使总的距离平方和减少。随着类别个数 K 的增加，总的距离平方和会趋向于减小（当 $K=n$ 时，$J(C)=0$），因此，当且仅当某一个确定的类别个数 K 时，总的距离平方和才会取得最小值。

2. K - means 算法流程

K - means 算法采用反复迭代的方法，以使聚类范围内所有数据点到聚类中心距离的平方和 $J(C)$ 达到最小，具体的算法过程分为四个步骤，如图 5.14 所示。

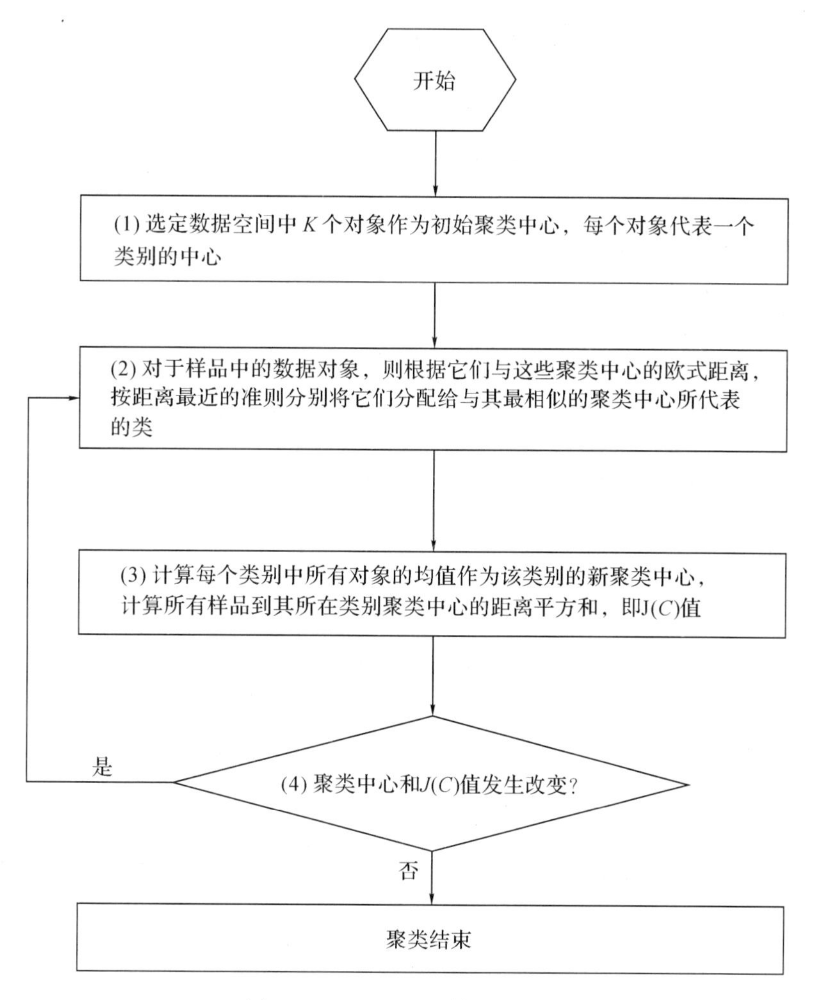

图 5.14　K－means 算法流程图

3. K－means 算法在无线传感器网络分簇中的应用

K－means 算法主要是基于欧式距离和节点剩余能量的簇头选择的。所以，这里的中心节点收集节点 ID、位置、所有节点的剩余能量，并把这些信息存储在中心节点的列表里。中心节点得到所有节点的信息后，开始执行 K－means 分簇算法，步骤如下：

(1) 如果想把节点分为 t 个簇，最初把 t 个质心放在随机的位置。

(2) 计算每个节点到所有质心的欧式距离，并把它们加入到离自己最近的质心所在的簇，这样，初始簇就形成了。假设给定 n 个节点，每个节点都属于 R^d。这些节点分为 t 个簇，找到最小方差分簇的问题即在 R^d 中找到 t 个质心 $\{m_j\}_{j=1}^{t}$。

$$\left(\frac{1}{n}\right)\times \sum \left(\min_j d^2(X_i,\ m_j)\right),\ i=1,\ 2,\ \cdots,\ n \tag{5-9}$$

其中，$d(X_i,\ m_j)$表示 X_i 和 m_j 间的欧式距离；$\{m_j\}^{t}{}_{j=1}$是簇的质心。

(3) 重新计算每个簇的质心位置，并检查之前质心位置的变化。

(4) 如果任一质心的位置发生变化，那么执行步骤(2)，否则分簇过程结束。

5.3.3 能量高效的分簇算法的设计与流程

1. 网络模型

在该算法中，传感器网络用一个图 $V=\langle G, E\rangle$表示，其中 $V=\{v_1, v_2, \cdots, v_n\}$是传感器节点的集合，$E$ 是边的集合，作出以下假设：

(1) 基站和传感器节点的位置是固定不变的。

(2) 所有节点随机分布。

(3) 每个节点都有一个唯一的标识符。

(4) 所有传感器的初始能量相同。

(5) 链路是对称的。

(6) 一个节点可以根据接收信号强度指示器(RSSI)计算其到另一个节点的距离。

(7) 所有传感器都可以感应环境，并且一直有数据发送到基站。

(8) 每个数据包的大小相同。

2. 能量模型

我们使用与 LEACH[2] 算法相同的无线电模型，从起点到终点传送 l 比特的消息，其能量消耗模型如图 5.15 所示。

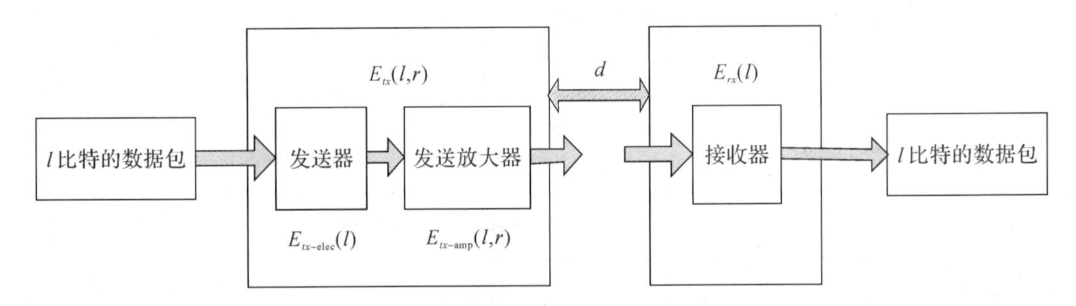

图 5.15 能耗模型

发送比特消息，能量消耗公式如下：

$$E_{tx}(l, r) = E_{tx-\text{elec}}(l) + E_{tx-\text{amp}}(l, r) = \begin{cases} lE_{\text{elec}} + l\varepsilon_{fs}r^2, & r < d_0 \\ lE_{\text{elec}} + l\varepsilon_{fs}r^4, & r > d_0 \end{cases} \tag{5-10}$$

式中，E_{elec}是发送器操作的能量损耗；r 是簇的半径；$\varepsilon_{fs}r^2$ 是发送放大器随两个节点间距离 r 的变化而变化的能量损耗。

为了接收 l 比特的消息，能量损耗如下：

$$E_{rx}(l) = lE_{\text{elec}} \tag{5-11}$$

3. 算法设计

该算法的目的是平衡簇的能量级。靠近基站的簇转发远距离簇的数据，所以它们的能量很快就耗尽了。为了解决这个问题，并且延长网络的生命周期，要使簇的半径逐渐增加。簇的半径是根据与基站的距离确定的，远距离簇的半径大于近距离簇的半径。本节提出的系统架构如图 5.16 所示，它包含一个基站和大量传感器节点。传感器成簇，每个簇内都有一个簇头。N 个传感器节点随机部署在一个 $M\times M$ 的正方形区域内。

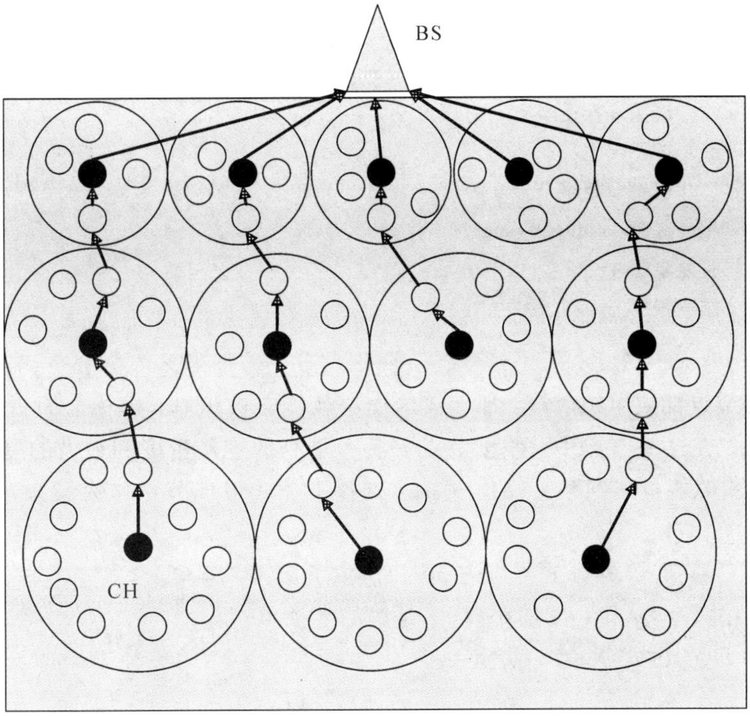

BS

CH

图 5.16　系统架构

1）分簇

为了形成第一级簇，基站广播 Hello 消息给这一组传感器节点，来自传感器的响应消息包括节点 ID、节点位置、距离。然后基站从这些节点中选择一组最优节点作为簇头，这个簇头将广播广告消息到非簇头节点。之后，每个非簇头节点根据接收的广告消息信号强度，决定这一轮将加入哪个簇。当每个节点决定了自己属于哪个簇后，它发送一个加入请求消息到这个簇头。这个簇头检查该节点是否在本簇的半径内。如果在的话，它就发送一个接收请求消息给这个节点，并且使它成为这个簇的一个成员节点。否则，就拒绝这个节点的加入。

同时，簇内的每个成员节点都维护一个节点表，保存节点 ID(NID)、簇头 ID(HID)、与簇头间的跳跃距离(HD)、中间节点 ID(SID)。每个簇头维护一个簇头表，保存自己的 ID(HID)、所有成员节点 ID(NID)、中间节点 ID(SID)、跳跃距离(HD)和其他簇头节点 ID。对于下一级簇，半径可以通过递增第一级簇的半径来计算。

Algorithm5.2：**分簇**

N←传感器总数

1：　基站 BS 发送广播消息到传感器节点 N_s：需要节点的位置信息和能量级

2：　传感器节点返回消息到基站：ID、位置、距离、能量

3：　第一级簇的半径 radius＝基站到第一级传感器的传输范围 range/2

4：　$\forall u\in N_s$，if 距离与半径相等

5：　　　节点 u 作为簇头

6：　节点 u 发送广播消息(S_v 是收到广播消息的节点)

7：　$\forall v \in S_v$，计算 u 到 v 间的距离 d_{u-v}

8：　比较 d_{u-v} 和半径 radius

9：　if $d_{u-v} \leqslant$ radius

10：　　簇头 u 接受节点 v 的加入

11：　else

12：　　簇头 u 拒绝节点 v 的加入

13：　下一级簇：radius＝range/2＋i，i＝2，4，…

14：　重复步骤 4～13

15：　结束程序

2）簇头的选择

一旦所有节点都被组织成簇，那么簇的中心就能够被识别，簇中心附近的节点可以考虑为候选簇头。在这些节点中，假设节点 u 具有最高的连接密度和最大的剩余能量，被选为簇头。当簇头的能量达到某个阈值 T 时，选择下一个最佳节点作为簇头。u 的邻居由式(5-12)决定：

$$N(u) = \{v \in V \mid v \neq u \wedge d(u, v) \leqslant r\} \tag{5-12}$$

其中，$d(u, v)$是节点 u 和 v 间的距离；r 是簇的半径。

连接密度 $D(u)$由式(5-13)决定：

$$D(u) = \sum_{1}^{N(u)} \frac{[(u, v) \in (E/v) \in N(u)]}{|N(u)|} \tag{5-13}$$

其中，$|N(u)|$是节点 u 的邻居数目。

节点的权重 $W(u)$由式(5-14)决定：

$$W(u) = P[D(u)] + P[\mathrm{R}_e(u)] \tag{5-14}$$

其中，$R_e(u)$是节点 u 的剩余能量，由式(5-15)决定：

$$R_e(u) = I_e(u) - (E_{tx} + E_{rx}) \tag{5-15}$$

其中，$I_e(u)$是节点 u 的初始能量；E_{tx} 是传输所需能量；E_{rx} 是接收所需能量。

Algorithm5.3：**簇头选择**

1：　识别簇的中心

2：　将靠近簇中心的节点作为候选簇头

3：　计算候选簇头节点的权重(与剩余能量和连通密度有关)

4：　$\mathrm{Weight}_u = \mathrm{Re}_u + \mathrm{De}_u$

5：　高权重节点作为簇头

6：　节点 u 广播请求加入的消息给所有节点

7：　if $d_{u-v} \leqslant$ radius

8：　　节点 v 接收请求

9：　else

10：　　节点 v 拒绝请求

11：　结束程序

3）数据聚合

数据聚合是从传感器获取信息的过程。簇头准备一个 TDMA 时隙为它的成员节点收集数据，它从中选择最小值和最大值，并在簇头设置一个过滤器，然后发送数据到基站。如果新收集的数据在过滤器内，那么将不会被发送。如果超过该过滤器设置，就会被发送到基站。由于传感器数据是高度相关的，因此该过滤器的设置可以减少传输的次数。

Algorithm5.4：**数据聚合**

1：簇头根据 TDMA 时隙收集数据

2：将数据分类

3：找到最小值、最大值，并在簇头设置过滤器[l，u]

4：在簇头节点间建立最小生成树

5：过滤后，簇头通过最短路径到基站

簇头为数据聚合所消耗的能量由式(5-16)得到：

$$E_{CH}=(n-1)(lE_{elec}+l\varepsilon_{fs}r^2)+(n-1)\{l*(E_{elec}*E_{DA})\} \quad (5-16)$$

式中，n 是簇内节点的数量；E_{DA}是一个节点数据聚合所需能量。

5.3.4　仿真实验

1. 仿真环境

为了测试本文所提出的一种能量高效的分簇算法的性能，在 Matlab2014a 平台上进行仿真模拟实验。采用的网络布局为随机在 100 m×100 m 的网络中分布若干节点，参数的选择：基站 BS 坐标为(50，100)，节点最初能量为 1 J，$E_{elec}=50$ nJ/bit，$E_{DA}=5$ nJ/bit，$\varepsilon_{fs}=10$ pJ/bit，该实验中，簇的数量介于 4 到 6 之间。根据选取的数据进行仿真实验，通过计算机模拟的仿真网络如图 5.17 所示，有 100 个节点随机分布在一个二维区域中，基站 BS 的坐标是(50，100)。在节点分簇之前，传感器节点以单跳方式发送数据到基站。

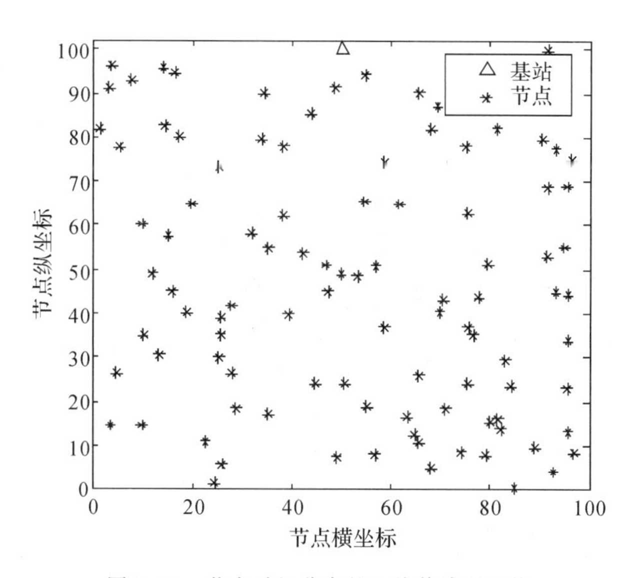

图 5.17　节点随机分布的无线传感器网络

2. 结果与分析

1）能量高效的分簇算法仿真结果

为了分析能量高效的分簇算法的网络寿命，我们通过仿真来观察 4000、4500、5000、

5500 轮网络中存活节点的数目变化，为了可以更直观地观察，用柱形图表示指定轮数时存活节点个数和网络剩余能量总和，如图 5.18 和图 5.19 所示。

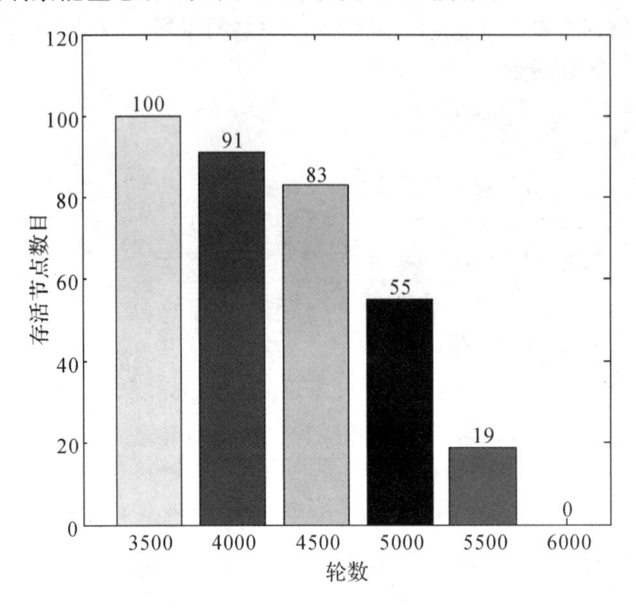

图 5.18　存活节点数目

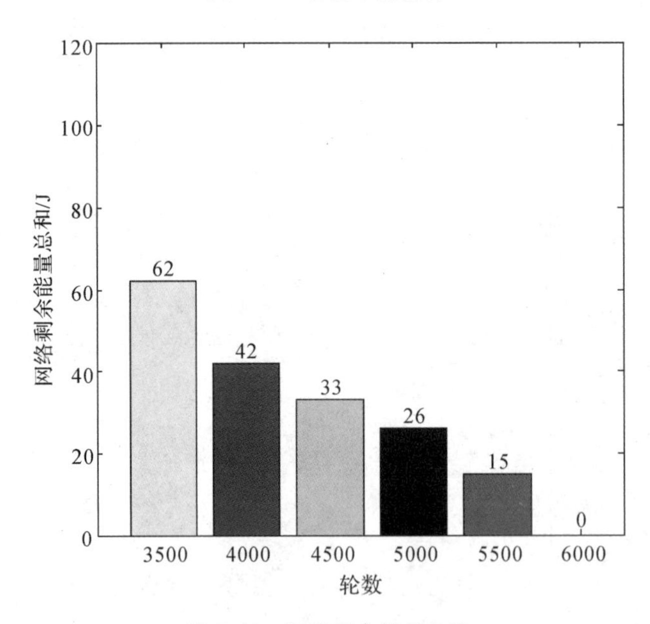

图 5.19　网络剩余能量总和

从图 5.18 和图 5.19 可以分析出，一种能量高效的分簇算法具有较长的网络寿命，并且能够很好地平衡能量消耗。

2) FND、LND、NAL

图 5.20 比较了两种算法的第一个节点死亡(FND)、最后一个节点死亡(LND)以及平均节点寿命(NAL)，显然，该算法能够有效延长第一个节点与最后一个节点的存活时间，以及节点的平均寿命，最终使整个网络的生命周期延长。

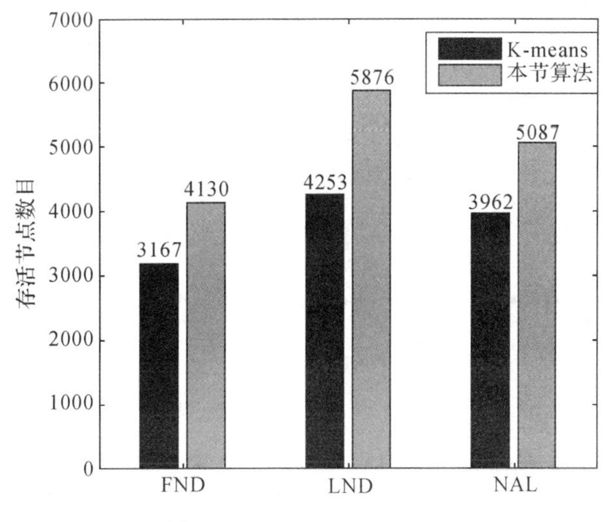

图 5.20　FND、LND、NAL

3）两种算法的存活节点数量

为了更好地说明算法的性能，我们通过分析这两种算法存活节点数量的变化来直观地比较它们的网络寿命，如图 5.21 所示。

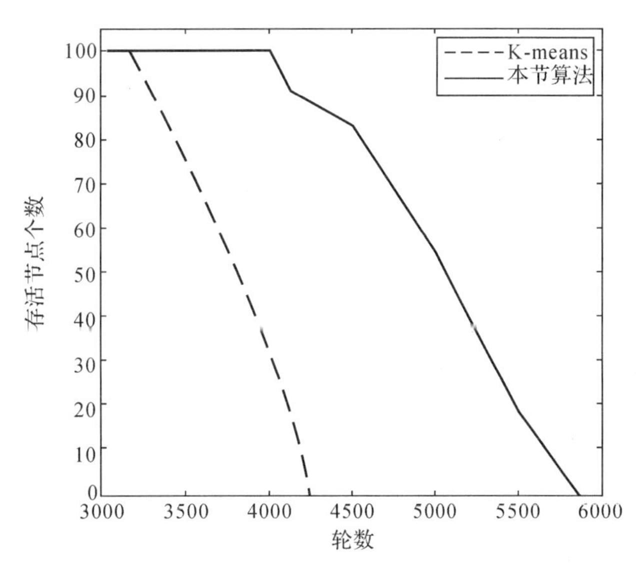

图 5.21　存活节点的数量

由图 5.21 可知，K－means 算法的存活节点数量衰减很快，并且在 4000 多轮的时候，节点全部死亡；而本节提出的能量高效的分簇算法在延长传感器节点的寿命上，占有很大优势。

4）网络能量消耗

从图 5.22 可以看出，该算法的网络能量消耗显然比 K－means 算法少。由于簇的能量需要平衡，随着节点数量的增加，能量消耗也逐步增多。而 K－means 算法中，分簇和再分簇消耗的能量很高。

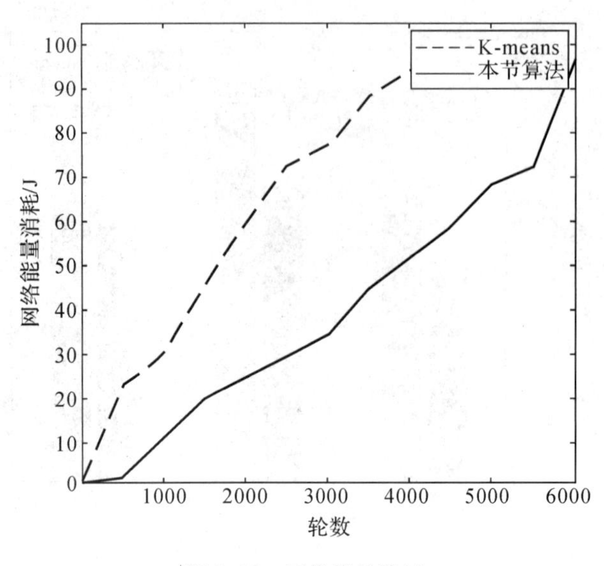

图 5.22　网络能量消耗

5）节点剩余能量

网络的寿命依赖于节点的剩余能量，图 5.23 比较了这两种分簇算法中传感器节点的剩余能量。

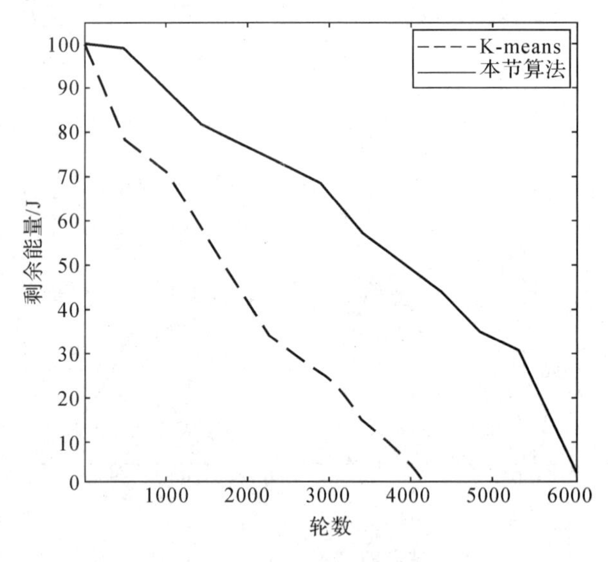

图 5.23　网络的剩余能量

图 5.23 清楚地显示，随着轮数的增加，网络剩余能量也在不断减少。本节提出的算法拥有较多的剩余能量，这是由于少量的数据传输以及能量均衡的分簇，并且这个结果与上述存活节点数量的结果相符。

6）成簇时间

图 5.24 清楚地描述了这两种算法在每一轮成簇所需要的时间，本节提出的算法成簇所需时间较短，因此成簇效率也高。

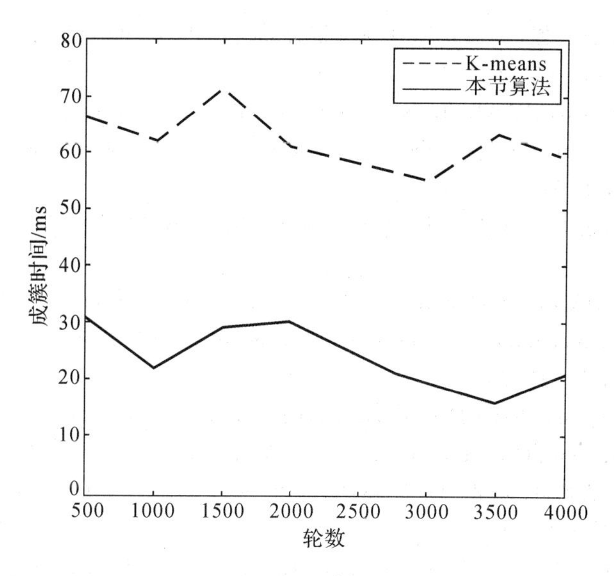

图 5.24　成簇时间

能量效率是无线传感器网络中一个非常重要的问题，无线传感器网络中基于分簇的能量效率取决于簇头的选择。本节我们提出一种有效的簇头选择方案，使网络能够工作更长的时间。因为靠近基站的簇会转发很多远距离簇的数据，所以提出的架构逐渐增加簇的半径，以平衡节点间的能量。簇头的选择也考虑到了剩余能量和邻居节点数量，仅限于靠近簇中心的节点。仿真结果表明，该算法能够显著延长网络的生命周期。

5.4　本章小结

本章首先将经典的分簇算法分成三类进行归纳，分析这些算法的优缺点，然后在这些分簇算法的基础上提出了两种改进的分簇算法，分别是基于成本函数和密度的权重来选择簇头的一种改进的最小加权分簇算法，以及基于邻居节点数量、剩余能量和节点与簇中心间的距离来选择簇头的一种改进的能量高效的分簇算法。最后通过仿真实验对上述改进算法做了详细的分析。实验结果表明，两种改进的分簇算法都能够有效平衡节点能量，延长传感器节点和网络的生命周期。

参考文献

[1]　王雪伟. 无线传感器网络的容错拓扑控制算法[D]. 西安：西安电子科技大学，2017.

[2]　HEINZELMAN W R，CHANDRAKASAN A，BALAKRISHNAN H. Energy - efficient communication protocol for wireless microsensor networks[C]//System sciences，2000. Proceedings of the 33rd annual Hawaii international conference on. IEEE，2000，2(10).

[3]　居跃宇. 无线传感网络中数据收集与节能算法的研究[D]. 南京:南京邮电大学，2017.

[4]　王一凡. 无线传感网中基于 TEEN 协议的数据融合算法研究[D]. 北京:北京邮电大学，2017.

[5]　姚萌萌，邵秀丽，任智娟，等. 基于 SEP 协议和无线传感网节点剩余能量的多跳传输节能算法的实现[J]. 物联网技术，2016，6(08)：40 - 43+47.

[6] 翁江鹏，王卫星，孙宝霞，等. WSN中基于混合天线的PEGASIS改进算法[J]. 计算机应用研究，2018，35(04)：1217-1220+1226.

[7] FANF Q, ZHAO F, GUIBAS L. Lightweight sensing and communication protocols for target enumeration and aggregation[C]//Proceedings of the 4th ACM international symposium on Mobile ad hoc networking & computing. ACM, 2003：165-176.

[8] 刘亚，陈建威，王超梁. 无线传感网络Multi-hop HEED协议研究与仿真[J]. 电子世界，2017(13)：108-109.

[9] GUPTA I, RIORDAN D, SAMPALLI S. Cluster-head election using fuzzy logic for wireless sensor networks[C]//Communication Networks and Services Research Conference, 2005. Proceedings of the 3rd Annual. IEEE, 2005：255-260.

[10] ALLA B. Gateway and Cluster Head Election using Fuzzy Logic in heterogeneous wireless sensor networks [C]//2012 International Conference on Multimedia Computing and Systems. 2012：761-766.

[11] 韩硕，李艳萍，张博叶. 降低OFDM系统PAPR的低复杂度ACE-C算法[J]. 现代电子技术，2018，41(03)：19-22+26.

[12] AL-KARAKI J N, UL-MUSTAFA R, KAMAL A E. Data aggregation in wireless sensor networks-exact and approximate algorithms[C]//High Performance Switching and Routing, 2004. HPSR. 2004 Workshop on. IEEE, 2004：241-245.

[13] 唐菁敏，周旋，张伟，等. 基于状态分布式传感网络的多播路由算法研究[J]. 云南大学学报(自然科学版)，2018，40(01)：57-65.

[14] 莫文杰，郑霖. 优化网络生命周期和最短化路径的WSN移动sink路径规划算法[J]. 计算机应用，2017，37(08)：2150-2156.

[15] 冯乐，史家雄，惠亮. 无线传感器网络TTDD路由协议的研究[J]. 电脑知识与技术，2016，12(09)：44-47.

[16] 林恺，赵海，尹震宇，等. 一种基于能量预测的无线传感器网络分簇算法[J]. 电子学报，2008，4(04)：824-828.

[17] 胡静，沈连丰，宋铁成，等. 新的无线传感器网络分簇算法[J]. 通信学报，2008，29(07)：20-26.

[18] 刘志新，郑庆超，薛亮，等. 一种综合能量和节点度的传感器网络分簇算法[J]. 软件学报，2009.

[19] 杨军，张德运，张云翼，等. 基于分簇的无线传感器网络数据汇聚传送协议[J]. 软件学报，2010，05(5)：1127-1137.

[20] 王磊，谢弯弯，刘志中，等. 非均匀分簇路由协议改进算法[J]. 计算机科学，2017，44(02)：152-156.

[21] ZHANG D, WANG X, SONG X, et al. A new clustering routing method based on PECE for WSN [J]. EURASIP Journal on Wireless Communications and Networking, 2015(1)：1-13.

[22] WANG R, LIU G, ZHENG C. A clustering algorithm based on virtual area partition for heterogeneous wireless sensor networks[C]//Mechatronics and Automation, 2007. ICMA 2007. International Conference on. IEEE, 2007：372-376.

[23] DUARTE J E P, WEBER A, FONSECA K V O. Distributed diagnosis of dynamic events in partitionable arbitrary topology networks[J]. Parallel and Distributed Systems, IEEE Transactions on, 2012, 23(8)：1415-1426.

[24] MA D, MA J, XU P, et al. An adaptive node partition clustering protocol using particle swarm optimization[C]//Control and Automation (ICCA), 2013 10th IEEE International Conference on. IEEE, 2013：250-253.

[25] 陆志毅，李相平，陈麒，等. 基于粒子群优化的卡尔曼滤波去耦算法[J]. 系统工程与电子技术，

2018，40(04)：751－755.
[26] 黄璐. 无线传感器网络非均匀分簇与多路径路由协议优化方法[D]. 广州：华南理工大学，2017.
[27] JAVAID N，RASHEED M B，IMRAN M，et al. An Energy Efficient Distributed Clustering Algorithm for Heterogeneous WSNs[J].
[28] 丁雅博. 自适应聚簇算法的设计与分析[D]. 北京：北京邮电大学，2017.
[29] HEINZELMAN W B. Application－specific protocol architectures for wireless networks[D]. Massachusetts Institute of Technology，2000.
[30] MURUGANATHAN S D，MA D C F，BHASIN R，et al. A centralized energy－efficient routing protocol for wireless sensor networks[J]. Communications Magazine，IEEE，2005，43(3)：S8－13.
[31] GOU H，YOO Y，ZENG H. A partition－based LEACH algorithm for wireless sensor networks[C]//Computer and Information Technology，2009. CIT'09. Ninth IEEE International Conference on. IEEE，2009，2：40－45.
[32] YIN Y，SHI J，LI Y，et al. Cluster head selection using analytical hierarchy process for wireless sensor networks[C]//Personal，Indoor and Mobile Radio Communications，2006 IEEE 17th International Symposium on. IEEE，2006：1－5.
[33] GUPTA I，RIORDAN D，SAMPALLI S. Cluster－head election using fuzzy logic for wireless sensor networks[C]//Communication Networks and Services Research Conference，2005. Proceedings of the 3rd Annual. IEEE，2005：255－260.
[34] TILLAPART P，THUMTHAWATWORN T，PAKDEEPINIT P，et al. Method for cluster heads selection in wireless sensor networks[C]//Aerospace Conference，2004. Proceedings. IEEE，2004，6：3615－3623.
[35] ALI S A，SEVGI C. Energy load balancing for fixed clustering in wireless sensor networks[C]//New Technologies，Mobility and Security (NTMS)，2012 5th International Conference on. IEEE，2012：1－5.
[36] YUNJIE J，MING L，SONG Z，et al. A clustering routing algorithm based on energy and distance in WSN[C]//Computer Distributed Control and Intelligent Environmental Monitoring (CDCIEM)，2012 International Conference on. IEEE，2012：9－12.
[37] PARK G Y，KIM H，JEONG H W，et al. A novel cluster head selection method based on K－means algorithm for energy efficient wireless sensor network[C]//Advanced Information Networking and Applications Workshops (WAINA)，2013 27th International Conference on. IEEE，2013：910－915.
[38] 徐倩，胡艳军. 一种基于反馈的K－means分簇算法研究[J]. 信号处理，2017，33(08)：1145－1151.
[39] 刘志新，郑庆超，薛亮，等. 一种综合能量和节点度的传感器网络分簇算法[J]. 软件学报，2009.
[40] KUMAR R，HOSSAIN A，HUIDROM R. Energy optimization of wireless sensor network with node density in multi hop hexagonal clustering for large structure[C]// Innovations in Information，Embedded and Communication Systems (ICIIECS)，2015 International Conference on. IEEE，2015.
[41] 张浩，赵建平. WSN中LEACH协议的改进与研究[J]. 通信技术，2018，51(02)：354－358.
[42] XENAKIS A，FOUKALAS F，STAMOULISs G. Minimum Weighted Clustering Algorithm for Wireless Sensor Networks[C]// http：//pci2015. teiath. gr. 2015：255－260.
[43] SHEPARD T J. A channel access scheme for large dense packet radio networks[J]. Proc Acm Sigcomm，1996，26(4)：219－230.
[44] PARK G Y，KIM H，JEONG H W，et al. A novel cluster head selection method based on K－means algorithm for energy efficient wireless sensor network[C]//Advanced Information Networking and

Applications Workshops (WAINA), 2013 27th International Conference on. IEEE, 2013: 910-915.
[45] 许力文，乔丽娟，陈杰. 基于VANETs修改的K-means分簇路由算法[J]. 计算机技术与发展，2018，28(03)：15-19.
[46] FERREIRA L N, PINTO A R, ZHAO L. QK-means: a clustering technique based on community detection and K-means for deployment of cluster head nodes[C]//Neural Networks (IJCNN), The 2012 International Joint Conference on. IEEE, 2012: 1-7.
[47] PATOLE J R, ABRAHAM J. Design of MAP-REDUCE and K-MEANS based network clustering protocol for sensor networks [C]//Computing Communication & Networking Technologies (ICCCNT), 2012 Third International Conference on. IEEE, 2012: 1-5.
[48] HARB H, MAKHOUL A, LAIYMANI D, et al. K-means based clustering approach for data aggregation in periodic sensor networks[C]//Wireless and Mobile Computing, Networking and Communications (WiMob), 2014 IEEE 10th International Conference on. IEEE, 2014: 434-441.

第六章　云计算与大数据关键技术

近年来，大数据快速走红，成为当下最流行的词汇之一。大数据之所以走红，主要归结于互联网、移动设备、物联网和云计算等的快速崛起，全球数据量快速提升。互联网上的数据每年增长50%，每两年便翻一番，目前世界上90%以上的数据是最近几年才产生的。物联网、大数据、云计算三者互为基础，云计算和大数据解决了物联网带来的巨大数据量，物联网为云计算和大数据提供了足够的基础数据。如果物联网没有大数据和云计算的支持，那么物联网带来的巨大数据量将得不到处理，物联网最重要的功能——收集数据，将毫无用处；同样，如果没有物联网带来巨大的数据量，就不存在大数据概念，云计算也将无用武之地，所以三者互为基础，又相互促进。大数据是伴随互联网技术而发展起来的一种技术架构，它可以完成对数据的高效捕捉和分析，其在企业运行中的应用可以更加经济高效地从数量庞大、类型复杂的数据中挖掘出具有价值的信息[1]。云计算技术是始于互联网的一种计算方式，它可以按照用户需求提供给计算机相关的共享服务。云计算相当于我们的计算机和操作系统，它将大量的硬件资源虚拟化后再进行分配使用，大数据相当于海量数据的“数据库”，整体来看，趋势是云计算作为计算资源的底层，支撑着上层的大数据处理，而大数据的发展趋势是实时交互式的查询效率和分析能力。

数据存储、数据处理和数据分析是大数据的关键技术。数据先要通过存储层存储下来，然后根据数据需求和目标来建立相应的数据模型和数据分析指标体系对数据进行分析，从而产生价值，而中间的时效性又通过中间数据处理层提供的强大的并行计算和分布式计算能力来完成。三层相互配合，让大数据最终产生价值。本章主要介绍基于云计算的大数据存储技术，包括容错技术、长期存储的归档技术及数据的安全存储技术，同时介绍了大数据环境下的信息筛选。

6.1　大数据与云计算

6.1.1　大数据概述

在计算机领域，大数据特征较为多样化。具体而言，表现在五个方面。其一，庞大性。其二，丰富性。其三，价值性。其四，高速性。其五，准确性。不同业界均认为：加强对大数据的研究，既可以提高数据的准确性，又可以促进国家经济的发展。与此同时，在大数据时代和云计算环境下，与一般数据容量相比，大数据容量较大[2]。简单地说，大数据就是数据多到几乎能够充分覆盖整个样本空间，从而降低了理论和模型的依赖，这样大且复杂的数据集是传统数据处理应用软件难以处理的。随着越来越廉价和众多的信息感知移动设备的收集，数据呈指数级增长，使得大数据在我们的生活中无处不在，给生活生产中的各个领域带来了巨大的便利，例如对大数据进行分析处理可以发现新的市场趋势；在医疗方面能够做到预防疾病；利用手机定位数据和交通数据可以建立城市规划；也能够帮助企业提升营销的针对性，降低物流和库存的成本，减少投资的风险，以及帮助企业提升广告投放精准度等。人类研究事物的规律特点或进行预判形势，获取数据的主要手段都是采样，但这都是在无法获取总体数据信息情况下的无奈选择。大数据技术的核心不在于掌握庞大的数据信息，而在于我们对所需要的有意义的数据进行专业化处理。简言之，就是提高对数据的加工能力，从而实现数据的增值。大数据产业数据集合是十分庞大且复杂的，从海量数据中提取特定的数据集进行使用，继而进行预测分析、用户行为分析，这是大数据重要价值的体现。大数据需要特殊的技术，以便有效地处理大量繁杂的数据。适用于大数据的技术，包括大规模并行处理(MPP)数据库、数据挖掘、分布式文件系统、分布式数据库、云计算平台、互联网和可扩展的存储系统。

6.1.2 云计算概述

云计算(Cloud Computing)是基于互联网的相关服务的增加、使用和交付模式，通常通过互联网来提供动态易扩展且虚拟化的资源。它是分布式计算的一种，其最基本的概念是，通过网络将庞大的计算处理程序自动分拆成无数个较小的子程序，再交由多部服务器组成的庞大系统进行搜寻、计算分析，之后再将处理结果回传给用户。使用这项技术可以在数秒之内处理数以千万计的数据信息，它的基本原理是计算分布在大量分布式计算机上的数据，而非本地计算机或远程服务器中的数据。中国云计算专家咨询委员会副主任、秘书长刘鹏教授给出的定义为："云计算是通过网络提供可伸缩的廉价的分布式计算能力。"

云计算是一种商业计算模型，它将计算任务分布在大量计算机构成的资源池上，使用户能够按需获取计算力、存储空间和信息服务，这种资源池称为"云"。"云"是一些可以自我维护和管理的虚拟计算资源，通常是一些大型服务器集群，包括计算服务器、存储服务器和宽带资源等。云计算将计算资源集中起来，并通过专门软件实现自动管理，无需人为参与，用户可以动态申请部分资源，支持各种应用程序的运转，无需为繁琐的细节而烦恼，能够更加专注于自己的业务，有利于提高效率、降低成本和技术创新。它具有以下几个特点：(1) 超大规模；(2) 虚拟化；(3) 高可靠性；(4) 通用性；(5) 高可扩展性；(6) 按需服务；(7) 极其廉价。云计算是并行计算、分布式计算和网格计算的发展，或者说是这些计算科学概念的商业实现。它是虚拟化、效用计算、将基础设施作为服务 IaaS(Infrastructure as a Service)、将平台作为服务 PaaS(Platform as a Service)和将软件作为服务 SaaS(Software as a Service)等概念混合演进并跃升的结果。

6.1.3 大数据处理技术

大数据包括结构化、半结构化和非结构化数据，非结构化数据越来越成为大数据的主要部分。由于大数据具有信息海量、关系复杂的特点，现实中很难用传统的数据管理进行分析，因此需要一套具有新形式的集成工具和技术来处理多样化的大规模数据。由于大数据无法用人脑来推算、估测，或者用单台计算机进行处理，因此必须采用分布式计算架构，依托云计算的分布式处理、分布式数据库、云存储和虚拟化技术。

1. 数据计算——云计算

随着互联网技术的迅猛发展，云计算模式也逐步兴起，因此诞生了大数据挖掘和处理技术。大数据常和云计算联系到一起，因为实时的大型数据集分析需要分布式处理框架来给数百甚至数万的电脑分配工作，且数据大小在实时改变，以至于传统的数据处理技术达到了瓶颈。云计算的处理和存储能力非常强大，能够对数据进行高速处理，它将大量的电脑和服务器连接在一起形成一片电脑云，通过远程的数据计算中心，用户可以通过电脑或移动终端按需计算[3]。如今，在一批互联网企业的引领下，大数据和云计算之间形成了一种高效模式，即云计算提供基础架构平台，大数据运行在这个平台上。没有大数据信息，云计算的计算能力再强大，也没有用武之地；没有云计算的处理能力，大数据信息再丰富，也终究只是镜花水月。云计算和大数据结合后可以提供更多基于海量业务数据的创新型服务，降低了大数据业务的创新成本。大数据需要的云计算技术主要包括虚拟化技术、分布式处理技术、海量数据的存储和管理技术、NoSQL、实时流数据处理、智能分析技术(类似模式识别以及自然语言理解)等。总之，大数据必须有云作为基础架构，才能顺畅运营。

2. 分布式处理技术

分布式处理系统可以将不同地点，或具有不同功能，或拥有不同数据的多台计算机通过通信网络连接起来，在控制系统的统一管理和控制下，协调地完成信息处理任务，这就是分布式处理系统的定义。

现有的分布式存储系统根据实现目标、部署环境可以分为以下三类。

(1) P2P存储系统。P2P技术在有效发挥网络闲散资源的同时，还有诸多优势，如很难单点失效、运行费用相对较低、较高的扩展性等[4]。一般来说，P2P存储系统使用P2P路由选择策略来管理网络中大量相对较小的文件。典型的P2P存储系统有CFS、OceanStore和PAST等。

(2) 集群存储系统。集群系统是一组由单一系统模式管理的、独立的计算机群，这些计算机通过网络连接起来构成一个组。集群如同一个独立的服务器，为用户提供服务。集群存储系统一般使用专用的、连通性能好的节点，其设计的主要问题是如何实现最大吞吐量，并通过简单的复制技术保证系统的可靠性，典型的例如GFS、HDFS等。

(3) 混合分布式存储系统。混合分布式存储系统通过集成几种不同类型的存储组件构成存储系统。

近年来，为了存储和处理海量数据，以Google为代表的商业公司都构建了云计算平台，开发了MapReduce、GFS和BigTable等技术。本文以Google的GFS和Hadoop的HDFS为例，研究云计算平台中的存储技术。

3. 分布式文件系统

GFS是一个可扩展的分布式文件系统，可用于管理大量分布式数据。该系统由大量的廉价硬件组成，图6.1所示为GFS分布式文件系统架构。一个GFS集群由一个Master和大量的chunkserver构成，并被许多客户访问。

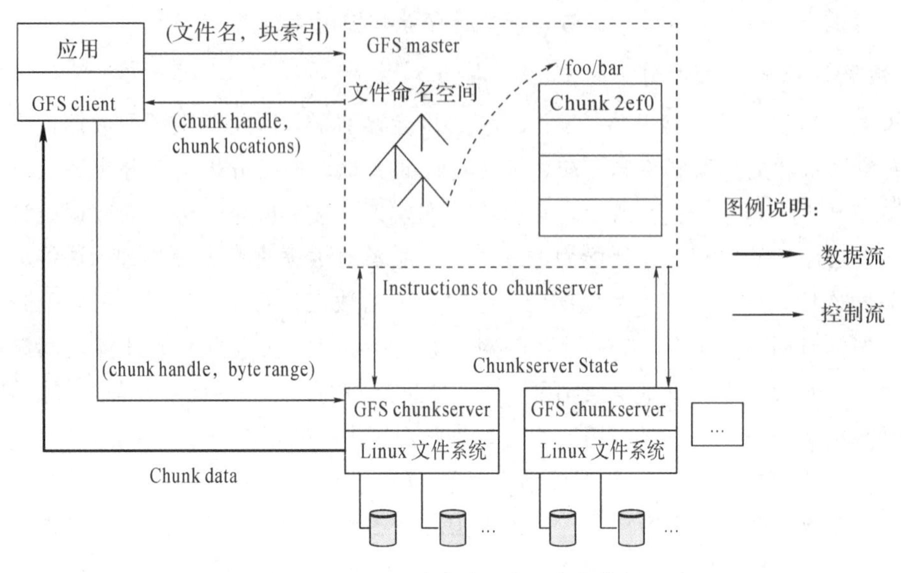

图 6.1　GFS 分布式文件系统架构

Hadoop 是一个分布式的、可扩展的和高成本的开源框架，用于存储和分析各种格式的结构化、非结构化和半结构化数据[5]。它的创作灵感来自于谷歌的 GFS 文件系统和 MapReduce 项目。开源 Hadoop 系统的出现减少了云计算的技术难题，一些新兴的国际 IT 公司，例如 Facebook 和 Twitter，都致力于利用 Hadoop 系统来构建自己的云计算系统。经过几年的发展，Hadoop 逐渐形成了云计算生态系统，主要由 HBase 分布式数据、Hive 分布式数据仓库和 ZooKeeper 分布式应用的协调服务组成，所有这些部件都建立在低成本的商业硬件上，但凭借着广泛的可拓展性和容错能力，Hadoop 正成为一种主流的商业云计算技术。图 6.2 为 HDFS 分布式文件系统架构。

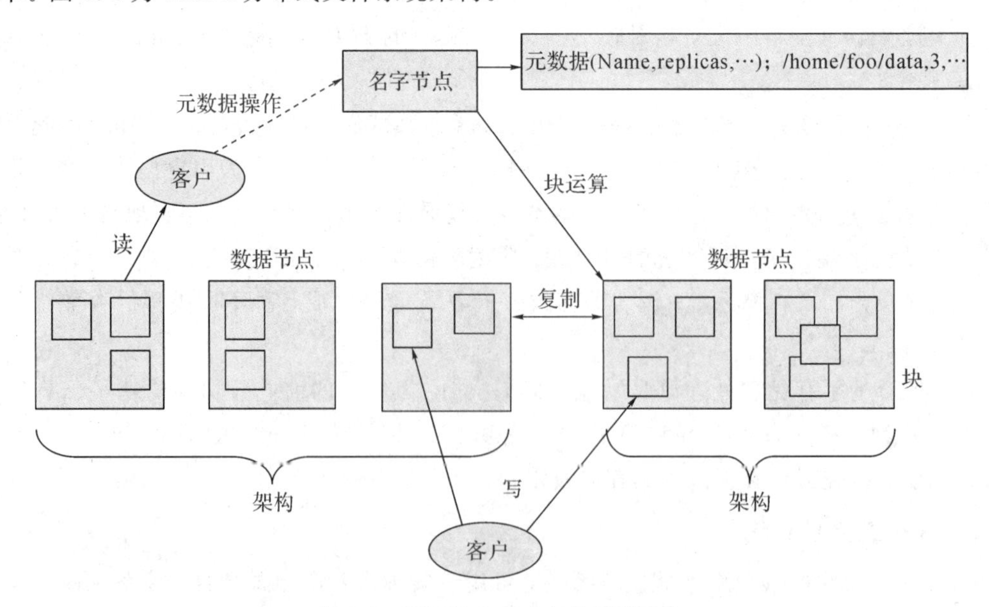

图 6.2　HDFS 分布式文件系统架构

HDFS 分布式文件系统架构能够保证分布式、数据集中的并行应用程序，它通过把大的任务分解成小的任务，以及将大规模的数据集分解为较小的分区，使得每个任务在不同的分区并行处理。HDFS 以块的方式存储文件，并采用复制的方式进行容错。数据分区、处理、布局、复制和数据块的放置等技术战略都能够提高 HDFS 的性能。

4. 存储技术

随着网络数据量的日益庞大，应用程序的多样化，用户需求的不断增加，海量数据存储变得越来越重要，如何改进现有的数据存储与管理技术或者设计全新的体系结构，以满足大数据应用中的大数据量和高速数据流的实时处理需求，是大数据技术中的核心问题之一，而传统意义上的文件系统已经不能满足海量数据的存储要求，如何实现云计算环境下的海量数据存储成为一个重要的研究课题。对于海量存储来说，传统的解决方案大多采用网络存储，但是一方面网络存储需要专用服务器和专用磁盘阵列，成本昂贵；另一方面，传统的网络存储系统采用集中的存储服务器存放所有数据，使得存储服务器成为系统性能的瓶颈。鉴于集中式存储策略无法提供存储扩展和良好的 I/O 访问效率，必须将系统负载到多个节点，采用分布式策略存储海量数据，同时可提高数据吞吐效率、降低故障率。

6.2　基于云计算的数据存储技术

云计算利用现代互联网高科技提高数据的高效处理与传输能力，并实现数据处理的集群化，可以使数据处理不受区域和时间的限制而为广大用户提供可靠的计算服务。在云计算数据处理过程中，主要由一个大型数据处理中心对其进行监管与控制，实现按需分配的计算模式，不仅计算效果准确，同时提高了计算速度。云计算是一项具有形式虚拟化的网络计算工具，不仅具有规模庞大、数据可靠性强等特点，同时还具备服务性广、拓展性强的优势，使云计算的发展能够不断升华[6]。本文在研究主流的分布式文件系统的基础上，从数据存储的可扩展性和延迟性、实时性和容错性这三个方面对现有的存储技术进行分析。

6.2.1　数据存储的可扩展性和延迟性

对于分布式文件系统来说，可扩展性和延迟时间是评判系统性能的两个重要指标。Google 的 GFS 分布式文件系统和 Hadoop 的 HDFS 分布式文件系统在处理大型文件上取得了很大的成功，但是在处理小型文件时，其读写延迟时间较长，这是因为并行的 I/O 接口并不支持小文件的处理，除此之外，主节点很难在云存储系统中进行扩展。因此，文献[7]提出了一种基于 P2P 的小型文件分布式存储系统，引入了中心路由节点的概念来提高资源发现的效率，客户端只需要一条消息语句就能够找到数据信息。中心路由节点存储所有节点的状态和路由信息，当数据量不是非常大的时候，客户端可以预取信息，当小文件的数量非常多时，客户端可以缓存路由信息，根据局部性原则，通过这样的方式可以减少读写次数，但是在该分布式文件存储系统中，中心节点的可扩展性成为系统扩展的一个瓶颈。

为了支持大量小文件的存储需求，文献[8]在分布式文件系统的基础上集成了 Memcached 来优化存储大量小文件。Memcached 是一个高性能的分布式内存对象缓存系统，用于动态 Web 应用以减轻数据库负载。它通过在内存中缓存数据和对象来减少读取数据库的次数，从而提高了动态数据库驱动网站的速度。文献[9]提出了动态映射虚拟存储系统，该系统具有如下特征：(1) 根据需求分配存储资源，从而提高资源利用效率；(2) 采用动态地址映射机制来提高并行写性能，与此同时，考虑到小型文件的写请求问题，该系统与CBD系统相结合，从而达到优化缓存管理的目的。文献[10]在HDFS的基础上，提出了一种方案以优化小文件的I/O性能。该方案的主要思想是将小文件合并成大文件以减少文件数量，在此过程中给每个文件建立索引。文献[11]优化了HDFS处理小文件的I/O性能，它的主要思想是通过一个块来保存海量的小文件，然后通过数据节点来保存小文件的元数据。由于HDFS只通过单一的名称节点服务器来处理所有的小文件，因此小文件的数量严重影响了名称节点的性能。文献[12]提出了一种存放所有的小型文件，同时提高元数据的空间利用效率的数据存储方案。这种方案的前提是假设每一个客户在文件系统中都分配一定的限额，包括文件的空间大小和数量，在多文件、数据密集计算情况下，通过提供更有效的元数据管理方式来更好地利用HDFS资源。为了解决传统的分布式文件系统中高资源浪费和低效率的缺陷，文献[13]提出了一种新型的小文件处理方法，它作为一个单独的引擎独立于HDFS系统，该引擎能够很好地解决HDFS负载问题。这种小文件处理方法能够有效地合并文件，建立索引文件，并使用边界文件块填充机制来实现文献的分离和检索。

研究表明，现有的分布式文件系统处理海量小文件时遇到的瓶颈问题的改进方式大致可以分为三种，一种是通过优化HDFS的I/O接口，改变数据节点的元数据管理方式；第二种是通过建立索引的方式，把小文件合并成大文件；第三种是建立缓存机制，从而减少文件访问次数。

6.2.2 数据存储的实时性

实时性是数据存储性能的又一个重要衡量标准。一般而言，系统的吞吐量越大，则数据存储的实时性越高。Hadoop系统一个最主要的特征就是它的高吞吐量，非常适合大规模数据的分析和处理，这种设计使得Hadoop在处理海量PB级别大小的离线数据时有着非常出色的表现。

基于Hadoop的分布式文件系统可以很好地完成海量数据存储的要求，但是缺乏了实时文件获取的考虑。在基于Hadoop的分布式文件系统中，文件的读取包含了一系列名称节点和数据节点之间的通信，当系统已经处于超负荷工作状态时，将大大地减少系统的运行效率和性能。因此，如何提高基于Hadoop的分布式文件系统的文件获取能力成为实时云服务系统中一个需要关注的问题。这种对实时性要求较高的云计算环境有如下特点：(1)个性化的服务。云计算的一个主要目标就是为用户提供自适应的虚拟信息服务系统。个性化的服务是建立在对用户的历史信息进行分析的基础上的。(2)用户的消费数据和集成数据的生成时间较短。尽管用户的个性化模型是由用户的一般行为内容形成的，但是这种数据的生成周期在不断缩短。(3)数据对实时性的要求较高。为了能够符合数据实时性的要求，需要云服务器能够在几秒或者更短的时间内为一个特定的用户调度到足够多的资源，这个总的资源池中需要包含数亿用户的模型数据。(4)差别化的个人数据管理。

一些传统的算法和机制已经无法满足云计算环境下对实时数据进行处理的需求，类似于服务架构、数据中心网络架构、虚拟资源等一些新的算法和技术需要进一步地开发和利用。传统的云端资源监视机制都是基于web接口的，但由于缺乏细粒度和差别化的监督功能，这种传统的资源监视机制并不能提供实时有效的信息，文献[14]提出了一种虚拟资源监视系统架构来实现云端实时应用的需求。

文献[15]阐述了在大数据时代，实时处理数据时遇到的挑战，基于 Hadoop 的分布式存储系统不能满足低延迟的需求，因此它不能够很好地实现实时数据的获取需求。该文献提出了一种自定义的内存处理引擎，通过把基于 Hadoop 的分析平台和数据流处理引擎相结合，实现海量数据下实时处理数据的构想。

文献[16]提出了一种建立在 Hadoop 的分布式文件系统之上的新型 HDCache 系统。该缓存系统由客户端数据库和多个缓存服务组成，从 HDFS 中加载的文件被缓存在共享内存中，客户端数据库可以直接从共享内存中获取文件数据。缓存服务利用分布式哈希表以 P2P 的形式存在，第三方应用程序需要做的就是与客户端的动态数据库集成，利用缓存机制高效获取存储在 HDFS 中的数据。

文献[17]提出了基于 OpenStack 的资源管理系统，为资源密集和交互式数据的处理提供了平台。该系统能够实现负载平衡与资源分配子系统控制器之间的相互映射，从而实现实时的动态资源分配。

基于 Hadoop 的云计算存储架构在资源调度方面缺乏灵活性，由于不同的用户对数据的需求不同，使得某些数据文件会成为“热点”，因此在云计算资源调度的过程中，对这些文件数据采用同样的处理方式是不合理的。文献[18]提出了一种区分不同数据需求的动态存储资源调度机制，根据用户的需求，并通过监视系统的各项参数指标对系统资源进行动态规划、调度与调整。

Hadoop 作为大数据的平台，在实时性处理上还有待提高，因此未来的研究方向不应该仅仅停留在如何处理海量数据上，实时数据的访问和处理也是未来研究的一个方向。

6.2.3　数据存储的容错性

Hadoop 是一个支持数据并行处理的架构，它能够扩展超过 1000 个节点。由于 Hadoop 部署在大量廉价的硬件上，一个或多个节点失效的可能性非常大，因此，在云存储系统中，数据容错是一个重要的研究方向。避免数据丢失最常见的方法是复制，大量的云存储平台通过复制的方式来保证数据的高可靠性，例如，Hadoop 的 HDFS、Google 的 GFS 和 Facebook 的 Cassandra。同时，也有一些学术研究者提出，利用基于纠删码的容错机制来减少云存储集中数据存储面临的问题。

云计算环境写数据存储的一个主要问题是节点失效问题，它将给云平台带来不利影响，尤其是服务器节点失效的影响更大。针对此问题，文献[19]提出用云计算与 P2P 相结合的方式构建平台，即在存储数据的节点与其子服务器节点之间采用云计算方式存储，并采用混合拓扑结构模式解决服务器节点失效问题，构建可信服务器节点的云计算架构。由于云计算环境一般建立在廉价的硬件上，长期运行数据分析任务，这样的机器质量和数量会导致机器的不可用，以及无法从当前的故障中恢复。为此，文献[20]提出了一种将虚拟存储与云计算相结合的存储方式来解决海量数据存储问题。文中提出了一种 3 层容灾方式的体系结构，分别是通信容灾、节点容灾和集群容灾，来更好地保证系统的正常运行。

数据在产生和传输过程中会造成数据损失，因此对海量数据在提取和传输过程中进行备份具有十分重要的意义。从存储的容错角度出发，文件数据的所有数据块需要有一个以上的系统备份，因此在云存储中，数据备份的管理是一个非常重要的研究点。文献[21]基于开放的 HDFS 平台，并以数据备份技术为基础，提出了一种数据备份模型，以适应云存储的需求，它根据云存储的需求动态地进行数据备份。这个模型可以最大化地利用系统中的资源，并且优化数据备份技术。

HDFS 作为一种新兴的并行文件系统，它既有通用并行文件的特点，同时又有自己不同的需求和设计目标，它支持海量的大文件存储，文件大小一般都以 GB 为单位，有效地支持了高吞吐量的作业。在大型分布式系统中，副本是一种提高数据访问效率与容错能力的技术，它能够在原始数据丢失的时候帮助用户恢复数据，还能够提高并行文件的读取效率。文献[22]提出了基于 HDFS 的动态副本管理模型，包括副本的放置策略、创建策略和删除策略，这些策略动态地对 HDFS 中的副本进行管理，优化了系统的性能。

数据冗余技术中的纠删码技术可以更好地处理服务器崩溃或者数据容错问题。为了确保用户数据在云端的正确性，文献[23]提出了一种灵活有效的分布式存储方案，与之前的分布式系统不同，该系统利用纠删码数据的分布式认证的同态特征实现了数据存储正确性保证和数据错误定位相结合的存储系统。这种新的存储方式支持安全高效的动态数据块操作，包括数据的更新、删除和添加。文献[24]研究空间关联的或者基于边界的节点失效问题，设计了一种健壮的文件分布方案，它充分考虑了网络的拓扑结构，特别考虑了由于故障导致一个或多个网络节点不可用的情况，这个分布式文件系统利用(N, K)纠错码，并且在由于节点失效而导致网络中断的情况下，保证最大的连接部分至少有 K 个不同的文件分段来重构整个文件。

研究表明，常用的两种数据容错技术为复制和纠删码。基于纠删码和基于复制的冗余容错的效率与节点的可用性密切相关：基于纠删码技术的冗余容错方法为构造高可用性和高容错性的分布式存储系统提供了一种有效的容错机制；基于复制的冗余容错在节点失效的时候，能有效地进行数据恢复。

6.3 大数据存储中的容错关键技术

近年来随着数据的爆炸式增长，数据的存储规模越来越大，传统的单机系统已经无法满足高速增长的数据存储需求。分布式存储系统使用大量廉价商用服务器通过网络互联，可以提供极强的服务能力和扩展能力。然而，随着集群规模的变大、存储设备的增多，存储节点失效已不是偶然事件，因此，分布式存储系统对数据的可靠性要求尤为突出[25]，它是提高系统可靠性的重要手段。早在 20 世纪 50 年代，计算机容错技术理论就被提出，1956 年，Von Neumann 首先提出用低可靠性的器件以冗余方式来构造高可靠系统。

在数据容错方面，传统的存储系统通过节点内容错、节点间数据备份等方式进行数据容错。这种容错方式具有容错投入高、没有考虑全局数据和系统数据等问题，需要进一步在设计中进行改进[26]。在数据存储领域，容错是指当由于种种原因系统中出现数据、文件损坏或丢失时，系统能够自动将这些损坏或丢失的文件和数据恢复到发生事故以前的状态，使系统能够连续正常运行的一种技术。进入大数据时代，数据在规模方面的显著特点是体量庞大和增长迅速，例如，欧洲中等范围天气预报中心在 2015 年 11 月存储的原始数据达到 87 PB，并且每月增长约 3 PB，年化增长率为 41%；根据 2016 年 3 月的数据，社交网站 Facebook 上用户分享的图片在过去 6 年间增长了 20 倍，平均每年增长 65%；从 2012 年到 2016 年 3 月，云存储平台 Dropbox 上的数据量从 40PB 增长到了 500PB，年复合增长率高达 88%[27]，大数据时代的来临，人们对可靠数据存储的需求越来越强烈，随着数据存储技术的进步，数据容错技术也随之有了新的发展与改变。

存储系统容错历来主要通过数据冗余来实现，有两种基本的冗余策略：复制和纠删码。即使在大数据环境下，其容错的基本策略也没有发生变化，但在具体实现的技术层面有些针对大数据存储的变化，下面根据这两种容错策略具体阐述。

6.3.1　基于复制的容错技术

1. 原理

复制冗余的基本思想是对每个数据对象都进行复制，这样所有副本都失效的可能性可以降低到让人能够接受的程度。每个副本被分配到不同的存储节点，使用一定的技术保持副本一致，这样只要数据对象还有一个存活副本，分布式存储系统就可以一直正确运行。由于分布式存储系统具有存储空间大、可扩展等特点，因此，虽然复制冗余技术消费更多的存储资源，但复制技术可行。此外，当数据损毁丢失时，只要向所有存储副本的节点中最近的节点要求传输数据，并下载、重新存储即可，因此复制冗余技术下的数据修复过程简单高效。

2. 复制冗余相关技术

复制冗余的容错思想看似简单，但在大数据存储中，存储数据量巨大，存储节点繁多，存储结构复杂，如何实现有效、高效的完全复制容错，必须统筹兼顾，考虑并解决以下相关问题：副本系数设置、副本放置策略、副本一致性策略、副本修复策略等。

在副本系数设置，即副本数量设置问题上主要有两种策略：一种是固定副本数量，如GFS、HDFS这两种典型的分布式存储系统都是采用系数 3 策略，这种固定副本系数设置简单，但缺乏灵活性。另一种是动态副本数量，亚马逊分布式存储系统 S3(Simple Storage Systems)中，用户可以根据自身需要指定副本数量，但具体用户如何选择副本数量仍缺乏标准和依据；另有学者提出动态的容错机制，其根据文件使用频率、文件出错转换率以及文件存储时间等动态决定副本数量，这种动态的容错机制能增加存储空间利用率，提高数据的获取性能，但动态决定的过程势必在一定程度上加大了系统的处理开销。

传统的副本放置策略有顺序放置策略、随机放置策略等。由于不同的副本放置策略不但影响系统的容错性能，还关系到副本的放置效率和访问效率，因此目前的副本放置策略研究主要集中在如何保证容错性能的同时提高副本维护效率。如 HDFS 采用 3 副本策略，即采用机架感知的副本放置策略，将一个副本存放在本地机架节点上，另一个副本存放在同一个机架的另一个节点上，最后一个副本放在不同机架的节点上。同一机架存放 2 个副本，减少了机架间的数据传输、存储时的资源开销，且方便本地节点在数据需求时的读取；而数据块存放在两个不同的机架上减少了数据失效时单一存储的弊端。一个存储集群中包含了数量庞大的机架和数据节点，在如何具体选择其他存放机架这个问题上，HDFS 的做法是随机选取，这样一旦选取的机架网络距离较远，就会造成数据传输时资源消耗大、网络带宽占用高、副本放置成功率下降等弊端。

复制冗余提高了系统可靠性，同时也带来了副本同步的难题。通常根据应用需求对数据要求的迫切程度不同，采取不同的一致性策略，一般有严格一致性、顺序一致性、最终一致性、弱一致性等。严格一致性是严格的一致性策略，要求对一个副本的任何操作几乎都要同时传播到其他副本；顺序一致性即对数据的操作在其他副本上始终保持一定顺序；最终一致性仅要求副本最终达到一致性，即一副本发生改变，其他副本可以逐渐修改以达到最终一致；弱一致性运行副本在一定时间内存在数据不一致现象，是最宽松的一致性策略，通常只适用于特定的应用环境。然而若事先设定一致性策略，则其灵活性欠缺且实现代价大，现有的研究更多集中于如何综合利用这些一致性策略实现动态的轻量级一致性方案。

副本修复策略是指，当系统确定复制个数 r，并为对象创建 r 个副本后，系统试图在整个过程中通过修复维护对象的 r 副本的过程。为了应对这一点，有两种不同的修复策略，一种是主动修复策略，即一旦检测到一个备份“死去”就立刻创建一个新副本；另一种是基于阈值的懒惰修复策略，这种策略只有当备份数量小于某些阈值时才修复，如 Total Recall。

3. 数据重复删除

现代存储系统已经变得越来越大，越来越复杂，而复制冗余技术使得数据量成倍增长，消费存储资源也越来越多。为了减少备份和归档的数据量，存储系统架构师开始使用一种新方法来提高存储效率，称为数据重复删除。数据重复删除是一种通过消除存储系统中的冗余数据来提高存储效率的方法，将文件分块并分别采集指纹特征，将之和已识别的分块数据库进行比较来发现重复数据，这样重复的数据可以不再存储而使用索引技术。数据重复删除的思想看似与复制冗余相悖，实则不然，这两种技术相结合既可实现系统可靠性，也能降低存储数据量。

6.3.2 基于纠删码的容错技术

1. 原理

纠删码起源于通信传输领域，最初是为了在有损信道中通信容错而发明，能够容忍多个数据帧的丢失，之后被调整改编以适用于存储系统，实现对存储系统中数据的检错纠错，提高系统可靠性。如图 6.3 所示，其基本原理是：一个数据对象 O 被存储时，首先将其分成 k 个大小相等的数据块，记为 O_1，…，O_k，然后将这 k 块数据块映射成 n 个编码块，记为 X_1，…，X_n，$n>k$。这 n 个编码块交叉存储在存储设备中，当存储设备发生故障，一些编码块丢失时，与有损信道的情况相似，只要留下足够的编码块，纠删码就可以通过剩余的编码块来恢复出原始的数据对象 O。若任意 k 个编码块就能恢复数据对象，则属于 MDS (Maximum Distance Separable，最大距离可分纠删码)。根据编码方式的不同，有以下几种

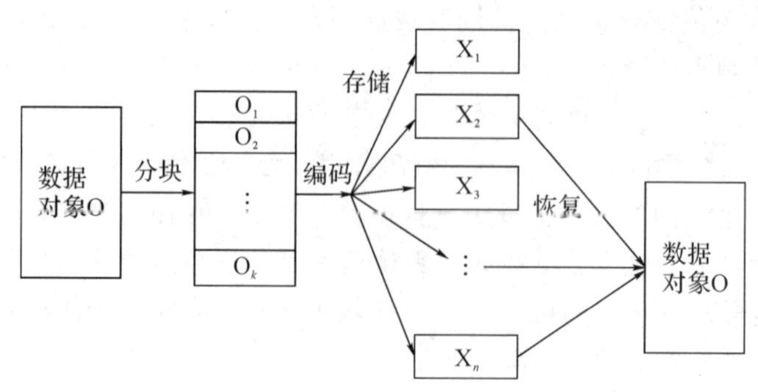

图 6.3　纠删码原理示意图

经典的纠删码技术：RS 编码、阵列码、LDPC(Low - density Parity - check Code)纠删码等。在分布式存储系统中，数据分布在多个相互关联的存储节点上，通常情况下，数据对象的编码块都存储在不同的节点上。在许多实际应用中，纠删码可以提供令人满意的数据修复水平，并且比起复制冗余技术，纠删码的存储开销显著降低。对基于复制策略和纠删码策略的存储系统的性能进行了定量比较，结果表明，在存储系统中单个节点可靠性为 0.5 的情况下，为实现整个系统的可靠性高于 0.999，复制策略需要 10 个副本，即 10 倍于原始数据大小的存储开销，而基于纠删码策略的存储系统仅需原始数据 2.49 倍的存储开销。在大数据环境下，数据量、存储节点庞大，对这种存储开销显著降低的容错技术更为渴求。

2. 瓶颈及新的发展

实际上，基于纠删码的容错技术还未能在实际大数据存储系统中真正应用，这是由于纠删码冗余本身在数据恢复时的缺陷所致。在普通分布式系统中应用时这一缺陷已有制约，而在大数据环境下，数据量和存储节点都成倍甚至几何级增长，这种缺陷更为明显。这种数据恢复时的缺陷是因为，纠删码原本并不是为数据存储所设计的，在通信传输领域需要的是恢复出原数据对象，无需关注丢失的部分冗余数据，这与分布式存储系统容错需要维护整个系统中的数据冗余是不一样的。因此，采用基于纠删码的容错技术的分布式存储系统在出现节点失效时，需要为维持系统数据冗余进行节点修复时，新节点首先从 k 个数据节点中下载全部数据以恢复出原始数据对象 O，再编码提取出失效节点中存储的数据。在这个节点修复过程中，下载的数据是需要修复数据的 k 倍，大大增加了分布式系统中的带宽压力，成为基于纠删码的容错技术应用到分布式存储系统中的瓶颈所在。

针对这种数据恢复时的缺陷，Rodrigues 等人曾提出一种混合策略，即综合使用复制和纠删码冗余策略，采用纠删码的同时维持一个副本，该副本可以在节点修复时直接产生失效副本存储数据并发送给新节点，从而有效减少系统带宽。但这种混合策略减少带宽有限，而且带来系统容错设计的复杂性，得不偿失。Dimakis 等提出修复带宽概念，即替换掉故障节点，建立新节点需要在系统中下载的数据量，并创造性地将网络编码引入其中，提出了再生码(Regenerating Codes)概念。

虽然再生码并非针对大数据存储提出，并且本身应用仍有制约，但这一方法所展现的思想策略却不失为解决大数据存储容错的有效方法。下面简要介绍一下文献[28]中提出的再生码思想。

文献[28]首先使用信息流图来分析分布式存储系统节点修复的带宽需求，图 6.4 所示为文献中(4，3)纠错码的信息流图。其中 S 为数据源，对应原始数据；存储节点 i 由输入节点 X_{in}^{i} 和输出节点 X_{out}^{i} 表示，两个节点由有向边连接，边权值为节点 i 上存储的数据量；DC(Data Collector)表示数据收集器。该图清楚形象地描述了数据对象的数据如何从数据源到存储节点，并且在单个节点失效的情况下到达数据收集器和新数据节点。再生码使用参数对可以表示为(M，n，α，k，d，β，$\gamma=d\beta$)，各参数分别表示：M 为存储的数据对象大小；n 表示存储节点个数；α 是每个节点存储的数据量；k 表示任意 k 个节点的数据能恢复出源文件；d 表示当有单个节点失效时，参与修复的帮助节点个数；β 表示从每个帮助节点下载的数据量；$\gamma = d\beta$ 表示单个失效节点的修复带宽。在信息流图的基础上，根据网络编码最大流-最小割理论，通过分析信息流图的最小割，再生码参数需满足：

$$B \leqslant \sum_{i=0}^{k=-1} \min\{\alpha,\ (d-i)\beta\} \tag{6-1}$$

当式(6-1)取等式时，确定 M、k、d 后，得 α、β 可取最小值，参数对(M, n, α, k, d, β, $\gamma = d\beta$)所对应的编码策略则为再生码。当节点修复时，$d \geqslant k$，$\beta \leqslant \alpha$，修复带宽 $\gamma = d\beta$ 随着 d 的增大而减小，在 $d=n-1$ 时，总修复带宽达到最小。

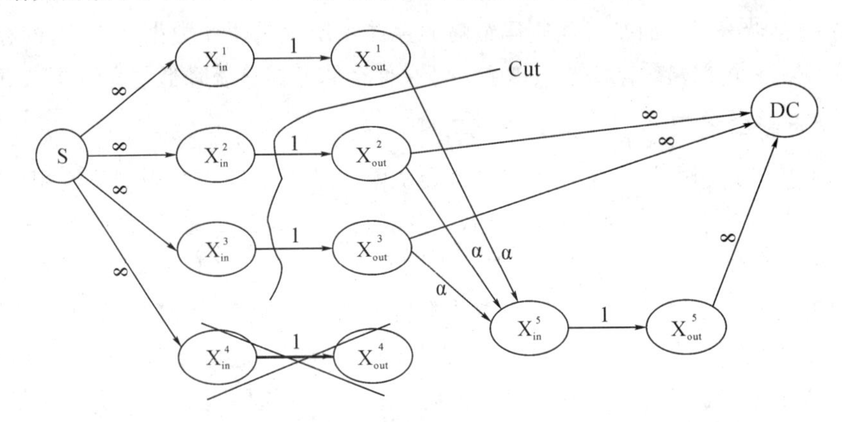

图 6.4　(4，3)纠错码信息流图

再生码通过适量增加存储消耗，比一般纠删码有效减少了分布式存储系统的修复带宽，为基于纠删码的容错技术研究打开了新思路。

随着数据量越来越大，大数据存储和容错压力也越来越大，基于复制的容错技术冗余度大，性能提升艰难，越来越多的研究者将目光聚集于基于纠删码的容错技术和再生码。一方面针对再生码及其中的网络编码，提出多种具体的编码方式，如 MISER 码、PM_MSR 等。另一方面针对再生码不可能同时最小化修复带宽和每个节点的存储量这一点，提出进一步放松节点修复中的某些要求来降低修复带宽和每个节点的存储量，如引入 Twin-code 框架，将网络中的节点划分为两种类型，使其使用不同的线性代码。根据两种代码的选择，该框架可以拥有下列一个或多个优点：存储空间和修复带宽同时最小化，低操作复杂性，修复期间辅助节点更少，磁盘读取和错误检测、校正。此外，还有研究者对采取延迟修复策略的分布式存储系统提出多节点合作修复策略，比单点修复策略消耗带宽更低。

6.3.3　容错技术小结

基于复制的数据容错技术部署简单、易于实现，在提高系统可靠性的同时，多个副本还可以提供并行访问，以提高整个系统的数据 I/O 效率，在实际分布式存储系统中得到比较广泛的应用。Google 的文件存储系统 GFS、Hadoop 的 HDFS、Amazon 的 Dynamo 等都采用复制冗余的容错方案。基于复制的数据容错技术的主要缺点是存储代价高、存储空间利用率低。在大数据存储环境下，若全部数据都采取复制冗余的方法，则效率低下；但完全副本的方式具有平衡负载、快速访问、实现简单等优势，使其仍有应用领域。基于纠删码的数据容错技术更节约存储空间，但编码解码过程增加了系统的计算开销，节点修复时所需的修复带宽也比较大。大数据存储环境下，实际应用困难，仅搭建一些实验型分布式存储系统来测试纠删码容错技术的性能，但前景广阔。再生码的思想能在一定程度上减轻带宽消耗，成为一种可能的解决纠删码容错技术瓶颈的方法，极具研究前景，但该技术提出的时间还不长，技术还不成熟，距离实际应用还有很长一段距离，仍需要研究者们的长期努力。

同时，由于复制冗余适合操作频繁的数据或单个节点可靠性较低的分布式存储系统，纠删码冗余更适合趋于稳定的数据(比如归档)和节点可靠性较好的分布式存储系统。两种数据冗余策略各有优缺点，结合两种冗余策略构建合适的容错机制成为新的研究热点。实验型基于 P2P 的分布存储系统 OceanStore 结合了这两种数据冗余策略，根据存储活跃度将用户数据分为两类，经常存取的活动数据采用复制冗余策略存储多个副本，而不经常存取的数据采用柯西 RS 纠删码冗余存储。

6.4　大数据的长期归档存储

海量数据的生成正考验着计算机的存储能力，存储模式也正在疯狂转变，这种转变将对存储系统的设计产生深远的影响，长期存储数据的需求被加到了事务性数据的存储需求中。

大数据环境下云计算技术已趋于成熟，大型的 IT 企业都正在推进云存储的部署，各种智能云存储系统应运而生，CSS 云存储系统也面向可运营的云备份系统，备份与归档正朝着融合的方向迈进。传统的归档技术面临新的挑战，云计算环境下的数据库与池化的软硬资源需要归档系统为其扩展新的接口，而不再是简单的数据摄取与接入。长期海量的数据归档需要考虑数据检索的效率，分级存储管理则是较理想的归档模式。磁带通常是对很少使用的数据进行归档的介质(write - once，read - never or maybe)，磁盘则可以用来归档预期可能检索的数据，在扩展云计算环境的归档系统中，需要部署下层来进行分级的归档模块，需要具有数据检索的预测功能，同时对归档数据进行历史检索的分析，并及时采取分级存储，这类似于计算机存储系统，从底层的硬盘到 CPU 的高性能 Cache，容量在降低，存取速度却在升级。分级管理的同时涉及介质迁移，迁移需要同时考虑归档数据与介质的特性，以保证数据迁移与介质迁移的数据持有性、介质稳定性。

为了应对信息化的公共管理与企事业的电子化运作，高能效的归档系统势必成为支撑数据立体式增长的重要保障。在基于信息生命周期管理的思想上，归档一直是一个不被重视的环节，其主要原因是基于磁带技术的归档模式正在被云时代、大数据所冲击。过去，研究者们把目光集中在数据存储上，这主要来自于传感器等资源的数据采集能力给存储系统带来的压力，经过长期的研究与实践，分布式的存储系统、云存储逐渐实现了大数据的有效存储，研究的热点将转移到新的计算环境下的归档系统。

全息存储介质、有机金属复合薄膜、突破性的 DNA 与石英玻璃板有望突破磁带与光盘为主的长期归档介质，在工业标准的存储接口未出现前，归档主要依靠以硬盘为第一级存储介质的归档系统。国内外有很多归档系统的研究与设计，文献[29]是一个深度的归档存储系统，它采用一个虚拟的 content - addressable 存储框架与多方式的 inter - file 和 intra - file 压缩机制，有效地解决了数据依赖变化下的数据压缩、测量内容和元数据存储的效率，展示了需要变化级别的复制模型并提供了存储性能的初步结果，在其框架中，采用MD5或SHA-1为每个文件计算出虚拟目录地址的主要部分，但在大数据环境下，为每个文件计算一个哈希值则会给系统增加负荷。

传感技术使得流数据无处不在，其产生源源不断的流数据，这考验着当下企业存储与归档的能力，Abe等人提出了操作合并的机制来归档流数据，大多数操作时的访问或修改操作对访问者来说可能存在高度延时，访问者不能访问逻辑上已经写入的数据，需要控制合并操作的时间域。文献[30]采用语义部署归档数据，根据访问的历史记录的语义，用索引器建立基于语义的访问目录，当重复访问与语义逻辑相悖时，索引器面临巨大挑战。文献[31]从RAID系统的角度提出了改进归档的方案，在检错顺序上提出最远距离单元块优先检错的机制，笼统地认为最远单元块的错误概率较大，此方案缺乏理论依据，且优化条带上没有具体的方法。文献[32]总结了归档系统的性能需求，指出归档存储系统必须能够存储、管理和定位、检索数十亿及以上的文件信息资源，超过系统部署的生命周期，借助现有的商用组件COTS完成了一个功能较完善的归档系统，重点对接口、元数据、系统扩展性做了深度剖析，缺乏对云计算存储的支持。基于该成果并结合云计算，我们改进文献[30]、[31]提出的方法，进一步扩展系统的功能，满足大数据长期存储的需要。

6.4.1 基于COTS的归档存储系统

归档系统[32]的存取能力是系统的首要性能指标，归档系统不是简单地将数据从数据库导入归档系统，而是与上层的数据库协同，形成一个系统的存储框架，因此本文中的归档系统是一个结合存储与归档的系统，它在现有的商用存储组件上无缝地增加了归档的能力，实现半自动归档存储。

基于COTS的归档系统是在图6.5的架构上部署商用组件的。

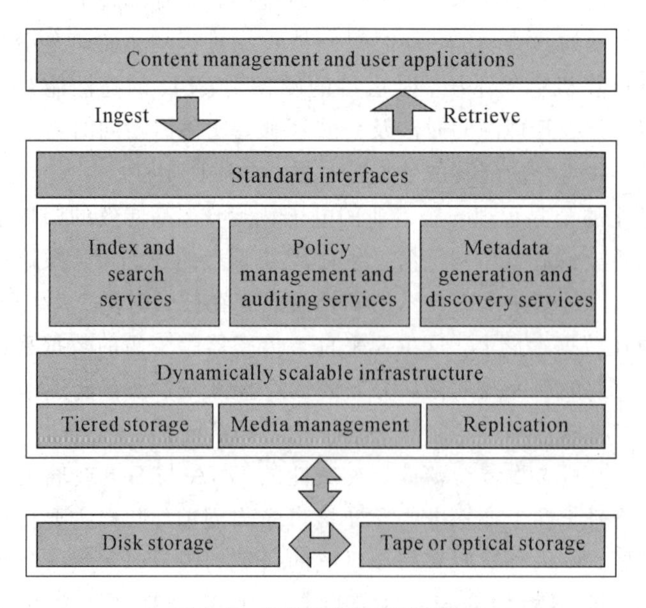

图6.5 原归档存储系统框架

(1) Content management and user applications：内容管理系统和用户应用程序，主要是需要进行归档服务的存储系统和用户管理程序。

(2) Standard interfaces：标准接口，用于归档系统与上层用户进行交互。

(3) Index and search services：索引和查询服务，用于为归档的数据建立索引并提供查询通道。

(4) Policy management and auditing services：策略管理与审计服务，提供数据归档的策略和日志审计功能。

(5) Metadata generation and discovery services：元数据的生成和发现服务，主要用于为归档数据生成相应的元数据，并结合数据本身进行定位查找服务。

(6) Dynamically scalable infrastructure：动态可伸缩构建。

(7) Tiered storage：分级存储。

(8) Media management：介质管理。

(9) Replication：备份。根据系统的架构。

文献[32]将现有的商用组件部署在其中，其中关键的是采用 Tivoli storage management(TSM)进行系统的归档、介质管理以及复制备份。该方案在将商用组件(系统)实现固定模块功能的过程中，考虑更多的是系统的扩展性，且数据的长期存储需要设有与归档前大数据存储融合，比如 Hadoop、HDFS 的存储解决方案。尽管 TSM 能够帮助企业进行数据的备份与归档，包括分级存储、介质的轮转、重复利用，但面对大数据的归档，它的性能还是未知的，迫切需要系统对云数据库的支持，拓展介质的存储能力，在系统访问量增多与错误检测时也要有应对大数据的机制。

6.4.2　系统框架

基于上述系统的分析，从三个层面上扩展系统的性能，分别是基于云端的数据动态摄取、数据的访问控制和优化 RAID 的检错方案，新定义了三大主要模块。

定义 1　云计算环境下的数据摄取。云计算环境下采用监听云数据库的方式逐步将数据迁移到归档 Cache 磁盘中，监听模块在云数据库与前端之间，目的是主动记录定位新数据位置与云中数据的访问情况。

定义 2　访问分组模块。访问分组模块主要用于生成语义本体，采用 SVM 方法对时间域内的访问群进行分类，保证旋转起的每个磁盘处理的访问数最优。

定义 3　优化 RAID 系统模块。RAID 系统模块通过重设 HDD 错误检测的优先组进行优化有助于数据的长期归档。

图 6.6 是在 COTS 系统的基础上，将新定义的三个模块嵌入可由商业组件实现的系统中，在系统实现分级存储的基础上，提高磁盘作为第一归档介质的存取能力，数据逐步轮转到磁带或者光学介质，DNA、石英玻璃是对未来新型存储设备的一种展望，也被虚拟到了介质池中，以扩充系统的吞吐量，这是必然的趋势。新型介质的工业标准接口一旦成形，大数据的长期归档将步入新的阶段。

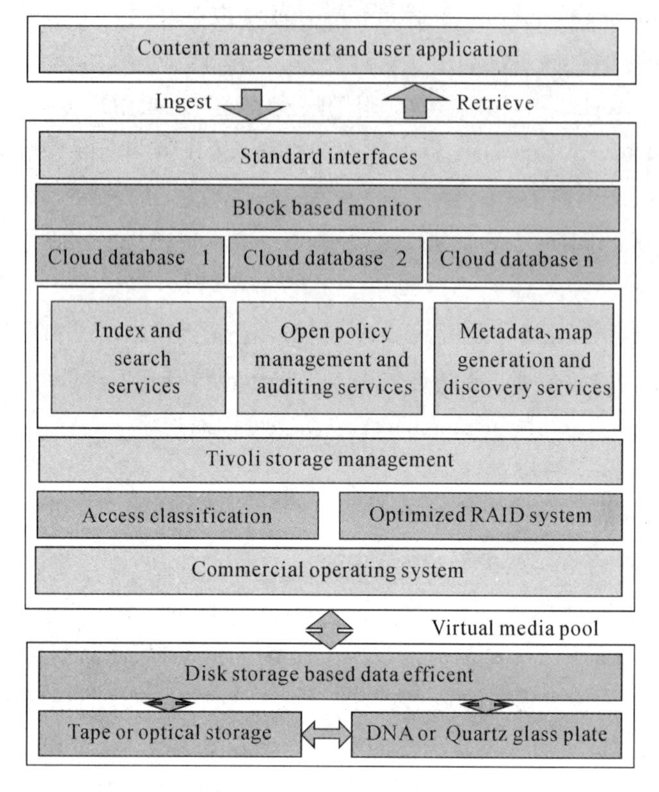

图 6.6 基于原归档系统的方案

6.4.3 云计算环境下的数据监听

部署数据库时要考虑备份容灾与归档，因此长期的归档存储并不是简单地从 Web 端或者数据库中摄取数据，本文充分考虑企业跨数据中心的分布式存储模式，在云中部署数据块监听模块。监听模块的功能：

(1) 读取云数据库的块设置，在没有数据分类或数据分块的云数据库上有策略地划分虚拟块；

(2) 根据公有云或私云进行划分，私有云可以直接与目标归档层交互，而公有云还需要建立与目标归档系统的对接，实现企业数据的独立归档；

(3) 监听已有数据块的访问情况，设定阈值，对规定时间段访问及修改值低于阈值的数据库，经由 Cache 将重复数据删除后通过网络端口迁移到下层归档系统中。

图 6.7 是公有云存储下的代理归档方案，数据可能被随机地存到多个云盘中，然后启

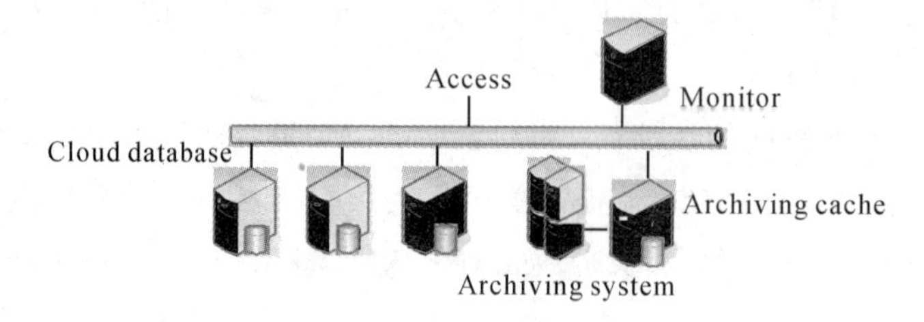

图 6.7 公有云存储下的代理归档

用监听服务器，从数据库中迁移数据到缓存器，再根据数据来源进行集中式归档。图 6.7 的归档系统采用了云计算的思想，小型企业在存储资源有限的情况下借助公有云的优势，数据根据归档系统的索引器进行存储，缓存也能加快客户端的访问速度。

在采用现有商用组件的考量上，IBM 的 PureData System for Hadoop 是一个大数据领域的云计算组件，既支持 Hadoop，且具有数据分析能力，其 PowerVC(虚拟化中心)能够建立起一个虚拟的归档中心，该归档中心负责将基于策略的数据转向多个虚拟归档服务器，可以在现有组件的基础上定义新的策略，以满足特定的归档需求。

6.4.4 基于语义本体的存取分组策略

语义本体常用作数据库的建模，数据成为本体的实例被吸附到相应的本体库中。采用语义本体的方法，再配合商用组件 TSM、文件索引服务器实现存取 I/O 操作的分类、负载均衡。数据集的级数倍增长带来了数据访问量的增加，归档系统在管理如此多数据的同时还要保证访问的快速响应，就必须优化数据在磁盘上的存储模式，使得磁盘在每次旋转时能处理更多的访问。

归档的一份数据只有小部分是活跃的，类似于 MAID 技术，数据存储能让硬盘闲置起来，使其处于离线状态，基于这样的考虑，需要系统具有访问预测的能力，依据历史数据的语义辐射到相关数据，对磁盘上的已有数据和新数据进行优化部署。传统的方法是由索引器和 SVM 分类器直接对访问分组，分类器的分类结果会不理想，在此基础上图 6.8 基于索引器与存取的语义特征生成若干语义本体以实现访问分组。采用 SVM 方法可将指定时间间隔内的访问分类描述为 3 个阶段：索引器的目录生成语义本体库，经训练的 SVM 根据本体库对存取 I/O 操作进行分类，本体库随访问量与访问的语义复杂程度动态、快速地定位目标本体指向的磁盘，提高处理效率。

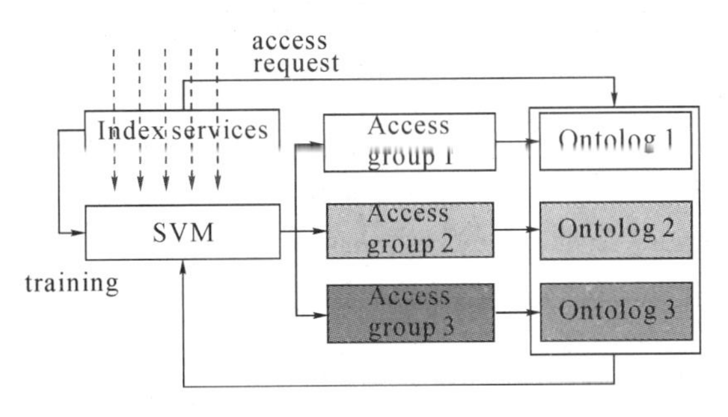

图 6.8　基于语义本体的访问存取分类

本体的实现可采用惠普实验室的开放性 Jena 工具进行创建，依靠索引器生成的本体模型库能够优化 SVM 的分类结果，并且 Jena 自身的推理机制也可以辅助 SVM 的分类。

6.4.5 优化 RAID 系统

磁盘仍是归档系统的第一存储介质，位于介质分级的第一级，可以假定为归档系统的 Cache，能够优化磁盘存储技术、及时地检测与修复磁盘错误，可以避免错误数据被轮转到其他存取能力差的介质中，进而降低系统负载。

优化的 RAID 系统采用分层的监测模型监测整个 RAID 系统，定位故障，可以有效地防止数据丢失和降低磁盘出错。分层的模型旨在从 RAID 控制器的顶端开始，每一层代表实际的数据而不是不同的介质，因为 RAID 技术本身对磁带这样的介质是无效的，数据层从划分出来的最大数据区域开始，逐渐向数据区域最小的 RAID 块辐射，出现错误的和擦洗过正在进行冗余检查的数据需要单独存储起来。RAID 技术矫正错误的能力依赖于每个码的冗余信息，可通过改变 RAID 的布局和扩大一倍条带长度的方法来纠正错误。

在错误检查方面，HDD 的错误检测是将每个盘划分成固定长度的区域，再将该区域划分为更细小的单元，如区域大小为 128 M，单元大小为 1 M，检测过程中首先检测每个区域的固定单元，如此循环。优化的 RAID 系统对到达生命期边缘的磁盘进行连续擦洗，对于未到达生命期的磁盘，在每次循环检测中，选择离上一轮检测中距离该区域内最远的单元作为有优先检测权的单元，因为在检测无误的单元附近的错误概率远低于离其较远的单元。

图 6.9 在文献[31]的方法上进行了改进，这是一张 RAID 条带上区域交换的重映射虚拟表，斜线区域为故障区域，竖线区域为健康区域，当一个条带上的多个区域具有关联的故障时，为防止交叉错误引起新的错误，应对出现故障较多的条带进行调整，使条带上的错误区域降到最低。原方法没有设计区域交换的法则，由于无规律性的交换不一定能降低错误的发生，因此用 aij 来标记各区域时间段的无故障检测参数，调整的方法是以标记区域内无故障的检测次数为依据。

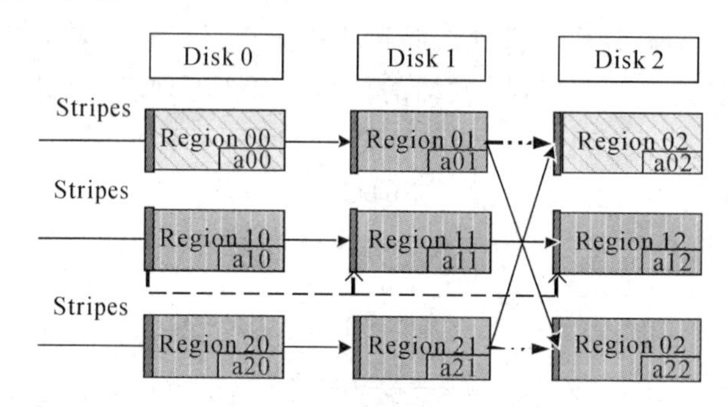

图 6.9　基于访问数据量级的条带区域交换

定义 4　aij 记录条带 i 上磁盘 j 区域的无故障访问数。

定义 5　S[i]=max{aij}条带 i 上的最大访问值。

定义 6　T(ij)=min{S[0]，…，S[i−1]，S[i+1]，…，S[n]}，计算出需要交换的区域 Region ij 的目的条带。

采用上述对比健康区域检测情况的方法来调整错误区域较多的条带可以避免未知的交叉错误，将错误区域迁移到访问量最小的条带上，从而进一步降低未知错误的概率。具体的实现主要是：在部署磁盘阵列时，采用高级别的 SCSI RAID 进行磁盘的控制，在保证速度和安全的基础上对 RAID 控制器增加上述条带优化算法，以实现一定程度上的数据保护。

6.4.6　应用场景和实例

目前数据量庞大的企业已趋于采用云计算来解决存储的困境，优化的归档系统可以架设在云端，实现共享式的云归档服务，它的扩展性和伸缩性可满足企业的差异化归档需求，增量式的云端数据归档、访问的分组策略与优化的 RAID 进一步增强了大数据环境下的系统可靠性与稳定性，结合整个系统的框架部署，应用场景可总结出以下三种特征：

(1) 采用云计算进行存储的、面向企事业信息管理的分布式存储架构；

(2) 并发性的归档数据访问集中式爆发，要求下层存储设备有较强的容错机制；

(3) 基于策略的数据管理、持久的数据迁移与介质轮转。

系统的具体应用场景并不局限于以上三种，系统的工业标准接口支持异构数据，框架支持扩展，支持节点众多的传感网与海量智能终端的移动互联的数据归档，针对特定的归档需求与政策法规的需求，系统能适度伸缩，建立起一个安全稳定的数据归档服务中心。

本系统已在某高校的智慧校园项目中实现，以云计算、虚拟化和物联网等新技术为基础，构建集感知、网络融合和开放智能应用为一体的综合信息门户服务平台，具有统一用户平台、统一身份认证、统一云数据中心、统一云服务、统一感知、统一监控和统一归档等功能特点。

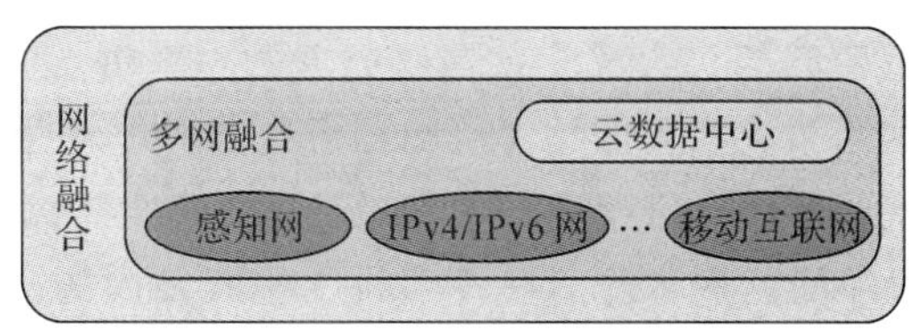

图 6.10　智慧校园的多网融合

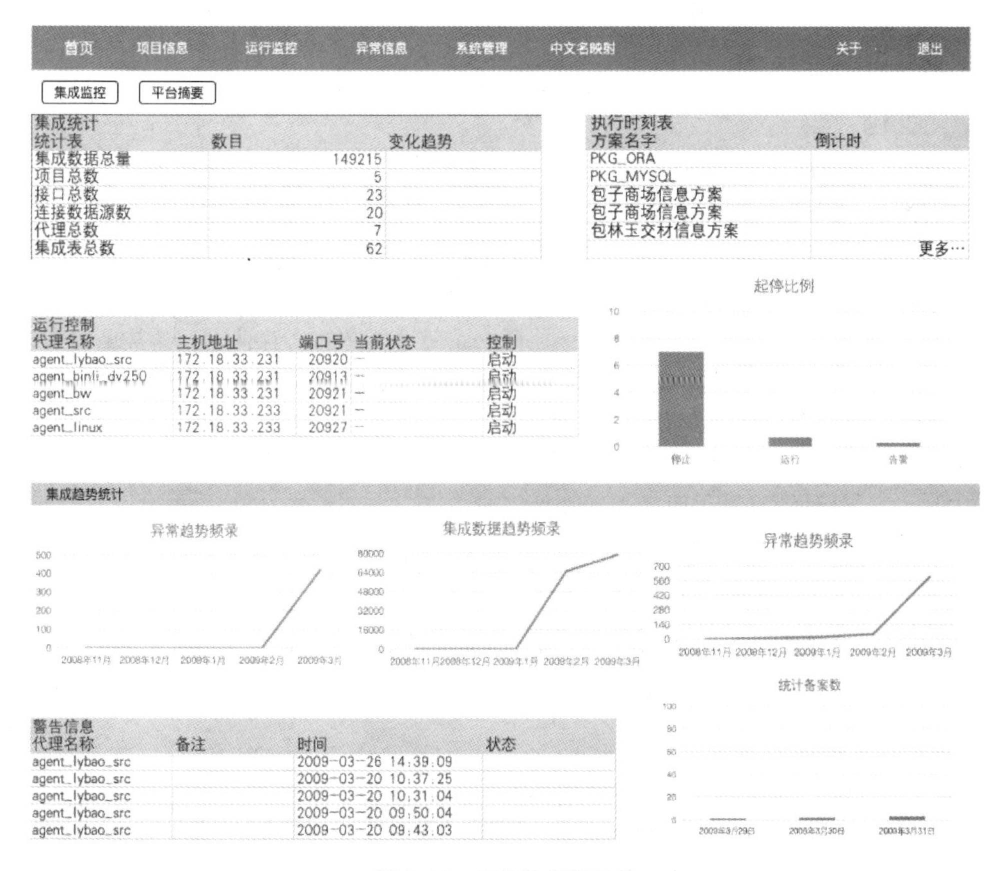

图 6.11　归档数据的监控

本方案的归档系统依托图 6.10 中的组件系统，每个模块都采用 IBM 的商用组件，通过标准的接口实现目标功能，云端的监控模块与集成的云数据库中心无缝对接，监视器采用IBM的PureData System for Hadoop组件定义监听策略、分析数据，加设高速归档缓存设备，使得数据逐步迁移到归档系统中，采用Jena开放工具创建与索引器对接的本体库，用于SVM的访问分组，RAID端对RAID3进行了条带控制。归档系统作为智慧校园的数据服务子系统，可以实时地监控数据归档的情况。图6.11是智慧校园对归档数据的监控视图，记录了部分数据的访问量，列出了需要退出生命周期的数据记录，以及存储介质的使用情况与归档系统的负载状况。监控数据表明，归档系统的访问响应速度是非常快的，系统的吞吐量可以满足校园网的存储需求。

上述归档监控平台展示了当前存储系统中各类数据的容量，图中最大立体方块为校园监控视频的数据量，第二最大立方体块表示邮件中心流转下来的数据，最小立方体块表示其他数据的汇总。由监控画面可见，当前归档系统中的视频监控数占据大部分的介质资源，这也进一步表明视频数据的归档将会成为归档研究上的一个重点方向，是开发新的介质还是更大范围地使用廉价磁带或光盘，也是评价归档系统的一个硬性指标。

在数据爆发式增长的现状下，研究数据的归档有着很重要的意义，有些数据很难确定它的生命期，比如大气海洋的监测数据，在各项科学不断发展的基础上，长时间积累下来的数据可以研究出普遍的自然规律，我们希望有更恒定的数据归档系统，能记录下地球、宇宙的各种横向数据，以便通过纵向的研究发现新的规律。本文从系统的角度研究了大数据时代归档系统的部署，在基于IBM的COTS归档方案上扩充了云数据库的支持，增加了访问分组和优化RAID系统的模块，并设想DNA、大理石板能在不久的未来成为归档的中坚力量。

6.5 基于云计算的大数据存储安全

云计算的不断发展和成熟为大数据存储和处理提供了技术支持，使得很多用户可以在不同终端实现对数据的高速有效的操作。但随之也带来了数据安全问题，最常见的有窃取、丢失、冗余度太大等。诸如此类的数据安全问题往往会给用户和企业带来巨大的利益损失。2010年底，微软的Hotmail出现了数据库脚本错误，17 000个真实账号因此被删除，微软花了一周的时间将这些账号完全恢复；2011年4月21日，亚马逊公司在北弗吉尼亚州的云计算中心宕机，致使亚马逊云服务中断持续了近4天，造成多项依靠云计算中心的服务停止工作；2012年7月，云存储服务商Dropbox确认，在当月来自第三方站点的黑客获取了部分用户的用户名和密码，侵袭了他们的Dropbox账户并发布不良信息。日益凸显的云计算安全问题给大数据存储带来了严峻的考验。

6.5.1 云端安全接入技术的研究

在传统的数据关系中，数据拥有者(Data Owner)即是数据提供者，用户只需向其提交用户名和密码便可进行相关操作。但在云计算中，数据拥有者与云服务提供者(Cloud Service Provider)这两个角色的功能往往是分离的。云服务提供者的角色大多由商业机构承担，这些机构处在用户的信任区域之外，因此传统的认证方式已不能满足云存储安全接入的需求，云存储的接入需要采取额外的验证机制。文献[33]对云存储的接入流程做了概述，并对鉴权、加密、解码等操作做了简单的介绍。文献[34]、[35]在此基础上提出了一种可靠的安全接入模型，如图 6.12 所示，用户向数据拥有者发送请求，得到实时颁发的密钥、证书后接入云端。这种模型可以提供安全、可靠的接入，但缺陷是当用户需要对数据进行操作时，数据拥有者必须处于在线的状态，一旦通信受到限制，该方案就无法保证安全的接入。

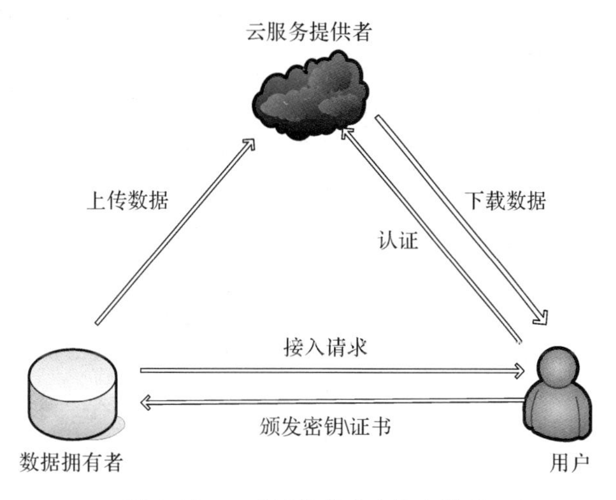

图 6.12　一种可靠的安全接入模型

针对上述问题，文献[36]提出了一种优化解决方案。该方案使用基于用户能力的接入控制方法及相关加密策略，实现模型如图 6.13 所示。每一个数据拥有者都存有用户的“能力表”，存储着某个用户对某些文件的操作权限，并连同加密文件同时上传至云服务器。当用户需要接入时，云服务器根据用户身份进行操作。若用户处在能力表的范围外，则为不可信用户，直接拒绝接入；若在能力表范围内，则反馈用户信息，其中包含用于解密文件的密钥。由于数据拥有者已对该消息加密，故不会泄露给云端。在此方案中，数据拥有者大部分时间可以处于离线状态，只需新用户注册时在线更新能力表即可。

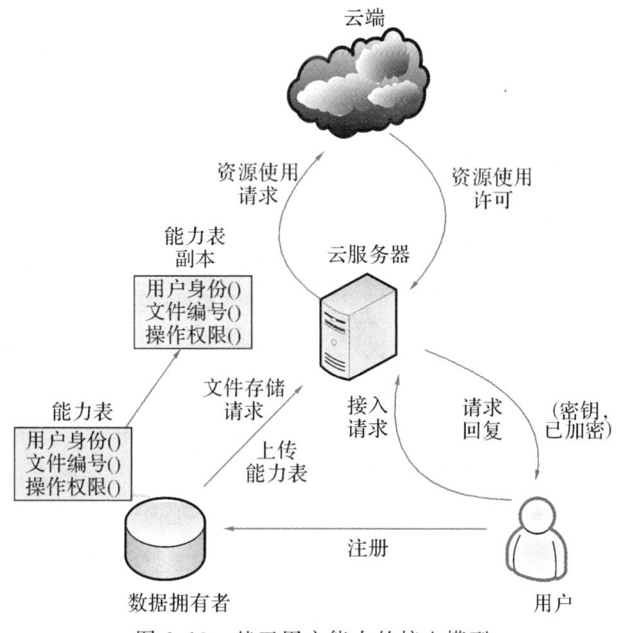

图 6.13　基于用户能力的接入模型

文献[37]提出了一种基于可信平台模块(Trusted Platform Module)的接入控制方案，该方案针对移动设备的特点，从客户端的角度定义了云计算安全域，并给出多个移动系统共享数据的策略。文献[38]提出了一种基于 Merkle 哈希树的接入控制策略，该策略优化了当前 TPM 的性能，将用户的信任度量化，并用数学公式给予了动态信任度的统计方法，但由于没有具体的加密或证书颁发机制，此策略只能用于大批量的、私密度低的文件接入控制。文献[39]提出了一种基于生成树的控制接入方案，生成树由三个枝节组成，分别为“允许接入的用户身份”、“禁止接入的用户身份”以及“可选择接入的用户身份”，增加了生成树的弹性和灵活性，一定程度上满足了数据拥有者方便灵活地管理用户的接入需求。文献[40]提出了一种基于多个鉴权中心的接入方案，其模型如图 6.14 所示。该方案假设了一个可信的鉴权中心和多个独立的属性鉴权点，通过鉴权中心注册用户身份、多个属性鉴权点共同颁发密钥的方法验证用户接入，解决了云存储中多重用户身份属性带来的数据共享问题。

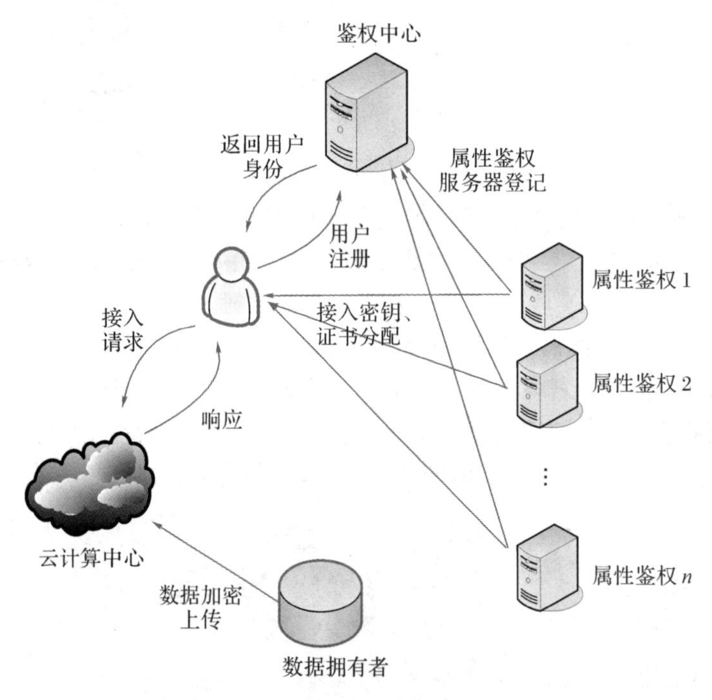

图 6.14　基于多属性鉴权的接入控制

研究表明，云存储接入的安全性依赖于数据拥有者对于用户接入需求的验证以及相关的反馈方式。数据拥有者保持在线状态可以控制云计算的安全接入，但是大量的分配、更新密钥工作会给主机增加负担，一旦主机通信受阻就无法满足用户共享数据的需求。基于第三方云服务器的接入控制可以分担主机的工作负荷，且云端使用重加密技术避免了第三方泄露，但灵活性和实时性不够高，短时间内无法应对大量新用户的接入需求。数据拥有者应根据数据的私密等级以及用户的管理模式选择云端接入的控制方法，在保证接入安全的同时优化网络效率。

6.5.2　数据加密技术研究

数据在被上传到云端之后，容易遭受来自两方面的威胁：其一，云计算平台作为不可信的第三方，一旦服务器出现故障，自身可能会将数据泄漏；其二，云平台被非法接入后，数据存在被窃取、篡改、伪造的风险。因此，存放在云端的数据要经过数据拥有者拆分、加密后方可上传，用户下载后经解密方可使用，即使数据在传输或存放的过程中丢失，也因为事先加密而不会发生机密信息泄露的情况。目前主流的加密策略有基于属性加密和基于代理加密两大类型。

文献[41]和[42]分别介绍了两种基于属性的数据加密策略：基于密钥的属性加密 KP－ABE(Key－Policy Attributed Based Encryption)和基于密文的属性加密 CP－ABE (Ciphertext－Policy Attributed Based Encryption)，这两种策略各有特点。在 KP－ABE 中，用户密钥采取树结构描述访问策略，树的叶节点集合为 Au，密文与属性集 Ac 相关，只有 Ac 满足 Au，用户才能解密密文。KB－ABE 的实现机制如图 6.15 所示，假设密文的属性集 Ac 为{北京，上海，广州}，而两个用户的属性集合分别为{北京，上海}和{北京，南京}，Ac 符合用户 1 的 Au，故只有用户 1 能解密文件。

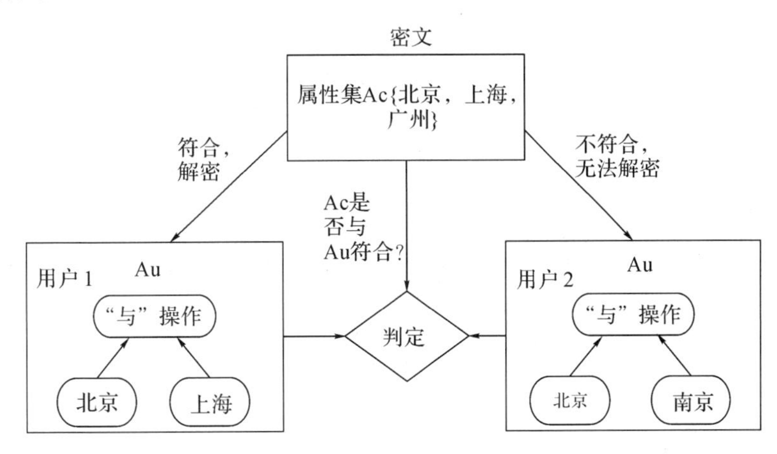

图 6.15　KB－ABE 的实现机制

而在 CP－ABE 中，密文采取树结构描述访问策略 Ac－cp，实现由消息发送方决定的用户控制策略。密钥与属性集 Au 相关，只有 Au 满足 Ac－cp，用户才能解密密文。CP－ABE 的机制如图 6.16 所示：假设密文的属性集合如图中所示，用户 1 和用户 2 牵涉到相关属性，都有可能解密文件，但经过树结构的访问策略后，用户 1 满足解密条件，用户 2 中由于属性{广州}无法满足“{北京}或{上海}”的条件而无法解密文件。

文献[43]融合了现有的技术，提出了一种基于 ABE 的加密方案。该方案针对云存储的各个环节加密都有相应的策略，但又存在明显漏洞：即当同一用户具备新的属性时，会因掌握之前的密钥而带来数据泄露的危险。文献[44]将 KP－ABE 算法与 XACML 协议相结合，提出了一种非单调的接入体系架构，提高了数据加密的安全性，但在密钥的生成和分发阶段有着较大的运算负荷。文献[45]将 CP－ABE 算法与同态加密算法结合，用户首先用同态加密算法加密明文，再用 CP－ABE 算法加密密文的密钥，形成密文的集合和对应密钥的集合，用户可以根据自身属性搜索和下载需求文件，减轻了下载全部数据的工作量。文献[46]则提出了一种基于 CP－ABE 的体系架构，该架构将大部分的计算工作代理至云端，减轻了主机的工作负荷，提高了网络吞吐量，然而其缺陷是不适用于复杂属性的环境。

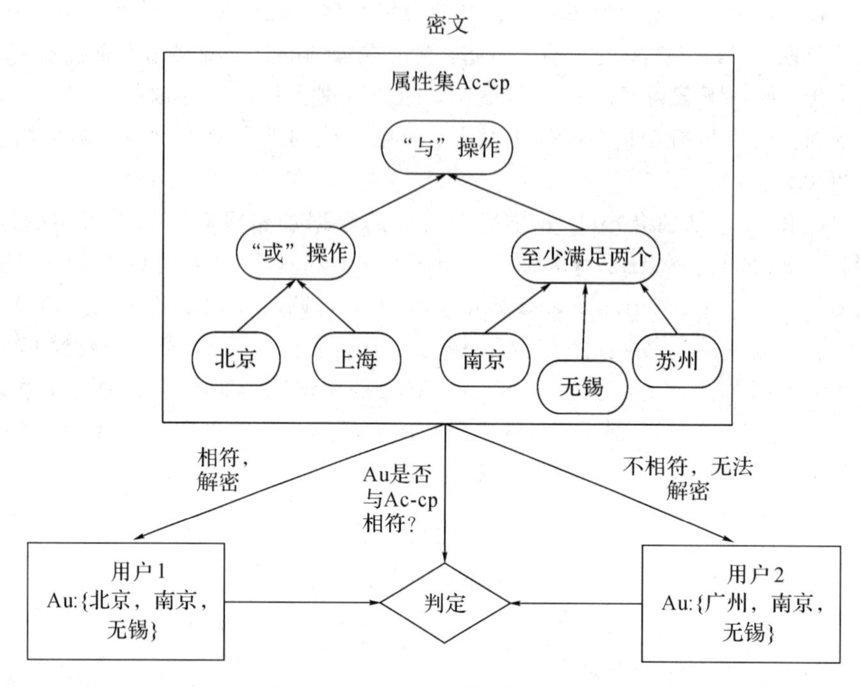

图 6.16　CP-ABE 的实现机制

文献[47]介绍了一种经典的代理重加密技术 PRE(Proxy Re-Encryption)，该方案部署了一个半可信的代理人，降低了数据泄漏的风险。由于云平台所扮演的角色与半可信代理人类似，故 PRE 的架构已被移植到云计算中，一系列加密方案也应运而生。一种基于 PRE 的云计算数据加密模型如图 6.17 所示：A 用户将数据加密后上传云端，B 用户想要分享数据，A 根据用户信息和 B 的公钥产生密钥，该密钥起到一个“过渡”的作用，只负责密文与密文间的相互转换，将针对 A 的密文转换为针对 B 的密文。B 下载到针对自己的密文后经私钥解密便可对数据进行操作。该方案的优越性在于数据在云中的整个生命周期完全以密文的方式传递，半信任的云计算服务商无法得知用户的私钥从而无法获得明文，因此数据是安全的。基于上述 PRE 构架，文献[48]提出了基于身份的代理重加密方案，然而该

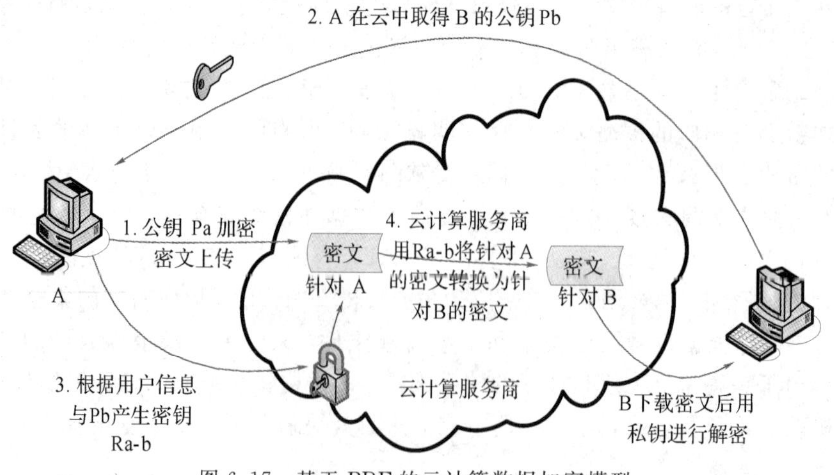

图 6.17　基于 PRE 的云计算数据加密模型

方案在云计算应用中有一定的局限性，且面对标识用户与代理商的冲突攻击时往往抵抗力较小。文献[49]针对上述缺陷做出改进，提出了基于证书的代理重加密策略，该策略采用了双线性配对的方法，抵制了冲突攻击和选择密文攻击，同时该方案省去了证书分发管理的过程，也避免了密钥在传输过程中泄露的风险。

文献[50]提出了两种基于秘密共享技术的安全云计算 SCC(Secure Cloud Service)模型。其中一种需要一个可信的第三方 TTP(Trusted Third Party)，而另一种则不需要。这两种模型有着很好的延展性，在复杂的多服务器环境中展现出了高效率和安全性。文献[51]提出了基于多鉴权中心的加密模型，是对 KB - ABE 的一种应用和改进。文献[52]提出了一种比特交错文件系统(Bit - Interleaving File System)，该系统将文件拆分成块存储在分散的地点中，在保障了数据安全性的同时提高了 I/O 的吞吐率。陈钊提出了一种基于三维空间拆分置乱的高效海量云灾备数据机密性保护关键方法 ESSA(Efficient and Secure Splitting Algorithm)，将数据在三维空间中进行映射、置乱、拆分，利用三维数据结构恢复的复杂度来保证数据的机密性，从而有效地保证灾备数据中的信息不会泄露给攻击者和云系统管理人员。

数据安全是云存储安全的核心，因此数据加密在整个安全体系中至关重要。研究表明，针对不同的数据机密等级、数据共享模式、云架构模型，可以采用不同的加密方法，在保证机密性的同时达到网络资源分配的最优化。

6.5.3 大数据完整性技术的研究

数据完整性是指数据在存储、传输、使用过程中不会被非法篡改，保持信息内部和外部的一致性。存储在云端的大数据除了容易遭受非法接入、窃取等攻击之外，本身还面临着完整性遭到破坏的威胁：一方面，半可信的云计算中心可能造成元数据错误、丢弃等情况；而另一方面，用户在存储备份数据时会留有一定的冗余度，往往会增加数据的不一致性，因此对云端数据完整性校验是十分必要的。

传统的云存储完整性校验是基于本地的，用户首先需要为上传的文件数据计算一个哈希值，将此哈希值存放在本地并将文件上传至云存储服务器，当用户验证数据完整性时，需要将整个文件下载下来，并在本地重新计算其哈希值，并与数据上传之前所计算的哈希值相比，以验证数据的完整性。这种方式的优点是执行简单、稳定，但在大数据的环境中却是不适用的，由于数据量大，每次校验都需完整下载，增加了链路和存储的负担，降低了检测效率，因此，云存储需要一种无须复制整个数据、远程的完整性校验模式。文献[53]对云存储完整性的检查策略做了分类和比较。云存储的完整性检查技术主要分为 POR 和 PDP 两类。

Juels 等人提出了经典的“可取回性证明”(Proof Of Retrievability，POR)方法，实现模型如图 6.18 所示。该方法采用挑战-应答模式，验证者首先对文件进行纠错编码，然后在文件随机位置插入“哨兵”(Sentinels)，这些哨兵由带密钥的哈希函数生成。每次挑战时验证者要求证明者返回一定数目的哨兵，通过验证哨兵的完整性达到检测文件完整性的目的，并结合纠错编码以一定的概率保证文件是可取回的。该方案的优点是无须对所有数据进行复制，且存放哨兵的额外存储量开销以及挑战-应答模式的计算量较小。

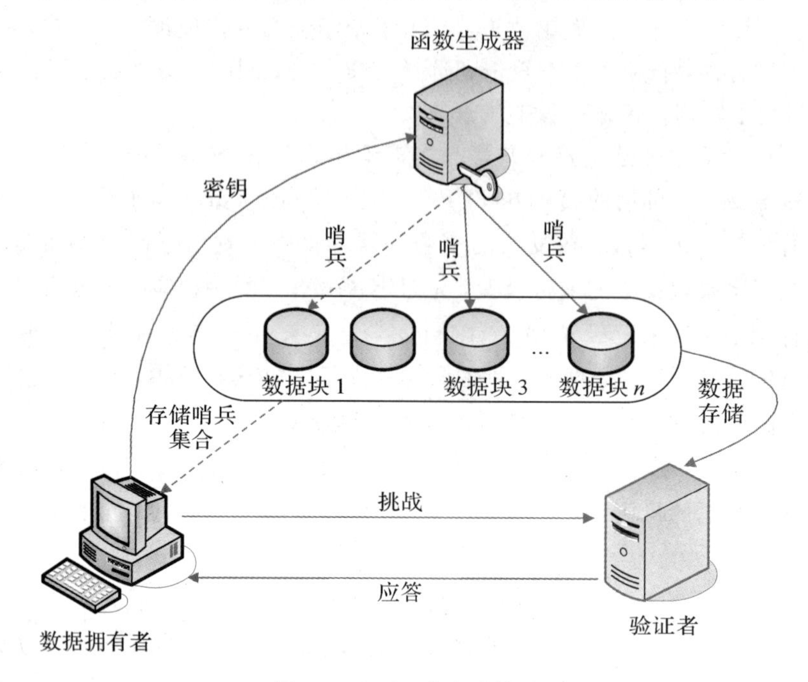

图 6.18　POR 的实现模型

基于 POR 的思想，文献[54]提出了一种云存储高可用性和完整性的层次构架，通过云存储服务器间的二维 RS 编码结合挑战-应答机制提供数据的高可用性与完整性保护。文献[55]提出为每一个文件数据块生成一个认证元，在挑战-响应机制的挑战阶段，伪随机地抽取少量数据块，并通过验证其认证元来判断数据的完整性。在该方案中，通过构造同态认证元，使得响应阶段中不可信服务器向挑战方的通信量为常量级。由于该方案需要为每一个文件数据块存储一个对应的认证元，增加了服务器端的存储开销。文献[56]提出一种适用于归档云存储的轻量级的数据可取回性证明算法 L－POR，以可信第三方代替用户执行数据可取回性检查，并在数据损坏达到一定门限时执行数据恢复。该算法通过在编码产生的冗余数据中直接加入用户认证信息，避免了其他同类算法插入额外认证元数据带来的大量存储开销。

文献[57]提出了“数据持有型证明”(Proof of Data Possession，PDP)方法，该方法同样基于挑战-应答模式，可以检测到外包数据中大于某个比例的数据损坏。在该方案中，客户端只需要存储常量的元数据来完成验证，服务器端生成证据时只需要按照用户的挑战抽样访问小部分文件块，挑战/应答协议也只需传输少量的数据，这样就大大减少了用户端的存储消耗、服务器端的 I/O 消耗及带宽消耗，用户也可以通过多次挑战来降低服务器欺骗的可能性。针对分布式存储下的数据完整性问题，文献[58]中提出了 CPDP(Cooperative Provable Data Possession)方案，该方案利用同态验证应答将来自于多个云端服务器的应答组合为一条应答信息。利用这种机制，能解决文件在多个服务器上分布式存储情形下的数据持有性验证问题。文献[59]提出一种数据持有性代理证明方案，该方案融合了基于椭圆曲线上的双线性对以及指数知识证明的思想，使得数据所有者可以将验证远程数据持有性的工作委托给一位代理人来执行。该方案支持代理检查者的动态加入与撤销，能保证证明的不可伪造性和不可区分性，以及代理密钥的不可伪造性。

云存储中数据的完整性除了依赖于检验机制外，对数据的动态更新以及减少数据冗余度也是十分必要的，可以提高存储效率，增加数据的一致性，同时减轻服务器的存储负担。文献[60]提出了一种优化数据动态性的方案，该方案引入了INS(Index Name Server)模型，它监听了每一个存储节点的通信过程，使得数据更新的反馈更加实时便捷。文献[61]提出了减小数据冗余度的方案，该方案给出了相似数据的判定方法，并提出了基于相似地址来源的数据删除策略。文献[62]针对云端大数据重复的情况，提出了数据去重的架构。该架构分为用户层和云存储层，利用多用户的加密措施保证数据不被错删，同时利用改进的B树结构实现了对存储节点的控制，能及时删除重复数据，减小了冗余度，增加了数据的一致性。

6.5.4 展望

云计算和大数据是当下全球范围内最值得期待的技术革命，而数据安全性不仅关系着云计算技术的发展，更关系到每个用户的隐私和利益。本节以接入控制、数据加密和大数据完整性检测三个方面为研究点，综述了云计算安全的经典技术和相关方案。未来针对云计算和大数据存储的安全工作仍然有很多问题需要解决。(1)在接入控制方面，部分基于第三方的验证方案假设了一个或多个可信的鉴权中心，但在实际的文件存储操作中，这样的鉴权中心也并非完全可信，其安全性和可信度仍需进一步完善。(2)在加密安全方面，由于大数据庞大的数据量，若对每个数据块都采用诸如对称加密、代理重加密等方法，虽然可以保证机密性，但无疑会增加算法的复杂度，给主机和网络带来繁重的工作负担，容易造成拥塞，因此，对大数据中不同数据块的私密程度进行分类，并采用相应复杂度的加密算法是十分必要的。(3)在不同的云平台进行大数据的复制和迁移的过程中，既要保证数据的完整性和一致性，同时不破坏数据的机密性。(4)云存储安全不仅仅是技术问题，还包含了体系标准化、监管模式等问题。如何建立一套完整的云存储机制，让不同终端更安全、更方便地分享数据，各个环节均可问责，是一个值得深究的课题。

6.6 基于云计算的病毒多执行路径的研究

病毒是一个广义的概念，它包括木马、间谍软件或其他的恶意代码。目前针对病毒提出了许多分析工具。由于执行恶意行为的代码往往都是在某种触发条件满足的时候才发生，而动态自动化的分析工具绝大多数都没有考虑到病毒条件触发的问题，所以对于分析的结果是不完整的。

针对病毒的特点，Firdausi等人提出了基于病毒行为特征的分析方法，并给出了病毒的自动化分析工具。文献[63]直接给出了自动化分析工具，且分析工具不仅可以分析病毒，对于一些恶意软件同样可以分析预测。文献[64]提出了更加有效的自动化分析工具，效率更高，检测能力更强，但是并没有指出病毒具有条件触发的问题。文献[65]指出了目前病毒有条件触发的特性，根据此特性提出了对于病毒程序多条件分支的探索。这些探索都是在单机环境中执行的，效率太低。本文在这些研究的基础上利用云计算分布式并行处理的优势，将条件分支探索的工作移植到云设施上。基本思想是：在云系统中动态地追踪某种数据，比如时间、网络输入等，从而找出程序以这些输入数据为转移的分支点。当进程运行到这些分支点时，通过进程复制消息传递的办法，在其他虚拟机结点上复制一个完全一样的进程，但要修改相应的输入数据，让进程沿另一个条件分支执行。这样在云中可以并行地探索多个条件分支，从而可以完整地对病毒程序进行分析。最后的评估显示，本文的系统可以检测出许多在单路径探索中无法发现的病毒行为，同时比文献[65]所提到的单机系统性能有了很大的提升。

6.6.1 病毒软件分析系统架构

病毒软件分析系统的高层架构如图 6.19 所示。

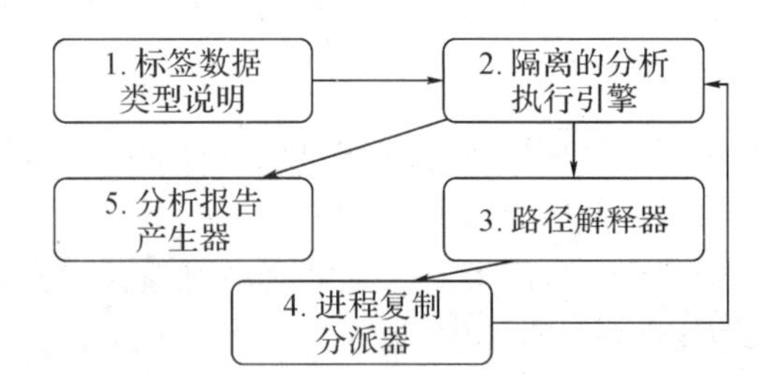

图 6.19 基于云计算的病毒软件分析系统架构

(1) 标签数据类型说明。确定引起条件转移输入数据。对这些可能引起条件分支的输入打上标记，以便在执行环境中对其监控，然后转步骤(2)。

(2) 隔离的分析执行引擎。在隔离的云虚拟机环境下执行实际的程序，监视其系统调用和标签数据的使用，一旦发现程序的条件转移依赖于标签数据时，则转步骤(3)。如果执行完毕没有发现这样的条件分支，则转步骤(5)。

(3) 路径解释器。解释器的作用是确定引起分支转移的比较操作是否可行，即分支路径是否可行的问题。一旦找到了可行的操作需要进一步探索的分支路径，即转步骤(4)。

(4) 进程复制分派器。利用进程复制分派器，在其他虚拟机结点上复制一个同样的进程，同时修改相关的标签数据，以便进程可以沿另一个分支执行，然后转步骤(2)。

(5) 分析报告产生器。分析报告产生器的作用是综合各个虚拟机结点的执行结果，形成最终的分析报告。

分析过程举例：假设图 6.20 中某个可疑程序有以下的程序执行流程或是类似的。在某个云计算的虚拟机结点(假设 V1)运行进程 P_1，开始时读入 a，b，x 的值，此时标签数据生成器给这几个输入打上标签。假设此时 $a=2$，$b=0$，$x=2$，程序在隔离的虚拟机环境下运行，当程序执行到第一个条件分支时，系统检测到对于标签数据的比较操作。经过路径解释器确认分支路径是可行的，紧接着通过进程复制消息传递技术在远程的另一个虚拟机结点(假设 V2)复制一个一样的进程 P_2，同时修改数据使得进程 P_2 沿另一个条件分支执行，并且覆盖原来的数据，使得 $a=2$，$b=1$，$x=1$，如图 6.21 所示。这样进程 P_1 沿着条件分支为真的路径执行，而进程 P_2 沿着条件分支为假的路径执行。

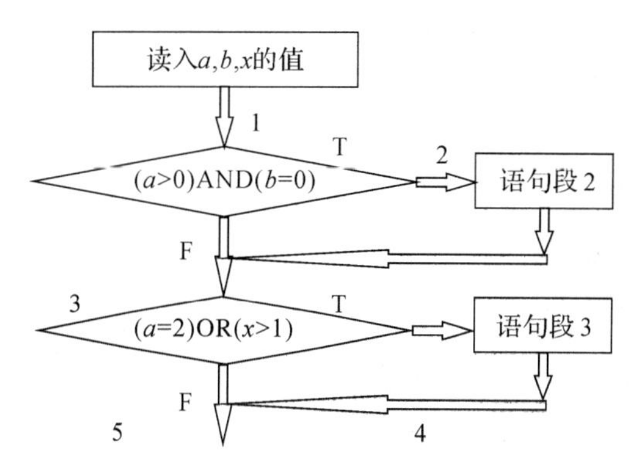

图 6.20　某种可疑文件的执行路径

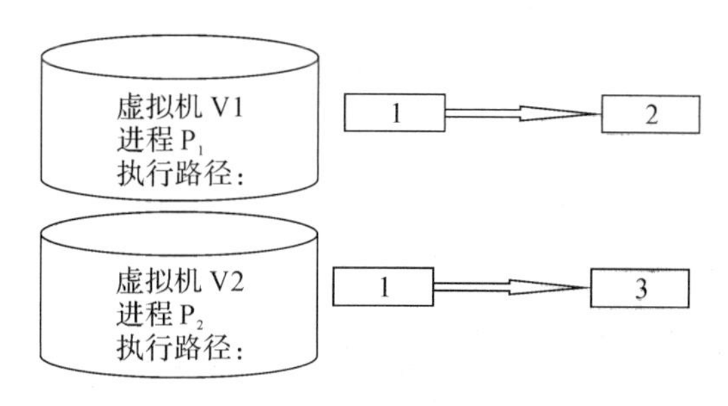

图 6.21　第一个条件分支点进程运行情况

当 P_1 和 P_2 分别运行到第二个条件分支时，同理，生成两个新的进程 P_3 和 P_4 分别对新的分支路径分析执行。图 6.21 和图 6.22 显示了执行路径。

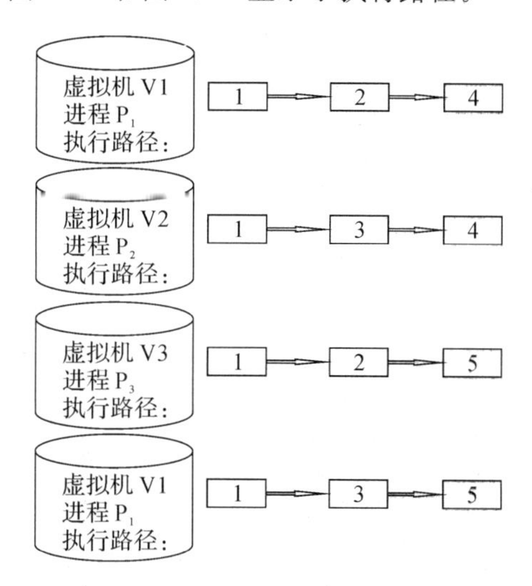

图 6.22　第二个条件分支点进程运行情况

合理性分析：在单机系统中无法实现并行分析，只能按照深度优先的原则依次对各个分支进行分析执行，此过程中需要不断地保存恢复现场，而云中可以实现多分支的并行分析，效率有了提高。同时各个分支都是在云中不同的虚拟机结点上的并行分析，所以即使某个虚拟机结点的分析错误也不影响其他虚拟机上结点分析程序的正常运行，这样最终可以找到相关的病毒代码。

根据软件测试的理论，单机系统中对于病毒的分析类似于程序测试的方法，即一种白盒测试法——判定覆盖，而云系统分析病毒程序采用的是路径覆盖，路径覆盖比判定覆盖要强许多，所以云计算系统在分析病毒能力方面自然比单机系统要强许多，可以分析出许多单机系统不能发现的病毒行为。

6.6.2 系统具体实现架构

开源云系统 Eucalyptus 提供了一个很好的研究平台，它主要由结点控制器、集群控制器和云控制器组成。图 6.23 为原型系统在开源云计算平台 Eucalyptus 上实现的架构。系统的主要组件包括标签数据生成器、执行器、路径解释器、进程复制分派器和分析报告生成器。

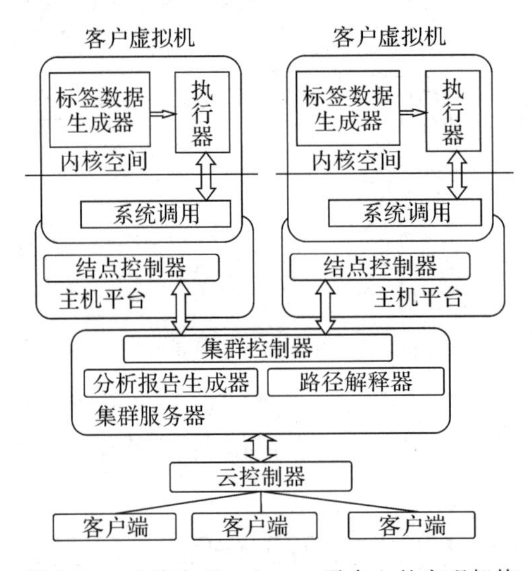

图 6.23　系统在 Eucalyptus 平台上的实现架构

6.6.3 主要组件及其作用

在开源平台上，标签数据生成器是客户虚拟机的一个组件，它负责为可能的条件触发数据打上标签。

确立标签数据后，程序立刻在执行器中运行。为了能够成功得出完整的分析结论，采用了 Qeum，这是一种开源的 PC 仿真器，配置上删除了一些不必要的服务，尽量简化仿真器。让程序在图 6.23 所示的仿真虚拟环境下运行，运行过程中监控程序调用系统的使用情况，监视程序可能的病毒行为，动态地追踪标签数据。

路径解释器组件在集群服务器上实现，当程序执行到与标签数据有关的条件分支时，Qeum 通知主机上的结点控制器，通过内网即私有网络将程序传送给集群服务器上的路径解释器，以便于确定分支路径是否可行。

分析报告生成器汇总分析报告，并将其展现给用户。

进程复制分派器的作用是复制和分派进程。在开源云平台 Eucalytus 中，进程复制分派的功能是由结点控制器和集群控制器共同完成的。

6.6.4　PIF 算法的定义及其研究现状

图 6.24 为图 6.20 的程序在云中执行所需要的结点、消息传递的方向和分析报告返回的方向示意图。分析报告最终汇总在原来最初执行的结点 1 上。由图 6.24 可以看出，每个结点发送程序消息，而后等待分析报告返回，这样整个系统消息的传递是一种在树网中带有反馈的信息传播方法——PIF(Propagation of Imformation with Feedback)。

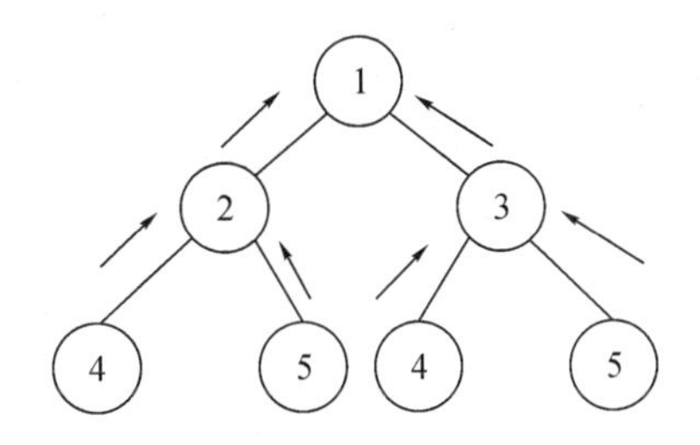

图 6.24　程序的执行路径及其分析报告的返回

PIF 在树网中的算法也称为分布式波动算法，或回波算法，是指一个进程 p 作为初始进程，开始向周围的子进程广播消息(发送程序消息)。而每一个子进程一旦接收到广播消息，则选择发送消息的进程作为其 PIF 波动算法的父结点，然后这些结点继续向其邻居结点(除了父结点)进行广播，直至整个树网。而反馈过程(返回分析报告)正好相反，当一个结点接收到从其所有的子结点发来的反馈消息，它会向其父结点发送反馈消息，这样以此类推，反馈消息最终到达初始进程 p。本文中发送程序消息其实是一种广播过程，而返回分析报告是反馈过程。目前主流 PIF 算法是快速稳定(snap - stabilizing)算法。文献[66]～[69]提出了几种快速稳定的 PIF 算法，文献[67]、[69]中，Counie 等人提出了一种针对任意网络的快速稳定的 PIF 算法，并且此算法没有预先定义相应的生成树。文献[66]则适当地放宽以上的假设，系统的规模可以任意。另外，文献[66]、[67]分别放宽了公平性的假设。在此基础上，文献[68]提出一种更加简单的针对任意网络的 PIF 算法，此算法无需预先知道系统的规模，但是更好的时间性能是建立在进程间更加严格的同步性假设基础上的。综合了以上算法的优劣，针对在云系统中并行病毒检测的特殊性，本节做了如下的改进和创新：(1) 以上文献中的算法总是假设初始时网络已经形成，而本文在分布式系统初始化时，预先并不知道病毒程序分析要在哪个结点上运行，所以初始时系统中只是一个个孤立的结点，直到广播阶段父结点向子结点发送消息时，才一步步生成树网。(2) 针对本文分布式病毒检测的特点，增加了病毒状态 T，表明当前发现病毒行为，此时结点的分析行为终止，并且此状态向周围的结点扩散，直至整个系统终止分析行为，接着返回病毒分析报告。

6.6.5　消息传递系统的定义及其规则描述

消息传递系统是一个无向图 $S=(V, E)$，V 是指进程的集合，E 是指进程间的连接信道。每个进程总是维护了一个本地变量集，执行分布式的程序，此程序的形式如下：〈label〉：：〈guard〉→〈statement〉，label 是程序动作的标号，guard 是一个针对进程中变量和其邻居进程变量的布尔断言表达式，statement 是一组动作序列，它可以读取本进程和邻居进程的变量，但只能修改本进程的变量。如果〈guard〉为真，执行〈statement〉动作，否则不执行。一个进程如果执行了〈statement〉，则称此进程 enabled，否则称为 disabled。为了更好地说明算法，引入“轮(roud)”的概念。一个同步轮是系统的一次执行，在这次执行中所有进程读出自己和邻居进程的状态信息，以决定 guard 的真值，在为真的情况下并且在下一个同步轮到来之前并发执行 statement 动作。

进程的状态是进程中变量状态的集合。系统配置是系统中所有进程状态的集合。分布式系统中所有可能的配置集合用 CON 表示。一个分布式的协议 P 是 CON 上二元转移关系的结合，用符号“－》”表示。协议 P 的一次计算 e 是一个最大序列，它满足 $e=\gamma_0$，γ_1，…，γ_i，γ_{i+1}，…，其中 $i\geqslant 0$，$\gamma_i\in$ CON：γ_i－》γ_{i+1}(一个单独计算步骤)。假设 γ_{i+1} 存在或 γ_i 是最后的终止配置，则意味着此序列要么是无限的序列，要么是有限的，但在终止状态时没有动作处于 enabled 的序列。系统中所有可能计算的结合用 ε 表示。设 X 是一个集合，$x\vdash P$ 表示：$x\in X$ 满足定义在 X 上的断言 P。

定义 1 (快速稳定)假设 T 是一个任务，SPT 是 T 的一个规则，协议 P 对于 ε 上的规则，SPT 是快速稳定的，当且仅当以下的条件满足：$e\in\varepsilon$∷$e\vdash$SPT。

本文总是假设 PIF 被一个称为根结点的进程开始初始化，此进程用 r 表示。

规则：(PIF 循环)一个有限的计算 $e=\gamma_0$，γ_1，…，γ_i，γ_{i+1}，…，$\gamma_t\in\varepsilon$ 称为一个 PIF 循环，当且仅当下列的条件为真：如果进程 r 在计算 γ_0－》γ_1 广播一条消息 m，那么：[PIF1] 对于每一个进程 $p\neq r$，存在着一个唯一 $i\in[1, t-1]$满足 p 在(广播阶段)计算步 γ_{i-1}》γ_{i+1} 接受 m，同时：[PIF2]在 γ_t 中，r 接受了参与广播阶段每一个非根进程发送的确认消息。[PIF3]如果存在某个进程 p 异常终止，那么从下一轮计算开始并且在有限轮之内，此终止状态向周围进程扩散直到整个系统异常终止。实际的应用中为了证明 PIF 算法是快速稳定的，一般只要证明算法的每次执行满足规则即可。

6.6.6 算法描述

PIF 算法由 4 个阶段组成；广播阶段(广播发送程序消息阶段)、反馈阶段(返回分析报告阶段)、清除阶段(清除反馈阶段的痕迹，为下一次广播作准备)、病毒阶段(检测出病毒并使整个系统置位，等待清除阶段对系统清除，以便下一次分析)。

每一个进程结点维护了一个变量 Sp，分别有 4 种值，它们的意义如下：C 表示初始状态；B 表示广播阶段；F 表示反馈阶段；T 表示发现病毒，此时终止分析程序。其余变量的定义如下：Np 是进程 p 邻居结点的集合，包括父结点和子结点。Lp 是进程 p 的高度，Ppar 是进程 p 的父结点。

广播阶段开始时根结点开始分析程序，初始化广播阶段，如发现条件分支，则向其他空闲结点发送程序消息，以此类推，直至程序分析完成。这样就保证了多个分支程序在不同的云结点中并行地分析执行。反馈过程是返回分析报告的过程，与广播过程正好相反。为了提高效率，反馈阶段和清除阶段往往可以并发进行，一旦某个结点发现其所有的邻居结点进入反馈或是清除阶段时，此结点也进入清除阶段。

如果在某个进程结点中发现了病毒行为，那么此结点进程置位状态 T，并且此状态向周围的结点扩散，直至整个分布式系统置位 T，然后返回病毒分析报告。接着再开始清除阶段，清除结点状态，等待下一次分析行为。

6.6.7 算法正确性分析

算法初始时是一个个孤立的结点，在广播过程中，生成树会一步步地建立，广播结束后整个树网生成。由于程序的代码是有限的，所以广播阶段必定在有限的时间内结束，即在有限的时间内，树网必定生成。

引理1　PIF循环开始时，高度为 d 的进程结点 p，在 $d+1$ 轮开始广播过程，而反馈过程在时间轮间隔$[d+2, 2d]$开始，紧接着清除过程在$[d+4, 2d+1]$开始。另外，一旦某个进程结点出现病毒状态(发现病毒的结点立刻置为T，不需要用一轮的时间置为T)，则其余结点在最多(从发现病毒状态开始重新计算轮数)$2d$ 轮时间间隔内置为T状态。同时，其余结点在时间轮间隔$[2, 3d+1]$相继进入清除状态。

证明　在一个正常的配置开始时，观察第一轮之后，对于根结点状态 $Sp=B$，而对于其他的高度为1或是高度大于1的结点状态 $Sp=C$。以此类推，在 $d+1$ 轮后，对于 $Lp=d$ 或者 $Lp<d$ 的进程 p，$Sp=B$，而对于 $Lp\geqslant d+1$ 的进程 $Sp=C$。

假设进程 p，$Lp=d$，根据以上的推测，进程在 $d+1$ 轮执行广播状态。如果进程 p 是一个叶结点进程，那么在紧接着的下一轮，也就是 $d+2$ 轮进入反馈过程，其父结点在 $d+3$ 轮进入反馈状态。然后在下一轮，即 $d+4$ 轮，进程 p 进入清除阶段。仔细观察反馈阶段向根结点方向传播，最快在 $2d$ 轮时，所有根结点的子结点都在反馈状态了。同时也可以推出，一个非根结点在进入反馈阶段的后两轮，会进入清除阶段。清除阶段总是在反馈阶段之后，而且向着根结点的方向。当所有根结点的子结点在 $2d$ 轮时进入反馈状态，紧接着下一轮时，根结点执行清除操作。

对于病毒状态，考虑最极端的情况，假设在一个树网中最左下角的一个结点发现病毒置位 T，那么父结点在下一轮(由于发现病毒是随机的，所以为了计算方便，发现病毒后，重新计算轮数)，即第一轮开始，依次进入 T 状态，这样到 d 轮时根结点进入 T 状态。到 $2d$ 轮时，最右下角的结点进入 T 状态。一旦某个结点发现病毒置位 T，下一轮也就是第一轮，周围的结点进入 T 状态，从第二轮开始进入清除状态。如果最左下角的结点最先发现病毒，进入 T 状态，那么到 $2d$ 轮最右下角的结点也进入T状态，从 $2d+1$ 轮开始最右下角的结点开始清除，到 $3d+1$ 轮时，根结点清除。

命题　在一次PIF循环中的任意一个配置，满足下面的条件而且只能满足其中之一：

(1) 初始时结点孤立，只有根结点开始分析程序，同时开始一个PIF循环。

(2) 对于在树中的任意进程 p，如果在执行了一次广播操作后，那么下面的其中一种情况满足：

① 如果 p 的子结点(高度 L 比 p 大)处于 C 状态，那么这些结点都是执行广播操作，除了结点 p 以外。

② 如果 p 的子结点(高度 L 比 p 大)处于 F 状态，那么这些结点不能执行任何操作，除了结点 p 可以执行反馈操作。

引理2　在一个PIF循环正常开始时，算法1和算法2可以保证命题中的条件之一，在一个同步轮的执行前后可以满足。

证明　由引理1可得。由于算法所应用的云计算环境，集群控制器通过内网总是可以找到空闲的结点，所以初始时各个结点总是处于就绪状态。这样算法可以保证在初始时就立刻开始新的PIF循环。下面的定理说明了在一个PIF循环开始后，算法总是满足规则[PIF1-PIF3]。

定理　算法是快速稳定的(snap-stabilizing)。

证明 从引理1中可以总结出，当从根结点开始PIF循环时，规则[PIF1 - PIF3]是满足的。

引理1 说明：如果有一个消息从根结点开始广播，那么一个PIF循环立刻开始。从命题和引理2中可以看出，从r开始广播消息的有限次计算时满足规则的PIF循环，所以算法是快速稳定的算法。

6.6.8 实验及其性能评估

为了测试基于云计算的病毒多分支检测的有效性，利用从网上收集的真实病毒样本对原型系统进行评估。评估的主要目的是：① 系统是否可以有效地在云中完成病毒程序多分支的检测；② 云系统检测病毒软件和单机系统检测相比的优越性。

实验环境：主机是奔腾2.8GHz双核处理器，4 GB的RAM，主机操作系统为Ubuntu 8.10，内核版本为Linux 2.6.30(目前比较成熟的内核版本)，客户操作系统为Windows XP，一个虚拟CPU和1 GB RAM。实验表明，采用云计算方法能够检测出现实中的常见病毒，同时，时间性能比单机系统有了很大的提升。

图6.25是客户端显示的结果，其中第一列为状态信息，"—"表示即将进行分析的文件，"→"表示目前正处于分析状态的文件，"√"表示分析结果是正常非病毒文件，"×"表示分析结果是病毒文件。"所需时间"栏说明了病毒检测所需的时间。"云中结点数"栏是指云中对病毒的多分支并行分析所需的分布式物理结点的个数。结点个数越多说明程序分支越多，程序越复杂，分析程序所需的开销越大，功耗也越大。

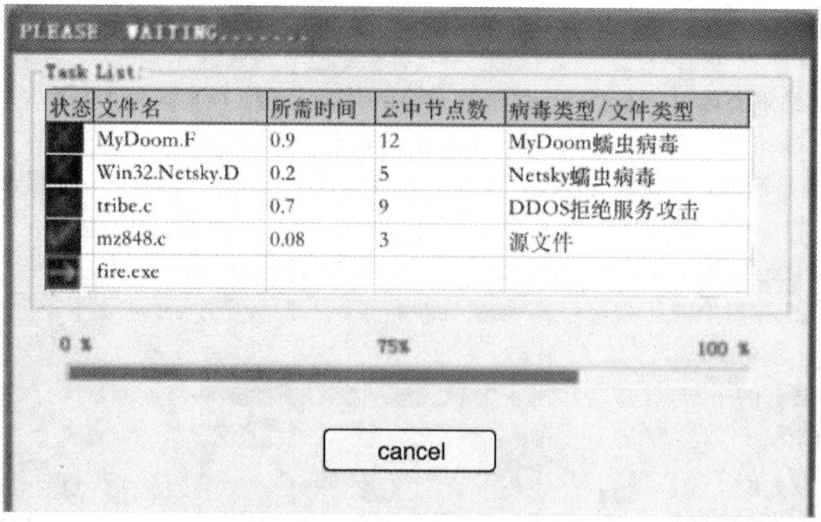

PLEASE WAITING.......

Task List

状态	文件名	所需时间	云中节点数	病毒类型/文件类型
	MyDoom.F	0.9	12	MyDoom蠕虫病毒
	Win32.Netsky.D	0.2	5	Netsky蠕虫病毒
	tribe.c	0.7	9	DDOS拒绝服务攻击
	mz848.c	0.08	3	源文件
	fire.exe			

0 %　　75%　　100 %

cancel

图6.25 客户端显示的结果

下面以Netsky蠕虫病毒为例在细节上讨论这些常见病毒在云中分析的情况。Netsky是一种通过E-mail传播的蠕虫病毒，是目前最常见的蠕虫病毒。这种病毒是一种很典型的依靠时间触发的病毒，而且不同的病毒变体其触发时间不一样。

目前的Netsky为了逃避病毒分析程序的检测，在程序中设置了更多的分支，使得单机系统难以发现病毒行为，而云中的解决方案则可以很容易地分析出病毒行为。

程序开始时，通过虚拟客户机设置Getlocaltime获取的时间为可能触发类型，在封闭的执行器中，监控系统调用的使用情况，遇见标签数据的条件分支，结点控制器和集群控制器通过底层的系统调用查找空闲结点，并且发送程序消息到这些空闲的结点上，这样在这些空闲的结点上对新出现的分支路径进行同样的分析。在新的结点中如果又发现了条件分支，则以此类推，同样通过结点控制器和集群控制器查找其他空闲结点，并向空闲结点发送程序消息，在空闲结点中对新出现的分支路径进行同样的分析，这样对于 Netsky 蠕虫病毒分析完全按照算法 1 和 2 所描述的那样形成了一个树状的分析网络。如果在此分析过程中发现了病毒行为，则发现病毒的结点被置为 T，并且紧接着，周围结点检测到邻居结点置为 T，相应地也置为 T，这样以此类推，这个系统在有限的时间内置为 T。一旦分析到病毒行为后，在病毒数据库中就可以通过分析比对知道是何种病毒，再通过结点控制器将分析报告通过内网传输到集群控制器上的分析报告生成器，最后通过云控制器利用外网将分析报告传给最终的客户端。

6.6.9　系统时间性能分析

将基于云计算的病毒分析系统与文献[65]实现的病毒分析系统进行测试比较。采用前面提到的 4 种常见的具有代表意义的病毒对系统分别进行测试，测试结果如图 6.26 所示。

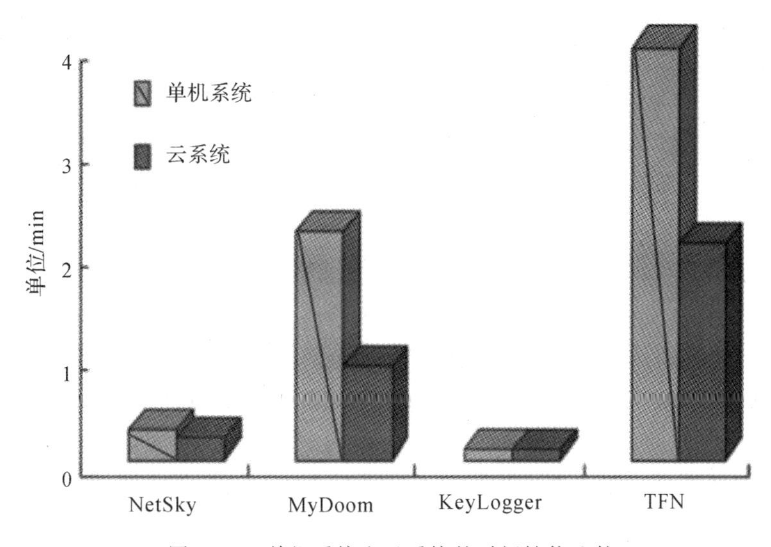

图 6.26　单机系统和云系统的时间性能比较

在图 6.26 中，分别以 Netsky、Mydoom、TFN 和 KeyLogger 为例比较了两种系统的时间性能，可以看出云系统比单机系统在时间性能上有了一定的改进，文献[65]的单机系统中如果对有多个程序执行分支(超过两个以上)的病毒软件进行分析，那么对于分析过程中的程序回溯和保存恢复现场来说，需要消耗的时间不能忽略。而在云系统中，由于云的海量资源优势，在云中分析可以充分利用云中多个分布式结点，对多条执行的路径同时并行分析，避免了单机系统多次保存、恢复现场的麻烦，时间性能自然有了很大的提升。

6.6.10　展望

本节提出了在云中进行病毒软件多执行路径分析的方案，并且在开源云平台 Eucalytus 上实施了相关架构。在云计算中进行病毒多分支路径的探索分析是一项富有挑战性的工作，一方面比起传统的分析方式，其分析效率有了提升，但另一方面，由于将多个分支路径的分析放在不同的虚拟机结点上，因此必须要确保各个结点间要有相当好的同步性。这样虚拟机结点间的同步问题将成为下一步研究的重点。

6.7 基于云计算大数据的信息筛选

互联网的发展，尤其是移动互联网的发展，为人们获取信息提供了极大的便利。人们获取信息的途径从早期的纸质媒体，到后来的门户网站和搜索引擎，发展到现在的微博、微信、Facebook 等社交媒体。

通过互联网获取信息的方式主要有两种：主动获取和被动获取。主动获取信息主要是通过搜索引擎完成的，搜索引擎利用网络爬虫技术，可以从成千上万的网站中找到与用户搜索的关键词相匹配的信息，著名的搜索引擎有必应、谷歌和百度等。搜索引擎的局限在于它要求用户明确知道自己需要什么，因此它所返回的信息也就受到用户已有知识的限制，很难发现用户不知道但可能感兴趣的信息。

被动获取信息的方式是从传统的纸质媒体的订阅发展而来的，以社交媒体为代表。用户只需要关注某人或者订阅某类服务，系统就会向用户推送相关的信息，用户的手机、平板电脑等上网设备就会收到信息并提醒用户，用户随时随地都能查看这些信息。例如，微博用户只要关注了某个账号，就能看到该账号发送的所有微博；与此类似，微信用户订阅了某个“公众号”，就能收到该“公众号”推送的最新消息。被动获取信息的方式增加了用户每天接收的信息量，但是由于推送的信息良莠不齐，用户被淹没在信息的汪洋中，反而很难获取到对自己有用的信息，获取信息的效率其实非常低，这就是“信息过载”问题。

推荐系统能有效应对“信息过载”问题，因为它可以过滤掉无用信息，推送给用户感兴趣的信息，提高用户获取信息的效率。过滤了垃圾信息的推送，用户接收的整体信息量也会随之减少，从而避免用户对过多的信息产生恐惧和反感。好的推荐不仅不会让用户反感，而且会让用户对其产生依赖。同时，推荐系统能够发现用户的兴趣爱好，这其中就蕴藏着巨大的商业价值。因此，包括谷歌、亚马逊、百度在内的众多互联网公司都投入了很多精力不断地对推荐系统进行改进，希望提升推荐效果。

6.7.1 基于 Hadoop 的推荐系统

从理论上来说，历史数据越丰富，建立的模型就越准确，推荐的效果也就越好。在大数据时代，很多互联网公司都拥有海量的历史数据资源，这么多的数据对于提升推荐效果是有显著帮助的，但是海量数据的计算在传统的单机或者小集群的架构中无法完成，它需要一个具备强大扩展性同时价格低廉的分布式计算平台。Hadoop 正是为了满足这样的需求而产生的。Hadoop 是目前非常流行的开源云计算平台，利用它可以很方便地对海量数据进行分布式处理。Hadoop 允许以简单配置的方式对集群进行扩展，包含两个重要组件：HDFS 和 MapReduce，前者支持海量数据的高可靠性分布式存储，后者提供简单的分布式计算编程框架。基于 Hadoop 构建推荐系统就是为了充分利用 Hadoop 的强大并行计算能力。对传统推荐算法进行研究改进，以及实现 MapReduce 并行化是构建基于 Hadoop 的推荐系统的一项重要工作。

1. 分布式文件系统 HDFS

HDFS（Hadoop Distributed File System，Hadoop 分布式文件系统），它对设备的配置要求较低，同时具有高可靠性和伸缩性，能够应对高并发访问。

HDFS 采用主从结构，如图 6.27 所示，主节点叫 NameNode，负责管理 HDFS 的名字空间以及访问控制。从节点叫 DataNode，负责存储文件。HDFS 上的文件如果大小超过了某个设定值，将会被分块存放至不同的 DataNode 上，NameNode 则会保存这些文件块的存放位置和目录结构信息，这些信息称为元数据。为了保证数据的可靠性，NameNode 还会创建备份数据块并通知相应的 DataNode 接收，同时 NameNode 会对自身存放的元数据信息做备份。

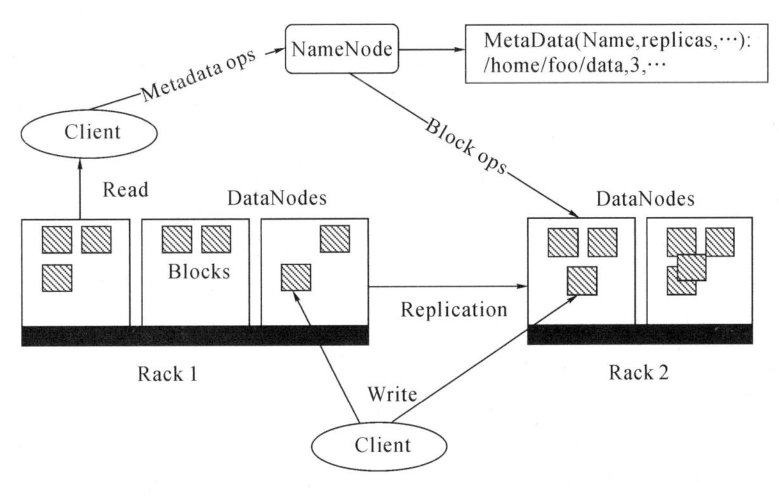

图 6.27　HDFS 架构图

DataNode 通常是以机架的形式组织的，同一个机架内的 DataNode 传输速度较快。为了保证可靠性，一个数据文件通常至少有两个备份，其中一个放在相同机架的不同节点上，另一个放在不同机架的节点上。当某个节点发生故障时，优先从同一机架的备份中恢复数据。

DataNode 还会定期向 NameNode 发送心跳信息，如果 NameNode 没有在规定时间内收到 DataNode 发来的心跳信息，则认为该节点失效，并对该节点上的数据进行恢复。

HDFS 具有如下几个优点：

(1) 可以存储 TB 以上级别的超大文件。

(2) 流式访问，支持高并发，访问效率较高。

(3) 对运行环境要求低，节约成本。

(4) 具备权限控制、数据校验和容错备份机制，安全系数高。

本文设计的推荐系统将使用 HDFS 作为数据存储的文件系统，配合 MapReduce 计算模型，可以完成大数据量的计算任务。

2. 分布式计算框架 MapReduce

MapReduce 计算框架的名称来源于其核心的 map 和 reduce 两个计算过程。它采用了“分治法”的思想，将一个大的计算任务拆分成多个子任务在不同的节点上进行计算，然后将中间结果合并，其工作原理可以用图 6.28 描述。

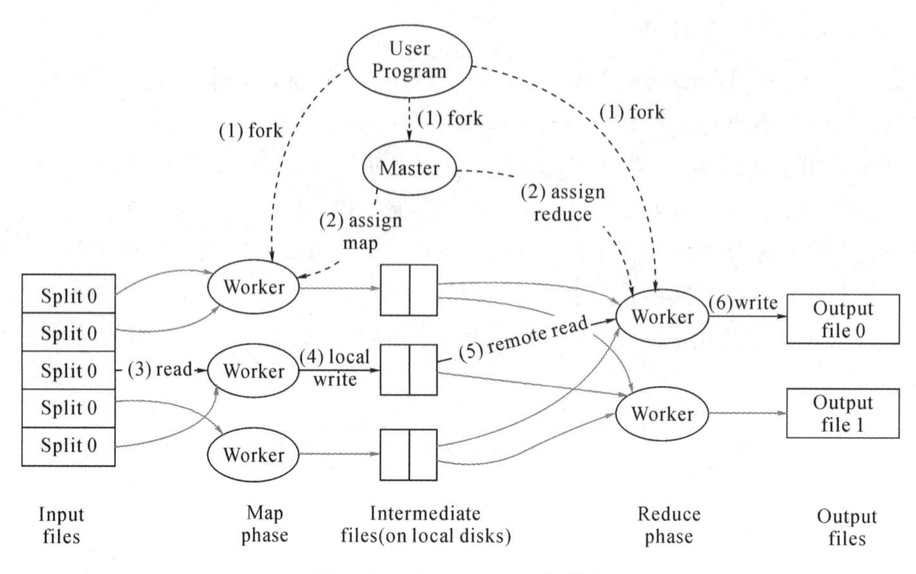

图 6.28　MapReduce 原理图

MapReduce 也采用主从结构。主节点叫 JobTracker，通常运行在 NameNode 节点上。从节点叫 TaskTracker，通常运行在 DataNode 节点上。JobTracker 是唯一的，它负责调度和跟踪作业的执行情况，TaskTracker 有多个，它们负责执行 map 和 reduce 操作。TaskTracker 需要定时向 JobTracker 同步任务完成情况，JobTracker 根据所有 TaskTracker 汇报的进度统计整个任务的完成情况。

MapReduce 框架可以和 HDFS 很好地结合，展现出其强大的分布式处理能力。根据 HDFS 分块存储数据的特点，MapReduce 框架会调度作业使其就近寻找数据副本，以减少数据的移动，节省了带宽，提升了效率。

MapReduce 作业的运行原理如图 6.29 所示。

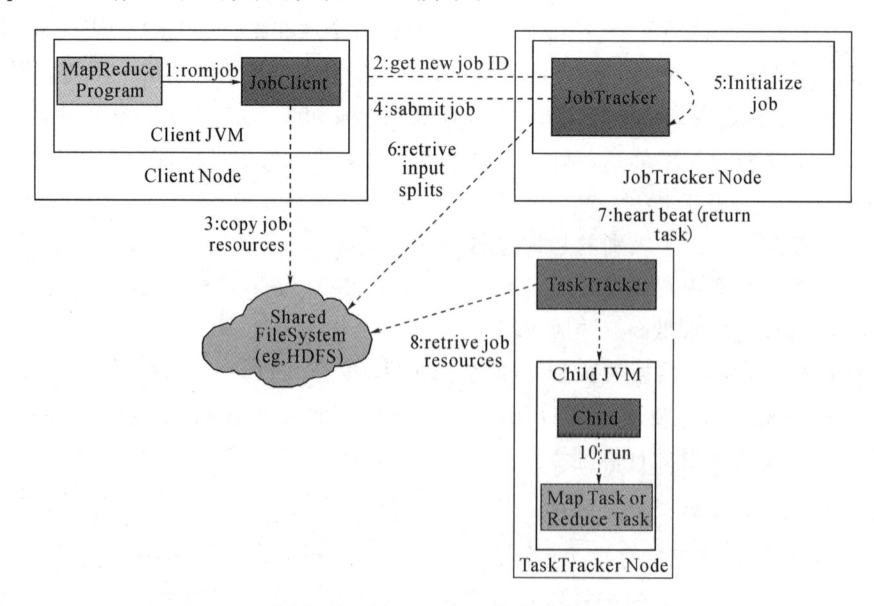

图 6.29　MapReduce 作业流程图

(1) 初始化作业。客户端提交作业之后，JobTracker 对 Job 进行初始化，主要工作是将任务封装起来并产生相关信息，同时根据文件块的大小，将 Job 分成一个个作业。

(2) 分配任务。JobTracker 通过心跳消息向 TaskTracker 分配任务。JobTracker 在选择 TaskTracker 的时候会按照就近原则，即将任务分配给存放数据的节点，这样该节点的 TaskTracker 就可以在本地读取数据，免去了网络传输带来的开销。

(3) 执行任务。JobTracker 通过共享的文件系统(例如 HDFS)把需要执行的程序复制到 TaskTracker 所在节点的本地文件系统，TaskTracker 新建一个 TaskRunner 实例执行任务，TaskRunner 执行失败不会影响 TaskTracker。

(4) 调度作业。Hadoop 中有几种调度器：FIFO(First In First Out)、计算能力调度器和公平调度器。FIFO 是 Hadoop 默认的调度器，它是一种带有优先级的 FIFO 调度策略，首先考虑作业的优先级，其次考虑作业到达的时间。计算能力调度器采用多个 FIFO 队列，每个都可以分配到一定的计算资源。它会限定由同一个用户所提交的作业占用的资源量，防止独占资源。调度时遵循如下原则：先寻找运行的任务数与应得资源量之间的比值最小的队列，然后从该队列中选择合适的作业，此时需要综合考虑提交顺序、优先级、用户资源量限制和内存限制。公平调度器也支持多队列和多用户，每个队列的资源量允许单独配置，且为该队列中所有作业公平享有。

因为推荐算法的计算量往往非常大，而单机系统的计算能力有限，所以本文采用 MapReduce 框架来完成推荐算法中的复杂计算，提升计算效率。

大数据环境下，数据量和数据种类大大增加，推荐系统有着更加丰富的数据资源可以利用，但是同时也带来了新的挑战。数据量的增大意味着推荐系统的计算量也随之增大，传统的单机、依赖内存的算法无法胜任大规模推荐任务，则对算法做分布式扩展势在必行。数据量增大的同时也意味着数据更加稀疏，传统推荐系统存在的问题被进一步放大了，如何缓解数据稀疏性带来的负面影响，仍然是大数据环境下推荐系统需要考虑的问题。数据种类的增加为推荐系统提供了更多维度的参考，可以使模型更加准确，但如何在提升模型准确度的同时尽量减少数据噪声的引入，多元数据如何有效融合也是新的研究热点。

在大数据环境下，基本推荐算法的思想仍然可以沿用，但是需要结合具体的场景对算法做不同程度的改进，使之能够适应大数据环境的特点。考虑到 Hadoop 平台是目前最流行的分布式计算平台之一，很多研究是基于 Hadoop 平台开展的。

文献[70]利用 Hadoop 平台构建了基于内容和协同过滤混合的推荐系统。对于协同过滤算法存在的数据稀疏性问题，首先通过内容过滤技术初步预测用户可能的评分，用来填补用户评分矩阵的缺失项，然后再用协同过滤算法预测评分，最后在 Hadoop 平台上对这一混合算法予以实现。

Jing Jiang 等人在 Hadoop 平台上实现了分布式的基于项目的协同过滤算法，将原算法中计算量最大的三个过程用 MapReduce 作业来完成，同时还对 MapReduce 作业执行过程中的数据传输效率做了优化，新实现的算法在大规模数据的情况下具备更高的效率。

文献[71]提出一种基于 Hadoop 平台的隐式反馈推荐模型。该文献首先针对大数据环境下隐式反馈较多，且隐式反馈以正反馈为主的特点，提出了一种不需要引进负反馈的推荐模型 IFRM，这是一种基于模型的协同过滤算法，文中使用随机梯度下降法(SGD)对矩阵分解过程进行优化。接着使用分桶策略解决了 SGD 难以并行化的问题，在 IFRM 的基础上，提出了并行化的基于隐式反馈的推荐模型 p－IFRM，并在 Hadoop 平台上对该算法做了实现。

上述研究表明，基于传统推荐算法思想对其做并行化改造，可以应用到 Hadoop 平台上，有效地处理大规模数据，同时提升了算法的扩展性和效率。

另外，也有很多学者从系统架构角度出发做了大量的研究。

文献[72]使用 Hadoop 和 Apache Mahout 实现了一种基于云计算的视频推荐系统。该系统分为离线和在线两部分，离线部分定期从应用服务器或者数据库服务器上取出用户评分日志存储在 HDFS 上，使用 MapReduce 对日志做初步分析处理；在线部分使用 Mahout 提供的算法做数据挖掘，产生推荐结果，结果存储在 HBase 上。离线和在线混合的架构可以在算法复杂度和系统响应时间之间做比较好的平衡。

文献[73]提出了一种基于 Hadoop 平台的旅游推荐系统设计方案，将系统分为两个模块：分析用户社交分享内容的 TIM 模块和采集用户行为信息的 BIM 模块。TIM 模块从用户社交分享内容中提取关键词，然后将用户归类到不同的兴趣爱好类别中。BIM 模块通过智能设备的传感器采集用户在旅游过程中的行为信息，然后和预设的行为图样进行匹配，进而动态调整用户所属的兴趣爱好类别。

文献[74]给出了大数据环境下推荐系统的基本架构，其将推荐系统分为四层，自下而上分别是源数据采集层、数据预处理层、推荐生成层和效用评价层。源数据采集层主要采集显示用户评分数据、隐式用户反馈数据、社会化网络数据、用户人口的统计学特征等基础数据；数据预处理层将源数据转换成格式化的、数学形式的数据，由推荐生成层计算生成推荐结果；效用评价层则是对推荐系统做指标评价。

文献[75]介绍了类似的云环境下的推荐模型，该模型分为四层，分别是基础设施层、数据预处理层、推荐服务层和用户接入层。

文献[76]提出了一种可以方便处理图结构的社交网络推荐问题的架构，并且用 Java 语言实现了该架构，该架构可以在 Hadoop 上分布式运行，对外提供了 API，方便使用者定制推荐算法。

上述对推荐系统架构的研究表明，推荐系统采用分层架构是切实可行，且比较合理的，每一层有对应的职责，层与层之间尽可能小的耦合，符合软件系统设计的通用原则。同时在四层架构中，又根据每一层计算量的大小和耗时的不同，分为离线处理和在线处理两部分。通常将耗时比较长的建模过程放在离线部分，而将小数据量的计算放在在线部分，既能保证复杂算法得以执行，又能保证系统能够及时响应用户的个性化推荐请求。

6.7.2 系统设计

1. 系统架构设计

系统总体架构如图 6.30 所示，包括 Android 客户端、Web 服务器、数据库和 Hadoop 集群。

(1) Android 客户端面向用户，通过 Android 软件和用户交互，将用户的操作转换成 HTTP

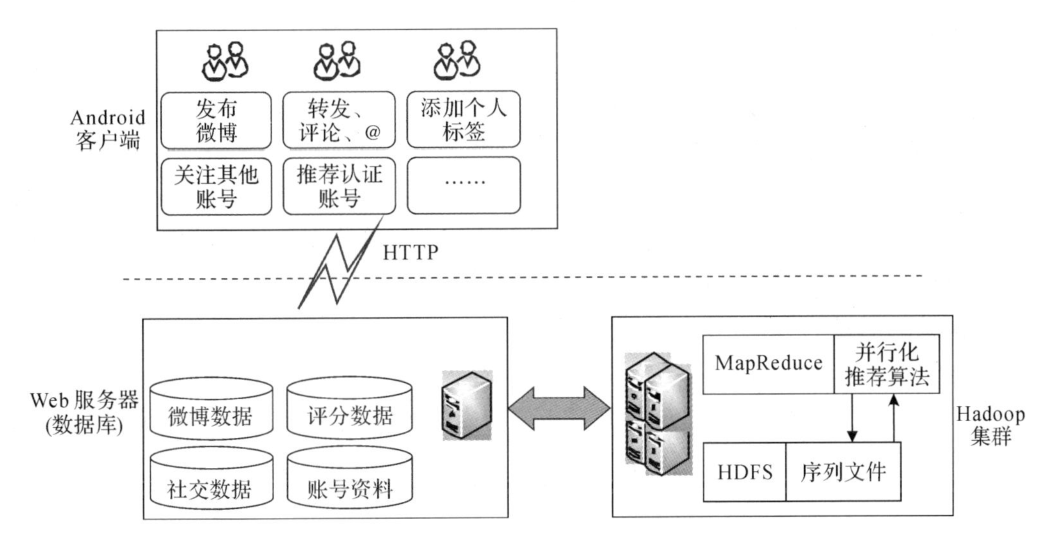

图 6.30 基于 Hadoop 的推荐系统总体架构

请求发送给 Web 服务器，并解析来自 Web 服务器的响应，用直观的方式展现给客户。(2) Web 服务器是系统后台的“出入口”，大部分的业务逻辑都在 Web 服务器中实现。Web 服务器会和数据库交互，将需要持久化的数据存储到数据库，客户端传来的查询任务也由 Web 服务器去完成。

(3) 数据库和文件系统一样，是数据持久化的地方。用户的信息、发布的微博等都会保存到数据库，Web 服务器和 Hadoop 集群都会访问数据库，所以数据库设计的好坏也会影响到整个系统。

(4) Hadoop 集群是执行算法的地方，它不直接和客户端通信。Hadoop 集群会将数据库中的数据拷贝到 HDFS 中，方便 MapReduce 访问。执行结果也保存到数据库，供 Web 服务器使用。

系统的工作流程可以用图 6.31 表示。

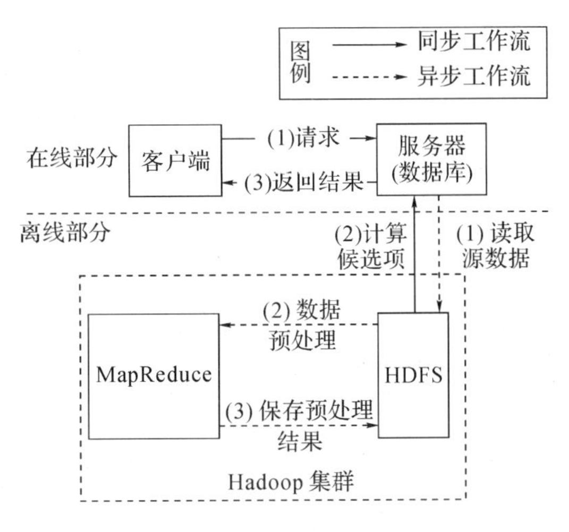

图 6.31 基于 Hadoop 的推荐系统工作流程

整个系统的工作流程可以分为在线部分和离线部分。

推荐引擎工作在离线部分。在这一部分，系统会建立模型，并将模型结果保存在HDFS或者数据库中，供Web服务器访问。推荐引擎每隔一段时间会执行一遍，确保新数据能够被纳入计算，但是这个执行的频率也不会很高，因为一次计算可能会耗费很长时间，可以将执行间隔设定比单次执行时间略大。

系统的在线部分主要做查询和简单计算，可以实时地响应来自Android客户端的请求。对于涉及推荐结果的业务请求，服务器从数据库中读取离线计算好的数据，做简单处理之后返回给客户端，保证客户端发出请求后能得到快速响应。

2. 系统功能模块

本节设计的基于Hadoop的推荐系统，其核心功能是社交推荐，同时还提供了用户信息管理、微博管理、社交关系管理、信息展示等功能，它们为推荐功能提供数据支撑和结果展示。本节将基于Hadoop的推荐系统功能模块划分如图6.32所示。

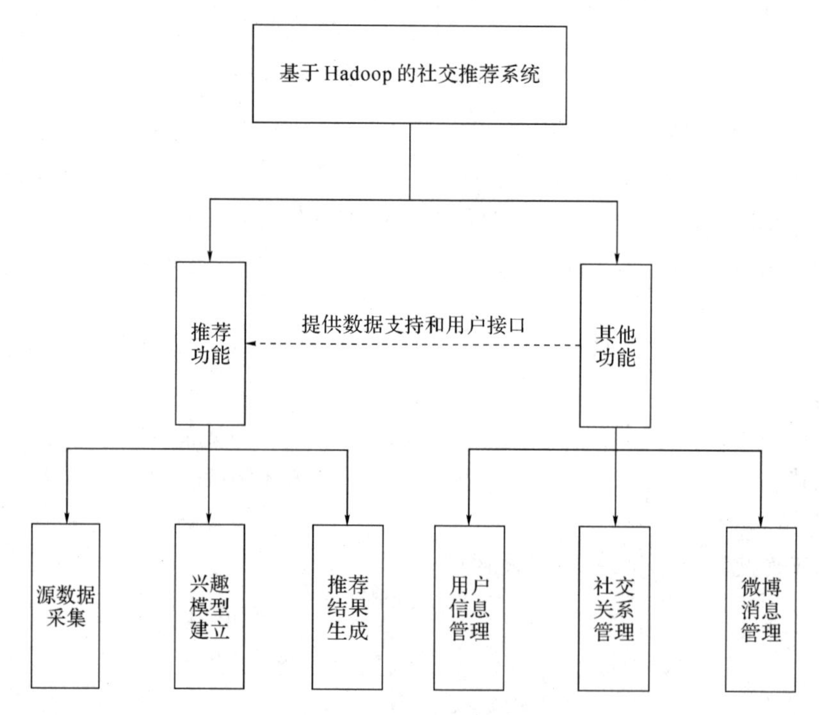

图6.32　基于Hadoop的推荐系统功能图

1）推荐功能

推荐功能模块如图6.33所示。

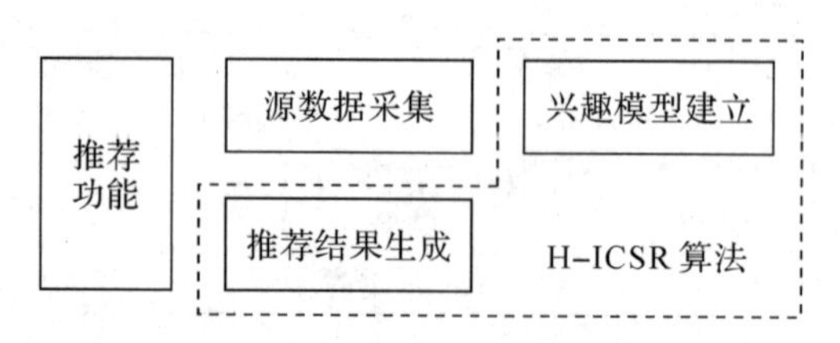

图6.33　推荐功能模块

推荐功能是系统的核心功能，通过采集源数据，做适当地预处理，建立用户的兴趣模型，为用户生成推荐结果。

Web服务器将用户的属性资料、社交关系和对历史推荐结果的评分等数据存储在MySQL数据库中，例如用户对历史推荐结果的评分，在数据库中的存储形式为(ItemID, UserID, Rating)。这些数据中有一些是推荐算法所需要的，推荐算法是运行于Hadoop平台的MapReduce程序，由于MapReduce程序的高度并发性，从数据库中直接读取数据会建立大量数据库的物理连接，耗费很多资源。如果因为数据的性能问题造成读取数据失败，那么推荐算法也会运行失败。源数据采集的作用就是将推荐算法需要的原始数据(如历史评分数据、社交数据等)从MySQL数据库迁移到HDFS，供MapReduce程序访问。这一过程可以使用Sqoop工具，Sqoop支持增量更新，即只传输新增加的记录，已有的记录不会重复传输，这样效率比较高。使用Linux系统提供的crontab命令可以设置定时任务，通过编写Shell脚本定时将MySQL中的数据迁移到HDFS上，就可以定时更新HDFS上的数据。

数据迁移到HDFS上以后，就可以通过算法建立用户的兴趣模型。每个认证账号都会有自定义的标签，每个标签都是一个关键词，从认证账号发布的微博中也能提取出关键词。标签关键词和微博关键词能够体现一个认证账号的特点，所以每个认证账号都可以由若干个关键词组成特征向量。利用文本聚类技术，可以根据特征向量对认证账号聚类，同一类别中的认证账号有相似的特征。利用用户对历史推荐结果的评分，计算用户对每个类别的兴趣度，将兴趣度作为权重，和该类别中认证账号的推荐度相乘，计算项目的加权推荐度。这样，对于每个用户来说，都有一个拥有加权推荐度的项目列表，列表格式为(UserID, ItemID, WeightedRecommendExtent)，将其称为用户的候选项目列表。

推荐结果生成则是将每个用户的候选项目列表按照加权推荐度逆序排序，取前N个组成该用户的推荐列表。推荐列表通过Android客户端展示给用户，用户可以对推荐结果采取接受、拒绝和忽略三种操作，用户的反馈通过网络回传给Web服务器，保存到数据库中，帮助改进推荐算法。

兴趣模型建立和推荐结果生成属于推荐算法的内容，因为推荐系统是基于Hadoop平台的，所以推荐算法也应当是基于Hadoop平台的。推荐算法的设计是系统设计的重点，这里用到的推荐算法是基于Hadoop平台实现的并行化推荐算法H-ICSR，6.7.3节将对该算法做详细阐述。

2）其他功能

(1) 用户信息管理。用户信息管理主要为用户提供登录/注册、资料设置、标签管理、密码管理等功能，如图6.34所示。这些用户信息是推荐算法建模的重要依据。

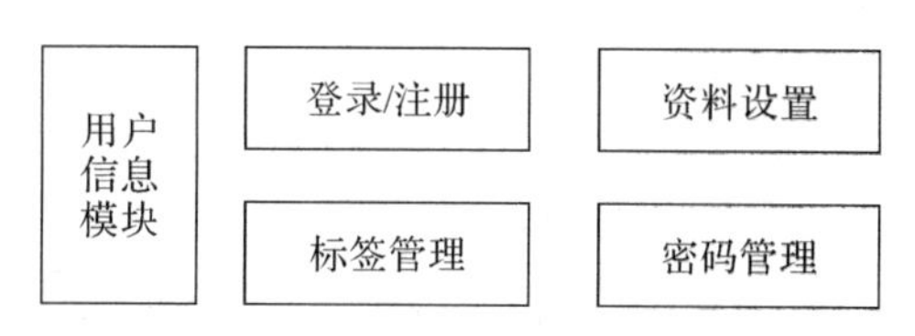

图6.34　用户信息模块

资料设置功能可以设置用户的基本信息，包括但不限于用户昵称、性别、生日、职业、联系方式等，为用户建立社交关系提供参考。标签管理允许用户管理自己的标签，系统预设一部分标签，用户也可以自己定义新标签，每个用户最多可以为自己设置5个标签。标签反映的是用户的兴趣爱好、性格特点等，方便用户寻找志同道合的好友，也方便系统为用户提供推荐。

(2) 微博管理。微博是一种简短的、更新频率较高的动态消息，从微博中可以发掘出一个用户的兴趣爱好、性格特点、研究领域等信息，微博的传播率也能反映用户的知名度等信息。本系统提供微博管理功能，如图 6.35 所示，用户可以进行查看、发送、转发微博等操作，微博的相关数据也会保存到 MySQL 数据库中，作为推荐算法的输入数据之一。

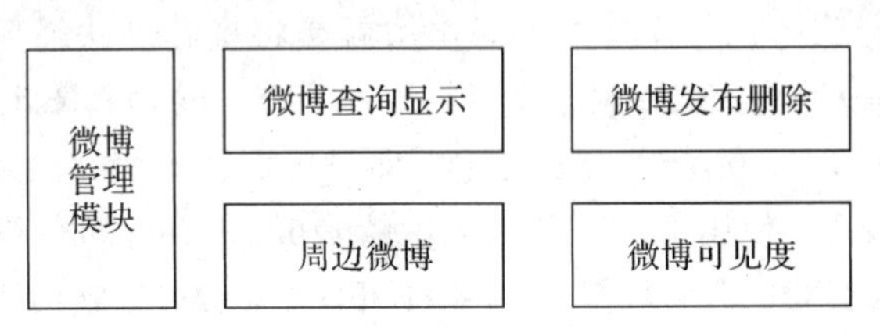

图 6.35　微博管理模块

微博查询显示功能负责从数据库中查询微博并通过客户端展示。微博发布删除功能允许用户发布新微博或者删除已经发布的微博。用户只能删除自己发布的微博，删除以后其他用户将看不到这条微博内容，而只能看到“原微博已删除”的提示信息。微博内容可以添加位置信息，如果添加了位置信息，其他用户就能通过周边微博功能查找到这条微博。周边微博功能根据用户定位信息查找一定范围内的微博消息(前提是微博发送者在发送微博时添加了位置信息)。

(3) 社交关系管理。在社交推荐系统中，社交关系数据也是非常重要的数据，很多社会化推荐方法都依赖社交关系数据解决冷启动问题，提升推荐效果。

社交关系管理包含两个子功能，社交关系发现和社交关系管理，如图 6.36 所示。社交关系发现功能给用户提供搜索陌生人并建立社交关系的途径，用户可以通过通讯录匹配、标签搜索、手机号码搜索等方式建立自己的人脉。对于已经建立的社交关系可以通过社交关系管理功能进行管理：查看关注的人列表、取消关注、查看粉丝列表等。

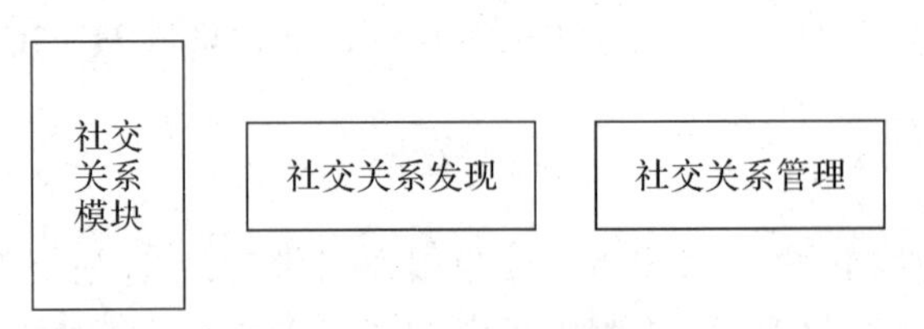

图 6.36　社交关系模块

3. 系统数据库设计

数据库是数据持久化的重要方式，本节设计的系统需要持久化用户的个人资料、用户发布的微博、用户的社交关系以及推荐算法的运算结果等数据。根据前几节介绍的系统架构和模块划分情况，本小节将给出系统的数据库设计。

MySQL 是最流行的关系型数据库，分为社区版和商业版，因为社区版性能卓越，且免费、开源，成为一般中小型网站开发或者个人爱好者学习的首选。本系统采用 MySQL 数据库社区版作为系统数据库。

数据库 E-R 图如图 6.37 所示。从图中可以看出，这几张表之间的关系是星型结构，其他几张表都通过用户 ID 和 tb_userInfo 表建立外键约束。

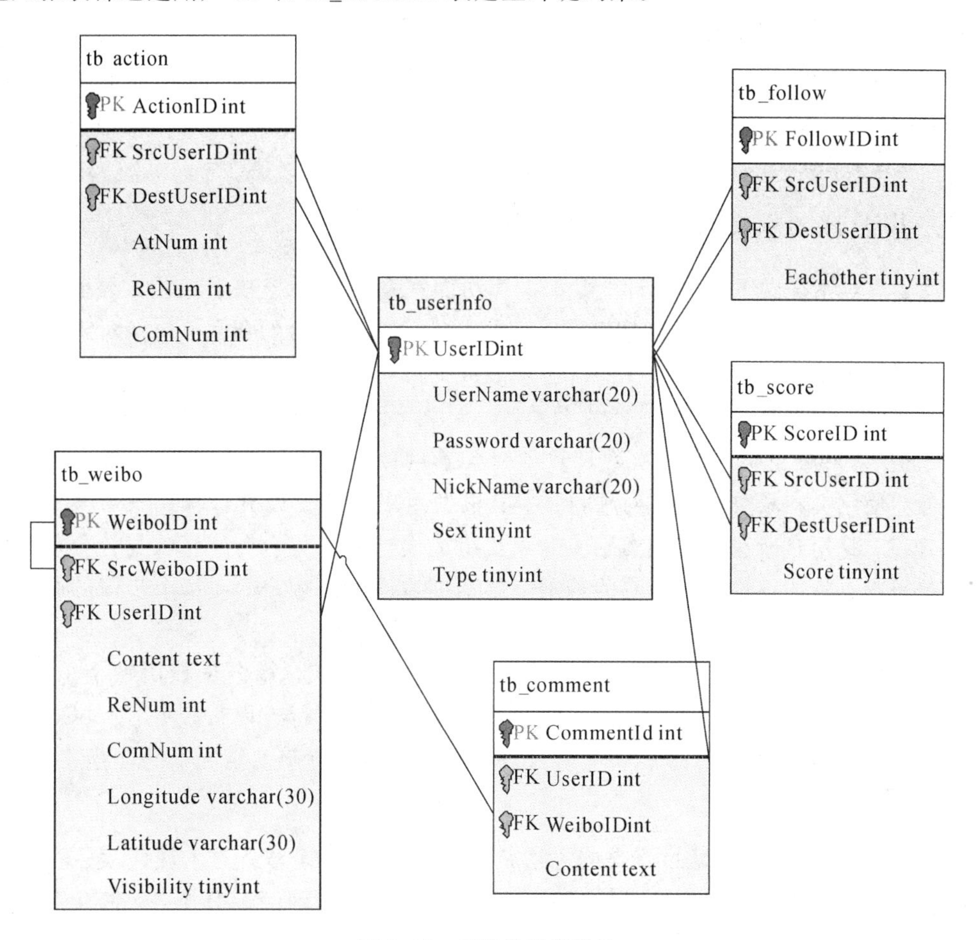

图 6.37　系统数据库设计

用户信息表 tb_userInfo 以 UserID 为主键，存储了用户的登录用户名、密码、昵称、性别和用户类别等基本信息。Sex 和 Type 字段都是 tinyint 类型，可取值 0 和 1。Sex 字段为 0 表示男性，为 1 表示女性。Type 字段是用户账号类别，值为 0 代表普通账号，值为 1 代表认证账号。

微博表 tb_weibo 存储用户发送的微博信息。每条微博都有唯一的 WeiboID。SrcWeiboID 用来区别原创微博和转发微博，如果是原创微博，则 SrcWeiboID 为 0，如果是转发微博，则 SrcWeiboID 是被转发微博的 ID。微博还会关联唯一的 UserID，即发布微博的用户 ID。除此之外，微博表中还会保存微博内容、评论转发次数、位置信息和可见度等。

微博评论表 tb_comment 和用户表、微博表都有关联。每条评论都归属于某一条微博，所以 WeiboID 字段以外键形式和 tb_weibo 表关联。每条评论也有唯一的 UserID，指明发布评论的人。

互动表 tb_action 存储用户之间的互动情况。SrcUserID 和 DestUserID 分别代表发生互动关系的两个用户，前者是动作的发起者，后者是目标对象。AtNum、ReNum 和

ComNum分别表示提及次数、转发次数和评论次数。

关注表 tb_follow 存储的是用户之间的关注情况。SrcUserID 是关注动作的发起者，DestUserID是被关注的对象，EachOther 字段用来表明两者是不是互相关注。

评分表 tb_score 存储 SrcUserID 对 DestUserID 的评分。DestUserId 是系统推荐的用户 ID，score 是评分，评分为 int 型，只能是 0、1、－1 三个值中的一个，0 表示忽略，1 表示关注，－1 表示拒绝。

6.7.3 基于 Hadoop 的并行化推荐算法

6.7.2 节对系统做了总体设计，由于推荐功能在系统中处于核心地位，本小节将对推荐功能中最重要的推荐算法做详细设计。首先描述了算法提出的背景，包括对系统数据和推荐需求的分析，对现有研究方案的研究和改进思路。其次分为四个步骤介绍 H－ICSR 算法的总体思想：根据项目被传播(@或者转发，其中@是指其他账号的微博中提到了该账号的名称)的次数和项目被评分的次数计算项目推荐度；用微博关键词或者标签构造项目的特征向量，使用文本聚类的方式对项目聚类；根据用户的历史评分计算用户对某个项目类别的兴趣度；将用户所有感兴趣类别中的项目组成候选项目集合，计算该集合中每个项目的加权推荐度，将加权推荐度最高的若干个候选项目推荐给用户。在每个步骤的介绍中给出了相关概念定义和计算公式。然后按照算法思想中的这四个步骤，基于 Hadoop 的 MapReduce 计算模型给出了 H－ICSR 算法的并行化设计方案，每个步骤用一个 Job 完成，Job 中包含若干 MapReduce 计算过程，这四个 Job 之间或并行或串行，使用 JobControl 来控制。最后通过实验验证了 H－ICSR 算法在冷启动和数据稀疏的情况下的推荐效果。

1. 算法思想

H－ICSR 算法思想是通过聚类的方法将项目划分为 K 个簇，每个簇代表一个项目类别，这样可以把用户对项目评分的矩阵简化为用户对项目类别的评分矩阵，简化后的矩阵密度将会增大，根据这个评分矩阵可以较为准确地计算出用户对某个项目类别的喜好程度。H－ICSR 算法还综合考虑一个项目的流行程度和项目的新颖程度，让流行的项目和较新的项目能够有更多的机会被推荐给用户。根据用户喜欢的项目类别和项目的推荐分值综合计算用户对项目的预测评分。

图 6.38 是 H－ICSR 算法的流程图。从图中可以看出，H－ICSR 算法有三个输入，分别是项目属性数据、评分数据和社会关系数据。算法的输出是某个用户的个性化推荐列表。项目属性数据用于对项目做聚类，得到项目类别划分。历史推荐评分数据用于获取用户偏好，与项目类别结合得到每个用户感兴趣的项目类别。社会关系数据用于计算项目的流行度，从项目的社会关系数据中提取出项目被社会化推广(被转发、被@)的相关数据，建立项目的流行度模型。同时，根据项目历史推荐情况，建立项目的新颖度模型。将流行度模型和新颖度模型结合起来，形成项目的推荐度模型。

最后根据用户对类别的评分和项目的推荐度分值计算项目的加权推荐度，加权推荐度是针对具体用户的，对于不同用户来说，项目的加权推荐度是不同的。对于某个用户来说，按照加权推荐度对项目进行排序，取分值最高的 N 个项目，就可以得到该用户的推荐列表。

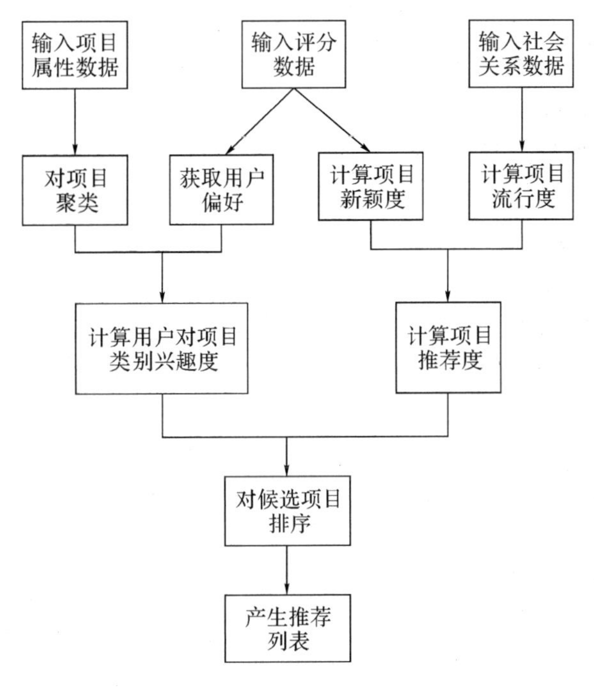

图 6.38　算法流程图

H－ICSR 算法的具体思想分为四个过程来阐述，分别是项目推荐度计算、项目聚类的方法、用户兴趣度计算、推荐列表生成，每个过程会给出相关的定义。

2. 项目推荐度计算

从图 6.38 可以看出，项目推荐度的计算依赖于项目新颖度和项目流行度的计算，所以在定义项目推荐度之前，先定义项目流行度和项目新颖度。

定义 1　项目流行度

在系统中，某个账号的粉丝数、该账号被@的次数以及该账号的微博被转发的次数等数据可以反映该账号的流行程度。例如账号 A 转发了账号 B 的微博，或者账号 A 在自己的微博中@了账号 B，那么账号 A 的所有粉丝都会知道账号 B 的存在。如果账号 B 的微博被很多人转发，或者账号 B 被很多人@，说明账号 B 非常流行。

设 U 是全体用户的集合，I 是全体项目的集合，$j \in I$ 是任意一个项目，A_j 是@过项目 j 的或者转发过项目 j 的微博的用户数，则项目 j 的流行度可以定义为

$$E_p(j) = \frac{A_j}{|U|} \tag{6-2}$$

定义 2　项目新颖度

项目新颖度的含义是如果一个项目被推荐的次数越少，则越新颖，这里根据项目被评分的次数来判断新颖程度。项目 j 的新颖度定义为

$$E_n(j) = 1 - \frac{S_j}{|U|} \tag{6-3}$$

其中，S_j 是项目被评分的次数。

推荐流行的项目被接受的可能性较大，可以保证准确率；推荐新颖的项目可以解决新

项目的冷启动问题，提升多样性，所以项目推荐度是综合考虑项目流行度和项目新颖度的结果。

定义 3 项目推荐度

集合式(6-2)和式(6-3)，项目 j 的推荐度定义为

$$E_R(j) = E_p(j) + E_n(j) \tag{6-4}$$

3. 项目的聚类方法

(1) 项目特征向量定义。传统的基于项目的协同过滤算法通过评分矩阵计算项目之间的相似度，当评分矩阵稀疏，或者有新项目加入时，这种算法就无法正常工作。文献[77]通过对用户做聚类找到和目标用户相似的用户，然后对项目的评分向量计算相似度，找到和候选项目相似的项目，将目标用户及其相似用户对候选项目及其相似项目的评分从原始评分矩阵中提取出来，构造一个局部评分矩阵，通过这种方式降低用户评分矩阵的维度，从而解决评分矩阵稀疏的问题。但是这种方法在计算项目相似度时仍然使用的是评分矩阵，所以存在新项目问题。

借鉴该文献的思路，同时考虑到本系统中普通账号(用户)的数目远远大于认证账号(项目)的数目，对用户做聚类的时间复杂度要大于对项目做聚类的时间复杂度，而且对用户做聚类会降低用户的个性化程度，所以本节提出对项目做聚类，这样不仅能在较小的时间复杂度内找到候选项目的相似项目，同时也能很好地解决新项目问题。当有新项目加入时，只需要计算该项目和每个项目簇的距离，就可以将其加入合适的项目簇中。

一个项目通常具备的属性有性别、出生年月、机构、发布的微博数、微博关键词、个人标签等，这些属性代表了项目的特征，所以可以通过项目属性构造出项目的特征向量，从而对项目做聚类，这样不用依赖评分矩阵。

本系统从项目的属性中提取最能代表项目特点的微博关键词和个人标签组成项目的特征向量，两者使用相同的词库，统一称为项目标签，用 T 表示，那么项目 j 的特征向量表示为

$$V_j = \langle T_{j1}, T_{j2}, \cdots, T_{jZ} \rangle \tag{6-5}$$

其中 Z 是项目标签库中标签的数目，也就是特征向量的维度。对于每一个维度，其取值采用该维度标签的 TF-IDF 权重。

有了项目的特征向量，就可以计算向量之间的距离。

(2) 特征向量距离计算。余弦距离在文本相似度的计算上较为准确，所以这里采用余弦距离作为特征向量之间的距离。余弦距离和向量之间夹角的余弦值有关，余弦值越大，距离就越小。两个向量之间的余弦距离定义为

$$D(i, j) = 1 - \frac{\sum_{t=1}^{Z}(T_{it} \cdot T_{jt})}{\sqrt{\sum_{t=1}^{Z} T_{it}^2} \cdot \sqrt{\sum_{t=1}^{Z} T_j^2}} \tag{6-6}$$

使用模糊 K-means 算法聚类。K-means 算法的目标是使如下公式达到最优：

$$\operatorname{argmin} \sum_{l=1}^{K} \sum_{V_i \in C_i} \| V_j - \mu_l \|^2 \tag{6-7}$$

其中 $C=\{C_1, C_2, \cdots, C_k\}$ 是簇的集合，K 是簇的个数，u_l 是 C_l 的中心点，V_j 是项目 j 的

特征向量。通常为每个簇给定初始的中心点，第一次迭代会将距离中心点一定距离的点划分到这个簇中，之后会对簇中所有点的坐标取平均值，作为新的中心点，每次迭代以后都会更新中心点的位置，直到上述公式能够取得最小值，或者每个簇中心点位置变化小于某个阈值，就认为算法收敛。

K-means 算法的特点是一个项目只会被划分到一个簇中，这对于具备社交属性的项目来说是不合适的。模糊 K-means 算法是对 K-means 算法的一个改进，其基本思想和 K-means 算法差不多，只是增加了一个项目和簇之间的关联度概念。

设一个特征向量，它到 K 个簇的中心点的距离分别为 d_1，d_2，$\cdots d_k$，则 V_j 和 C_l 簇的关联度为

$$U(j, C_l) = \frac{1}{\sum_{r=1}^{k}\left(\frac{d_l}{d_r}\right)^{\frac{2}{m-1}}} \tag{6-8}$$

其中，m 是模糊因子，通过改变模糊因子 m 可以改变项目和簇之间的关联度，从而得到模糊聚类的结果。

使用模糊 K-means 聚类允许一个项目属于多个簇，对于事先设定的关联度阈值，只要项目和簇之间的关联度大于这个阈值，项目就被划分到这个簇。如果一个项目和多个簇的关联度都大于阈值，那么这个项目就属于多个簇。这种聚类划分对于具有社交属性的项目来说是合适的，一个认证账号它可能属于多个专业领域或者机构，某个用户只要对该认证账号所属的某个专业领域感兴趣，就有可能对该认证账号感兴趣。

簇的数目 K 通常是人为选取的，也可以使用某种快速算法(例如 Canopy)先对簇的数目有个估计，再使用模糊 K-means 算法聚类。

将式(6－5)定义的项目特征向量和数值 K 作为模糊 K-means 算法的输入，选择式(6－6)定义的余弦距离作为特征向量之间的距离度量，选定合适的模糊因子 m，运行模糊 K-means 算法就能得到聚类后的项目簇，每一簇代表一个项目类别。

项目聚类能够保证新项目被划分到合适的分类中。

4. 用户兴趣度计算

有了项目类别以后，可以根据用户评分记录来计算用户对项目类别的兴趣度。

定义 4　用户兴趣度

用户兴趣度衡量的是用户 u 对项目类别的喜欢程度，其定义为

$$H(u, C_l) = \frac{|I_U \cap C_l|}{|I_u|} \tag{6-9}$$

其中 I_u 是评分记录中用户 u 喜欢的项目集合。

有的用户可能对两到三个类别很感兴趣，而有的用户可能只对一个类别的项目感兴趣，所以为每个用户设定兴趣度阈值，只有大于该阈值的类别才会加入用户最感兴趣的类别集合 HC 中。为了保证每个用户至少有一个感兴趣的类别，同时不会引入过多兴趣度较低的类别，将用户兴趣度定义为用户的兴趣度均值加上标准差，即

$$H_T(u) = H_\mu(u) + H_\sigma(u) \tag{6-10}$$

结合式(6－9)和式(6－10)，得到用户 u 的感兴趣类别集合为

$$\mathrm{HC}(u) = \{C_l \mid C_l \in C \Lambda H(u, C_l) > H_T(u)\} \tag{6-11}$$

5. 推荐列表生成

对于每个用户 u，其感兴趣的项目类别集合为 HC(u)，每个类别中又有若干项目，这些最感兴趣的类别中的项目就构成了用户 u 的候选项目集合。

要为用户 u 生成推荐列表，需要将用户 u 的候选项目集合按照加权推荐度逆序排序，选取排名靠前的 N 个项目，组成用户 u 的 Top-N 推荐列表。

定义 5 加权推荐度

项目 j 对于用户 u 的加权推荐度为

$$WE_R(u, j) = H(u, C_l) \times E_R(j) \quad j \in C_l, C_l \in \mathrm{HC}(u) \tag{6-12}$$

即用户 u 对项目 j 所属类别的兴趣度(根据式(6-9)计算得到)和项目 j 的推荐度(根据式(6-4)计算得到)的乘积。

有了项目的加权推荐度以后，就可以对用户 u 的候选项目集合按照加权推荐度逆序排序，取前 N 个组成推荐列表。为用户 u 生成的推荐列表为

$$RL_u = \{I_a \mid a \in [1, N], WE_R(u, I_a) \geqslant WE_R(u, I_{a+1})\} \tag{6-13}$$

设用户 u 感兴趣的项目集合为$\{C_1, C_2\}$，$C_1=\{I_1, I_2\}$，$C_2=\{I_3\}$，用户 u 对每个类别的兴趣度分别为 $H(u, C_1)=0.3$，$H(u, C_2)=0.2$，这两个类别中项目的推荐度分别为 $D_R(I_1)=0.6$，$D_R(I_2)=0.5$，$D_R(I_3)=0.8$，那么$WD_R(u, I_1)=0.3\times0.6=0.18$，$WD_R(u, I_2)=0.3\times0.5=0.15$，$WD_R(u, I_3)=0.2\times0.8=0.16$，那么对于用户 u 来说，其候选项的排序为$\{I_1, I_3, I_2\}$，如果 $N=2$，那么推荐给用户的推荐列表为$RL_u=\{I_1, I_3\}$。

6.7.4 算法并行化设计

算法的并行化设计就是用 Hadoop 平台提供的 MapReduce 分布式计算框架来实现算法中的计算过程。MapReduce 计算框架提供了 Mapper 和 Reducer 两个编程接口，Mapper 接口中定义了 map 方法，Reducer 接口中定义了 reduce 方法。在程序中实现这两个接口，在 map 方法和 reduce 方法中定义具体的业务逻辑。map 方法通常会在多个节点上执行，所以不适合在 map 方法中保存一些全局变量。map 方法通常负责从文件中读取数据，对数据做格式转换，转换为 Key-Value 的形式，交给 reduce 方法。reduce 方法会将多个 map 方法的输出结果整合到一起，相同 Key 值的数据被聚合到一起形成列表，在 reduce 方法中可以像在内存中一样处理这些数据。

MapReduce 作业以 Job 的形式组织，一个 Job 中可以包含多个 Mapper 和 Reducer。一个 Mapper 和一个 Reducer 组成一个 MapReduce 过程。在同一个 MapReduce 过程中，数据通过内存交换。在不同的 MapReduce 过程中，数据通过 HDFS 交换。Mapper 和 Reducer 之间的组织方式有多种。第一种是迭代式，即一个 Mapper 紧跟一个 Reducer，前一个 MapReduce 的输出作为下一个 MapReduce 的输入，中间结果保存在 HDFS 中。第二种是链式，链式允许多个 Mapper 或一个 Reducer 组合在一起，Reducer 不能放在最前面，可以是 Mapper-Reducer-Mapper 或 Mapper-Mapper-Reducer 的形式。第三种是依赖组合式，即几个 MapReduce 过程之间有依赖关系，一个执行完了才能执行另一个，这种情况可以通过 JobControl 来控制作业流程。

1. 总体流程

H－ICSR 算法思想中包含四个计算过程，与之对应，本节在做并行化设计时分为四个 Job，每个 Job 中包含若干 MapReduce 过程，如图 6.39 所示。

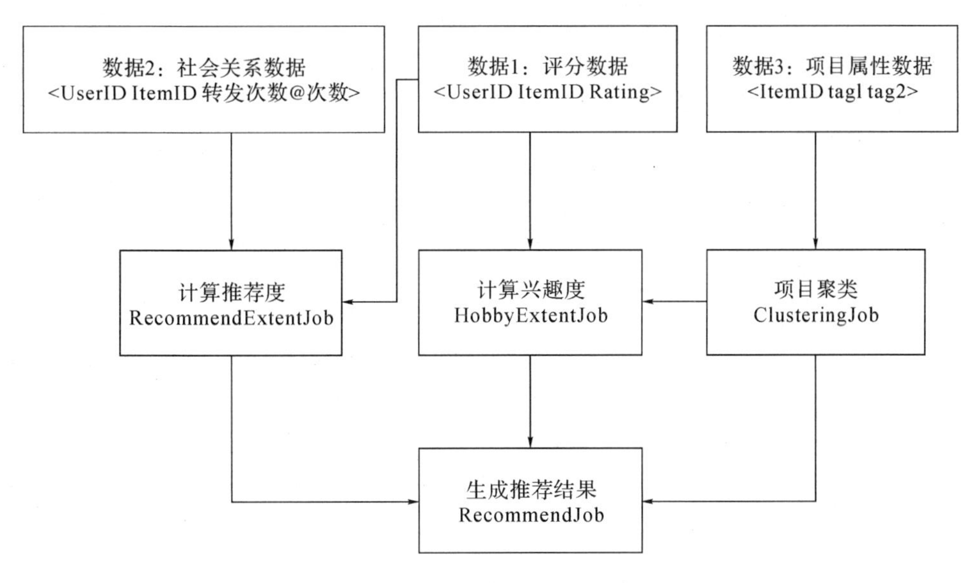

图 6.39　H－ICSR 算法并行化的流程图

RecommendExtentJob 根据社会关系数据和评分数据计算项目推荐度，ClusteringJob 根据项目属性数据对项目聚类，聚类的结果和评分数据一起，被 HobbyExtentJob 用来计算用户对项目类别的兴趣度，RecommendJob 汇总前三个 Job 的结果，生成推荐结果。

RecommendExtentJob 和 ClusteringJob 可以并行执行，HobbyExtentJob 依赖 ClusteringJob 的执行结果，它们串行执行，RecommendJob 依赖前三个 Job 的执行结果，也是串行执行，所以这几个 Job 之间采用依赖组合式的组织方式，可以采用 JobControl 来管理。使用 JobControl 的 addDepending 方法可以设置依赖关系，最后调用 JobControl 的 run 方法来执行这些 Job，JobControl 会按照设置的依赖关系依次提交任务。

2. 项目推荐度过程并行化

本小节使用多个 MapReduce 作业来实现项目推荐度计算过程的并行化。如图 6.40 所示，项目推荐度计算过程需要三个 MapReduce 作业。NoveltyExtentMapper 和 NoveltyExtentReducer 用来统计每个 Item 的评分人数。NoveltyExtentMapper 以 ItemID 为 Key 输出，在 NoveltyExtentReducer 中相同 ItemID 的数据被聚合到一起，通过一个循环迭代累加就可以统计出每个 Item 评分的人数。

PopularityExtentMapper 和 PopularityExtentReducer 用来统计每个 Item 被多少人@过，以及微博被多少人转发过。在 PopularityExtentMapper 中，可以将“是否转发”和“是否@”用 0 和 1 表示，如果转发过或者@过，用 1 表示，否则用 0 表示，这样在 PopularityExtentReducer 中可以通过累加来统计每个 Item 被多少人@过，以及微博被多少人转发过，还可以在 Reducer 前面设置 Combiner 来加快计算。

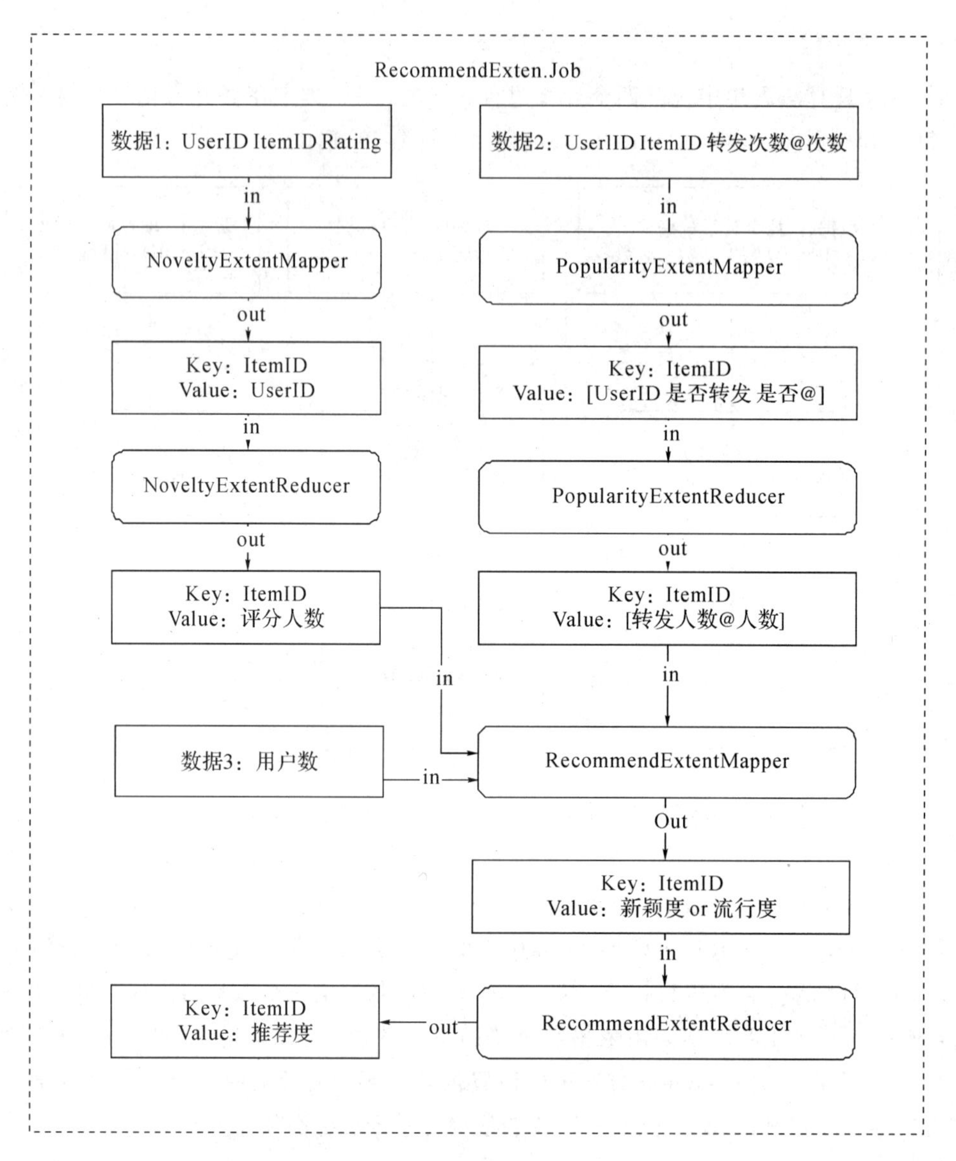

图 6.40　项目推荐度计算过程并行化

RecommendExtentMapper 以 NoveltyExtentReducer 和 PopularityExtentReducer 的结果为输入，这两个输入数据都是以 ItemID 为 Key 的，在 RecommendExtentMapper 中对两个数据分别添加不同的标记，例如来自 NoveltyExtentReducer 的数据每一行末尾添加“\tn”(“\t”是制表符)，来自 PopularityExtentReducer 的数据每一行末尾添加“\tp”。在 RecommendExtentReducer 中，同一个 ItemID 的数据聚合到一起，根据末尾字母是“n”还是“p”来判断数据来源。用户的数目可以事先保存到 Configuration 中，这时只要取出用户数目就可以分别计算每个 Item 的流行度(式(6-2))和新颖度(式(6-3))，接着计算推荐度(式(6-4))，其结果保存到 HDFS，供 RecommendJob 使用。

3. 项目聚类过程并行化

在前小节中提出使用模糊 K-means 算法进行项目聚类，该过程也可以在 Hadoop 平台上完成。Apache Mahout 是一个开源的算法库，其中实现了基于 Hadoop 平台的分布式模糊 K-means 算法。本小节采用 Mahout 中的分布式模糊 K-means 算法实现项目聚类过程的并行化。

在使用模糊 K-means 算法之前，需要先将输入数据文件转换成 Hadoop 平台的序列化文件，这可以通过 SequenceFilesFromDirectory 类完成。Mahout 提供了 seqdirectory 命令行工具来调用 SequenceFilesFromDirectory 类完成文件序列化工作。其基本格式为

- bin/mahout seqdirectory-c UTF－8 -i 〈input directory〉-o 〈output file〉

接着需要从序列化文件中读取数据，创建特征向量。H－ICSR 算法通过项目的文本属性构造特征向量，从而对项目聚类，特征向量的形式为(式(6－5))，其中每个维度是文本词汇的 TF－IDF 权重。

在 Mahout 中可以通过 SparseVectorsFromSequenceFiles 类完成文本的向量化工作，同样可以通过命令行工具调用该类：

- bin/mahout seq2sparse -i 〈input directory〉－o 〈output file〉

该命令行还有很多参数可以设置，常用的有文件块大小(－chunk)、最小词频(－s)、最小文档频率(－md)、最大文档频率(－x)、权重计算方法(－wt)、使用的分析器(－a)、稀疏向量类型(－seq)、reducer 个数(－nr)等参数，这些参数都有默认值，不需要的话可以不用设置。生成的向量以 SparseVector 形式存储。

对于模糊 K－means 算法来说，K 的取值会影响到算法的收敛时间和最后的聚类结果。如果根据经验或者随机取 K 值，通常不能达到最佳聚类效果。Mahout 中提供了 Canopy 算法来寻找最佳 K 值。

Canopy 算法是一个近似聚类算法，其执行速度很快，可以得到一个粗略的聚类结果。Canopy 聚类的结果不够精确，但是它可以给出一个较为合理的簇的个数和初始簇中心。将 Canopy 估计出来的簇的个数作为模糊 K-means 算法的 K 值，比随机取 K 值效果要好。

调用 CanopyDriver 类的 run 方法，给定距离度量和阈值，指定输入输出目录，就可以在 Hadoop 平台上运行 Canopy 算法，生成一个粗略的聚类结果。

接下来可以通过 FuzzyKMeansDriver 类的 run 方法执行分布式的 K-means 算法，在该方法的参数中指定模糊因子 m、距离度量(如式(6－6)定义的余弦距离)、收敛阈值、最大迭代次数等，并将 Canopy 的输出结果目录作为 K means 算法的初始簇划分。模糊 K-means 算法执行后的聚类结果保存在 clusterPointers 文件中。通过对结果的解析，可以得到每个簇包含的项目列表，这一结果将会作为下一步的输入。

4. 用户兴趣度计算过程并行化

6.7.3 节中对兴趣度做了定义(式(6－9))，兴趣度衡量的是用户对某个项目类别感兴趣的程度。本小节使用 HobbyExtentJob 来完成计算每个用户对各个项目类别兴趣度的任务。

如图 6.41 所示，寻找用户最感兴趣的项目类别需要六个 MapReduce 作业。第一个 MapReduce 作业只有一个 UserRatingFilterMapper，它的工作是从评分数据中过滤掉用户不喜欢或者没有评分的项目，过滤后的结果保存到 HDFS 中，后面还会用到。

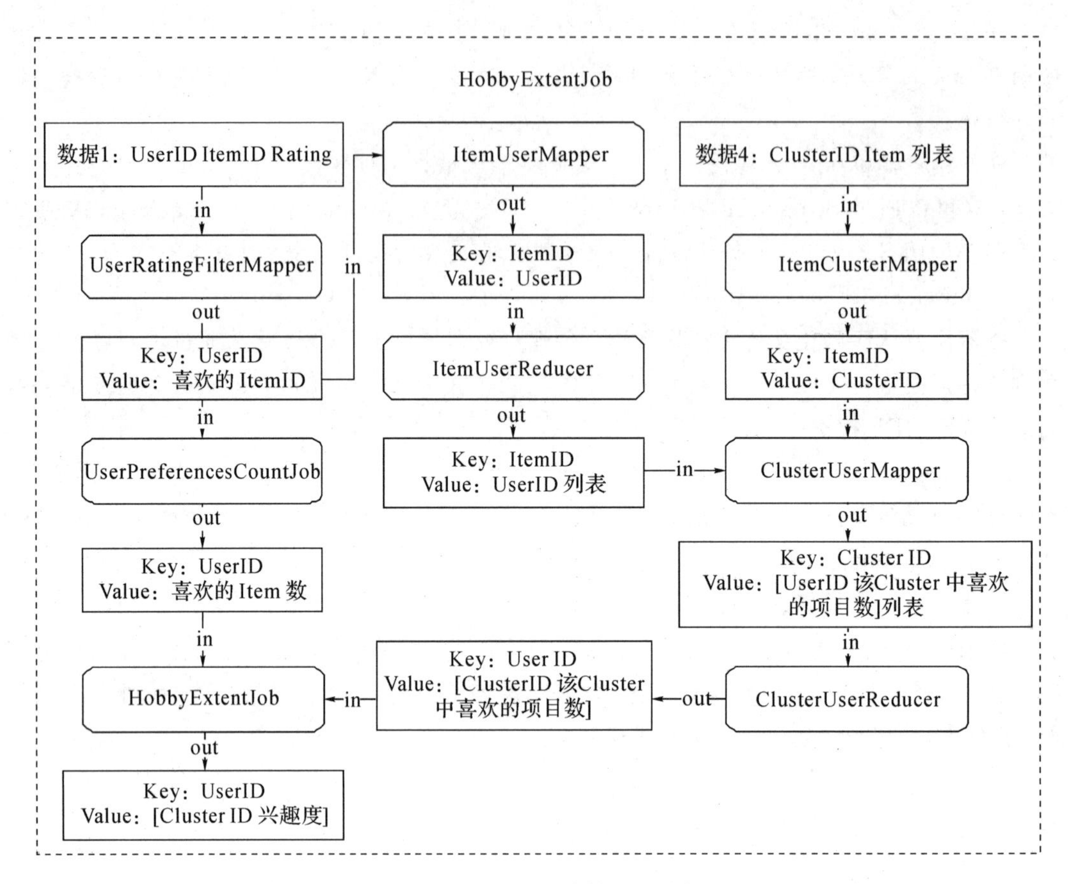

图 6.41 用户兴趣度计算过程并行化

UserPreferencesCountJob 统计每个用户喜欢的项目数，它读取 UserRatingFilterMapper 的输出，在 Reducer 中按照 UserID 聚合，简单累加就可以统计出每个用户喜欢的项目数。

ItemUserMapper 读取 UserRatingFilterMapper 的输出，将 ItemID 作为 Key，UserID 作为 Value，在 ItemUserReducer 中将相同 Key 值下的 UserID 装到一个 Vector 中，输出的结果是一个 ItemID 对应一个 Vector。

ItemClusterMapper 以项目聚类的结果为输入，以 ItemID 为 Key，以 ClusterID 为 Value 输出到 HDFS。

ClusterUserMapper 读取 ItemClusterMapper 和 ItemUserReducer 的输出，创建〈UserID，ClusterID，1〉格式的输出，其中 UserID 是 Key，数字 1 表示 UserID 和 ClusterID 的共现次数。在 ClusterUserReducer 中通过对共现次数的累加，可以得到每个用户在每个项目类别中喜欢的项目数。

HobbyExtentJob 将 UserPreferencesCountJob 的输出和 ClusterUserReducer 的输出作为输入，将用户在某个项目类别中喜欢的项目数除以用户喜欢的项目总数，得到用户对某个项目类别的兴趣度，结果保存到 HDFS。

5. 推荐结果生成过程并行化

6.7.3 节中定义加权推荐度(式(6－12))对候选项排序，在 Hadoop 中可以通过四个

MapReduce 过程来计算加权推荐度，然后使用一个 MapReduce 过程对结果排序，如图6.42所示。

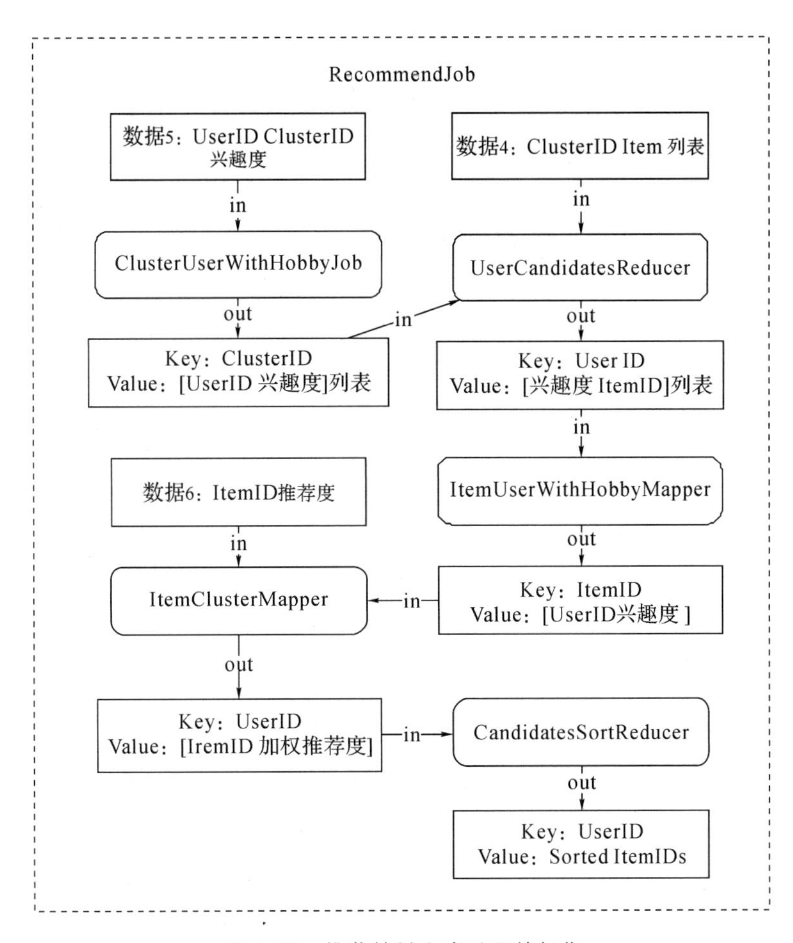

图 6.42　推荐结果生成过程并行化

ClusterUserWithHobbyJob 读取用户的兴趣度数据，转换成以 ClusterID 为 Key，Value 是 UserID 和兴趣度组成的 Vector。

将 ClusterUserWithHobbyJob 的结果和项目聚类结果放到第二个 MapReduce 作业中处理。UserCandidatesReducer 对相同 CluserID 下的 UserID 和 ItemIDs 进行处理，将 ItemIDs 赋给每个 UserID，得到用户的候选项目列表。

紧跟 UserCandidatesReducer 的是 ItemUserWithHobbyMapper，该 Mapper 将用户候选项目列表中的 ItemID 逐个和 UserID 组成〈ItemID，UserID，HobbyExtent〉格式输出，并保存到 HDFS。

ItemClusterMapper 读取 ItemUserWithHobbyMapper 的输出以及项目推荐度数据，计算每个项目的加权推荐度，以 UserID 为 Key，ItemID 和对应的加权推荐度为 Value。加权推荐度即可看作用户对项目的评分。

CandidatesSortReducer 对同一个 UserID 下的 ItemID 按照加权推荐度排序，根据需求取前 N 个输出，就是用户的个性化荐列表(式(6-13))。

本节提出了一种基于 Hadoop 的并行化推荐算法 H-ICSR，作为基于 Hadoop 的推荐系统的核心算法，可以为普通用户推荐感兴趣的认证账号。算法利用了评分数据、项目属性数据、项目社会关系数据，通过项目聚类找到用户感兴趣的项目类别，及通过计算项目推荐度对项目排序，对排序的结果选取 Top-N 推荐给用户。算法对于冷启动问题(新用户问题、新项目问题)和数据稀疏性问题都有充分考虑，能够比较好地解决这些问题。

新用户问题：当有新用户加入时，H-ICSR 算法可以根据项目推荐度的高低排序，选择推荐度较高的项目推荐给新用户。推荐度依赖的是社会关系数据和项目属性，不依赖评分数据。项目推荐度综合考虑了项目的流行程度和新颖程度，既考虑了准确率又考虑了多样性。根据项目推荐度对新用户进行推荐有比较好的效果。

新项目问题：当有新项目加入时，H-ICSR 算法根据项目属性对项目做聚类，不需要知道用户对这个项目的评分，只需要知道用户对这个项目所属类别的评分即可，对评分数据的要求就降低了。同时由于是新项目，其新颖程度较高，项目推荐度会有所提高，将其推荐给用户的几率也会增大。

数据稀疏性问题：H-ICSR 算法对项目做聚类，将用户-项目评分矩阵转换成用户-类别评分矩阵，间接降低了评分矩阵的维度，增大了矩阵密度。同时 H-ICSR 算法不完全依赖于评分矩阵，用户属性和社交关系的加入对提升算法的准确率都有帮助。

6.8 本章小结

本章讨论了基于云计算的大数据环境下的关键技术。6.1 节首先对大数据的概念和发展做了概述，同时介绍了大数据的核心——云计算，并介绍了另外两大技术：分布式处理和数据存储。6.2 节介绍了数据存储技术，其中包括三大特性：可扩展性、实时性和容错性。6.3 节分析了基于云计算的大数据存储中的容错关键技术，并对两种技术做了对比。接着，引出了数据长期存储的问题。6.4 节对数据的稳定归档技术做了详细介绍。针对数据存储的安全性问题，6.5 节介绍三种关键技术，并提出了有待解决的针对云计算和大数据存储安全的问题。6.6 节针对 6.5 节的安全存储问题做了实例分析，研究了基于云计算的病毒多执行路径，其中详细介绍了 PIF 算法，并且在开源云平台 Eucalytus 上实施了相关架构。6.7 节研究大数据信息筛选，设计实现了基于 Hadoop 的推荐系统。

参考文献

[1] 谭鑫. 大数据云计算技术及应用展望[J]. 中国管理信息化，2016，19 (19)：178-179.
[2] 李薇. 基于云计算的大数据处理技术探讨[J]. 数字技术与应用，2017 (8)：218-219.
[3] 郭成涛，张小倩，贾小林. 云计算与大数据技术研究现状[J]. 黑龙江科技信息. 2017，(7)：168.
[4] 李壮. 基于 P2P 的异地数据备份可信性模型的研究[D]. 大连：大连海事大学，2017.
[5] GUPTA M，PATWA F，BENSON J，et al. Multi-Layer Authorization Framework for a Representative Hadoop Ecosystem Deployment. Acm on Symposium on Access Control Models & Technologies，2017：183-190.
[6] 张江锋. 基于云计算的大数据存储安全分析[J]. 信息系统工程. 2017 (2)：81-81.
[7] Zhang Qifei，Pan Xuezeng，Shen Yan，et al. A Novel Scalable Architecture of Cloud Storage System

for Small Files based on P2P. IEEE International Conference on Cluster Computing Workshops. 2012：41－47.

[8] Xu Chuncong，Huang Xiaomeng，Wu Nuo，et al. Using Memcached to Promote Read Throughput in Massive Small-File Storage System. International Conference on Grid and Cooperative Computing (GCC). 2010：24－29.

[9] Li Fen，Bu Qingzhong，Li Weiwei，et al. A Method for Improving Concurrent Write Performance by Dynamic Mapping Virtual Storage System combined with Cache Management. IEEE International Conference onParallel and Distributed Systems (ICPADS). 2011：48－55.

[10] Liu Xuhui，Han Jizhong，Zhong Yunqin，et al. Implementing WebGIS on Hadoop：A Case Study of Improving Small File I/O Performance on HDFS. IEEE International Conference on Cluster Computing and Workshops. 2009：1－8.

[11] Jiang Liu，Li Bing，Song Meina. The Optimization of HDFS Based on Small files. IEEE International Conference on Broadband Network and Multimedia Technology (IC-BNMT). 2010：912－915.

[12] MACKEY G，SEHRISH S，Wang Jun. Improving Metadata Management for Small Files in HDFS. IEEE International Conference onCluster Computing and Workshops. 2009：1－4.

[13] Zhang Yang，Liu Dan. Improving the Efficiency of Storing for Small files in HDFS. International Conference on Computer Science & Service System (CSSS). 2012：2239－2242.

[14] KYOUNGHOA. Resource Management and Fault Tolerance Principles for Supporting Distributed Real-time and Embedded Systems in the Cloud. Proceedings of the 9th Middleware Doctoral Symposium of the 13th ACM/IFIP/USENIX International Middleware Conference. 2012，4：1－6.

[15] MISHNE G，DALTON J，LI Z，et al. Fast Data in the Era of Big Data：Twitter's Real-Time Related Query Suggestion Architecture. Proceedings of the 2013 ACM SIGMOD International Conference on Management of Data. 2013：1147－1157.

[16] Zhang Jing，Wu Gongqing，Hu Xuegang，et al. A Distributed Cache for Hadoop Distributed File System in Real-time Cloud Services. 2012 ACM/IEEE 13th International Conference on Grid Computing (GRID). 2012：12－21.

[17] WUHIB F，STADLER R，LINDGREN H. Dynamic Resource Allocation with Management Objectives-Implementation for an OpenStack Cloud. Network and service management (cnsm)，2012 8th international conference and 2012 workshop on systems virtualiztion management (svm). 2012：309－315.

[18] 李冰. 云计算环境下动态资源管理关键技术研究[D]. 北京：北京邮电大学，2012(05).

[19] 张洪娜. 云计算平台中的数据存储与文献管理的研究[D]. 广州：广东工业大学. 2011(05).

[20] 朱颖琪. 基于云计算的海量数据虚拟存储的研究与设计[D]. 成都：电子科技大学，2011(06).

[21] Bao Guangbin，Yu Chaojia，Zhao Hong. The Model of Data Replica Adjust to the Need Based on HDFS Cluster. International Conference on Business Intelligence and Financial Engineering (BIFE). 2012：532－535.

[22] 黑继伟. 基于分布式并行文件系统 HDFS 的副本管理模型[D]. 长春：吉林大学，2010 (04).

[23] Wang Cong，Wang Qian，Ren Kui，et al. Ensuring Data Storage Security in Cloud Computing. International Workshop onQuality of Service. 2009，1－9.

[24] BANERJEE S，SHHIRAZIPOURAZAD S，SEN A. On Region-based Fault Tolerant Design of Distributed File Storage in Networks. INFOCOM，2012 Proceedings IEEE. 2012：2806－2810.

[25] 孙东东. 容错存储系统校验更新及修复优化技术研究[D]. 合肥：中国科学技术大学，2017.

[26] 吴庆民. 大数据环境下数据容错技术设计与实现[D]. 北京：中国科学院大学，2016.

[27] 王意洁，许方亮，裴晓强. 分布式存储中纠删码容错技术研究[J]. 计算机学报，2017 (1)：

236 - 255.

[28] SHAN N B, RASHMI K V, et al. Interference alignment in regenerating codes for distributed storage: Necessity and code constructions[J], IEEE Trans Inf Theory, 2011, 58(4): 2134 - 2158.

[29] YOU L L, POLLACK K T, LONG D D E. Deep Store: an archival storage system architecture. Data Engineering, 2005. ICDE 2005. Proceedings. 21st International Conference on, 2005: 804 - 815.

[30] WILDANI A, MILLER E L. Semantic data placement for power management in archival storage. Petascale Data Storage Workshop (PDSW), 2010, (5): 1 - 5.

[31] KLEIN H, KELLER J. Optimizing RAID for long term data archives. Parallel & Distributed Processing, Workshops and Phd Forum (IPDPSW), 2010: 1 - 8.

[32] BRADSHAW P L, BRANNON K W, CLARK T, et al. Archive storage system design for long-term storage of massive amounts of data. IBM Journal of Research and Development, 2008: 379 - 388.

[33] KUMAR A, BYUNG G L, HOONJAE L, et al. "Secure Storage and Access of Data in Cloud Computing", in ICT Convergence (ICTC), 2012 International Conference, 2002: 336 - 339.

[34] WANG W, LI Z, OWENS R. Secure and efficientaccess to outsourced data. Proc. of ACM Cloud Computing Security Workshop, 2009: 55 - 65.

[35] KAMARA S, LAUTER K. Cryptographic Cloud Storage. Proc. Of Financial Cryptography: Workshop on real life cryptographic protocolsand standardization, 2010: 136 - 149.

[36] SANKA S, HOTA C, RAJARAJAN M. Secure Data Access in Cloud Computing. Internet Multimedia Services Architecture and Application(IMSAA), 2010 IEEE 4th International Conference, 2010: 1 - 6.

[37] JAEBOK S, YUNGU K, WOORAM P. Chanik Park DFCloud : A TPM-based Secure Data Access Control Method of Cloud Storage in Mobile Devices. Cloud Computing Technology and Science (CloudCom), 2012 IEEE 4th International Conference, 2012: 551 - 556.

[38] Yi Xiushuang, Wang Weiqiang. The Cloud Access Control Based on Dynamic Feedback and Merkle Hash Tree. Computational Intelligence and Design (ISCID), 2012 Fifth International Symposium, 2012: 217 - 221.

[39] EISSA T. CHO G H. A Fine Grained Access Control and Flexible Revocation Scheme for Data Security on Public Cloud Storage Service. Cloud Computing Technologies, Applications andManagement(ICCCTAM), 2012 International Conference, 2012: 27 - 33.

[40] Yang Kan, Jia Xiaohua, Ren Kui, et al. DAC-MACS: Effective Data Access Control for Multi-Authority Cloud Storage Systems. INFOCOM, 2013 Proceedings IEEE, 2013: 2895 - 2903.

[41] GOYAL V, PANDAY O, SAHAI A, et al. Attribute based Encryption for Fine-Grained Access Control of Encrypted Data, Proc. ACM Computer and Communications SecurityConference, 2006: 89 - 98.

[42] BETHENCOURT J, SAHAI A, WATERS B. Ciphertext-Policy Attribute-based Encryption. Proc. I EEE Symposium on Security & Privacy, 2007: 321 - 334.

[43] Yang Yanjiang, Zhang Youcheng. A Generic Scheme for Secure Data Sharing in Cloud. Proc. International Conference on Parallel Processing Workshops: ICPP, 2011: 145 - 153.

[44] Si Xiaolin, Wang Pengpian, Zhang Liwu. KP-ABE Based Verifiable Cloud Access ControlScheme. Trust, Security and Privacy in Computing and Communications (TrustCom), 2013: 34 - 41.

[45] Xiong An Ping, Gan Qi Xian, He Xin Xin, et al. A searchable encryption of CP-ABE scheme in cloudstorage". Wavelet Active Media Technology and Information Processing (ICCWAMTIP),

2013：345－349.

[46] Wang G, Liu Q, Wu L. Hierarhical Attribute-Based Encryption For Fine-Grained Access Control In Cloud Storage Services. Proc. ACM conference on Computer and Communications Security, 2010：735－737.

[47] BLAZE M, BLEUMER G, STRAUSS M. Divertible protocols and atomicproxy-cryptography. Advances in Cryptology-Eurocrypt 98, 1998：127－144.

[48] GREEN M, ATENIESEG. Identity-based proxy reencryption. ACNS 2007, LNCS 4521, 2007：288－306.

[49] CHUL S, YOUNGHO P, SANG U S, et al. Certificate-Based Proxy Re-Encryption for Public Cloud Storage. Innovative Mobile and Internet Services in Ubiquitous Computing (IMIS), 2013 Seventh International Conference, 2013：159－166.

[50] Yang Chingnung, Lai Jiabin. Protecting Data Privacy and Security for Cloud Computing Based on Secret Sharing. Biometrics and Security Technologies (ISBAST), 2013 International Symposium, 2013：259－266.

[51] JUNG T, Li Xiangyang, Wan Zhi Gou, et al. Meng Wan. Privacy Preserving Cloud Data Access With Multi-Authorities. FOCOM, 2013 Proceedings IEEE, 2013：625－2633.

[52] Sheng Zhonghua, Ma Zhiqiang, Gu Lin, et al. Privacy-Protecting File System. Public Cloud Storage Cloud and Service Computing (CSC), 2011 International Conference, 2011：141－149.

[53] PRIYADHARSHINI B, PARAVATHI P. "Data Integrity in Cloud Storage. Advances in Engineering, Science and Management (ICAESM), 2012 International Conference, 2012：261－265.

[54] BOWERSS K D, lUELS A. Oprea A (2009) HAIL：a high-availability and integrity layer for cloud storage. 16th ACM Conference on Computer and Communications Security CCS, 2009：187－198.

[55] SHACHAM H, WATERS B. Compact Proofs of Retrievability[C]. In Advances in Cryptology ASIACRYPT 2008, J. Pieprzyk, Editor. Springer Berlin / Heidelberg, 2008：90－107.

[56] 安宝宇. 云存储中数据完整性保护关键技术研究. 北京：北京邮电大学，2013.

[57] ATENIESE G, BURNS R, CURTMOLA R, et al. Provable data possession at untrusted stores. Proceedings of the14th ACM conference on computer and communications security, 2007：598－609.

[58] Zhu Yan, Wang Huaixi, Hu Zexing, et al. Efficient provable data possession for hybrid clouds. Proceedings of the 17thACM conference on Computer and communications security. Chicago, Illinois, USA：ACM. 2010：756－758.

[59] SEHN S T , TZENG W G. Delegable Provable Data Possession for Remote Data in the Clouds. Proceedings of the 13th international conference on Information and communications security, 2011：93－111.

[60] WU T Y, LEE W T, LIN C F. Cloud Storage Performance Enhancement by Realtime Feedback Control and De-duplication. Wireless Telecommunications Symposium (WTS), 2012：1－5.

[61] Zhang Xingyu, Zhang Jian. Data Deduplication Cluster Based on Similarity-Locality Approach. Green Computing and Communications (GreenCom), 2013 IEEE and Internet of Things (iThings/CPSCom), IEEE International Conference on and IEEE Cyber, Physical and Social Computing, 2013：2168－2172.

[62] RASHID F, MIRI A, WOUNGANG I. Secure Enterprise Data Deduplication in the Cloud Cloud Computing (CLOUD), 2013 IEEE Sixth International Conference, 2013：367－374.

[63] BRANCO R R. Architecture for automation of malware analysis[C]//In 5th International Conference on Malicious and Unwanted Software(MALWARE), 2010：106－112.

[64] SHAZAD M F M. Inexecution dynamic malware analysis and detection by mining information in process control blocks of Linux OS[J]. Information Science, 2013, 231: 45-63.

[65] MSER A, KRUEGEL C K E. Exploring multiple execution paths for malware analysis[C]//In IEEE Symposium on Security and Privacy, IEEE Press, 2007.

[66] BLIN L, COUNRNIER A, VILLAIN V. An improved snap-stabilizing PIF algorithm[J]. Self-Stabilizing Systems, Lecture Notes in Computer Science, Springer, 2003, 2704: 199-214.

[67] COURNIER A, DATTA A, PETIT F, et al. Snap-stabilizing PIF algorithm in arbitrary networks [C]//Proceeding of the 22nd IEEE International Conference on Distributed Computing Systems, IEEE Computer Society, Washington DC, USA, 2002: 199-206.

[68] MEHMET H K, RACHID H. An optimal snap-stabilizing PIF algorithm in arbitrary graphs[J] Computer Comunications, 2008, 31: 3071-3077.

[69] COURNIER A. snap-stabilizing linear message fowarding[J]. In Proceeding SSS10 Proceedings of the 12th International Conference, 2010, 6366: 546-559.

[70] WANG C, ZHENG Z, YANG Z. The research of recommendation system based on Hadoop cloud platform[C]. Computer Science & Education (ICCSE), 2014 9th International Conference on. IEEE, 2014: 193-196.

[71] YU Y T, HUANG C M, LEE Y T. An Intelligent Touring System Based on Mobile Social Network and Cloud Computing for Travel Recommendation[C]. Advanced Information Networking and Applications Workshops (WAINA), 2014 28th International Conference on. IEEE, 2014: 19-24.

[72] 李英壮, 高拓, 李先毅. 基于云计算的视频推荐系统的设计[J]. 通信学报, 2013, 34(Z2): 138-140.

[73] YU Y T, HUANG C M, LEE Y T. An Intelligent Touring System Based on Mobile Social Network and Cloud Computing for Travel Recommendation[C]. Advanced Information Networking and Applications Workshops (WAINA), 2014 28th International Conference on. IEEE, 2014: 19-24.

[74] 孟祥武, 纪威宇, 张玉洁. 大数据环境下的推荐系统[J]. 北京邮电大学学报, 2015, 38(2): 1-15.

[75] 朱夏, 宋爱波, 东方, 等. 云计算环境下基于协同过滤的个性化推荐机制[J]. 计算机研究与发展, 2014, 51(10): 2255-2269.

[76] CORBELLINI A, MATEOS C, GODOY D, et al. An architecture and platform for developing distributed recommendation algorithms on large-scale social networks[J]. Journal of Information Science, 2015, 41(5): 686-704.

[77] HU L, LIN K, HASSAN M M, et al. CFSF: On Cloud-Based Recommendation for Large-Scale E-commerce[J]. Mobile Networks and Applications, 2015: 1-11.

第七章　物联网安全技术

本书前几章对物联网的寻址技术、无线传感器网络分簇和定位技术，以及物联网技术在云计算大数据的关键技术进行了分析，但任何技术的运用实现都需要考虑安全，因此，本章对物联网安全技术等方面，如数据传输的异常流量检测、安全模型、加密算法、云计算等进行了概述，对这些技术进行了分析和总结，并结合具体的应用场景进行了展示。

7.1　基于等级划分的物联网安全模型

等级划分的物联网安全模型的构建，是针对整个物联网整体架构的应用。安全模型需要考虑物联网三大层次：感知层、传输层和网络层。基于等级划分的物联网安全模型是物联网关键安全技术的总体应用。

7.1.1　物联网安全模型的需求分析

物联网的推广使用给人们的生活带来了便利，大大提高了工作效率，改变了人们的生活方式，但同时也必须注意到物联网的使用伴随着巨大的安全隐患。适用于互联网的安全策略和算法在物联网时代并不能解决安全问题所面临的挑战，如何建立安全、可靠的物联网是摆在面前的迫切问题。从以往的相关学者团队的研究工作可以看出：

(1) 国内对物联网安全技术的研究以安全框架和探索研究居多，具体安全技术的研究较少；

(2) 目前，国内对物联网安全技术的具体研究大多集中在RFID射频系统课题上，对中继节点包括整个接入网的安全技术的研究较少；

(3) 目前国内外较为流行的无线通信协议均采用为不同安全等级应用配置不同加密等级策略的思路，但针对如何为物联网应用划分安全等级的研究较少。

本节旨在以等级划分为基础提出一个物联网安全模型，通过此模型能够分析某一物联网应用的拓扑结构，预测其攻击来源与类型，以及判定该物联网应用所属的安全等级域，进而可以做出相适应的安全技术配置。其核心方案思路是：① 以互联网网络安全攻击为基础构建物联网攻击模型；② 以物联网实际应用为前提构建物联网拓扑模型；③ 在以上两个模型的基础上构建基于等级划分的物联网安全模型(A security model of IOT based on hierarchy，简称BHSM－IOT)；④ 最后运用基于三点估算法的模糊评价模型对物联网应用进行等级划分，并以此为基础对不同安全敏感度的应用进行区分配置。

本节的研究目的在于能够将目前对物联网安全的研究内容进行有效整合，使研究者能够更加清晰地了解物联网安全；从新的角度研究物联网安全，解决物联网安全实际面临的等级划分问题，使物联网安全技术的应用更加高效、准确，从而降低资源消耗。

7.1.2 BHSM - IoT 模型

1. BHSM - IoT 模型架构总体设计

BHSM - IoT 模型架构如图 7.1 所示，由 4 个模块组成，分别是应用需求分析、网络拓扑分析、攻击类型预测以及应用安全等级判断。应用需求分析的功能是对某一物联网应用进行相关数据搜集，可搜集的数据类型包括应用系统维护管理工作、维护人员专业水平、应用涉及的物理范围、应用客户数量、应用类型、敏感数据量以及应用系统硬件安全水平。在网络拓扑分析中，根据应用客户数量和使用范围分析该应用规模，经由拓扑模型抽象出此应用服务的网络拓扑。同时，在攻击类型预测分析中，根据应用类型和敏感数据量经由攻击预测模型预测攻击类型和所属逻辑层次。最后依据上述已有信息通过制定判定规则给出此类应用的安全防护等级以及相应的防护策略。

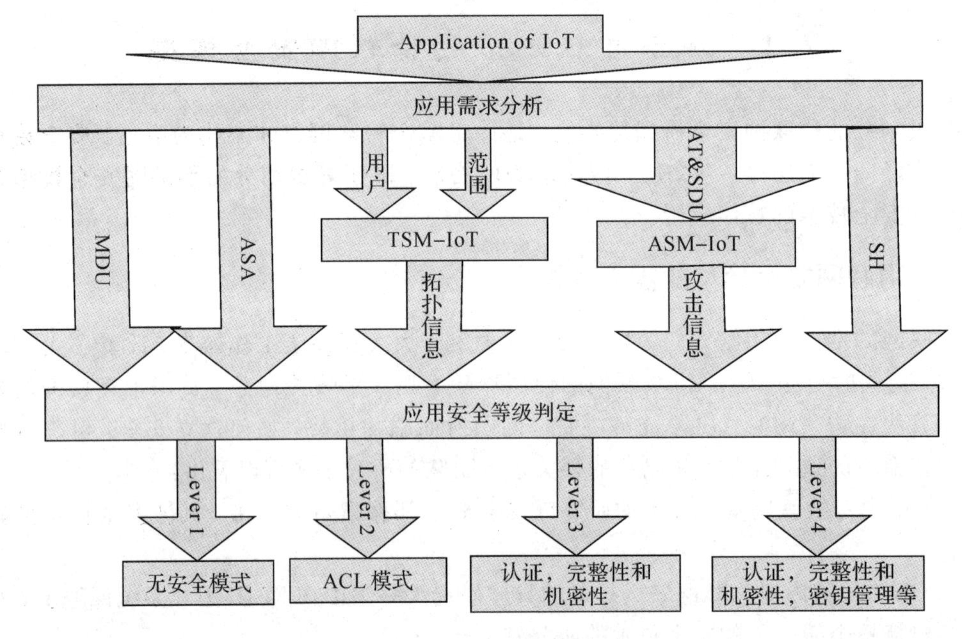

图 7.1 BHSM - IoT

2. BHSM - IoT 模型中各对象介绍

一个应用系统的运行是靠众多元素构成的，而应用系统中的相关元素同时也是构成该模型的重要对象。整个应用系统的安全运行和维护中处于主导作用的是应用系统管理员(App system administrator，ASA)和用户(User)。为了区分这些元素，元素可以被分成两类，分别为(1) 主体(subject)，即主动元素，如用户(user)、应用系统管理员(ASA)；(2) 对象(object)，即被动元素，有维护数据单元(MDU)、系统硬件设备(SH)、应用涉及范围(AR)，应用类型(AT)和敏感数据单元(SDU)。因此可以得到：

$sub=U\cup A$，$obj=MDU\cup SH\cup AR\cup AT\cup SDU$，$E=sub\cup obj$。

定义 1 ASA(App System Administrator，应用系统管理员)指维护应用系统安全，为应用系统用户分配资源的主体。ASA 自身的专业水平决定了其本身的安全等级，在本研究中，其安全等级的具体值由高到低为 4、3、2、1。

定义 2 MDU（Maintenance Data Unit，维护数据单元）指 ASA 在对应于系统的日常维护工作中涉及的数据对象，包括安全检测时隔、故障维护延迟和数据备份间隔等。

定义 3 SH（System Hardware，应用系统硬件设备）指该物联网应用的构建与实施过程中所需要的硬件设备，此对象包括硬件设备数量、硬件安全等级等。

定义 4 AR（App Range，应用涉及范围）指该应用所涉及覆盖的物理和逻辑范围，包括网络覆盖范围、所涉及的人群类别。

定义 5 AT（App Type，应用类型）指此物联网应用所属行业。

定义 6 SDU（Sensitive Data Unit，敏感数据单元）指该物联网应用中可能涉及的敏感数据，包括数据量比率、数据影响度。

当然，应用系统的对象在实际中还有一些其他的元素，如制度、IP 地址、各种电子文档和操作手册等，本节暂不做研究。

3. BHSM－IoT 模型中重点模块分析

BHSM－IoT 模型首先将对其涉及的对象和主体给出定义与相关属性，下面分别详细分析此模型中的物联网拓扑子模型（Topological Sub－Model of IoT，TSM－IoT）和物联网逻辑层攻击子模型（Attack Sub－Model of IoT，ASM－IoT）两个模块，以及应用安全级别的判定原则，并给出应用安全等级的判定步骤。

1）TSM－IoT 架构

不同的拓扑模型适用于不同的物联网应用需求，同时拓扑结构的安全性能也有所区别[1]，因此将物联网拓扑对安全的影响度作为判定该应用所属安全域的一个重要指标。本小节在无线传感网络拓扑研究的基础上总结出以下三种物联网拓扑模型。

TSM－IoTⅠ：广域网或局域网—基站—分网—汇聚节点—感知节点。

TSM－IoTⅡ：远程客户端—（移动通信网）—互联网—基站—汇聚节点—（簇首）—感知节点。

TSM－IoTⅢ：远程客户端—（移动通信网）—互联网—物联网网关—物联网终端—（标签）。

模型Ⅰ适用于小型范围的行业应用，例如环境应用、医疗应用等；模型Ⅱ适用于物联网终端分布较广，且移动性较强的应用，例如物流跟踪、安全交通等；模型Ⅲ适合方便有线连接的应用，终端移动性一般、不突出的物联网应用，例如智能家居、智能楼宇、工业检测等。TSM－IoT 的总体架构如图 7.2 所示。

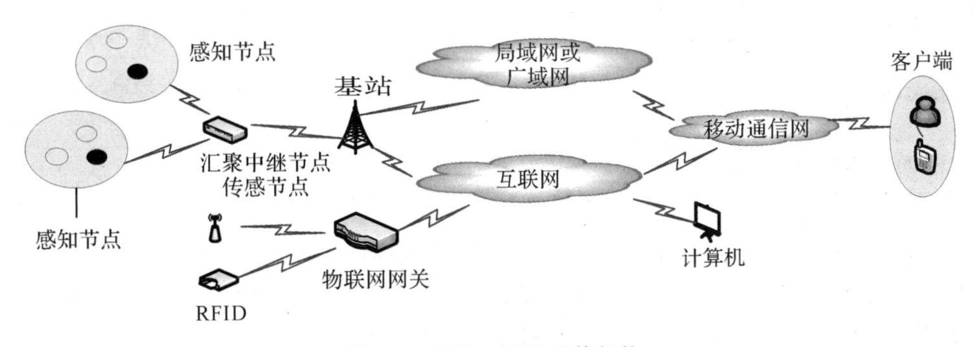

图 7.2　TSM－IOT 总体架构

2）ASM－IoT 架构

根据功能的不同，物联网网络体系结构大致分为三个层次：用来进行数据采集功能的感知层，用来进行数据传输的网络层，以及对数据进行处理和应用的应用层。通过分析物联网攻击模型，可以预测某一物联网应用的某一层次可能遭受到的网络攻击和受到的伤害，并提高应用系统的安全防御能力。利用无线网攻击模型，下面分别对物联网应用的每个层次可能受到的攻击进行预测分析。

物联网的感知层由于网络本身的限制，在实际应用中显得十分脆弱，由于节点的特殊性和开放性，使得无线传感网络的信息易受到监听、篡改、伪造和重播；同时物联网中大多数节点能量有限，攻击者可以通过连续发送无用的数据包，消耗节点的能量，缩短节点的使用寿命，同时浪费了大量的网络带宽。具体攻击类型如表 7.1 所示。

表 7.1　感知层攻击类型

逻辑层	攻击类型
物理层	拥塞攻击，物理破坏，节点复制攻击
数据链路层	碰撞攻击，非公平竞争，耗尽攻击

物联网网络层所处的网络环境也存在安全挑战，甚至是更高的挑战。由于不同架构的网络需要相互连通，因此在跨网络架构的安全认证等方面会面临更大挑战。通过研究互联网各层攻击模型和无线传感网可能存在的攻击类型，对物联网的网络层攻击种类进行了归纳与描述，物联网网络层将会遇到下列安全挑战，如表 7.2 所示。

表 7.2　网络层攻击类型描述

攻击类型	描述
IP 碎片攻击	修改或重构报文中的分片或重组，从而引起意外重组、重组溢出、重组乱序等问题
选择性传递攻击	恶意节点随机选择或者选择性丢弃含有重要信息的数据包，从而破坏路由协议
Sybil 攻击	恶意节点伪造身份或俘获合法节点从而获取数据
污水池攻击	提供虚假高质量路由信息从而破坏路由负载均衡
虫洞攻击	利用虫洞产生污水池，再进行选择性转发或者改变数据包的内容
虚假路由信息	攻击者通过提供虚假的路由信息，造成资源浪费、改变路由路径或者造成回路
跨异构网络的网络攻击	攻击异构网络的信息交换过程

物联网应用层的重要特征是智能，但自动化处理对恶意指令信息的判断能力有限，智能也仅限于按照一定规则进行过滤和判断，攻击者很容易避开这些规则，因此应用层的非法人为干预、设备丢失和隐私数据窃取问题都很可能导致智能变低能，自动变为失控。

由此可见，网络攻击无处不在，攻击类型各异。针对不同的物联网应用，攻击者的出发点也会有所不同。通过分析某一类物联网应用的应用类型、应用场合和敏感数据源，能够有效发现攻击者的合理攻击目标，进而可以预测此类应用可能遭受攻击的概率以及强度，以此为依据推测该应用的安全等级域。

3）应用安全等级判定

目前，一些较为流行的无线通信协议如 Zigbee、6Lowpan 以及 802.15.4 中的安全协议都采用给应用安全分级的办法来减少网络节点的能量消耗，然而对如何划分物联网应用业务安全等级的研究却相对较少，这里很重要的一个原因就是对安全评定标准的不确定性。由于人们所掌握的信息是模糊的，且安全本身具有模糊性，所以对系统现状的评价要使用模糊集理论。可以利用结合三点估算法的模糊评价方法来判定物联网应用的安全等级，下面给出详细的判定原则和判定方法。

(1) 判定原则。判定主体是某一物联网应用的安全等级。

判定因素由 BHSM－IoT 模型搜集到某一物联网应用的分析数据，包括定义 1 到定义 6 以及拓扑信息和攻击信息。这里定义 5 个元素作为判定因素。

元素 1(ASA)：应用系统管理人员水平。

元素 2(MDU)：应用系统安全维护。

元素 3(SH)：应用系统硬件水平。

元素 4(TI)：网络拓扑影响度。

元素 5(AI)：攻击强度预测。

某一物联网应用通过 BHSM－IoT 模型的训练后可以判定此应用安全所属级别，得知应用安全等级信息有助于为此应用配置相应的安全技术，减少不必要的资源消耗。此物联网安全模型中分为 4 种安全等级及相应的安全技术：BHSM－IoT 模型为安全等级为 1 的应用配置无安全模式，为安全等级为 2 的应用配置 ACL 模式，安全等级达到 3 和 4 的应用配置机密性保护、完整性保护和认证等其他安全策略。

判定原则有：管理人员专业水平越高，应用系统安全度越高；应用系统维护情况越良好，该应用安全度越高；应用系统硬件安全水平越高，该应用安全度越高；网络拓扑影响安全能力越低，该应用安全度越高；攻击预测越详细，该应用安全度越高。

(2) 判定方法。判定方法步骤主要分为以下 6 步：

Step 1　确定评价指标 $u_i(i=1, 2, \cdots, 5)$，其中的 u_i 即上一小节中的五个评价元素。

Step 2　确定评语等级论域 $V=\{v_1, v_2, v_3, v_4\}$，v_1 为 1 级即安全等级最低，v_2 为 2 级，往后以此类推，4 级等级最高。

Step 3　建立因素与评语之间的模糊关系矩阵。

从每个因素 $u_i(i=1, 2, \cdots, 5)$ 上逐个对被评事物进行量化，即确定从单因素来看被评事物对等级模糊子集的隶属度 $(R \mid u_i)$，进而得到模糊关系矩阵：

$$\boldsymbol{R}=\begin{bmatrix} R \mid u_1 \\ R \mid u_2 \\ \cdots \\ R \mid u_5 \end{bmatrix}=\begin{bmatrix} r_{11} & r_{12} & \cdots & r_{14} \\ r_{21} & r_{22} & \cdots & r_{24} \\ \cdots & \cdots & \cdots & \cdots \\ r_{51} & r_{52} & \cdots & r_{54} \end{bmatrix}_{5.4}$$

矩阵 $\boldsymbol{R}$ 中第 i 行第 j 列元素 r_{ij}，表示某个被评事物从因素 u_i 来看对 v_j 等级模糊子集的隶属度。

Step 4　确定评价因素的权向量，即对每个因素的重视程度。

在模糊综合评价中，确定评价因素的权向量 $A=(a_1, a_2, \cdots, a_5)$。权向量 A 中的元素 a_i 本质上是因素 u_i 对模糊子集的隶属度。这里使用三点估计法来确定评价指标间的相对重要性次序，从而确定权系数，并且在合成之前归一化，即 $\sum_{i=1}^{5} a_i = 1$，$a_i \geqslant 0$，$i=1, 2, \cdots, 5$。

三点估计法步骤：把因素的权重看成随机变量，它的分布近似于正态分布；根据专家打分，得到每一个因素权重序列，将其平均后得到序列的平均值 m；将大于和小于 m 的权重序列再平均得到 a 和 b；正态分布在 m 处为单峰；m 的可能性两倍于 a，则 m 与 a 的平均值为 $(a+2m)/3$；m 的可能性两倍于 b，则 m 与 b 的平均值为 $(b+2m)/3$；以上两点的平均值为 $X_j = \dfrac{(a+b+4m)}{6}$，方差为 $\sigma = \dfrac{b-a}{6}$。

根据上述 a、m、b 三点得到的估计量 X_j 作为因素权重的估计值，并进行归一化处理后可得到因素指标的权重分配。

Step 5　合成模糊综合评价结果向量。

利用合适的算子将 A 与各被评事物的 R 进行合成，得到各被评事物的模糊综合评价结果向量 B，即

$$A \circ R = (a_1, a_2, \cdots\cdots, a_5)\begin{bmatrix} r_{11} & r_{12} & \cdots & r_{14} \\ r_{21} & r_{22} & \cdots & r_{24} \\ \cdots & \cdots & \cdots & \cdots \\ r_{51} & r_{52} & \cdots & r_{54} \end{bmatrix} = (b_1, b_2, \cdots\cdots, b_4) = B$$

其中，b_1 是由 A 与 R 的第 j 列运算得到的，它表示被评事物从整体上看对 v_j 等级模糊子集的隶属程度。

Step 6　对模糊综合评价结果向量进行分析。

根据实际情况分析此物联网应用所得到的模糊综合评价是否准确，一般也可以采用最大隶属度原则来进行判定。

7.1.3　BHSM-IoT 模型的实例系统应用

根据以上模型，可以对某大学智慧校园应用的安全等级进行分析与判定。第一步，了解和核查智慧校园的维护情况，系统管理员的专业水平情况，网络覆盖范围，涉及的学生人数、老师人数，以及食堂、图书馆和校园商店的使用情况，涉及存储的数据单元以及硬件配置情况。第二步，根据搜集到的信息，分析学校智慧校园网络的拓扑模型。第三步，根据应用环境分析该系统和网络可能受到的攻击行为。第四步，根据模糊评价模型判定此智慧校园应用的安全应用等级，为其配置合理的安全技术策略。

1. 系统应用环境

实验对象是某大学校园的“智慧校园”工程，该大学有两个校区，A 校区和 B 校区。网络覆盖范围包括两个校区的大部分楼宇；涉及的师生共计 35 768 人，其中教职工 2292 人，

研究生 7714 人，本科生 25 762 人；数据模式共 205 项，其中基本信息模式 25 项，人力资源子集 23 项，科研子集 37 项等；部署实施栏目 176 个。基础平台部分包含信息门户服务、数据集成服务、身份集成服务、协同工作平台、综合监控服务平台、数据与信息标准建设、相关网络及服务器硬件设备。智慧校园的应用服务如图 7.3 所示。

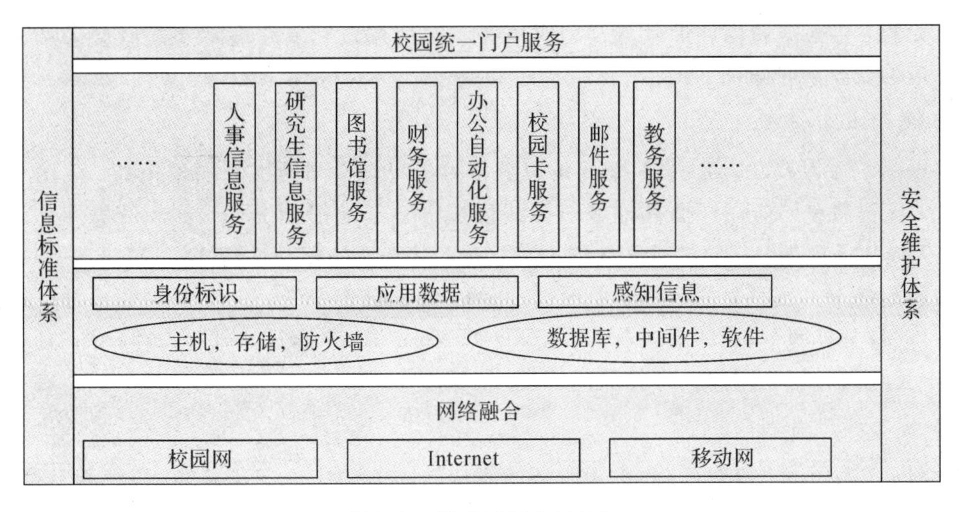

图 7.3　智慧校园应用服务

智慧校园网络拓扑如图 7.4 所示。

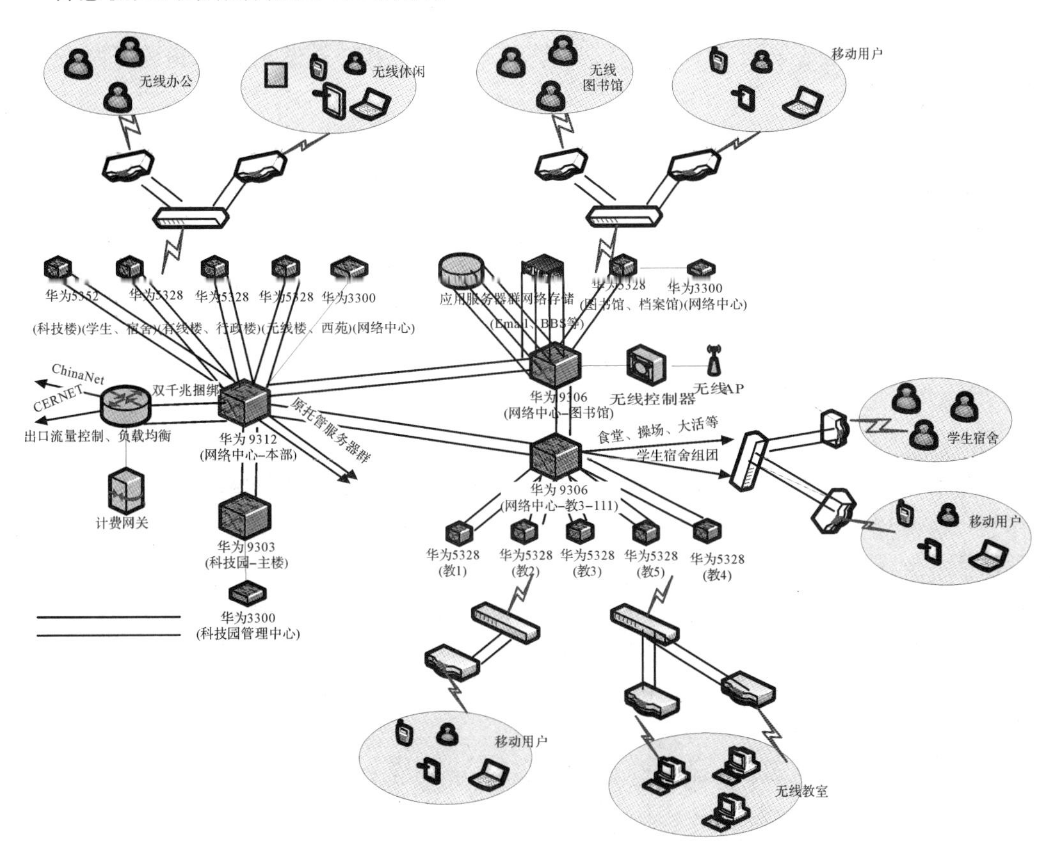

图 7.4　智慧校园网络拓扑

2. 系统应用分析

根据模型对“智慧校园”应用进行信息查询与整理，利用已知信息由 TSM－IoT 和 ASM－IoT 进一步对该物联网应用做分析与处理可以获得其抽象物联网拓扑模型和预测攻击模型，最后根据其拓扑信息、维护管理信息、硬件信息及攻击信息等构成模糊评价模型的判定元素，再根据模糊评价计算模型对该物联网应用进行安全等级域的评定，从而为其制定相应的安全防护策略。

1）网络拓扑分析

根据图 7.4 以及 TSM－IoT 架构可以分析得出智慧校园网络的抽象拓扑。由图 7.4 可以发现，该智慧校园应用根据其地域对无线区域进行了功能划分，例如无线教室、无线图书馆、无线休闲区域、移动区域和无线办公区域。其终端的移动性较小，门禁与一卡通应用服务的感知终端大多都是固定属性。根据 TSM－IoT 架构中的三个拓扑模型，可以很清楚地发现该“智慧校园”应用的抽象拓扑属于 TSM－IoT III 的形式，即远程客户端—（移动通信网）—互联网—物联网网关—物联网终端—（标签）。

2）攻击模型分析

由图 7.3 所示的“智慧校园”应用服务体系架构和 ASM－IoT 架构可以对“智慧校园”可能面临的攻击做出预测。根据图 7.3 可知，该应用服务涉及的敏感数据集中在财务服务和教务服务中，其他系统中的学生及教师的个人隐私信息也是敏感数据之一。另外，该物联网应用的无线覆盖范围广，无线硬件设备分布地区广、数量多，不排除这些设备会受到物理攻击和盗窃的可能。根据 ATS－IoT 架构可以为该应用服务做出攻击预测，如表 7.3 所示。

表 7.3 “智慧校园”攻击预测

逻辑层	攻击类型
感知层	拥塞攻击，物理攻击，耗尽攻击
网络层	Sybil 攻击，污水池攻击，跨异构攻击
应用层	非法人为干预，设备丢失

3）安全应用等级判定分析

根据 BHSM－IoT 模型的数据流，在得到“智慧校园”应用的各类数据信息，以及经过拓扑和攻击模型分析后，可以对其进行安全等级配置的评价。根据安全等级判定过程，利用模糊评价方法做出 6 步的判定：

Step 1　确定 $U=$｛系统管理人员水平，系统安全维护，系统硬件水平，网络拓扑影响度，攻击强度预测｝。

Step 2　确定应用安全度评价 $V=$｛较低，一般，中等，较高｝。

Step 3　确定权重。

这里由专家组对每一个特征元素进行打分，然后使用三点估算法得到 X_j，再对 X_j 进行归一化处理。假设专家打分由三点估算法得到的归一化结果为

$$A=\{0.2, 0.1, 0.4, 0.1, 0.2\}$$

Step 4　建立隶属度模糊矩阵。

$$\boldsymbol{R}=\begin{bmatrix}0.2 & 0.4 & 0.3 & 0.1\\0.0 & 0.2 & 0.5 & 0.3\\0.3 & 0.4 & 0.2 & 0.1\\0.1 & 0.3 & 0.4 & 0.2\\0.0 & 0.1 & 0.5 & 0.4\end{bmatrix}$$

Step 5　合成模糊综合评价结果向量。

为了判断该应用系统的级别，将特征向量 U 构成模糊关系矩阵 $\boldsymbol{R}$ 与模糊子集 A 进行模糊复合运算。本文采用“ · ”和“＋ ”模糊算子，记为模型 $M(\cdot,+)$。设复合运算的结果为 B，则 B 中的元素为

$$B_{ij}=\sum_{k}(a_{ik}\cdot r_{kj})=(a_{i1}\cdot r_{1j})+(a_{i2}\cdot r_{2j})+\cdots+(a_{ik}\cdot r_{kj})$$

式中，$a\cdot b=ab$，是乘积算子(代数积)；$a+b=(a+b)\wedge 1$，是闭合加法算子(代数和)；$\sum$ 表示对 k 个数在“ ＋ ”下求和。

$$B=A\circ R=[0.2,0.1,0.4,0.1,0.2]\circ\begin{bmatrix}0.2 & 0.4 & 0.3 & 0.1\\0.0 & 0.2 & 0.5 & 0.3\\0.3 & 0.4 & 0.2 & 0.1\\0.1 & 0.3 & 0.4 & 0.2\\0.0 & 0.1 & 0.5 & 0.4\end{bmatrix}=[0.17,0.31,0.33,0.19]$$

Step 6　由最大隶属度原则可以看出该“智慧校园”服务应用的安全等级为三级，即其安全等级域属于“中等”，在各类物联网应用中隶属安全需求较高的范围，因此，“智慧校园”的建设者和管理者需要高度重视其应用系统及网络的安全防护工作，为其配置认证、加密、密钥管理、路由聚合、数据完整性鉴别等多项安全措施，为该物联网应用的安全、可靠、稳定运行打好基础。

7.2　NB－IoT 中安全问题

基于蜂窝的窄带物联网(Narrow Band Internet of Things，NB－IoT)是物联网安全模型架构关于物联网蜂窝网络的运用，它相当于物联网安全模型在窄带物联网上的分支。NB－IoT是针对 NB－IoT 感知层、传输层和处理层提出的安全需求和相关对应的安全技术，并在安全问题需求分析的基础上，提出了一个基于 NB－IoT 的安全架构，阐述了架构中每个层次的功能和涉及的关键技术。

7.2.1　NB－IoT 中安全问题的需求分析

1. NB－IoT 相关介绍

NB－IoT 构建于蜂窝网络，只消耗大约 180 kHz 的频段，可直接部署于 GSM 网络、UMTS 网络或 LTE 网络，以降低部署成本并能够实现平滑升级，支持待机时间短、对网络连接要求较高设备的高效连接，同时能提供非常全面的室内蜂窝数据连接覆盖，从而成为万物互联网络的一个重要分支，是一种可在全球范围内广泛应用的新兴技术[2]。在

NB－IoT 系统逐步成熟的同时，国家也非常重视整个 NB－IoT 生态链的打造。中国电信积极响应国家的产业政策，采取实验室验证、外场测试、商用开通三步走的策略，中兴通讯也紧跟 NB－IoT 发展建设规划，启动了基于 NB－IoT 标准的 POC 验证和实验室验证。

2. NB－IoT 的安全需求分析

与传统物联网类似，基于窄带的联网 NB－IoT 也面临一系列安全威胁问题，例如接入鉴权、隐私保护、无线传感器节点防伪等。因此，如何在 NB－IoT 系统中保证业务信息、物理空间资源使用的安全性，已成为 NB－IoT 商用部署进程中重要而迫切的问题。NB－IoT 的安全需求与传统的物联网有一些相似之处，同时也存在着一定的区别。本小节将针对感知层、传输层和处理层这三层架构，对 NB－IoT 的安全需求提出具体分析和思考。

1）感知层

感知层位于 NB－IoT 的最底层，是所有上层架构及服务的基础。与一般的物联网感知层类似，NB－IoT 的感知层容易遭受被动攻击和主动攻击[3]。下面对 NB－IoT 中可能遭受的被动攻击和主动攻击进行分析。

（1）被动攻击指攻击者只对信息进行监听而不做任何修改，其主要手段包括窃听、流量分析等。由于 NB－IoT 的传输媒介依赖于开放的无线网络，攻击者可以通过窃取链路数据、分析流量特征等手法获取 NB－IoT 终端的信息，虽然不做攻击行为，但可为后续的一系列攻击做充分的准备。

（2）不同于被动攻击，主动攻击包括对信息进行的完整性破坏、伪造，会对物联网络采取一定程度的攻击行为并造成伤害，因此对 NB－IoT 网络带来的危害程度远远大于被动攻击。目前主要的主动攻击手段包括节点复制攻击、节点俘获攻击、消息篡改攻击等。

以上攻击方式可以基于算法学机制，主要采用数据加密、身份认证、完整性校验等密码算法加以防范[4]；NB－IoT 的组网结构更加明确，感知层节点可以直接与小区内的基站进行数据通信，在这种双向的数据通信中，基站应对某个 NB－IoT 感知节点进行接入鉴权，NB－IoT 节点也应当对当前小区的基站进行身份认证，防止“伪基站”带来的安全威胁。需要注意的是：NB－IoT 设备的电池寿命理论上可以达到 10 年，由于单个 NB－IoT 节点感知数据的吞吐率较小，在保证安全的情况下，感知层应当尽可能地部署轻量级的密码，例如流密码、分组密码等，以减少终端的运算负荷，从而达到延长电池使用寿命的作用。

2）传输层

NB－IoT 的传输层位于感知层和处理层的中间。与传统的物联网传输层相比，NB－IoT 可以实现整个城市一张网，便于维护和管理，并且更易寻址，然而也带来了两个方面的安全威胁问题：

（1）大容量的 NB－IoT 终端接入将导致恶意节点的攻击行为更易发生。NB－IoT 的一个扇区能够支持大约 10 万个终端连接，如何对这些实时的、海量的大容量连接进行高效的身份认证和接入控制从而避免恶意节点注入虚假信息，是一个值得研究的问题。

（2）开放的网络环境更容易使 NB－IoT 遭到外在攻击。NB－IoT 的感知层与传输层的通信功能完全借助于无线信道，无线网络固有的脆弱性会给系统带来潜在的风险，攻击者可以通过发射干扰信号造成通信的中断。

解决上述问题的办法是引入高效的端到端身份认证机制、密钥协商机制，为 NB－IoT

的数据传输提供机密性和完整性的保护，同时能够有效地认证消息的合法性，但如何将相关安全机制的运用效率优化后部署在 NB - IoT 系统中还是个值得研究的问题[5]；另一方面，应建立完善的入侵检测防护机制，能够检测恶意节点注入的非法信息：首先为某类 NB - IoT节点建立和维护一系列的行为轮廓配置来描述该类节点正常运转时应有的行为特征。当一个 NB - IoT 节点的当前活动与以往活动的差别超出了轮廓配置各项阈值时，这个当前活动就被认为是异常或一次入侵行为，系统应当及时拦截和纠正。

3）处理层

NB - IoT 的处理层位于网络架构的顶层。经过感知层、传输层后，大量的数据汇聚在处理层形成海量的资源，为各类应用提供数据支持。相比于传统的物联网处理层，NB - IoT 处理层将承载着更大规模的数据量，其核心目标是有效地存储、分析和管理数据[6]。处理层主要的安全需求集中在以下三个方面：

（1）海量异构数据的识别和处理方面需要考虑安全问题。由于 NB - IoT 应用的多样性，汇聚在处理层的数据也具备了异构性的特点，从而增加了处理数据的复杂性。如何利用已有计算资源高效地识别和管理这些数据成为 NB - IoT 处理层的核心问题。同时还应当对应用中包含的海量数据进行实时的容灾、容错与备份。

（2）数据在传输过程中需要考虑完整性和认证性问题。处理层的数据由 NB - IoT 的感知层和传输层而来，在采集和传输中一旦某一环节出现异常，都会给数据带来不同程度上的完整性破坏。

（3）数据的访问控制方面需要注意权限分配的安全问题。NB - IoT 有大量的用户群，不同的用户对数据的访问及操作权限也不同，需要根据用户的级别设定对应的权限，让用户可以受控地进行信息共享。

解决这类安全问题的关键在于建立高效的数据完整性校验和同步机制，并辅以重复数据删除技术、数据自毁技术、数据流程审计技术等，全方位保证数据在存储和传输过程中的安全性；针对应用场景私密度的区别应采取不同类型的访问控制措施和权限分配。

7.2.2　NB - IoT 的安全架构

基于上述思考与分析，本文提出了一个基于 NB - IoT 的安全架构，如图 7.5 所示。

该安全架构分为感知层、传输层和处理层三个层次。

第一层为 NB - IoT 感知层的安全体系，目标是实现数据从物理世界的安全采集，以及数据和传输层的安全交换。安全特性包括以下几个方面：感知节点的隐私保护和边界防护、感知节点对于扇区内基站的身份认证、移动节点越区切换时的安全路由选择、密码系统的建立与管理。涉及的关键技术主要有：接入控制技术、终端边界防护与隐私保护技术、蜂窝通信技术、轻量级密码技术等。

第二层为 NB - IoT 传输层的安全体系，目标是实现数据在感知层和处理层之间的安全可靠传输，安全特性包括以下几个方面：海量节点接入的身份认证、海量数据在传输过程中的认证、传输系统的入侵检测以及与感知层、处理层的安全通信协议的建立。涉及的关键技术主要有：身份认证技术、数据认证与鉴权技术、入侵检测技术、安全通信协议等。

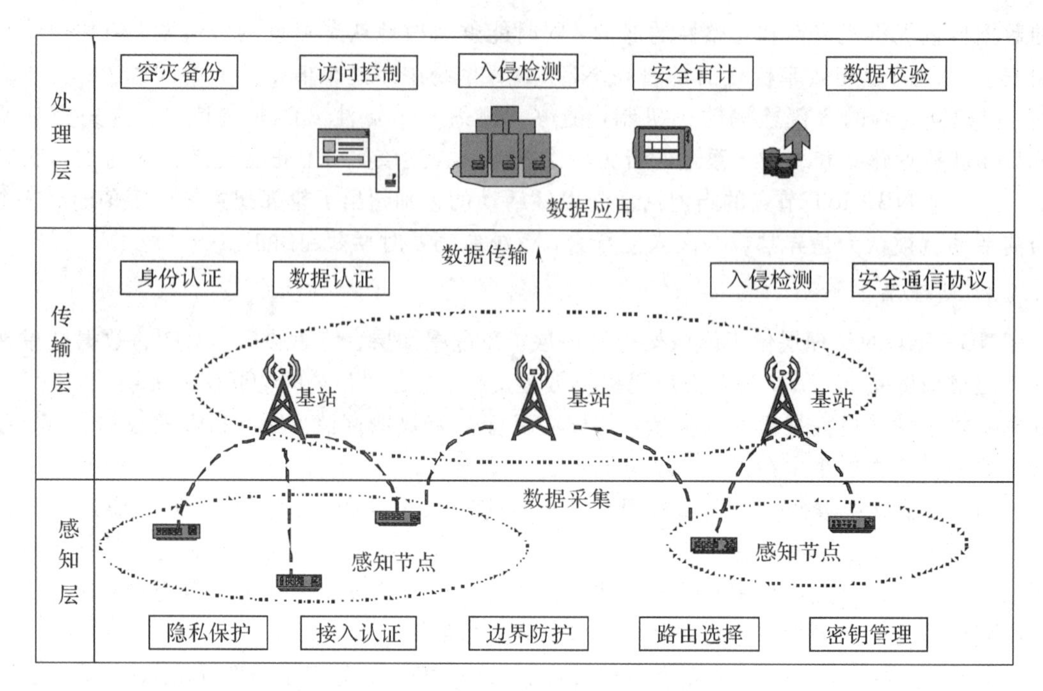

图 7.5　一种基于 NB-IoT 的安全架构

第三层为 NB-IoT 处理层的安全体系，目标是实现数据安全、有效的管理及应用，安全特性包括以下几个方面：对海量数据的容灾备份、各类应用的用户访问控制、系统防护入侵检测、用户行为的安全审计以及对海量数据交互过程中的校验。涉及的关键技术主要有海量数据实时容灾容错技术、访问控制技术、入侵检测技术、针对数据库的安全审计和数据校验技术。

7.3　软件定义的大数据网络异常流量检测方法

软件定义的大数据网络的异常流量检测主要是针对物联网安全模型架构中的传输层、网络层提出的。在软件定义的大数据网络的体系架构中，分别进行流量采集与流量最优特征集提取模型研究，并在流量特征提取完成的情况下，对改进 SVM 的异常流量识别模型进行研究。

7.3.1　相关技术的需求分析

1. 软件定义的大数据网络

软件定义网络(SDN)是由美国斯坦福大学的 Cleans late 研究小组提出的一种新型网络架构，其核心技术 OpenFlow 使网络中的交换路由器的控制层面和数据传输转发层面之间相互解耦分离，2 个部分相互独立，同时上层的集中控制器(controller)下发统一的数据转发规则给路由交换设备，从而真正实现控制设备和交换设备的分离和独立发展。

随着大数据和云计算技术的不断发展，网络架构发展日渐庞大，交换机层次管理结构更加复杂，需要处理的数据流量与日俱增。面对这样的情况，服务器和虚拟机需要更高效的数据迁移能力。为了有效避免因庞大的计算机与服务器机群造成的网络堵塞和性能瓶颈问题，必须实现服务器机群内的高效寻址和数据传输能力[7]。因此，软件定义网络 SDN 的架构部署到网络中，可以有效实现高效寻址、负载均衡等功能，从而能进一步提高网络中的数据交换效率。

目前，在数据中心网络中使用 SDN 架构部署在国外早已成为研究热点。文献[8]首次提出将 OpenFlow 技术引入数据中心网络，并采用 NOX 控制器实现了两种比较典型的数据中心网络 PortLand 和 VL2 的高效寻址和路由机制；Virtue 利用 OpenFlow 交换机控制网络流量，实现了数据中心内不同的虚拟机布置算法的比较，并通过真实的数据中心和模拟器两种方式进行了实验。同时，国内学术环境也非常重视 SDN 技术的研究和发展。在数据中心应用方面，清华大学李丹教授于 2014 年启动了国家“973”计划“软件定义的云数据中心网络基础理论与关键技术”项目的研究。

软件定义的大数据网络与传统网络有所区别。软件定义的大数据网络可以有效提高硬件平台的可编程性，将网络控制功能从网络中的路由交换设备中分离出来，实现网络控制层面与数据转发层面相分离；利用软件控制网络的功能，通过网络控制器与计算机系统控制器、存储系统控制器之间的信息交互，实现高效感知应用需求，并能对不同种类的资源进行协同控制[9]，从而在海量信息的处理中实现资源的高效利用。

与传统网络类似，软件定义的大数据网络同样面临着网络攻击的威胁。其中，常见的拒绝服务攻击、分布式拒绝服务攻击(DDOS)以及蠕虫病毒攻击等会造成异常流量突发，对全网造成一定的伤害。在该网络中，异常流量识别方法是最基本的保障网络安全的方法，其通过一定手段能过滤掉网络中的异常流量。但是，软件定义的大数据网络规模庞大且复杂度较高，其分布式存储和集中式处理的特点会造成网络中大量数据流量的短时间聚集，这样对网络中的异常流量识别方法应有更高要求。

2. 传统网络和 SDN 网络中的异常流量识别方法

1）传统异常流量识别方法分析

目前国内外学者在异常流量识别领域已取得了很多研究成果，概括起来，最主要有以下三类方法：基于统计分析的方法、基于机器学习的方法和基于数据挖掘的方法。

在基于统计分析的方法中，可以分为三类，分别是基于协议的统计分析、基于特征分布的统计分析和变点识别技术。基于协议的统计分析可以有效解决协议滥用型攻击，但是其适用性较差，且随着新型网络的发展，其误报率会越来越高；基于特征分布的统计分析方法通常采用香农熵对分布进行度量，没有充分利用熵的特性；变点识别技术普遍拥有较好的识别能力，但是无法识别很隐蔽的攻击。

在基于机器学习的方法中，最常用使用两种方法，分别是贝叶斯分析和关联分析。贝叶斯分析方法中各种模型的选择和概率的设定对精度影响较大，概率或模型参数选取不当会导致识别精度较差。

基于数据挖掘的分析方法主要分为分类和聚类两类，分类分析中最常使用的分类器是支持向量机 SVM，但是 SVM 和对应的神经网络在识别过程中极易受到高误报率的影响[10]；与分类分析相区别，聚类分析是一种无监督的学习过程，但是使用聚类分析方法，在异常样本和正常样本的概率密度分布差异不明显时，尤其是在受到隐蔽蠕虫和慢速

DDoS 攻击时，容易导致误报和漏报[11]。

虽然 SDN 网络中异常识别方法的建立可以参考传统网络中的异常识别方法，但是传统的异常流量识别方法在面对云计算与大数据网络环境下的大量数据流量时，对海量、快速的数据流的识别效率和准确性较低，且可扩展性较差。因此，近年来如何利用 SDN 网络中的关键技术进行异常流量识别逐渐成为热点问题。

2) SDN 网络中的异常流量识别方法分析

国内外相关学者和团队从不同角度、利用不同方法，对 SDN 中的异常流量识别方法的研究取得不同程度的进展。文献[12]通过对 NetFlow 协议和受几种常见蠕虫病毒攻击时 NetFlow 数据产生的异常特征的研究分析，提出了一种基于 NetFlow 协议的蠕虫病毒识别方法，且通过部署方法于具体网络中分析，可以发现此方法能够快速而准确地识别出常见的蠕虫，并且能够对网络中出现的新型蠕虫进行预警和特征描述。文献[13]利用 sFlow 方便、高效、快捷和全面的采集特点，在基于 OpenFlow 的 SDN 控制平台中，采用 sFlow 对数据进行采集，实现有效和可扩展的异常识别。文献[14]利用 OpenFlow 的程控能力来提升远程触发黑洞过滤器的功能，缓解由 DDoS 攻击所引起的流量异常。由于云计算及大数据本身的特点，大数据环境下的 DDoS 攻击日益增长，而基于软件定义的大数据网络为大数据环境下的 DDoS 攻击带来了新的解决方案。文献[15]提出了一种轻量级的、快速的基于熵的 DDoS 检测方法，该方法通过考虑 SDN 控制器的能力来保护控制器，并利用 SDN 控制器收到的请求分组进行熵值计算，实现快速的异常行为识别。文献[16]为了给大数据环境下的 SDN 结构提供更好的安全性，提出了一种容错控制器结构(MCSSDN)，该结构使用多个控制器管理每个设备以抵御控制器及控制器间通信链路上的 Byzantine 攻击。

虽然近几年有很多人提出了各种在软件定义的大数据网络环境下的异常流量识别方法，但是随着云计算和大数据技术的发展，现有的 SDN 异常流量识别方法仍然存在缺陷，需要不断改善，特别是运用到大数据环境下会存在以下问题：

(1) 软件定义网络中的数据传输协议不能适用于大数据环境下多样性和高速性的数据。SDN 环境下通常采用 sFlow、NetFlow、OpenFlow 等数据采集和传输协议，但是默认情况下 SDN 网络中只能使用某一个协议，这样单一协议的使用，不仅限制了网络设备的选择，而且由于单一协议的限制会使得某个识别方法不能推广至整个网络中使用。因此，最好能够结合多种协议并进行有效结合，形成优势互补的总协议，并在此基础上提出一种适合软件定义的大数据网络的、具有较高综合性的传输协议是亟待解决的问题。

(2) 异常流量识别方法在大数据环境下的准确性问题。虽然利用 SDN 网络中的关键技术来进行异常流量的识别可缓解网络攻击所造成的异常流量，但是仍然存在检测范围狭隘和误检率较高的问题。因此，在异常流量识别方法中采用成熟的支持向量机 SVM 机制并对其进行有效改进，从而建立高效异常流量识别模型来适应大数据流量和高速率网络环境，提高异常流量识别的准确率。

(3) 异常流量识别方法存在效率方面的问题。随着大数据技术的发展，网络流量数据呈现海量特性，因此需要在高速网络上对数据流进行在线分析和处理对异常检测方法提出更加苛刻的性能要求。现有的识别方法在高速网络下都较为复杂，并且实现成本较高。

综上所述，基于大数据网络环境对数据传输质量、传输速率和安全角度的充分考虑，我们需要建立软件定义的大数据网络的关键逻辑架构；针对软件定义的大数据网络中的异常流量的特征，需要设计一套特定的定义大数据网络中的数据流特征总集，以及参照特征集设计完整的数据流特征的提取方法；针对软件定义网络在大数据环境下识别误差较高的问题，可以设计一种基于改进后的 SVM 的软件定义大数据网络的异常流量识别模型。

7.3.2 系统方案

结合软件定义网络在大数据环境下的关键技术，设计有高融合性的流通信协议和通信构架，并提出软件定义大数据网络的逻辑构架；分析大数据网络数据流特点，并结合 SDN 在大数据环境下的网络流量的特征参数总集，设计基于当前网络环境下最优流量特征子集的流特征提取模型；在软件定义的大数据网络架构中，根据获得的流特征[17]，分析异常流量与正常流量的区别，改进支持向量机 SVM 分类核函数，设计分类识别方法，实现软件定义的大数据网络的异常流量识别。

结合上述分析，基于此安全技术的系统模型设计可以分为三个模块，从三个方面进行研究，分别是软件定义的大数据网络的体系架构研究，流量采集与流量最优特征集提取模型研究，以及基于改进的 SVM 异常流量识别模型研究[18]，并在理论分析的基础上提出设计方案。

1. 软件定义大数据网络的体系架构

1）方案需求

分析现有的 SDN 通信协议，为了实现多协议融合并应用于大数据环境，结合现有大数据网络在通信管理控制中面向应用的实际需求特点，对现有协议进行扩展，设计一种基于多协议融合的适合大数据传输的 SDN 协议；为了适应大数据传输特点的可编程网络节点及其交互机制，提升大数据通信可扩展性及冗余保障能力[19]，需要提出一种改进的 SDN 传输层节点与控制层节点的通信控制机制；为了有效验证该体系架构的有效性和高效性，需要结合大数据网络节点的拓扑结构，提出一种新型软件定义大数据网络逻辑结构。

2）方案设计

分析现有的 SDN 流传输协议，研究各种协议融合应用于大数据环境的方式，设计面向应用的适用于软件定义大数据网络的流通信协议；基于协议设计，进一步研究数据层节点转发规则更新同步方案，以及控制节点分布式控制器管理和扩充模型；继而利用设计完成的流通信协议和网络节点通信机制，设计软件定义大数据网络核心逻辑构架。

研究技术路线如下：

（1）分析现有 SDN 技术所采用的 OpenFlow、NetFlow、sFlow 等流传输协议，结合大数据特点，采用值扩展、字段扩展手段对现有协议进行扩展，实现面向应用优化，设计软件定义大数据网络流传输协议。

（2）研究 SDN 数据层传输数据的转发特点，结合多阶段更新策略，设计新型数据层节点转发规则。

（3）研究 SDN 流规则的合法性以及一致性检测与协调技术，解决流转发路径选择问题，实现多个管理节点对单一子节点协同管理以提升网络出现故障时子节点通信的成功率。

（4）分析大数据分布式节点拓扑结构，优化 SDN 控制器在分布式环境下的协同工作效率，结合扁平式和层次式控制层节点扩展方案，设计混合式网络拓展模型，增强网络的可扩展性。

(5) 结合设计完成的流传输协议以及改进型节点通信与管理机制，设计软件定义大数据网络核心逻辑构架，作为后续研究的基础。

软件定义大数据网络体系构架研究方案如图 7.6 所示。

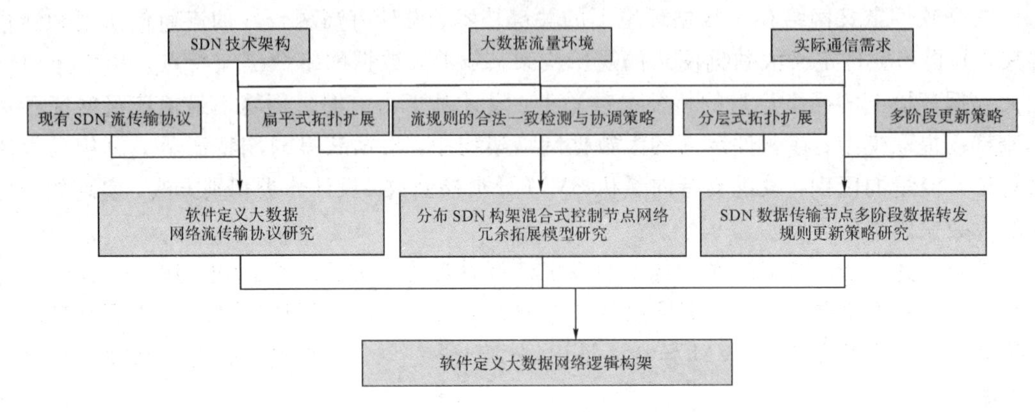

图 7.6　软件定义大数据网络体系构架研究方案

3) 可行性分析

SDN 网络构架在大规模海量传输网络的应用已经取得一定的现实成果，其控制与网络传输分离的核心设计思路也适合大数据网络面向应用的集中管理、自定义应用及可扩展性需求。现阶段需要利用 SDN 网络的可定制化特点，在优化其对大数据业务支持的同时，加强在大数据分布式构架下的管理、扩展及冗余保障能力，SDN 技术支持多种流通信协议的融合以及对网络通信机制的自主控制[20]，这已在多项相关研究中得到证实。

2. 流量采集与流量最优特征集提取

1) 理论分析

为了实现高效处理大数据流量有效应对大数据环境的目的，结合 SDN 架构中多流表特性与并行多线程的运用，对网络流进行并行批量采集并进行流量特征提取；对软件定义大数据网络的网络流量和传统网络结构的网络流量特点进行对比分析，通过对网络流量异常特征及原因的归纳与总结，建立能够有效表征软件定义大数据网络流量特征的特征参数总集；为了降低特征集的维数与冗余，实现不同网络环境下使用不同组流量特征作为异常流量识别的输入来提升效率，更是为了实现流量特征的实时、准确、高效提取，需要分析、研究不同的网络环境下，基于特征搜索算法与特征子集评估函数[21]，对流量特征总集进行特征选择，提取当前网络环境下更加简洁且具有代表性的软件定义大数据网络流量最优特征参数子集。

2) 方案设计

分析上述软件定义大数据网络的体系架构研究内容中的流，将 SDN 架构中多流表的特性与并发多线程相结合，实现流量的批量处理，基于改进融合令牌和多序列比对的特征提取方法，选取建立能够有效表征软件定义大数据网络流的流量特征总集；分析研究特征搜索算法与特征子集评估函数，结合具体的网络环境，对完整的流量特征总集进行特征选择，以获取一组更为简洁的特征参数，得到当前网络环境下的最优流量特征子集。

研究技术路线如下：

(1) 对软件定义大数据网络的网络流量和传统网络结构的网络流量特点进行对比分析，通过对网络流量异常特征及原因的归纳与总结，建立能够有效表征软件定义大数据网络流量特征的特征参数总集(OD流、源主机IP、目的主机IP、源主机端口、目的主机端口、协议类型、入度、出度及流量包大小等)。

(2) 研究SDN多流表特性与流量采集和特征提取技术的融合，结合运用多线程并发执行特点，设计一种高效的并行流量批量采集处理方案。

(3) 基于改进的融合令牌算法(适合较长、文本信息为主的流量特征提取)与多序列比对算法(适合较短、二进制信息为主的流量特征提取)[22]，提取建立能够有效表征软件定义大数据网络流量特征的特征参数总集。

(4) 分析研究不同网络环境下，结合特征启发式与随机搜索算法、实时特征子集评估函数，对流量特征总集进行特征选择，获取一组更为简洁的特征参数，得到当前网络环境下的最优流量特征子集。

流量采集与最优特征集提取研究方案如图7.7所示。

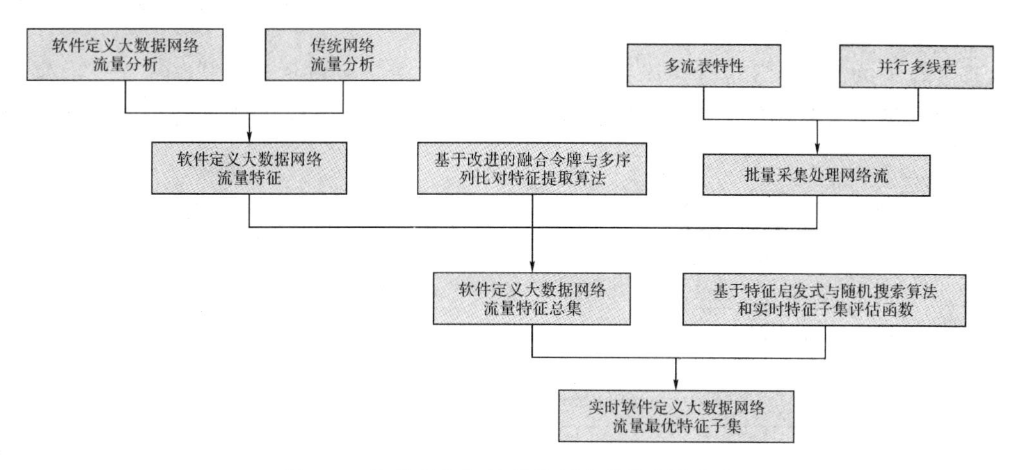

图7.7　流量采集与最优特征集提取研究方案

3) 可行性分析

SDN中异常流量识别的处理单元为网络流，它是具有相同特性的数据包，使多流表与流量特征提取方法融合应用于软件定义大数据网络中具有可行性；基于令牌的特征提取算法与多序列比对的特征提取算法，以及特征搜索算法与特征子集评估函数已在流量特征子集提取领域从理论和应用层面取得良好的成果；并发多线程的应用对执行效率的提升在云计算领域已得到了广泛验证，可以有效提高数据处理效率。

3. 基于改进的SVM异常流量识别模型

1) 理论分析

为了降低SVM算法本身的计算复杂度，增强SVM算法对大数据网络流量的适应性，优化 SVM 在大规模数据上的求解效率和准确率，优化 SVM 算法在大规模数据集上的求解过程，应用改进的 SVM 算法，将采集到的大数据流量作为算法输入，检测软件定义大数据网络中的异常流量，建立基于改进的 SVM 异常流量检测模型。

2）方案设计

改进 SVM 核函数，开发一种高精度、高效率的异常流量检测技术。分析软件定义大数据网络流量，建立一种满足高速率、安全传输、大流量处理、分布式计算的异常流量检测模型。

研究技术路线如下：

(1) 研究 SVM 核函数近似算法，生成非线性核函数的线性拟合，优化核函数参数，设计一种消除 SVM 算法非线性特征的方案。

(2) 结合以往大数据和云计算研究项目以及第三方数据源，分析大数据流量特征，应用局部敏感哈希算法改进 SVM 的异常流量监测机制，提高异常流量监测的效率、精度和推广能力。

(3) 分析提取的大数据流量最优特征信息，确定动态向量权重设定算法以及权值自动调整方案。

(4) 多平台仿真基于改进的 SVM 异常流量检测方法，对系统性能进行分析、比较，验证本项目提出的方法的有效性。

基于改进的 SVM 异常流量识别模型研究方案如图 7.8 所示，其中虚线框表示前两个研究内容的参考来源，实线框为基于改进的 SVM 异常流量识别模型研究内容所进行的研究工作。

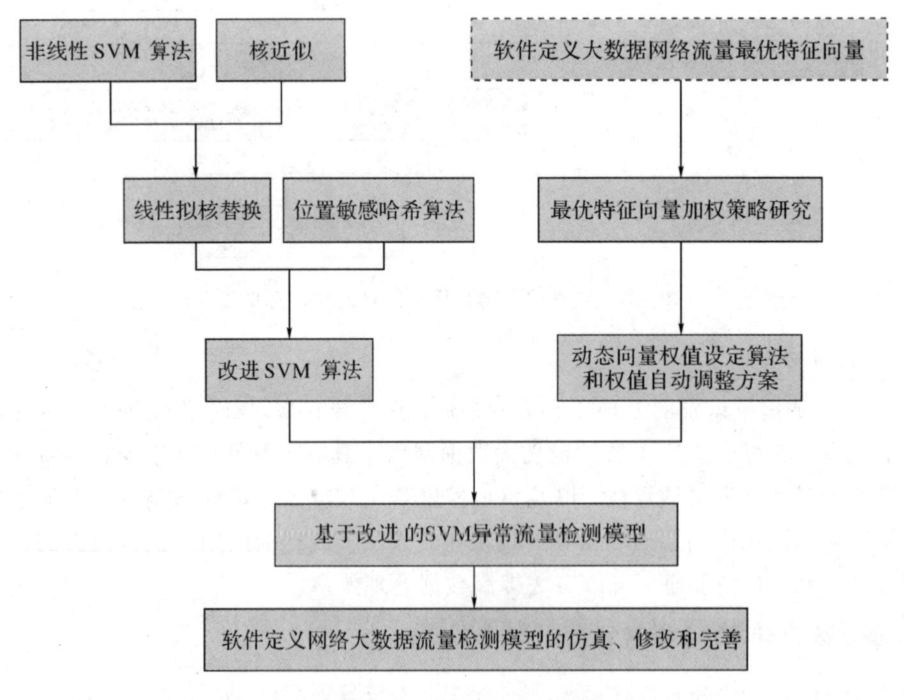

图 7.8　基于改进的 SVM 异常流量识别模型研究方案

3）可行性分析

SVM广泛应用于异常流量监测中，是相对成熟的算法，所以将其移植到大数据平台具有可行性。虽然SVM具有很突出的优势，不过考虑到其中一些关键的地方仍然值得改进和发展，比如算法的非线性导致大规模数据集上的求解代价过高，因而具有进一步优化的可能。因此，研究基于SVM的软件定义大数据网络异常流量检测具有相当的可行性。

将上述三个模块的研究内容进行有效结合，可以形成总体研究方案，如图7.9所示。

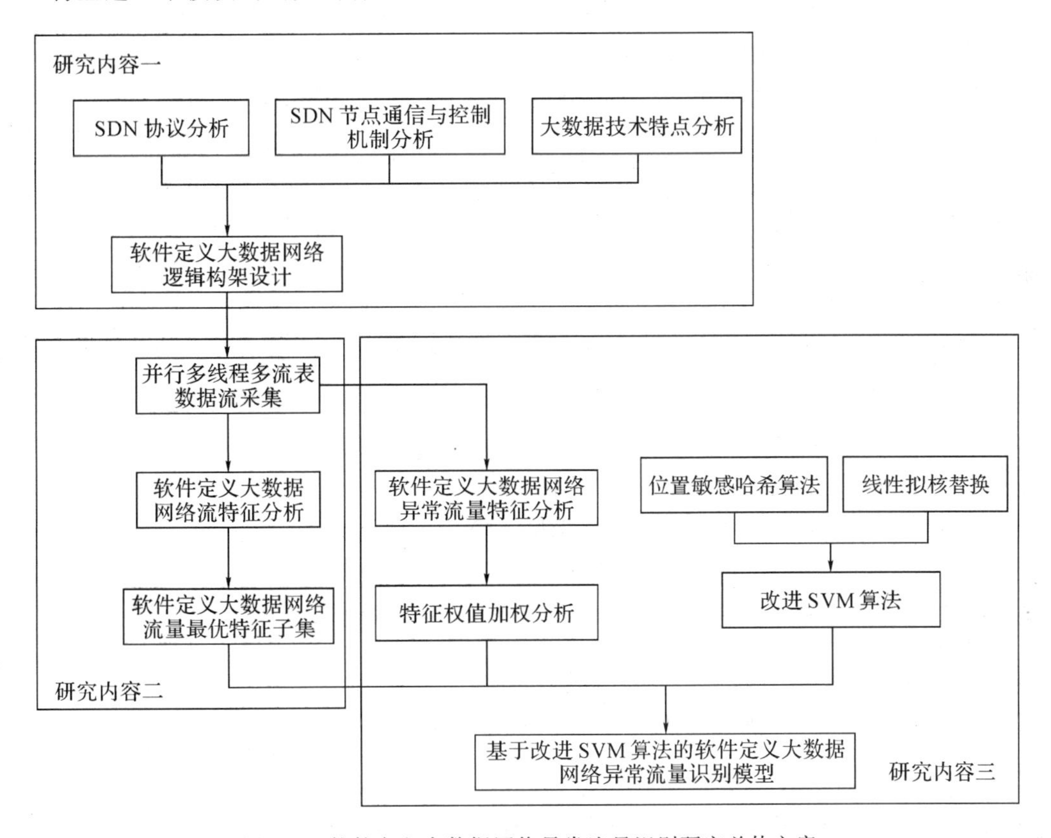

图7.9　软件定义大数据网络异常流量识别研究总体方案

7.4　基于Android恶意软件的检测系统

Android恶意软件检测系统应用于物联网安全检测技术、系统中的静态分析模块和动态分析模块，其主要应用于物联网中的应用层面。该检测技术主要采用静态、动态相结合的方法，对Android恶意软件的行为实现有效检测。

7.4.1　基于Android恶意软件检测系统的需求分析

随着智能移动终端的迅速普及，网民们的习惯也日渐由电脑端向移动端转移，用户对智能手机的依赖越来越深，移动互联网已然吸引多方势力展开一番掘金和角逐。其中，新闻阅读、社交、购物、拍摄美化、游戏、支付乃至金融等良好的移动应用正在大范围扩散。当下，我们的日常生活已经离不开各种智能终端，每天都要跟各种移动APP打交道。由于Android开放源码的特性以及免费授权的商业模式，很快就获得了很多手机厂商支持；其次，Android软件安装方式的开放性，也使软件分发渠道变得多种多样；Android相关的开发工具以及软件发布对Android应用开发者的开放，大大减少了应用开发者的成本；庞大的用户群体以及良好的用户口碑和体验，也吸引了很多用户和开发者参与到Android应用程序的使用和开发中来。

但在Android系统蓬勃发展的背后，其安全问题也日益凸显。在Android系统流行期间，恶意软件开发者也开始把它作为攻击的对象，每年新生的恶意软件及其变形体都呈现出显著的增长趋势，各种恶意的攻击对Android终端造成的影响也越来越严重。这些恶意攻击已经深刻影响了用户对Android智能终端的正常使用，同时也损害了用户切身的利益及隐私、财产安全。捆绑应用、恶意扣费、窃取隐私等恶意行为的软件层出不穷，严重危及了用户的财产和隐私安全。因此，如何准确有效地对Android端应用软件恶意行为进行检测，也逐渐成为国内外信息安全、移动通信等相关领域需要解决的难题。研究Android恶意软件行为检测技术具有很重要的意义。

为了解决这个问题，需要开发基于Android的恶意软件检测系统，主要从静态分析和动态分析两方面对Android恶意软件进行检测，并通过动静态结合的方式设计并实现Android恶意软件检测系统的有效运行。该课题在系统方案设计上，一方面运用基于数据流分析技术的静态分析方法，使用转化成图的可达性求解方案，挖掘Android应用的隐私信息泄漏漏洞；另一方面实现了一个自动化检测Android恶意软件的系统，通过静态分析与动态分析的结合，全面可靠地分析应用程序可能存在的漏洞和恶意行为，并给出分析结果，最终根据恶意软件的安全级别给用户提供相应的安装和改进方案。

7.4.2 基于Android恶意软件检测的相关技术

本小节主要研究和分析了基于Android恶意软件检测的相关技术。首先介绍了Android操作系统上相关的安全机制和常见恶意软件行为，然后介绍了现有最常见的两类基于Android的恶意软件检测技术：基于静态分析的软件检测技术和基于动态分析的软件检测技术，并对这两种技术进行了对比。

1. Android恶意软件检测

1）安全机制介绍

Android是基于Linux内核的开源手机终端操作系统，也顺其自然地继承了Linux内核的安全模型，其中包括Linux的用户与权限管理机制、进程与内存空间管理机制等。下面详细介绍五种Android安全机制。

（1）进程沙箱机制。Android系统中，假设应用软件之间是不可信的，甚至用户自行安装的应用程序也是不可信的，因此，首先需要限制应用程序的功能，即将应用程序置于“沙箱”之内，实现应用程序之间的隔离，并且设定允许或拒绝API调用的权限，控制应用程序对资源的访问。

应用程序进程之间、应用程序与操作系统之间的安全性由 Linux 操作系统的标准进程级安全机制实现。在默认状态下，应用程序之间无法交互，运行在进程沙箱内的应用程序没有被分配权限，无法访问系统或资源。因此，无论是直接运行于操作系统之上的应用程序，还是运行于 Dalvik 虚拟机的应用程序都受到同样的安全隔离与保护，被限制在各自"沙箱"内的应用程序互不干扰，对系统与其他应用程序的损害可降至最低。

（2）权限机制。在 Android 系统中，每一个应用程序都会有自己的 user ID，即在自己的进程中拥有可执行的权利，这样做的好处是可以保护系统及每一个应用程序不会被其他不正常的应用程序所影响。然而应用程序和系统或其他应用程序之间还是有可能需要互相分享资讯或资源的，为了让不同程序之间可以互通，Android 系统使用权限来实现。由于用户自行安装的应用程序也不具备可信性，在默认情况下，Android 应用程序没有任何权限，不能访问受保护的设备 API 与资源。因此，权限机制是 Android 安全机制的基础，它决定允许还是限制应用程序访问受限的 API 和系统资源。应用程序运行时，Android 系统会在框架层与系统层逐级验证，如果某权限未在 AndroidManifest. xml 中声明，那么程序运行时会出错。

（3）进程通信机制。Android 的进程通信基于 Dianne Hackborn 的 OpenBinder 实现，引入 Binder 机制以满足系统进程通信对性能效率和安全性的要求。Binder 基于 Client - Server 通信模式，数据对象只需复制一次，并且自动传输发送进程的 UID/PID 信息。Binder 提供了远程过程调用(RPC)功能，Binder 进程间通信机制具备类型安全的优势。此外，Binder 采用 Android 的共享内存机制(Ashmem)，而不是传统的 Linux/UNIX 共享内存(Shared Memory)实现高效率的进程通信。

（4）内存管理机制。Android 的每个应用程序都有一个独立的 Dalvik 虚拟机实例，并且运行于独立的进程空间。Android 运行时(Runtime)与虚拟机都运行于 Linux 操作系统之上，借助操作系统服务进行底层内存管理，并访问底层设备的驱动程序。但是，不同于 Java 与. NET，Android 运行时同时管理进程的生命周期。为确保应用程序的响应性，可以在必要时停止甚至杀死某些进程，向更高优先级的进程释放资源。

（5）签名机制。所有的 Android 应用程序都必须被开发者数字签名，即使用私有密钥数字签署一个给定的应用程序，以便识别代码的作者，检测应用程序是否发生了改变，并且在相同签名的应用程序之间建立信任，进而使具备互信关系的应用程序安全地共享资源。使用相同数字签名的不同应用程序可以相互授予权限来访问基于签名的 API。

应用程序签名需要生成私有密钥与公共密钥对，使用私有密钥签署公共密钥证书，应用程序商店与应用程序安装包都不会安装没有数字证书的应用。在安装应用程序 APK 时，系统安装程序首先检查 APK 是否被签名，有签名才能够安装。当应用程序升级时，需要检查新版应用的数字签名与已安装的应用程序的签名是否相同，否则，会被当作一个全新的应用程序。

2）Android 恶意软件介绍

Android 恶意软件有不同的分类方法，按照软件的恶意行为可以如表 7.4 所示分类。

表 7.4　常见的 Android 恶意软件分类

恶意软件类型	恶意行为描述
恶意扣费	在用户不知情或未授权的情况下，通过隐蔽执行、欺骗用户点击等手段，订购各类收费业务或使用移动终端支付，导致用户经济损失
隐私窃取	在用户不知情或未授权的情况下，获取涉及用户个人信息的，具有隐私窃取属性
远程控制	在用户不知情或未授权的情况下，能够接受远程控制端指令并进行相关操作
恶意传播	自动通过复制、感染、投递、下载等方式将自身、自身的衍生物或其他恶意代码进行扩散
系统破坏	通过感染、劫持、篡改、删除、终止进程等手段导致移动终端或其他非恶意软件部分或全部功能、用户文件等无法正常使用，或者干扰、破坏、阻断移动通信网络、网络服务或其他合法业务正常运行
诱骗欺诈	通过伪造、篡改、劫持短信、彩信、邮件、通讯录、通话记录、收藏夹、桌面等方式诱骗用户，而达到不正当目的
流氓行为	通过强制安装或强制捆绑插件等方式，在用户没有授权的情况下安装其他软件，或是强行发送通知、弹出广告、无法卸载等行为

随着 Android 的迅速发展，Android 恶意软件趋向于多样化、智能化。目前 Android 手机的恶意软件具有以下几个技术趋势：

(1) 使用人眼难以区分的字符作为混淆技术；

(2) 将程序关键字符串加密；

(3) 隐藏核心代码增加分析难度；

(4) 利用 Android 系统漏洞；

(5) 动态修改 Dalvik 字节码，使得逆向分析更难。

2. 基于静态分析的 Android 恶意软件检测技术

基于静态分析的软件检测技术是指在不运行代码的情况下，通过 Android 逆向工程技术，反编译需要进行检测的应用程序，采取控制流分析、数据流图分析、特征码检测、行为分析等各类技术手段对应用程序已经解析出的代码进行分析[23]，从而判断应用程序的代码中是否含有恶意代码的方法。下面介绍 5 种静态分析技术。

1) 控制流分析技术

控制流分析技术是指，先生成有向控制流图，一般用节点来表示代码块，节点之间的有向边代表控制流路径，反向边则表示有可能存在循环；或通过 API 的调用生成函数调用关系图，以此图来表示函数间的关系。预先设定好异常控制流路径，但是这条控制流路径有可能会造成用户隐私信息泄露。

2) 数据流分析技术

数据流分析技术是指，先遍历整个控制流图，记录其中变量的初始化点以及变量的引用点，并保存相关数据信息，然后对这些数据信息进行分析。数据流分析技术主要是聚焦在待检测程序中的数据域上的特性，数据流分析对隐私泄露等恶意行为具有较好的分析能力，但是对于其他恶意行为的检测就显得无能为力。

3）安全模型评估技术

安全模型评估技术是指，通过分析 APK 文件权限、API 和文件，为权限本身的 dangerous、signatureOrSystem、signature 和 normal 四种类型分配不同的威胁值，同时将权限映射为资费、联网、短信、电话、隐私相关的几种类型，分配不同的威胁值，对部分 API 以及二进制文件、共享库文件等做类似处理，最后整合计算出威胁值。然而这种方法具有比较大的误差性，很容易对软件造成误判。

4）特征码检测技术

特征码检测技术是现在很多安全公司采用的恶意软件检测技术。他们先通过反编译技术检测 Android 应用软件中是否含有恶意代码或恶意行为，确定该软件属于恶意软件后，他们会从该软件中提取病毒特征码，然后将所有的特征码汇总，建立一个庞大的特征库，然后更新到服务器上，手机用户通过特征库更新可以获取最新的特征库。扫描时，安全软件会把用户手机中的文件或程序与特征库中的特征码进行比对，若发现匹配，就判断该目标已经感染恶意代码。

5）机器学习技术

静态分析中的机器学习技术是指，可以通过反编译技术，对 Android Dalvik 字节码进行反编译，然后对得到的结果抽取其相应的静态特征，最后利用机器学习方法构成的分类器来对软件进行分类，区分良性与恶意软件。但是这种方法需要较多的样本，且检测过程需要消耗较多的时间。

3. 基于动态分析的 Android 恶意软件检测技术

基于动态分析的软件检测技术是指通过模拟真实的 Android 程序运行环境，尽可能地触发应用程序的 API 调用，来达到程序运行时充分检测应用程序是否包含恶意行为的目的。

动态行为分析需要在严格控制的环境下执行软件的安装和运行等操作，通过对行为状况的分析，来检测软件是否具有窃密隐私、吸费、非法内容传播等恶意行为[24]。动态检测技术对实时性的要求较高，所以对运行环境的能耗较大，一般有污点跟踪、状态对比、特征模式匹配等技术，下面详细介绍相关技术。

1）污点跟踪技术

污点跟踪技术是一种可用于动态监控程序运行并记录程序中数据传播的技术。其主要思想就是将所有隐私数据变成污染源，在程序运行的过程中如果对污染源进行截取、拼装、加密、传递等操作，那么新生成的数据也会被污染，但是运用此技术进行数据流和控制流跟踪时可能面临大量的消耗，包括时间和服务器性能。

2）状态对比技术

状态对比技术是指对程序执行前后的系统状态进行比较，通过对比的方式抽取出软件行为进行分析，但是状态对比技术容易受到程序状态变化的叠加性干扰，造成准确性不足，并且无法跟踪软件执行过程中对系统的影响轨迹。

3）特征模式匹配技术

特征模式匹配技术是指，在系统中设置若干行为特征监测点实时监控程序行为，通过识别恶意行为以检测恶意软件。监控行为对象的确认和行为特征的提取需要以大量恶意软件分析为基础，但是特征模式匹配技术可能面临程序行为跟踪深度、行为跟踪粒度等问题，将会导致检测速度缓慢、效率低下。

4）机器学习技术

动态分析的机器学习技术与静态分析类似，不过动态分析的机器学习技术是通过对程序运行时的行为进行观察并搜集。通过 Android 权限、代码或运行，可以抽取到各种不同类型的特征，然后利用不同机器学习方法构成的分类器对抽取到的特征进行分类，从而判断其是否为恶意软件。获取特征的过程同样也需要消耗较多的时间。

7.4.3 基于 Android 恶意软件检测的系统设计

结合上述理论分析，给出基于 Android 恶意软件检测系统的总体设计方案，并对该系统各个功能模块进行介绍。

1. 设计目标和系统流程框架

1）设计目标

为了检测出应用程序的恶意行为，并阻止其在手机等设备上安装，需要对其进行安全分析。本系统旨在对应用程序的安全性进行评估、对应用的恶意行为进行分析和检测，最终根据分析结果指导用户安全安装或直接拒绝安装该应用程序。

基于 Android 恶意软件检测系统具备以下功能：

(1) Android 端与云服务器端的通信，用于上传应用文件以及检测结果反馈。

(2) Android 恶意软件静态检测功能，用于快速甄别恶意软件。

(3) Android 恶意软件动态检测功能，用于分析软件可能存在的恶意行为。

(4) 根据检测的结果对应用软件进行安全评级，并生成解决方案。

2）系统流程框架

在设计系统架构之前需要注意的是：Android 智能移动终端与传统的 PC 相比，其 CPU 计算能力相对比较低下，如果需要在系统上进行大量的运算，则耗时会非常高，且如果应用处理输入的数据花费时间过长，对于应用来说最糟糕的事情是出现“程序无响应(Application Not Responding)”(ANR)的警示框，如图 7.10 所示。这无疑是非常糟糕的用户体验，所以针对 Android 智能移动终端的特性，应该将耗时的操作或计算放到云服务器

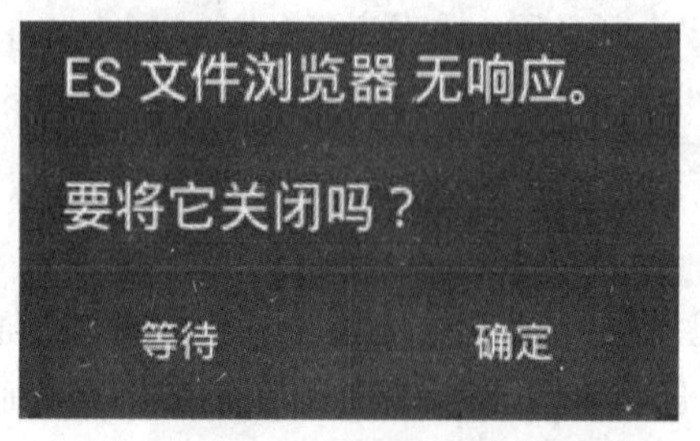

图 7.10 Android 的 ANR 警示框

端去处理，而 Android 终端只做简单的用户交互、界面展示等功能。

在该检测系统模型中，应合理运用动静态结合的方式。先用基于方法相似度的静态分析判断应用软件是否存在恶意方法；然后利用机器学习方法对动态分析提取的特征进行分类，判定应用程序是否存在恶意行为；最后，给出相应的安全评价。

用户进入系统，首先将需要进行检测的应用软件上传到云服务器端，服务器端接收到待检测的应用软件后，先对应用软件进行预处理，取得 APK 文件的特征签名信息，若黑白名单数据库中不存在该文件特征签名信息，则开始进行静态分析，并给出安全评价，若用户选择继续进行动态分析，则通过动态污染分析技术取得软件行为特征集，通过训练好的朴素贝叶斯分类器对恶意软件进行判别，最后给出安全评价。设计的技术方法框架图如图 7.11 所示。

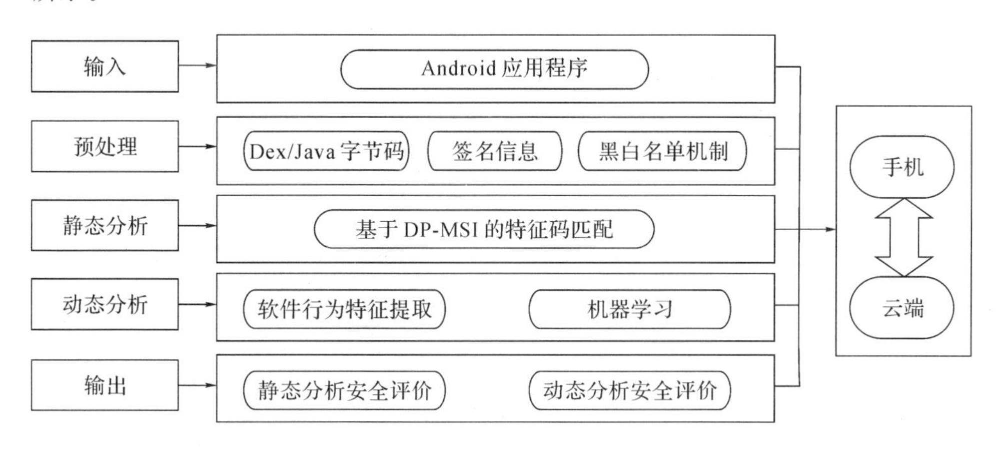

图 7.11　系统框架图

系统分析过程如下：

(1) 把待检测的 Android 应用程序的安装包作为 Android 恶意软件检测系统的输入。

(2) 对 Android 软件进行反编译预处理，使用 APKTool 等工具获取应用程序的签名信息、Dex/Java 代码和 manifest. xml 文件，并利用预处理结果得到应用程序特征签名信息的 MD5 校验值。

(3) 根据得到的应用程序特征签名信息的 MD5 校验值，通过黑名单和白名单机制过滤应用软件，若已存在黑名单或白名单中，则无需继续扫描。

(4) 利用基于 DT－MSI 的静态特征码检测方法对 Android 应用软件中的方法进行相似度比对，并判定其是否为已知类恶意软件，为动态分析提供指导。

(5) 动态分析根据 DoridBox 的动态污点跟踪技术和 API hook 技术，利用编写好的 Monkey Runner 工具在沙盒环境下对应用程序进行触发，通过 DoridBox 产生的日志以及插入的监控模块产生的信息，分析其产生的恶意行为。

(6) 根据动态污点跟踪技术以及监控模块，得到软件的行为特征集，通过改进的朴素贝叶斯分类器，判断输入的 Android 应用程序的恶意行为。

(7) 将输入的应用程序的分析结果返回给用户。服务器和智能手机的协同部署架构为大量的智能手机提供了并行服务，并及时地保护智能手机的安全。

系统流程图如图 7.12 所示。

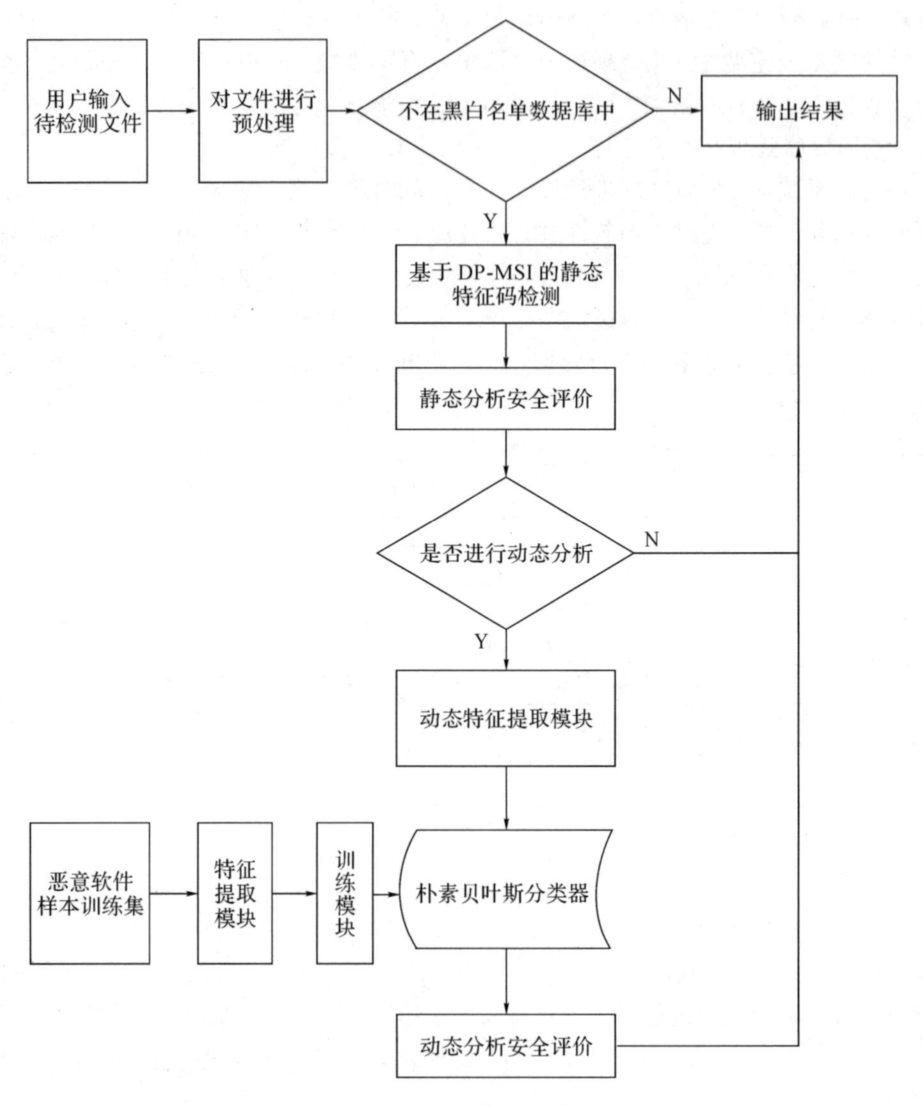

图 7.12　系统流程图

2. 系统主要模块

设计的基于 Android 恶意软件检测系统主要分为六个模块：网络通信模块、反编译模块、黑名单过滤模块、静态分析模块、动态分析模块、安全评价及解决方案提供模块。

1）网络通信模块

网络通信模块主要负责 Android 客户端与云服务器端的通信。

本系统采用基于云计算的协同处理技术。客户端安装在用户的设备上，用来检测具体的软件。云服务器端进行静态分析、动态分析、机器学习和分类器检测等操作，这部分功能之所以放在云服务器端(如图 7.13 所示)，是因为移动设备相对处理能力较弱，静态分析、动态分析和分类器的训练需要处理大量的数据。用户可以手动上传 Android 的 APK 文件到云服务器。云服务器负责检测上传的应用程序的恶意行为，并返回评估信息。

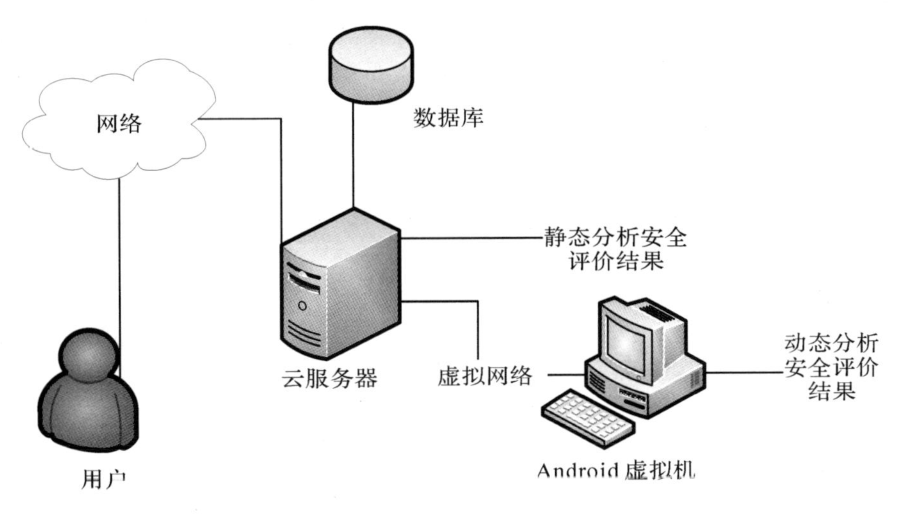

图 7.13　客户端和云服务器架构部署

2）反编译模块

静态分析技术的前提是需要 Android 应用程序的源代码或者字节码中间形式，因此反编译模块需要做的工作就是将 Android 应用程序从其安装文件类型（apk 类型文件）转化为 java 源文件或者字节码中间形式，同时还需要提取 Android 应用程序的特征签名信息，表 7.5 是 APK 文件目录结构的说明。

表 7.5　APK 文件目录结构及说明

子文件夹及文件	说明
AndroidManifest[File]	用于描述 Android 应用程序的名称、版本、所需权限的声明和应用程序的组件信息等等
META-INF[Folder] -CERT. RSA[File] -CERT. SF[File] -MANIFEST. MF[File]	META-INF 目录用于存放签名信息，包括 CERT. RSA，CERT. SF 和 MANIFEST. MF 三个文件，用来保证 APK 文件的完整性，防止其被恶意篡改
classes. dex[File]	DEX 是 Dalvik 虚拟机可执行文件，不同于传统 Java 语言，DEX 文件格式将所有的字节码文件整合到一个文件中
res[Folder]&resources	用于存放资源文件

利用 APKTool、Dex2jar、JAD 工具，本系统采用批处理技术连接各个类型反编译技术工具，制作出 ApkDecTool 工具（如图 7.14 所示）进行 Android 应用程序的反编译过程，可以从输入 Android 应用程序 apk 文件进行一键反编译处理，在指定目录生成包含 Manifest. xml 清单文件的 Android 应用程序反编译源代码。

需要注意的是：为了保护软件的著作权和开发人员的权益，防止反编译技术在商用软件中的使用越来越多，软件开始使用混淆技术和加密加壳，使得 Android 应用程序反编译变得越来越困难。对于混淆和加密加壳的 Android 应用程序，ApkDecTool 反编译结果可能不会成功，这也是静态分析局限性的一种体现，需要我们后续对软件进行动态分析。当然，对于研究过程中发现的许多恶意软件，大多数都是可以反编译的，这也说明静态分析仍旧有其现实的价值。

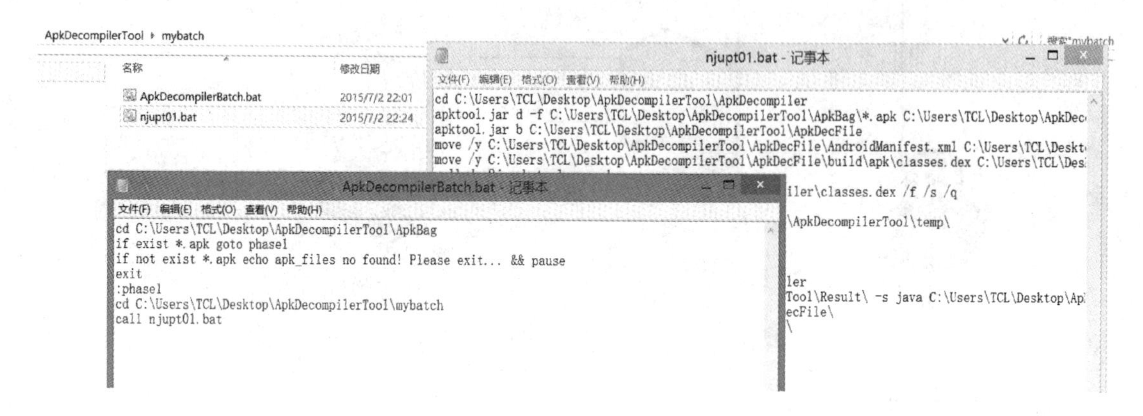

图 7.14　ApkDecTool 工具代码示意图

3）黑白名单过滤模块

黑白名单过滤模块具体流程如图 7.15 所示。

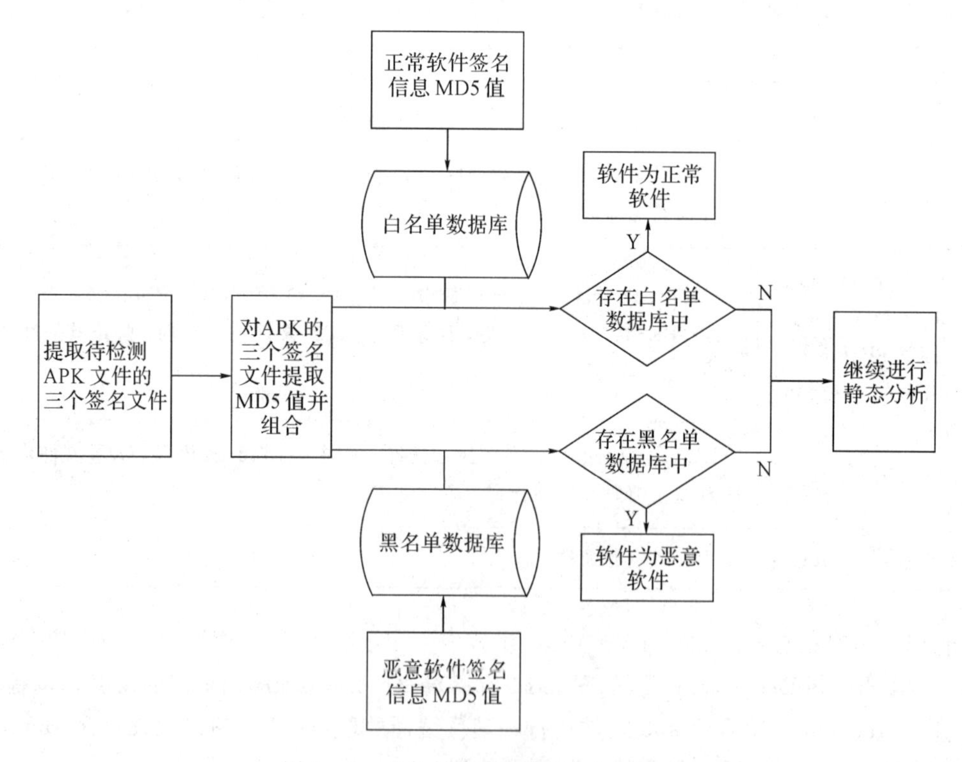

图 7.15　黑白名单过滤模块具体流程图

黑名单数据库为检测过的含有恶意行为的样本特征签名 MD5 值，白名单数据库为检测过正常的样本软件。该模块会将已经检测过的样本过滤掉，并直接返回已检测的结果。

未经检测的样本将被送到特征码检测模块进行下一步分析。只要将待检测 APK 的这三个文件与原版的进行对比，即可判断该 APK 文件的原创性。然而随着检测的软件越来越多，数据库也会变得越来越庞大，直接将三个文件都放入数据库显然会增加很多工作，降低扫描速率。我们可以对每个 APK 的三个签名文件提取 MD5 值，然后将 MD5 值与数据库中已经保存的样本签名文件 MD5 校验值进行对比，从而达到过滤的效果。

4）静态分析模块

在 Android 恶意行为的静态检测技术中，由于数据流分析方法仅能证明应用软件存在安全漏洞，但是很难验证待测程序是否包含其他恶意行为或是否为恶意程序，安全模型评估方法具有比较大的误差性，比较容易对应用软件造成误判，而行为分析方法很容易被恶意软件利用混淆或伪装技术绕过，对于变种软件检测效果较差，所以该检测系统采用特征码检测法，实现对 Android 恶意软件高效率、高准确率的检测。

在静态分析中，对于传统的特征码检测法方法存在一定的缺陷，因此可提出一种基于双阈值方法相似度(DT - MSI)的静态特征码检测方法，为应用软件方法与数据库中恶意方法相似度的比对设置两个阈值，得出三类软件。对于可疑软件，通过 Horspool 算法匹配敏感 API 进行再判定，并通过实验和数据证明。

(1) 传统特征码检测方法的缺陷。传统静态检测技术将计算整个恶意软件的 MD5 或 SHA - 256 作为特征码，文献[25]在进行静态检测的时候就通过计算文件的 MD5 值作为特征码，这种方法在扫描时可以加快查杀效率，但只能查杀特定的恶意软件，而对变种混淆的恶意软件无效。文献[26]等通过对已知恶意软件进行反汇编来寻找恶意软件的内容代码段、入口点代码段等信息，一般提取 2 个以上代码段，或直接采用入口点的代码段来制作特征码，然后将选取出来的几段特征码和它们的偏移值一起存入特征数据库，并标明恶意软件名称即可，然后将待检测文件源码与特征数据库中的特征码进行比对，若匹配，则可以判定为恶意软件。

这种特征码检测技术在一定程度上可以有效地检测出恶意软件或病毒文件，但是也存在一定的缺点：需要特征码完全匹配，如果对病毒文件或恶意代码进行混淆或变形，这种方法就会失效，无法检测出变种的恶意代码。

(2) 一种基于 DT - MSI 的特征码检测技术。针对上一小节传统特征码检测分析的缺陷，本节提出了一种基于双阈值方法相似度(Double Threshold-Method Similarity Index，DT-MSI)的特征码检测方法。

基于双阈值方法相似度 DT - MSI 特征码检测方法中对于特征码的提取，与基于 MSI 特征码检测技术相似，我们仍然选用 Androguard 作为提取特征码的工具，并以方法为单位产生出方法的特征码，并对其压缩，然后将恶意软件方法的特征码存放到数据库中，然后根据式(7 - 1)，对待检测方法与恶意方法进行相似度计算。

双阈值方法相似度，是指为方法相似度定义两个阈值：

① 可信阈值(Credible Threshold)。可信阈值是指，凡是与恶意方法相似度高于该阈值的方法，均认为是恶意方法；

② 可疑阈值(Doubtable Threshold)。可疑阈值低于可信阈值，凡是与恶意方法相似度低于该阈值的方法，均认为是正常方法，凡是介于可疑阈值与可信阈值之间的方法，均认为是可疑方法。

两个阈值的定义如图 7.16 所示。

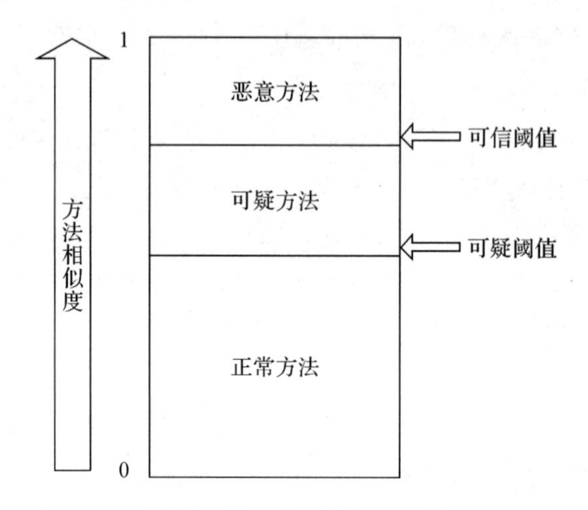

图 7.16　双阈值方法相似度

根据图 7.16 定义的两个阈值，可以将待检测的方法分为三类：恶意方法、可疑方法、正常方法。为了避免过多的比对造成大量的时间消耗，我们仍然采用与基于 MSI 特征码检测类似的长度空间优化，需要检测出可疑方法和恶意方法，设可疑阈值为 T_d，则待检测字符串长度 q、特征码字符长度 p、阈值之间的关系如式(7-1)所示。

$$\frac{|p|}{2-T_d}<|q|<\frac{|p|}{T_d} \tag{7-1}$$

对于长度 q 不在式(7-1)范围内的特征字符串，不用进行相似度检测，以此提高检测的效率。

通过上述检测，我们可以得到三类软件：

① 恶意软件：包含某种恶意方法的应用，我们将其判定为该类恶意软件。

② 可疑软件：不包含恶意方法，但存在某种可疑方法的应用，判定为该类可疑软件。

③ 正常软件：不包含恶意方法也不包含可疑方法的应用，判定为正常软件。

对于恶意软件和正常软件，可以直接向用户反馈；而对于可疑软件，还需要进一步的判定，以此提高检测的准确率。

对可疑软件的判定原则如下：

由上一小节，我们可以得到包含某种可疑方法的可疑软件，这些可疑软件可能是正常的应用，也可能是包含恶意行为的恶意软件，我们可以根据对 Android 系统敏感 API 的调用，对这些可疑软件进行进一步的判定。每一类恶意软件都有类似的行为特征，要实现其恶意行为，则需要调用相应的 API。经常被恶意软件开发者利用并实施恶意行为的 API 称为敏感 API，我们统计了现有恶意软件的恶意行为，归纳得到如表 7.6 所示的经常被恶意软件使用的部分 API。

表 7.6　部分敏感 API

API 功能	相关 API 函数
获取 IMEI	getDeviceld()
获取 IMSI	getSubscriberld()
获取 SIM 卡号	getSimSerialNumber()
获取定位	getLastKnownLocation()、getLatitude()、getLogitude()、getCellLocation()
连接网络	openConnection()、URI. openStream ()
发送短彩信	sendTextMessage()、sendMultipartTextMessage()、sendDataMessage()
读取或删除联系人、短信	getContentResolver()、query()、delete()
拦截短信	abortBroadcast()
应用下载	getPackageManager()、installPackage()
资产目录下读取文件	getAssets()
获取手机号	getLine1Number()
监听通话状态	onCallStateChanged()
获取软件信息	getInstalledApplications()、getInstalledPackages()、getlnstallerPackageName()

我们利用字符串模式匹配的方法，将每种样本恶意软件所用到的 API 以“&”字符相隔，根据恶意软件名分别存入数据库中。若通过双阈值方法相似度检测出 Zbot 可疑软件，则此时就需要找出数据库中 Zbot 恶意软件敏感函数字段数据，并根据“&”字符进行分段，把每个 API 与反编译出的可疑软件 Java 字节码文件内容进行模式匹配，若全部成功匹配，则判断该可疑软件为 Zbot 类恶意软件，否则，判断为正常软件。

综上所述，判定包含某种可疑方法的可疑软件是否属于该类恶意软件，需要对敏感 API 的调用进行匹配。通常来说，Android 程序的代码量巨大，因此需要一种高效的字符匹配算法，减少匹配时间，提高检测效率。

Horspool 算法是基于后缀匹配的方法，是一种“跳跃式”匹配算法，相对于 BM 算法，它舍弃了复杂的好字符规则，并改进了坏字符规则，Horspool 算法是以当前匹配窗口中母串最末尾的一个字符和模式串最靠近它的字符对齐，该算法被证明在匹配中的效率超越 BF、BM、KMP 等常用的字符串模式匹配算法。

Horspool 算法将主串中匹配窗口的最后一个字符跟模式串中的最后一个字符进行比较，如果相等，继续从后向前对主串和模式串进行比较，直到完全相等或者在某个字符处不匹配为止，如图 7.17 所示。

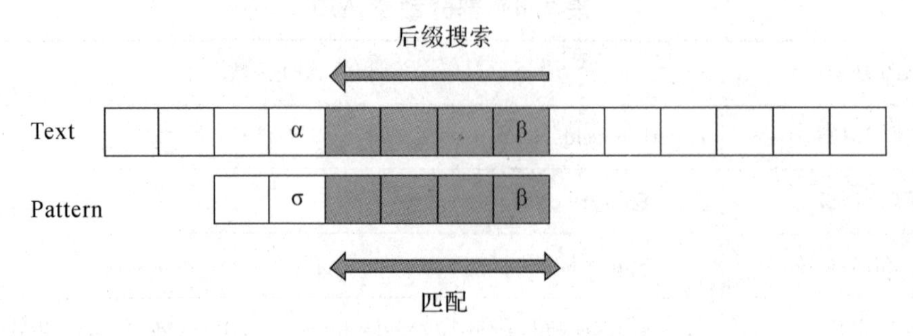

图 7.17 Horspool 算法后缀搜索

如果不匹配，则根据主串匹配窗口中的最后一个字符 β 在模式串中的下一个出现位置将窗口向右移动。β 是当前匹配窗口母串的最后一个字符，将其与模式串左边最靠近的 β 对齐移动，如图 7.18 所示。

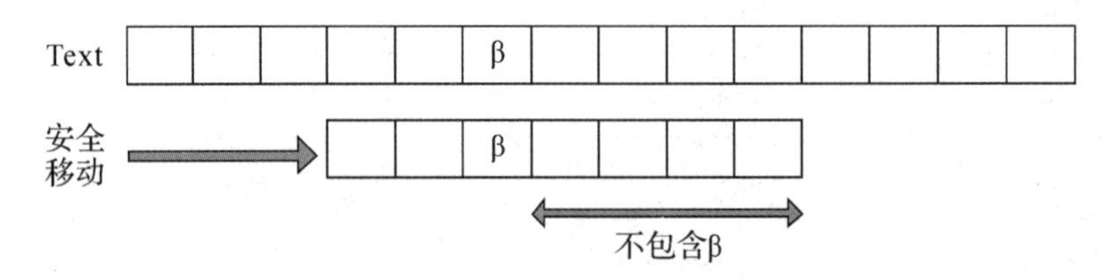

图 7.18 Horspool 算法模式串的安全移动

Horspool **算法描述如下：**

Horspool 算法

输入：文本串 $T=T_1T_2\cdots Tn$ 模式串 $P=P_1P_2\cdots Pn$

```
预处理：
for c∈ ∑   Do d[c]=m
for j∈1…m-1   Do d[Pj]=m-j
搜索：
    pos=0
    While pos<n-m   Do
        j=m
        While j>0 AND Tpos+j=Pj   Do j=j-1
        if  j=0   报告在 Tpos+1 发现匹配
        pos=pos+d[Tpos+m]
    End  of  while
```

假设模式串为“ABCD”，待查找字符串为“ABSDFABCEABCD”，则匹配过程如图 7.19 所示。

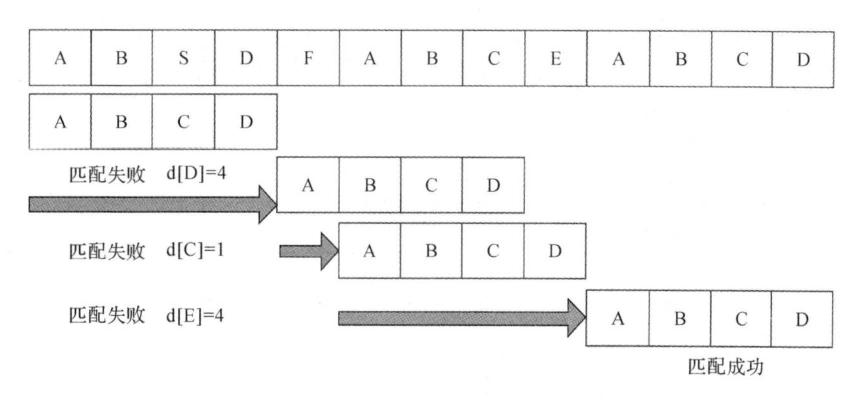

图 7.19　Horspool 算法模式匹配过程

Horspool 算法实现原理简单，且具有较高的效率，最坏情况下的时间复杂度是 $O(m*n)$，但平均情况下它的时间复杂度是 $O(n)$，由于模式串都是函数的名称，所以长度较短，且在源码中分布均匀，因此用 Horspool 算法比较适合。

(3) 基于 DT-MSI 的特征码检测仿真测试。

本实验所用的恶意样本集是从 Androguard 团队提供的恶意软件数据库中挑选的 8 种 Andorid 恶意软件簇，包括 HongTouTou 类、DroidDream 类、Geinimi 类、KMin 类、Pjapps 类、RogueSPPush 类和 YZHC 类，其中每簇涵盖了加密、混淆等操作构造的恶意软件变种，总共 80 款恶意软件作为待测应用软件集，同时在豌豆荚、小米市场等安卓平台挑选了 200 款正常应用软件也作为待测应用软件。

为评估静态特征码检测的性能，本实验主要从两个方面进行实验验证。

一方面验证恶意软件检测的准确率。恶意软件是一个二分的分类问题，可能出现 TP(TruePositive)、FN(FalseNegative)、FP(FalsePositive)、TN(TrueNegative)四种情况：

① 应用被预测为恶意样本，且本身也为恶意样本，称为 TP；

② 应用被预测为非恶意样本，但本身为恶意样本，称为 FN；

③ 应用被预测为恶意样本，但本身为非恶意样本，称为 FP；

④ 应用被预测为非恶意样本，且本身也为非恶意样本，称为 TN。

因此，可以给出如下定义：

命中率(True Positive Rate)，表示 Android 恶意软件被正确归类的概率，可形式化表达为

$$\mathrm{TPR}=\frac{\mathrm{TP}}{\mathrm{TP}+\mathrm{FN}} \tag{7-2}$$

误报率(False Positive Rate)，表示 Android 正常软件被归类为恶意软件的概率，可形式化表达为

$$\mathrm{FPR}=\frac{\mathrm{FP}}{\mathrm{FP}+\mathrm{TN}} \tag{7-3}$$

准确率(Accuracy)，表示 Android 软件被正常归类的概率，可形式化表示为

$$\mathrm{ACC}=\frac{\mathrm{TP}+\mathrm{FN}}{\mathrm{TP}+\mathrm{FP}+\mathrm{TN}+\mathrm{FN}} \tag{7-4}$$

本实验主要通过这三个指标评述分类过滤的准确性。具体实验过程如下：

① 把 HongTouTou、DroidDream、Geinimi、KMin、Pjapps、RogueSPPush、YZHC 这

7 款恶意软件的恶意方法放入数据库中，然后将 200 款正常应用软件的方法特征码与之进行相似度对比，得出对比结果，如图 7.20 所示，其中横轴表示相似度区间，纵轴则表示落在该相似度区间方法的个数。

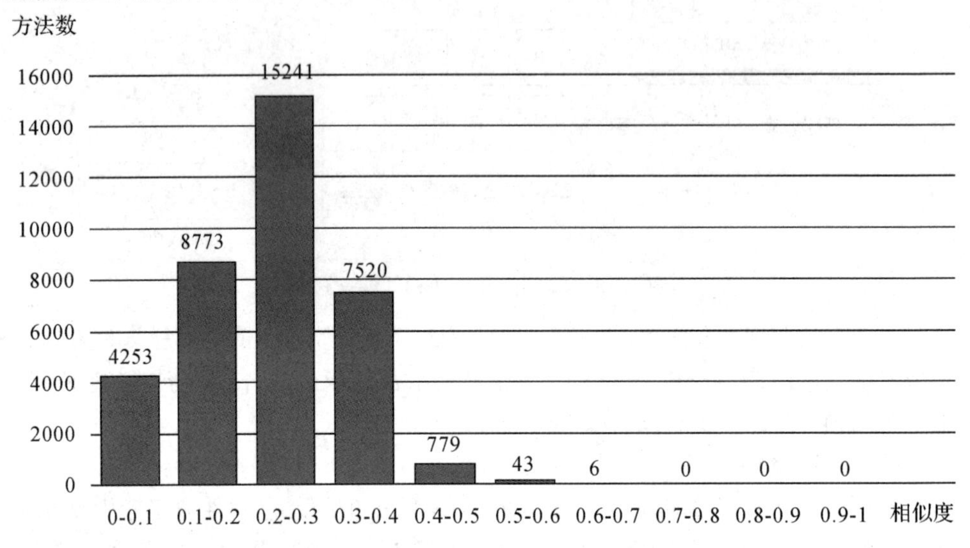

图 7.20 正常软件方法与恶意方法相似度比较

由图 7-20 可以看出，正常软件与恶意软件方法的相似度一般落在 0～0.6 之间，相似度超过 0.7 几乎不存在。

② 再将变种的恶意软件与其对应的原恶意软件进行方法相似度对比，得出方法最高值，例如用 5 款 KMin 变种恶意软件(分别称为 K1、K2、K3、K4、K5)，与 KMin 进行方法相似度对比，取其软件相似度，结果如表 7.7 所示。

表 7.7 KMin 变种恶意软件与 KMin 的相似度

	K1	K2	K3	K4	K5
相似度	1.0	0.85	0.86	0.63	0.92

最终得到所有变种与其对应的原恶意软件相似度的平均值，结果如表 7.8 所示。

表 7.8 变种恶意软件相似度平均值

	相似度平均值
HongTouTou	0.83
DroidDream	0.86
Geinimi	0.84
KMin	0.79
Pjapps	0.86
RogueSPPush	0.9
YZHC	0.85

根据结果可以发现，变种恶意软件与原恶意软件的相似度平均值一般都在 0.8 以上。

③ 根据步骤①、②可以发现，正常软件与恶意软件方法的相似度一般不超过 0.6，而变种恶意软件与原恶意软件的相似度平均在 0.8 以上，所以可以把 0.8 作为可信阈值，把 0.6 作为可疑阈值。

④ 根据得出的阈值对恶意软件进行检测，并与传统特征码检测方法及基于 MSI 特征码检测进行对比，针对 80 款恶意软件变种，命中率对比结果如表 7.9 所示。

表 7.9　命中率比较

	恶意样本数	检测数	TPR
传统特征码检测法	80	43	53.5%
基于 MSI 特征码检测	80	69	86.2%
基于 DT－MSI 特征码检测	80	73	91.2%

再对 200 款正常应用软件用两种特征码检测法进行比对，误报率对比结果如表 7.10 所示。

表 7.10　误报率比较

	正常样本数	检测数	FPR
传统特征码检测法	200	0	0%
基于 MSI 特征码检测	200	7	4.5%
基于 DT－MSI 特征码检测	200	3	1.5%

由表 7.9 和表 7.10 对比可知，传统的特征码检测法对恶意软件的变种检测效果明显比较差，基于 DT－MSI 特征码检测法比其他两种方法的命中率都要高，而在误报率方面，传统的字符串特征码检测法几乎不会对正常软件产生误报，基于 MSI 的特征码检测法则会产生一定的误报，而基于 DT－MSI 特征码检测法的误报率低于基于 MSI 的特征码检测法，都在可接受的范围内。图 7.21 是分别利用三种检测方法对 200、400、800 款 Android 应用软件(包含正常与恶意的软件)检测的准确率。

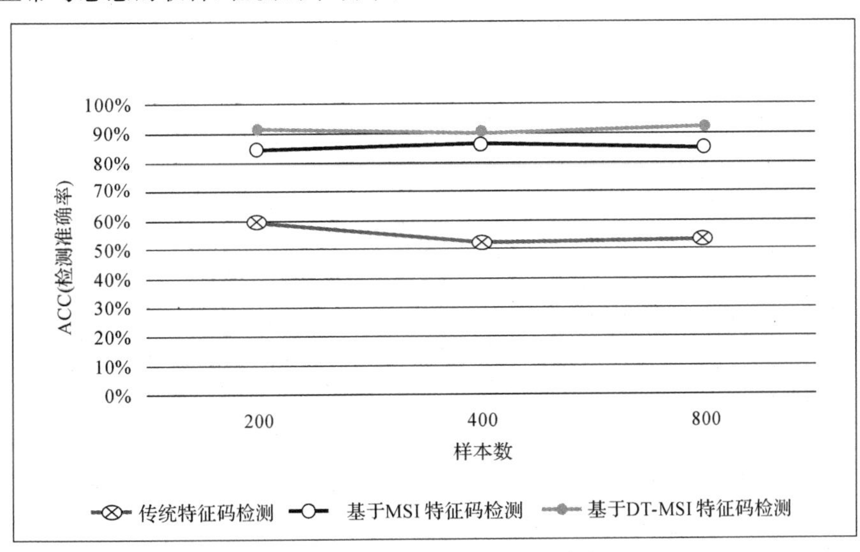

图 7.21　三种检测方法的准确率

从图 7.21 中可以清楚地看出，基于 DT - MSI 特征码检测法的准确率要比其他两种方法的准确率要高。

5）动态分析模块

本系统将动态分析常用的两种方法结合起来，先通过动态污点跟踪技术，设计一个自动化的软件行为特征提取模块，获得软件行为的特征集；然后通过机器学习的方法，根据获取到的特征利用训练好的分类器，对恶意软件进行分类。因此，动态分析模块主要由两部分组成：自动化提取软件行为特征模块和机器学习分类器模块。

动态分析中，我们先在 APK 文件中插入监控模块，然后利用 DoridBox 启动 Android 虚拟机作为沙盒，并通过设计好的 MonkeyRunner 脚本命令控制应用程序自动运行，尽可能多地暴露被检测软件的各种行为，然后以 XML 的形式输出结果日志，最后解析 XML 日志得到应用软件的行为特征集。得到应用软件的行为特征集以后，可以通过机器学习的方法对该应用软件进行判别。通过改进的朴素贝叶斯分类方法，先用特征样本集进行训练，然后根据训练好的分类器对待检测应用软件进行分类。

（1）自动化提取软件行为特征模块设计。

虽然 DoridBox 可以提取出应用软件很多行为信息，但对于一些我们关心的系统 API 的调用也无法做到全面监测，这就需要自己添加监控模块。首先取得预处理模块已经反编译好的文件，然后遍历应用软件的 smali 代码，并寻找配置文件中需要监测的 API，若找到对应的 API，则分析这个 API 的参数，插入相应的类的监视模块代码，最后重新打包这个 APK 包。这样，当应用程序在运行过程中调用到插入了监视代码的 API 后，系统日志中就会出现标签标记的日志信息，只需过滤出这些日志信息，就可以获得应用程序调用系统 API 的信息。

然后根据前两小节介绍的辅助工具，可以设计如图 7.22 所示的模块流程图，先在 smali 代码中插入监控模块，然后利用 DoridBox 启动 Android 虚拟机作为沙盒，开始运行 APK 文件，再通过设计好的 MonkeyRunner 脚本命令，包括随机命令以及特殊场景命令，模拟用户对软件的操作，控制应用程序自动运行，尽可能多地暴露被检测软件的各种行为，将 DroidBox 运行结果与监控模块获取的结果结合起来，以 XML 的形式输出结果日志，最后解析 XML 日志得到应用软件的行为特征集。

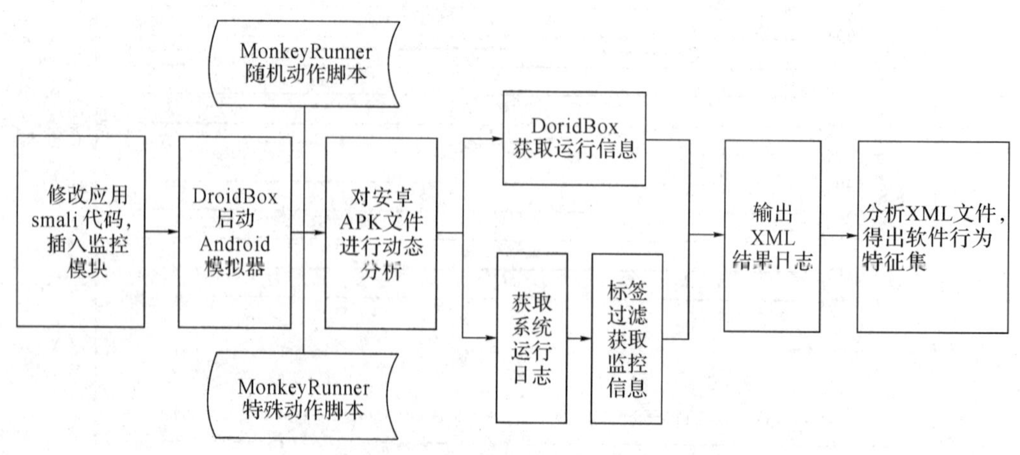

图 7.22　软件行为特征提取模块流程图

通过 DoridBox 以及我们自己插入的监控模块，可以分析出程序的很多行为，其中部分行为如表 7.11 所示。

表 7.11 动态分析可得的软件行为

程序启动的 Activity、Service、BroadcastReceiver 组件
程序 root 权限获取
程序文件操作，打开、读写、关闭文件
程序数据库操作
程序发送拦截短信、录音、定位、获取手机 IMEI/IMSI/号码
程序通讯录、通话记录、短信数据库获取
程序访问网络及网络抓包
程序开机自启动、接收短信行为、电话
程序动态获取权限

由动态分析得到的软件行为，我们可以从中提取一些属性，作为软件行为特征属性集，例如程序是否获取了 root 权限、是否监听电话、是否操作了用户的数据库等特征属性，这些属性可以作为机器学习模块中分类的条件属性，我们分别提取大量样本正常软件和样本恶意软件的特征属性，然后通过机器学习的算法训练出分类器，分类器再根据待检测软件的特征属性，对软件进行分类评估[27]，以此达到检测恶意软件的目的。

(2) 机器学习分类模块设计。

本节以已知的 Android 恶意软件和正常软件样本库为依托，根据它们的特征属性，应用机器学习算法对未知的恶意软件进行识别。朴素贝叶斯分类算法是一种机器学习中常用的分类算法，其具有简单高效的优点，所以本文在其他学者研究的基础上，采用一种基于特征加权的朴素贝叶斯分类算法对恶意软件进行判别。

贝叶斯分类算法基本原理如下：

分类简单的说，就是根据数据的不同特征将其划分为不同的类别。贝叶斯分类属于非规则分类，它通过训练集，也即已经分类的子集，训练而归纳出分类器，并利用分类器对没有分类的数据进行分类。贝叶斯分类算法的原理就是首先通过训练数据学习得到不同类别的先验概率，然后据此计算某实例属于不同类别的后验概率，最后将该实例判定为具有最大后验概率的类当中。

贝叶斯分类特点如下：

① 贝叶斯分类并不把一个对象绝对地指派给某一类，而是通过计算得出属于某一类的概率，具有最大概率的类便是该对象所属的类。

② 一般情况下，贝叶斯分类中所有的属性都潜在地起作用，即并不是一个或几个属性决定分类，而是所有的属性都参与分类。

③ 贝叶斯分类对象的属性可以是离散的、连续的，也可以是混合的。

文献[28]采用动静态结合的方法提取恶意行为的组件、函数调用以及系统调用类特征，然后通过构建适合 3 类特征的最优分类器来综合评判是否为恶意软件。文献[25]提出的 Andromaly 检测方案，通过搜集各种系统度量值，包括 CPU 使用、数据通过网络的传输量、活动进程数以及电池使用等，并采用 k - Means、逻辑回归、朴素贝叶斯、决策树等不同分类器进行分类。文献[26]综合考虑软件运行时的用户操作场景和用户行为习惯以及软件权限等特性，抽取软件是否为系统应用、权限使用时是否有用户操作、软件是否申请了过多的权限、是否存在敏感权限组合、权限的使用是否存在突发性等作为朴素贝叶斯分类属性。

然而，这些方法都是作者通过选取应用软件的一些状态和动作，作为分类的特征属性，具有一定的主观性，并且没有考虑到不同特征属性对分类的影响。本节希望通过特征提取模块提取样本恶意软件的行为特征集，然后对特征集进行属性选择，篩除冗余属性，最后根据对分类结果影响程度对剩余的特征属性进行特征加权，提高分类的准确率。

• 特征属性选择

朴素贝叶斯分类算法的提出是为了降低贝叶斯分类器条件概率计算的复杂度，提出了类条件属性独立性假设，然而也正是因为这个假设导致在现实生活中很难被满足。如果属性之间存在相互依赖关系，但是该关系被忽略掉，将无法得到更高的分类性能，误分类的情况将会增多，所以我们必须对特征属性进行优化[29]，使分类更加准确。

在数据集的属性中，有些属性对分类影响较大，而有些属性对分类影响很小。用属性关联度表示一个属性和类属性间的相关性，它反映了这个属性对分类结果影响的程度；用属性冗余度表示一个属性和其他属性之间相关性，它反映了这个属性和其他属性间的依赖度。对数据集进行属性选择，主要希望得到一个属性子集，使得属性子集中的属性和类属性总体相关性较大，属性间的冗余度较小。因此，特征属性的选择好坏影响集成学习的效果。

本节通过广义相关函数来衡量各属性间相关性的强弱，根据属性相关性度量尺度得出属性最优约简子集。

根据信息论原理，离散型随机变量 X 的不确定程度可用信息熵 $H(X)$ 表示：

$$H(X)=-\sum_{i=1}^{n}P(x_i)\log P(x_i) \tag{7-5}$$

其中，$P(x_i)$ 为随机变量 X 取值为 x_i 的概率；n 为随机变量 X 的所有取值个数。

然后引入随机变量 X 和 Y 的联合信息熵 $H(X, Y)$：

$$H(X, Y)=-\sum_{i=1}^{n}P(x_i, y_i)\log P(x_i, y_i) \tag{7-6}$$

其中，$P(x_i, y_i)$ 为随机变量 X 取值为 x_i，且同时 Y 取值为 y_i 的概率。

对于整个变量 X，由于变量 Y 的发生及二者间的相关性，使其不确定性减少的熵值称为互信息熵。

$$I(X, Y)=H(X)+H(Y)-H(X, Y) \tag{7-7}$$

为了比较不同的变量 X 和 Y 之间的相关程度，文献提出广义相关函数 R_g，有

$$R_g(X, Y)=\frac{I(X, Y)}{\sqrt{H(X)H(Y)}} \tag{7-8}$$

将训练样本集中的各个条件属性字段视为随机变量 X，决策属性视为随机变量 Y，各属性的属性值分布即为各随机变量的取值分布。这样，整个训练样本即为若干随机变量的集合，各个随机变量的取值按一定的概率分布。那么，就可按照上面的方法计算每个条件属性和决策属性之间以及各条件属性之间的广义相关函数，从而由广义相关函数值的大小

可以得出属性之间相关性的强弱。

设有变量集 $U=\{A_1, A_2, \cdots, A_N, C\}$，其中 $A_1, A_2, \cdots, A_N$ 是实例的属性变量，C 是取 m 个值的类变量，根据上面的广义相关函数，我们定义一种冗余属性：

如果 $|R_g(A_j, C)|>|R_g(A_i, C)|$ 且 $|R_g(A_j, A_i)|>|R_g(A_i, C)|$，则称 A_i 是 A_j 的冗余属性。

现在将提取的特征属性集 $A=\{A_1, A_2, \cdots, A_N\}$ 和决策属性 C，通过广义相关函数度量方法从 A 中找出最佳特征属性子集，步骤如下：

① 先计算所有条件属性与决策属性之间的广义相关函数 $R_g(A_i, C)$；

② 根据 $R_g(A_i, C)$ 的绝对值将所有条件属性降序排列，得到条件属性序列；

③ 选择条件属性序列中的第一个属性 A_1（与决策属性相关度最强的属性），计算该属性与其余属性的相关度，从条件属性序列中删除 A_1 的冗余属性；

④ 对于条件属性序列中的其余属性，按上述方法依次删除这些属性的冗余属性，得到最佳特征属性子集。

- 特征属性加权

朴素贝叶斯分类器基于一个简单的假定：每个条件属性对决策分类的重要性是相同的，其权重值均为 1，这种假定在实际应用中同样会降低分类的正确率，因为在实际应用中，各条件属性对分类的贡献不是完全相同的。例如应用软件在运行中向系统获取了 Root 权限，就很有可能是恶意软件，而应用软件在运行中修改了配置文件，却不一定是恶意软件，因为正常软件也会修改一些配置。因此，针对这一问题，我们可以对不同的属性可根据其对分类的重要性赋不同的权值，将朴素贝叶斯分类模型扩展为加权朴素贝叶斯分类模型。

属性加权方法的基本思想是：首先在训练阶段给每个条件属性赋一个权值，然后在属性加权后的训练实例集上学习一个朴素贝叶斯分类器。朴素贝叶斯分类器的计算模型为

$$C(X)=\arg\max_{c_i\in\Omega}P(C_i)\prod_{k=1}^{m}P(x_k\mid C_i) \tag{7-9}$$

我们对该模型进行改进，并提出如下基于属性加权朴素贝叶斯的计算模型：

$$C(X)=\arg\max_{1<i\leqslant m}\left\{\ln P(C_i)+\prod_{k=1}^{m}w_i\ln P(x_k\mid C_i)\right\} \tag{7-10}$$

其中，w_i 表示属性 X_i 的权值，且 $\sum_{i=1}^{n}w_i=n$，其中 n 表示用于学习的训练集特征属性的个数。属性的权值越大，该属性对分类的影响就越大。

根据上一小节的内容可知，若决策属性变量为 C，条件属性变量为 A，则二者的广义相关函数为 $R_g(A, C)$ 的大小可以反映两者的相关性强弱，从而可以反映出条件属性变量 A 对决策属性变量 C 影响的大小。因此，可以由广义相关函数来定义条件属性变量 A 的权重，设用于学习的训练样本条件属性个数为 n，则可以给出权重 w_i 的计算公式为

$$w_i=\frac{|R_g(A_i, C)|\times n}{\sum_{j=1}^{n}|R_g(A_j, C)|} \tag{7-11}$$

将权重 w_i 代入式(7-10)，即可得出属性加权朴素贝叶斯的计算模型。

- 分类器的实现

根据上文，可以得出基于特征加权的朴素贝叶斯分类器的实现如下：

步骤 1 输入训练样本和待分类样本，并进行数据初始化；

步骤 2 根据广义相关函数法进行特征属性约简，将冗余的特征属性过滤；

步骤 3 扫描训练样本进行统计分析，计算出所有的类别先验概率、约简后特征属性条件概率，并建立相应的概率表；

步骤 4 权值参数学习，根据统计分析数据和概率表计算相关度及广义相关函数，并以此计算得出属性权重，建立属性权值列表；

步骤 5 调用概率表和属性权值列表，通过式(7－10)计算出分类结果。

综上所述，机器学习模块流程图如图 7.23 所示。

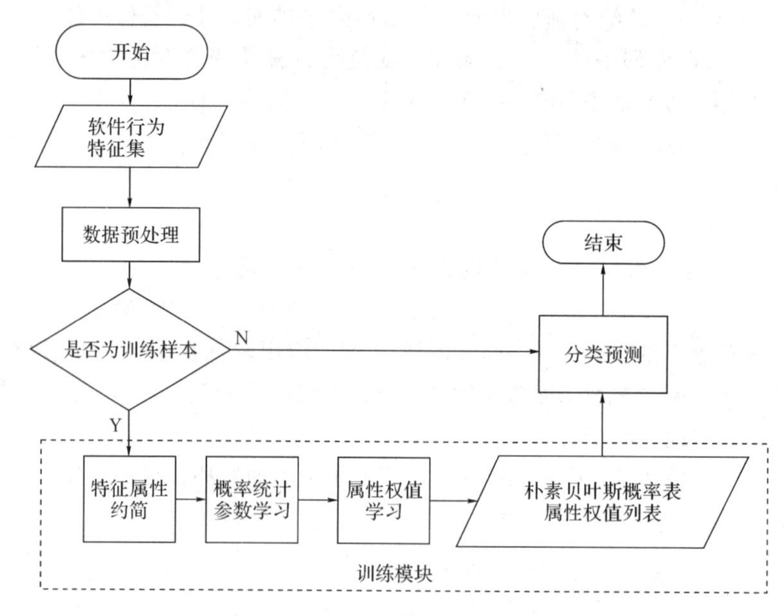

图 7.23 机器学习模块流程图

- 改进的朴素贝叶斯分类算法性能测试

本实验所用的恶意集是从 Contagio Mobile 以及 Androguard 团队提供的恶意软件库中共挑选出的 500 款 Android 恶意软件作为训练集，然后在豌豆荚、小米市场等安卓市场平台挑选了 500 款正常应用软件也作为训练集。同时，我们还从 Contagio Mobile 的恶意软件库中挑选出了与之前不同的 100 款恶意软件作为测试样本集，从安卓市场挑选了 200 款正常应用软件也作为测试样本集。

测试的评价指标与静态分析的评价指标类似，即以 TPR 和 FPR 以及 ACC 作为评价测试的标准。

动态分析具体实验结果步骤如下：

① 利用前面介绍的自动化提取软件行为特征模块，分别提取作为训练集的 500 款 Android 恶意软件和 500 款正常的应用软件的行为特征集，作为样本输入朴素贝叶斯分类器。

② 然后根据广义相关函数法对输入的样本，也就是软件的行为特征集进行特征属性选择，将冗余的特征属性过滤。

③ 扫描训练样本进行统计分析，计算得出所有的类别先验概率、约简后特征属性条件概率并建立相应的概率表；同时进行权值参数学习，根据统计分析数据和概率表计算相关

度及广义相关函数，并以此计算得出属性权重，建立属性权值列表。

④ 对作为测试样本集的100款恶意软件提取行为特征集，根据属性表过滤掉冗余的特征属性，然后输入分类器，得到分类评估结果。同时未经属性选择以及属性加权的分类算法进行对比测试，比较检测结果的命中率，结果如表7.12所示。

表7.12 命中率比较

	恶意样本数	检测数	TPR
未经属性选择和加权的朴素贝叶斯分类算法	100	89	89%
属性选择和加权后的朴素贝叶斯分类算法	100	92	92%

然后再用两种方法对作为测试样本集的100款正常应用软件进行检测，结果如表7.13所示。

表7.13 误报率比较

	正常样本数	检测数	TPR
未经属性选择和加权的朴素贝叶斯分类算法	200	21	10.5%
属性选择和加权后的朴素贝叶斯分类算法	200	9	4.5%

由表7.12和表7.13对比可知，属性选择和加权后的朴素贝叶斯分类算法对于未知恶意软件的检测率与未经属性选择和加权的朴素贝叶斯分类算法相当，而在误报率方面，属性选择和加权后的朴素贝叶斯分类算法对正常软件产生误报率要小的多。图7.24是两种分类算法分别对80、160、320款Android软件(包含正常与恶意软件)检测正确率的对比。

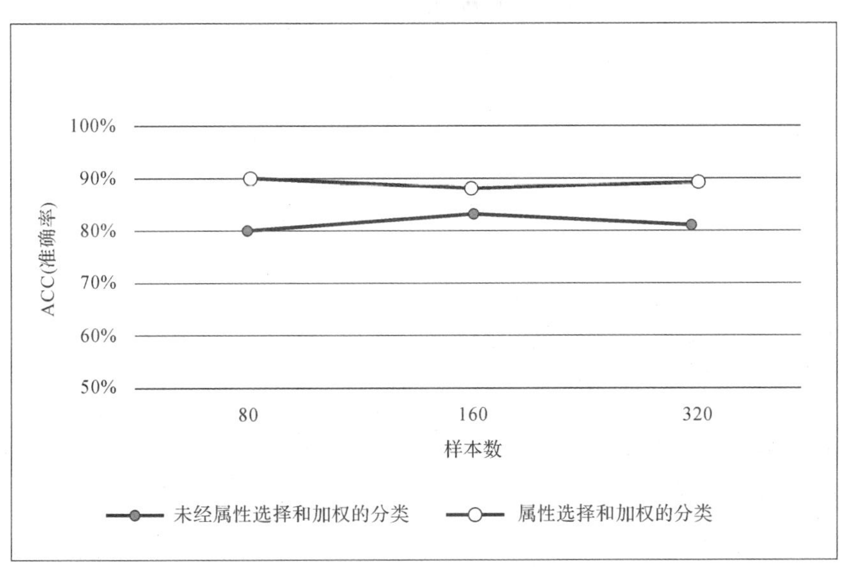

图7.24 两种分类方法准确率对比

由图 7.24，我们可以清楚地看出，属性选择和加权后的朴素贝叶斯分类算法对于Android软件检测的准确率要高于未经属性选择和加权的朴素贝叶斯分类算法。

6）安全评价及解决方案提供模块

Android 应用程序在经过静态分析和动态分析之后，可以判定该应用程序是否存在恶意行为。之后在安全评价及解决方案提供模块中，对应用程序进行安全等级评分，给出相应的安全分析报告，指导用户安装或放弃安装该应用程序。

服务器端会将系统生成的安全等级评分、安全分析报告、指导方案以 XML 文件的形式返回给 Android 客户端。在 Android 平台上可以使用 Simple API for XML（SAX）、Document Object Model（DOM）和 Android 附带的 pull 解析器等方式解析 XML 文件，本系统采用 pull 解析器对 XML 文件进行解析，并将解析结果在 Android UI 界面上展示给用户，如图 7.25 所示。

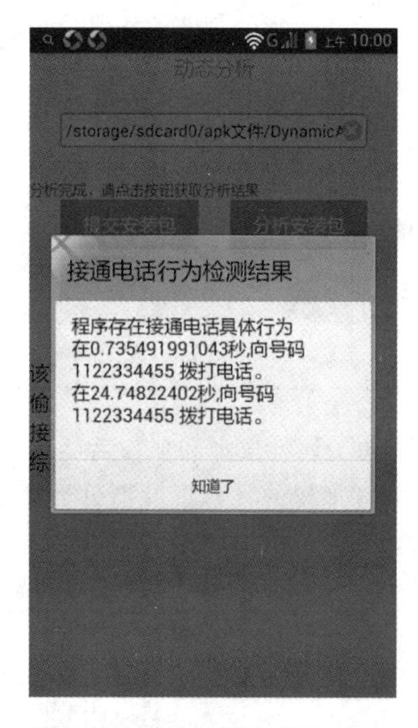

图 7.25　系统检测结果展示界面

7.5　基于移动支付系统的加密认证算法及安全协议

移动支付系统的物联网安全技术研究和实现，主要从两个方面入手考虑：加密认证算法和改进加密算法所提出的移动支付安全协议，此安全技术和系统设计是针对物联网安全模型架构中的应用层实现的。

7.5.1　移动支付系统的加密认证算法及安全协议需求分析

近年来，移动支付作为移动领域内最热门的应用，丰富了我们的生活。所谓移动支付[1]，就是允许用户使用移动终端（通常是手机）对所消费的商品或服务进行账务支付的一种服务方式。当下，移动支付正进入爆发式增长期。由于移动端即时、便捷的特性更好的契合了网民的商务类消费需求，伴随着手机网民的快速增长，移动商务类应用成为拉动网络经济增长的新引擎。

虽然移动电子商务带来了不少商业活动与商业机会，但是也产生了新的风险。作为移动支付最重要的部分，其安全问题仍然存在很多隐患。相对于有线网络，基于广播机制的无线网络使得通过其传输的信息更容易被不法分子监听、篡改。移动电子商务环境中与商业有关的信息，如文件、账款、商品等，任何可以用电子形式在Internet上传输交换的，都有可能会被篡改、窃取、窃听、攻击或者是交易后否认、被冒名使用等。这往往会对数据防护上的机密性、完整性，以及身份鉴别、交易的授权与确认等电子交易活动的安全需求构成威胁。由于智能移动系统的某些先天性不足，移动支付安全一直受到系统安全漏洞和各类木马的威胁。此外，一些已有的安全协议不能在保证安全性的基础上，降低协议的消耗，从而良好地应用在移动支付环境中。这种种的不足都有可能影响用户使用移动支付技术的体验，甚至危及用户财产隐私等方面的安全。因此，针对上述问题，本节从加密算法和安全协议两个方面讨论解决。

在加密算法方面，为了解决一些加密算法安全和效率不能兼顾的问题，本节研究了椭圆加密算法，并针对其中的点乘算法做进一步介绍与研究，这是改进椭圆曲线密码运算效率的重点。在此基础上，本文提出了一种改进的椭圆曲线点乘算法，在保证椭圆曲线加密算法安全性的同时，提高了算法的效率，减小了算法消耗。在安全协议方面，通过研究现有的支付安全协议，结合本课题的实际需求，在改进的椭圆曲线加密算法基础上提出了一个移动支付安全协议，该协议由认证协议、注册协议和支付协议组成。整个协议确保商家无法直接与用户进行通信交流，从而增强用户信息的安全性。此外，新协议需要结合多种安全技术，以保证移动支付的安全，同时减少计算消耗。最后，基于该安全协议需要提出一种移动支付系统的设计方案，并将其应用在Android手机端。

7.5.2　加密认证算法及安全协议

1. 移动支付加密算法

移动支付安全协议中的加密算法与电子商务中的加密算法概念类似。加密算法涉及明文与密文两个概念，加密算法把输入的数据(即明文)，利用密钥把明文转换为密文，得到的密文是一系列随机的没有任何意义和相关性的一组数据，要想获知具体明文，就必须对密文进行解密转换。第三方由于没有加密的密钥，因此无法解密密文，从而无法获得明文。解密是加密的逆过程，它主要是把加密的密文转换为有意义的明文。加密需要有相应的转换规则，这些规则就是用于加解密的数学变换序列。用于加密和解密的变换规则是两个互为逆过程的规则。密钥的安全性是加解密算法中数据安全的基础，可以认为算法安全性只取决于密钥，即如果传送的密文一旦被第三方所截取，不论第三方是否知道所采用的加密算法，只要他不知道加密密钥，那么他就无法对密文进行解密来获得明文。根据加密密钥可以把加解密算法分为两类：对称密码技术和非对称加密[30]技术。

对称加密算法具有计算速度快、资源消耗少等特点，但由于对称加密算法一般比较简单，密钥长度有限，加密强度不高，密钥分发困难，不适宜一对多的加密信息传输，因此不适合在移动支付环境中单独使用。非对称加密算法在现今社会中应用非常广泛，既可以用于加密也可以用于数字签名，因此本节主要对非对称加密算法进行深入研究。很多学者指出，椭圆曲线加密算法ECC在工程应用和学术研究中都有极好表现[31]，它可以在密钥传递、消息加密、数字签名、消息完整性验证等诸多方面进行应用。此外，相对于目前主流的公钥解密算法RSA，ECC在达到同样安全标准的情况下只需要很少的处理资源，且仅占用很少的存储空间，考虑到移动支付中一些固有的限制，如终端设备的处理能力、网络带宽和连接限制、有限的能量供应、输入和输出方式受限等[32]，ECC无疑是当下最适合移动支付环境的加密算法。

但是，目前已经提出的基于ECC算法的安全机制尚存在一些不足。考虑到ECC算法在利用椭圆曲线进行加解密的时候，其点乘运算速度决定了椭圆曲线公钥密码体系的运行效率，因此，需要对其点乘算法进行改进，提高其加密效率，使其能够更好地应用在移动支付环境中。

2. 移动支付认证技术

认证技术是确保移动支付安全能够进行的重要保障。常用的认证技术主要涉及身份认证、服务器认证等方面的内容。从定义上讲，作为一种验证信息交换过程合法有效的手段[33]，认证技术主要包括如下几个方面内容：

(1) 实体A与实体B进行信息交换的过程中，A与B都需要验证对方的身份，以确保它们收到的信息都是由确认的实体发送过来的。实体A发送一段信息给实体B后，B必须证实它所收到的信息是真实的，即B必须知道它所收到的信息在离开后是否被A修改过。

(2) 信息收方不能任意删改收到的信息，也不可以否认所收到的信息。

(3) 发方对它所发送过的信息也不能抵赖。在收、发两方发生争执时，第三方必须能够进行公正判决。

认证技术是安全协议中最常用的技术之一。现有的认证技术多种多样，且经过改进后基本都能应用在移动支付环境中，如何从中根据不同认证技术的特性选用适合的认证技术，并将其应用到安全协议中。针对移动支付的特点进行改进，使最终的安全协议能够保证安全性的同时，尽可能提高效率，减小计算消耗，从而良好地应用在移动支付环境中，这也是本课题需要考虑的内容之一。

3. 安全协议研究

在常用的安全协议中，SET和iKP虽然有着较好的安全性能，但存在无法有效实现全面的隐私保护和交易信息的不可否认性等不足，由于移动端先天存在的安全问题，因此基于SET和iKP改进的移动支付安全协议并不能良好地保证移动支付过程的绝对安全。同时，大部分基于SET和iKP改进的移动支付安全协议在执行过程中涉及大量的计算操作，除此之外，认证中心需要保存参与各方的证书、证书公钥的同时需要以安全的方式传送给参与各方，增加了信息传递的数量，降低了支付的效率，不能良好地应用在移动支付中。通过研究现有的其他移动支付安全协议发现，可以基于某项或某几项加密认证体制/技术，提出了轻量级的移动支付安全协议，提高效率的同时也削弱了支付安全性。

7.5.3 基于改进ECC算法的移动支付安全协议

由前文可知，基于公钥体制的安全协议由于其良好的安全性能，在移动支付中有着广阔的应用前景，但是这些安全协议的效率问题及计算消耗问题却是其良好应用在移动支付中的制约。椭圆曲线加密(ECC)算法在移动支付中已经有了相当广泛的应用，它的加密、解密和签名算法都是以点乘运算为基础的，从运行速度上来讲，远高于现在流行的运用了模幂运算的公钥密码体制 RSA 和 DSA。而且，相较于 RSA 等公钥密码体制而言，椭圆曲线密码体制整体的算法更简单、采用的参数也较短、占用系统的资源空间较少、对硬件的要求较低且安全性较高。ECC 的这些特点使得它在手机、PAD、IC 卡等移动领域有着非常广泛的应用前景，将 ECC 与移动支付结合起来，这对于终端设备存储及运算能力相对较弱的移动支付系统而言，无疑能够更好地提高支付的安全性，并在一定程度上推动移动支付的发展。本小节旨在提出一种基于改进点乘算法的 ECC 算法，它能在保证算法安全性的同时，提高其性能，从而良好地应用在移动支付环境中。

1. ECC 算法介绍

椭圆曲线的形状并不是椭圆，椭圆曲线是指由 Weierstrass 方程

$$y^2 + a_1xy + a_3y = x^3 + a_2x^2 + a_4x + a_6 \tag{7-12}$$

所确定的曲线。

关于椭圆曲线的域主要有素数域和二进制域两种可以选择，由于素数域上的椭圆曲线加密算法更容易通过软件实现，对硬件的要求相对更低，为了最终在手机端上实现基于 ECC 的移动支付原型系统，因此本文选取了在素数域 ZP 上的椭圆曲线，其中 P 是一个大素数，椭圆曲线上所有变量和系数都由有限域 ZP 决定[34]，据此，式(7-12)可以简化成

$$y^2 = x^3 + ax + b \tag{7-13}$$

满足式(7-12)的椭圆曲线上的点都由 $E_P(a, b)$ 表示。给定 $E_P(a, b)$上的两点 $P(x_1, y_1)$，$Q(x_2, y_2)$，$P \neq \pm Q$，$P \neq -P$，则满足 $P+Q=(x_3, y_3) \in E_P(a, b)$，$2P=(x_4, y_4) \in E_P(a, b)$，其中

$$\begin{cases} x_3 = \lambda^2 - x_2 - x_1 \\ y_3 = \lambda(x_1 - x_3) - y_1 \end{cases} \qquad \lambda = \frac{y_2 - y_1}{x_2 - x_1} \tag{7-14}$$

$$\begin{cases} x_4 = \lambda^2 - 2x_1 \\ y_4 = \lambda(x_1 - x_4) - y_1 \end{cases} \qquad \lambda = \frac{3x_1^2 + a}{2y_1} \tag{7-15}$$

点乘是椭圆曲线上的基本操作。给定一个整数 k 以及一个有限域上的点 $P \in E_P(a, b)$，点乘定义为 $Q=kP$，且 $Q \in E_P(a, b)$，kP 可以看作 P 进行 k 次迭加的结果。因此，点乘涉及式(7-12)和式(7-13)所表示的点加和倍点运算的重复计算[35]。

计算标量乘法 kP 的全过程有两个层次：一是上层运算，即将求 kP 的运算化简为椭圆曲线 E 上的一些点加和倍点运算;另一个层次是底层运算，即通过有限域 E_q 上的乘法、平方、求逆、加法等操作来实现上层运算中的点加和倍点运算。上层运算中常用的方法有二进制平方乘算法、NAF 算法、ω-NAF 等。

2. 改进 ECC 点乘算法的设计

1) 改进 ECC 点乘算法底层运算基础

在曲线 $y^2 = x^3 + ax + b$ 上，由前可知，有

$$P + Q = (x_3, y_3) \in E_P(a, b),\ 2P = (x_4, y_4) \in E_P(a, b)$$

其中：

$$\begin{cases} x_3 = \lambda^2 - x_2 - x_1 \\ y_3 = \lambda(x_1 - x_3) - y_1 \end{cases} \quad \lambda = \frac{y_2 - y_1}{x_2 - x_1} \tag{7-16}$$

$$\begin{cases} x_4 = \lambda^2 - 2x_1 \\ y_4 = \lambda(x_1 - x_4) - y_1 \end{cases} \quad \lambda = \frac{3x_1^2 + a}{2y_1} \tag{7-17}$$

用I、M、S分别表示有限域中的求逆运算、乘法运算和平方运算的复杂度。一般情况下，求逆运算I的消耗远大于乘法运算M和平方运算S，因此在计算时，应当尽可能将求逆运算化成平方运算和乘法运算，以减少点乘算法的消耗。式(7-16)即点加运算($P+Q$)的计算量为$1I+2M+1S$，式(7-17)即倍点运算($2P$)的计算量为$1I+2M+2S$。据此，可以分别计算更高次的运算形式，如$2P+Q$，$3P$，$3P+Q$，$4P$等，这是改进点乘算法的基础。文献[36]详细介绍了一些底层运算的计算过程，并通过求最小公倍数的方法减少了复杂底层运算的求逆次数，总结如下。

(1) 计算$2P+Q$。由已知两点$P(x_1, y_1)$，$Q(x_2, y_2)$，求$2P+Q=(x_4, y_4)$。

令$R=P+Q=(x_3, y_3)$，则有

$$\lambda_1 = \frac{y_2 - y_1}{x_2 - x_1},\ x_3 = \lambda_1^2 - x_2 - x_1,\ y_3 = \lambda_1(x_1 - x_3) - y_1$$

再用$R+P=(x_4, y_4)$，有

$$\lambda_2 = \frac{y_3 - y_1}{x_3 - x_1},\ x_4 = \lambda_2^2 - x_1 - x_3,\ y_3 = \lambda_2(x_1 - x_4) - y_1$$

其中

$$\lambda_2 = \frac{y_3 - y_1}{x_3 - x_1} = \frac{((x_1 - x_3)\lambda_1 - y_1) - y_1}{x_3 - x_1} = \frac{2y_1}{x_1 - x_3} - \lambda_1$$

将$x_3 = \lambda_1^2 - x_2 - x_1$代入$x_4 = \lambda_2^2 - x_1 - x_3$，有

$$x_4 = \lambda_2^2 - \lambda_1^2 + x_2$$

设$d = (x_2 - x_1)^2(2x_1 + x_2) - (y_2 - y_1)^2 = (x_2 - x_1)^2(x_1 - x_3)D = d(x_2 - x_1)$，$I = D^{-1}$，则有

$$\frac{1}{x_2 - x_1} = dI,\ \frac{1}{x_1 - x_3} = (x_2 - x_1)^3 I$$

综上，如果我们分别求出λ_1，λ_2，则需要两次求逆运算，消耗较大。如果先计算出d，D，I，再通过乘法计算，则只需要一次求逆，则效率大大提高。最终$2P+Q=(x_4, y_4)$的总消耗为$1I+2S+9M$。

(2) 计算$3P$。$3P$可以分解成$2P+P$，由式$\lambda_1 = \frac{3x_1^2 + a}{2y_1}$，设$P(x_1, y_1)$，$3P=(x_4, y_4)$，则有

$$\begin{aligned} \lambda_2 &= \frac{y_4 - y_1}{x_4 - x_1} = \frac{2y_1}{x_1 - x_4} - \lambda_1 \\ &= \frac{2y_1}{3x_1 - \left(\frac{3x_1^2 + a}{2y_1}\right)^2} - \lambda_1 \\ &= \frac{(2y_1)^3}{3x_1(2y_1)^2 - (3x_1^2 + a)^2} - \lambda_1 \end{aligned}$$

令$X \leftarrow (2y_1)^2$；$Z \leftarrow 3x_1^2 + a$；$Y \leftarrow Z^2$；$d \leftarrow X(3x_1) - Y$，$D \leftarrow d(2y_1)$，则

$$I = D^{-1},\ \lambda_1 = dIZ,\ \lambda_2 = X^2 I - \lambda_1$$

$$x_4 = (\lambda_2 - \lambda_1)(\lambda_1 + \lambda_2) + x_1;\ y_4 = (x_1 - x_4)\lambda_2 - y_1$$

综上，$3P$ 的总消耗为 $1I+4S+7M$。

(3) 计算 $4P$。与 $2P+Q$，$3P$ 计算类似，设 $P(x_1, y_1)$，$4P(x_4, y_4)$。

设$A_1 \leftarrow x_1$；$C_1 \leftarrow y_1$，$B_1 \leftarrow 3x_1^2 + a$，

$$A_2 \leftarrow B_1^2 - 8A_1C_1^2;C_2 \leftarrow B_1(4A_1C_1^2 - A_2) - 8C_1^4;B_2 \leftarrow 3A_2^2 + 16a_4C_1^4$$

$$A_3 \leftarrow B_2^2 - 8A_2C_1^2;C_2 \leftarrow B_1(4A_2C_2^2 - A_3) - 8C_2^4$$

令 $I \leftarrow (4C_1C_2)^{-1}$，则有$x_4 = A_3I^2$，$y_4 = C_3I^2I$。

综上，在有限域上计算 $4P$ 的总消耗为 $1I+9S+9M$。

2) 改进底层运算 $3P+Q$ 的设计

文献[36]中并没有涉及 $3P+Q$ 的计算，但是由于本文改进算法的需要，需要计算出 $3P+Q$ 的值，并且应当尽可能地将求逆次数降到最低，$3P+Q$ 可以分解为多种形式，将 $3P+Q$ 分解成 $2P+(P+Q)$的形式，结合之前求 λ 的方法，提出一种更高效的计算方法，同样只需要一次求逆。

设 $P(x_1, y_1)$，$Q(x_2, y_2)$，$2P=(x_3, y_3)$，$P+Q=(x_4, y_4)$，$2P+(P+Q)=(x_5, y_5)$，则有

$$\lambda_1 = \frac{3x_1^2 + a}{2y_1},\ x_3 = \lambda_1^2 - 2x_1,\ y_3 = \lambda_1(x_1 - x_3) - y_1$$

$$\lambda_2 = \frac{y_2 - y_1}{x_2 - x_1},\ x_4 = \lambda_2^2 - x_2 - x_1,\ y_4 = \lambda_2(x_1 - x_4) - y_1$$

$$\lambda_3 = \frac{y_4 - y_3}{x_4 - x_3},\ x_5 = \lambda_3^2 - x_3 - x_4,\ y_5 = \lambda_3(x_3 - x_5) - y_3$$

根据之前计算 $2P+Q$ 和 $3P$ 的算法，只要找到λ_1，λ_2，λ_3分母的最小公倍数，再利用乘法运算就能简化运算，将多次求逆运算缩减到一次，从而提高运算效率。

所以需要先将λ_3的分母$x_4 - x_3$用x_1，y_1，x_2，y_2表示

$$\begin{aligned} x_4 - x_3 &= \lambda_2^2 - x_2 - x_1 - \lambda_1^2 + 2x_1 \\ &= \left(\frac{y_2 - y_1}{x_2 - x_1}\right)^2 - \left(\frac{3x_1^2 + a}{2y_1}\right)^2 + x_1 - x_2 \\ &= \frac{4y_1^2(y_2 - y_1)^2 - (3x_1^2 + a)^2(x_2 - x_1)^2}{(2y_1(x_2 - x_1))^2} + x_1 - x_2 \\ &= \frac{4y_1^2(y_2 - y_1)^2 - (3x_1^2 + a)^2(x_2 - x_1)^2 - (x_2 - x_1)^3 4y_1^2}{(2y_1(x_2 - x_1))^2} \end{aligned}$$

令 $\lambda_4 = \dfrac{1}{(4y_1^2(y_2 - y_1)^2 - (3x_1^2 + a)^2(x_2 - x_1)^2 - (x_2 - x_1)^3 4y_1^2)(x_2 - x_1)2y_1}$

$$= \frac{1}{((2y_1(y_2 - y_1) + (3x_1^2 + a)(x_2 - x_1))(2y_1(y_2 - y_1) - (3x_1^2 + a)(x_2 - x_1)) - (x_2 - x_1)^3 4y_1^2))(x_2 - x_1)2y_1}$$

其中令

$$\begin{aligned} W = {} & (2y_1(y_2 - y_1) + (3x_1^2 + a)(x_2 - x_1))(2y_1(y_2 - y_1) \\ & - (3x_1^2 + a)(x_2 - x_1)) - (x_2 - x_1)((x_2 - x_1)2y_1)^2) \end{aligned}$$

则有

$$\begin{cases}\lambda_1 = \lambda_4 W(x_2 - x_1)(3x_1^2 + a) \\ \lambda_2 = \lambda_4 W 2 y_1(y_2 - y_1) \\ \lambda_3 = \lambda_4(x_2 - x_1) 2 y_1(y_4 - y_3) = \lambda_4(x_2 - x_1) 2 y_1(\lambda_2(x_1 - x_4) - \lambda_1(x_1 - x_3))\end{cases}$$

有了以上的相关方程，就可以计算 $3P+Q$ 了。

令 $M = 3x_1^2 + a$，$N = 2y_1(y_2 - y_1)$，$O = M(x_2 - x_1)$，$P = (N+O)(N-O)$，$Q = 2y_1(x_2 - x_1)$，$R = Q^2$，$S = R(x_2 - x_1)$，

即有 $W = P - S$。

由此得 $\lambda_4 = \frac{1}{WQ}$，$\lambda_1 = \lambda_4 WO$，$\lambda_2 = \lambda_4 WN$，$\lambda_3 = \lambda_4 Q(y_4 - y_3)$。

由 $\begin{cases}x_3 = \lambda_1^2 - 2x_1, \ y_3 = \lambda_1(x_1 - x_3) - y_1 \\ x_4 = \lambda_2^2 - x_2 - x_1, \ y_4 = \lambda_2(x_1 - x_4) - y_1\end{cases}$，计算得到 $y_4 - y_3$，代入求得 λ_3，最终计算得到

$$x_5 = \lambda_3^2 - x_3 - x_4, \ y_5 = \lambda_3(x_3 - x_5) - y_3$$

原本的 $3P+Q$ 点乘计算需要至少 2 次求逆运算，而综合前人方法提出的改进的 $3P+Q$ 点乘只需要一次求逆，它最后的计算消耗为 $1I+5S+15M$，显著减少了消耗。

3）改进点乘算法具体实现

前文已经通过对一些常见的下层计算分析得到了其对应的计算消耗，并在此基础上提出了有关 $3P+Q$ 的简化计算。考虑到如果仅有点加操作和倍点操作，会伴随着 k 展开后较大的 Hamming 重量，从而产生大量的求逆运算[37]。本文提出一种改进的点乘算法，通过 4、3、2 三个系数对 k 进行标量分解，并将前文涉及的底层计算应用到实际算法中，从而降低了整个算法的消耗。算法的流程如下所示：

改进点乘算法

输入：正整数 k

输出：Q=kP

用到的变量：I，arr[]

第一步：将 k 用 array[i]表示

While 循环开始：i=0

While k≠1

  While k mod4=0

    $k=\frac{k}{4}$，arr[i++]=4；

While k mod 3=0

    $k=\frac{k}{3}$，arr[i++]=3；

  If k mod3=1 $k=\frac{(k-1)}{3}$，arr[i++]=0；

    Else if k mod2=1 $k=\frac{(k-1)}{2}$，arr[i++]=1；

    Else $k=\frac{k}{2}$，arr[i++]=2；

```
循环结束
第二步，计算 Q
for 循环开始，令 l=i-1，kP=P
For i=l;i>0;i=i-1
    s=arr[i++]
        case 0：then kP=3kP+P；
        case 1：then kP=2kP+P；
case 2：then kP=2kP；
case 3：then kP=3kP；
case 4：then kP=4kP；
Q=kP
算法结束
```

算法流程图如图 7.26 所示。

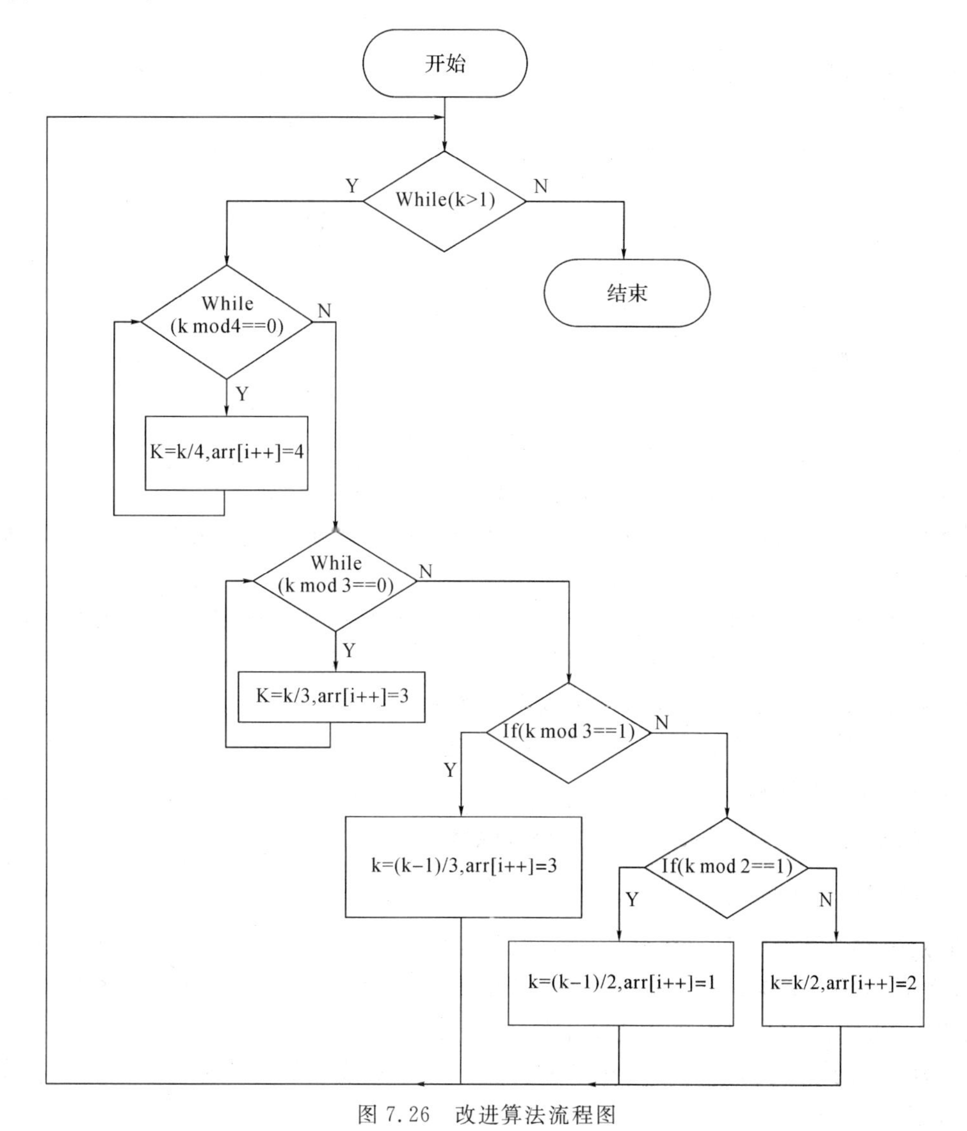

图 7.26　改进算法流程图

3. 改进 ECC 算法在移动支付系统中的加密性能分析

为了清晰明了地表现基于不同点乘算法的 ECC 算法在移动支付中的性能对比，本文将改进的 ECC 算法应用在第五章的移动支付原型系统中，并在系统的支付阶段通过运用基于不同点乘算法的 ECC 算法对不同位数的数据进行加密，并对其加密时间进行统计比较，绘制算法运行时间对比图。在特定系统(高通 骁龙 Snapdragon MSM8260(1.7 GHz)；RAM：1G；Android 4.0)环境下，本小节选取不同位数的数据进行 1000 次加密并选取运行时间平均值，其中 Leca 改进的点乘算法来源于文献[38]，绘制成图 7.27。

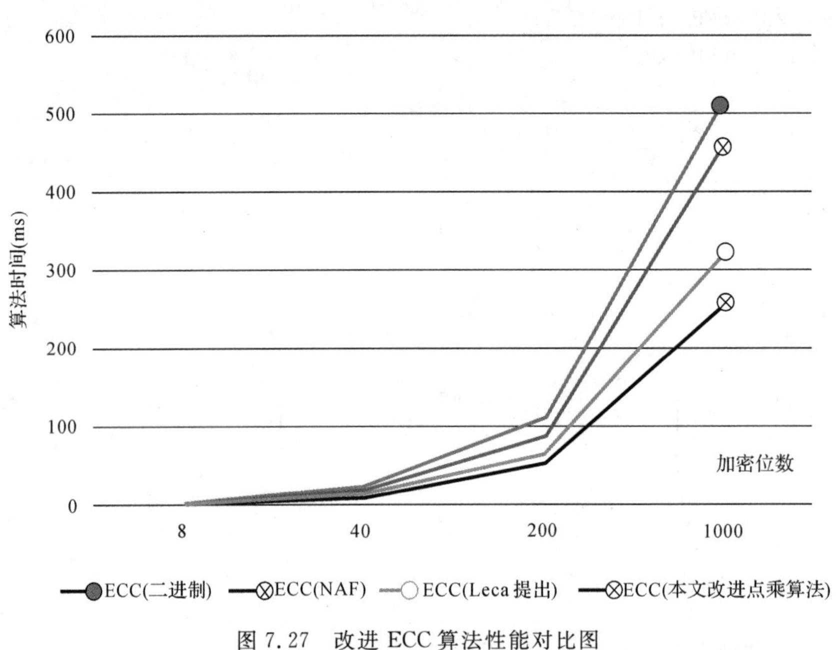

图 7.27　改进 ECC 算法性能对比图

通过图 7.27 可以发现，基于二进制点乘算法的 ECC 算法加密运行时间相对最长，且随着加密位数的提高，其加密时间也会增长越多。而基于 NAF 点乘算法的 ECC 算法，在加密位数很少的情况下与其他算法比相差不多，而当加密数据位数增多后，其加密时间增长却相对较快。基于改进点乘算法的 ECC 算法与基于 Leca 提出的 ECC 算法相比，在加密位数少的情况下，它们的加密时间与基于经典点乘算法的 ECC 算法相比都比较优秀，而当加密位数变多时，本文算法表现得更加优异，加密时间增长的速度相对缓慢。因此可以得出结论，本文提出的改进 ECC 算法能更进一步地优化算法的效率，为下文将其应用到移动支付中打下良好的基础。

4. 基于改进 ECC 的移动支付安全协议的模型

1）操作模型介绍

在过去的十年中，基于全连接的移动支付协议被很多学者提出来提高支付系统的安全性(如图 7.28 所示，所有实体互相之间都是直接相连的)，尽管这些协议运用了很多认证加密技术，但是其中的一些仍然不能保证移动商务的安全性。其原因在于，在一些以支付网关 PG 为中心的移动支付协议中，由于客户 C 和商家 M 能够直接相连，因此会造成移动支付过程更容易出现漏洞。

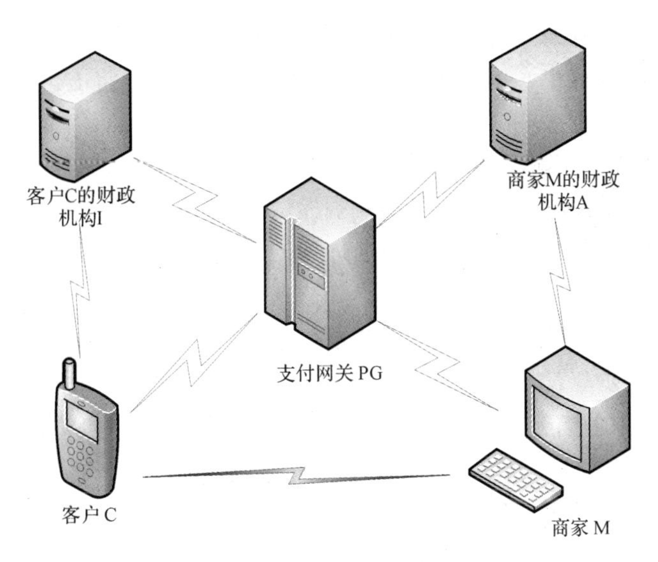

图 7.28 全连接模型图

文献[39]提出了经典的 Abad - Peiro 支付模型，适用于本文的安全协议，在此模型基础上，本文协议使用了以下实体：

Client (C)：客户 C，代表想从商家 M 处购买商品的用户。在本文协议中，客户 C 是在用户端拥有移动设备且能连接因特网的实体。

Merchant (M)：商家 M，代表售卖商品的一方。

Acquirer (A)：收单银行，商家 M 的财务机构，一方面它会核实支付指令的有效性，另一方面它会管理商家账户的资金划拨等业务。

Issuer(I)：发卡银行，客户 C 的财务机构，一方面它向用户提供电子支付指令功能，另一方面它会管理客户账户的资金划拨等业务。

Payment gateway (PG)：支付网关 PG，在银行私有网络端扮演着 A 和 I 的中间媒介的角色，在因特网端扮演 C 和 M 媒介的角色以完成交易。

上述 5 个交易实体的关系如图 7.29 所示，由图可见，在商家 M 和客户 C 之间

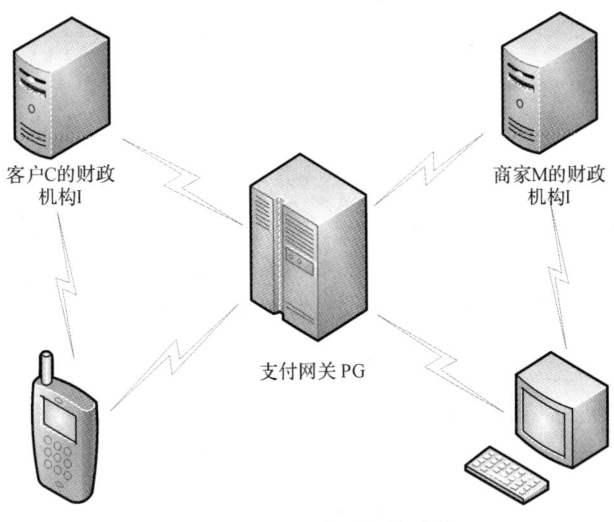

图 7.29 本文采用的模型图

没有任何直接连接，所有的交易消息都要通关支付网关PG来完成转发。这种以PG为中心的受限支付协议，限制客户C和商家M的直接连接，转而通过将支付网关PG作为两者中间媒介来完成交易。

商家M和支付网关PG之间的连接，客户C和支付网关PG之间的连接都是通过因特网实现的，这个过程中使用了一些由移动终端提供的通信技术(例如GPRS等)。由于I、A、PG三者的主要通信都是在银行私有网络端进行的，因此它们之间的通信安全不在本文探讨范围之内。

还有一点值得注意的是，在开始支付之前，客户C必须先向I注册以获得Sec_{C-I}，在协议开始前，执行如下步骤：

(1) 客户C将他的借记卡/信用卡信息(CDCI)分享给其财务机构I，I不会将C的任何信息透露给商家。登记流程可以在I的所在处进行，也可以通过I的所有网站进行。

(2) 由于客户C和I之间的信托关系，I会分配一些昵称代号NIDc给C。这些昵称代号只有客户C及I知道，它主要的作用是防止商家M知道客户C的真实身份。

安全协议应由三个部分组成：认证协议、注册协议、支付协议。其中，认证协议负责对客户C所使用的移动终端进行认证、防止其设备存在安全漏洞；注册协议完成客户C和商家M的身份认证，交互信息的合法性验证等功能，是整个安全协议的基础；支付协议则是安全协议的核心部分，完成交易的整个流程，包括订单生成、交易消息传送、转账付费等功能。

2) 基于Ecc的自检认证注册技术

文献[40]提出了一种基于ECC的认证机制，通过研究发现该技术安全性良好，应用性强，适合应用于移动支付安全协议中，但其效率还有一定的提高空间。因此，在此基础上，本文以第三章改进的ECC算法为基础，进一步此机制改进，并将其分为三个阶段：初始阶段、注册阶段、认证阶段。

初始阶段：在这个阶段，服务器通过下面的步骤在一个椭圆曲线域上进行参数初始化。

① 生成椭圆曲线方程。服务器S选择一个有限域Z_P，其中P是一个大素数，并在此基础上生成椭圆曲线：

$$y^2 = x^3 + ax + b$$

其中，$a, b \in Z_P$，$p > 3$，$4a^2 + 27b^2 \neq 0 \bmod p$。

服务器S在椭圆曲线$E_P(a, b)$选择一个公共点Q和一个Hash函数$H(\cdot)$。

② 生成公钥。服务器S选择一个私钥$d_s \in Z_P$并通过下式来计算它的公钥U_S：

$$U_S = d_S * Q$$

注册阶段：假设客户C想登录服务器S，则必须先进行注册。

① 生成验证密钥和自检签名。首先，C发送一个注册请求给S，S通过下式生成A的验证密钥：

$$V_C = H(ID_C \parallel w_C)$$

其中，$w_C \in Z_P$，ID_C是C的身份ID，S通过下式计算W_C：

$$W_C = w_C * Q = (x, y)$$

其中，x 是W_C的 x 轴坐标，y 是W_C的 y 轴坐标。为了生成自检签名，S 计算：

$$E_C = H(x \parallel ID_C) \bmod n$$

$$S_C = (w_C - d * E_C) \bmod n$$

② 确认信息合法性。S 发送$\{V_C,(E_C,S_C)\}$给 C，C 通过计算来判断消息合法性，公式如下：

$$W'_C = S_C * Q + E_C * U_S = (x', y')$$

$$E'_C = H(x' \parallel ID_C) \bmod n$$

接着，C 验证E'_C是否等于E_C，若相等，则 C 确认消息来源于 S 且是合法的。

认证阶段：在这个阶段，C 想登录 S，S 可以通过如下步骤来验证客户 C 的合法性[68]。

① 获取数据集。C 使用 H(.)计算：

$$D = H(V_C \parallel ID_C \parallel TS) \bmod n$$

其中，TS 是时间戳。C 将ID_C、D、S_C、E_C发送给服务器 S。

② 身份认证。当接收到 C 的消息后，S 计算：

$$w'_C = (S_C + d * E_C) \bmod n$$

$$V'_C = H(ID_C \parallel w'_C)$$

$$D' = H(V_C \parallel ID_C \parallel TS)$$

服务器 S 检查 D'与收到的 D 是否相等，若相等，则验证通过，C 被认为是合法用户。

7.5.4 基于改进 ECC 安全协议的移动支付系统

原型系统共分为三大模块：认证功能模块、用户登录管理模块和支付功能模块。认证功能模块用来负责用户移动设备的安全认证；用户登录管理模块主要负责用户的注册登录及附加功能应用(如转账、管理个人信息、余额查询等)；支付功能模块则是该原型系统的主体部分，主要负责用户购买商品、付账、转账、认证等一系列流程。整个系统框架如图7.30所示。

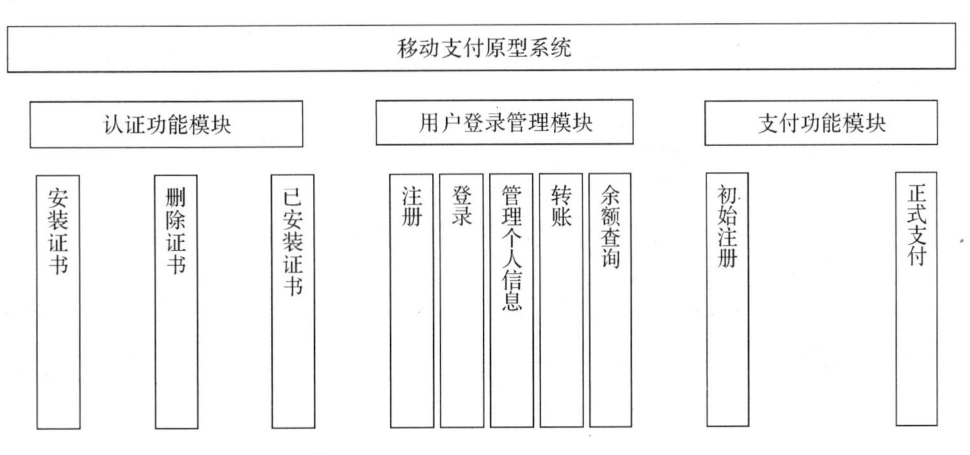

图 7.30　移动支付原型系统框架

三个模块有着不同的功能，其详细功能及主要调用函数将在下面进行介绍。三个模块之间的执行流程如图 7.31 所示。

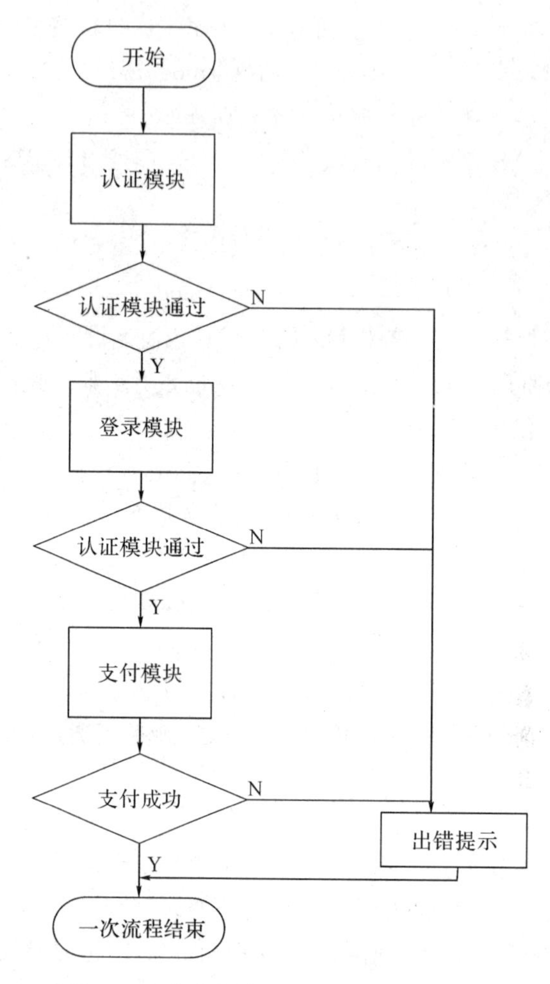

图 7.31　移动支付原型系统模块间流程图

整个原型系统的主要功能有以下 5 种。

(1) 终端设备认证：通过 IMEI 码对客户所使用的移动设备进行安全认证，以确保该移动设备在之后的支付过程中不存在安全漏洞，该过程主要使用 Hash 算法及 ECC 算法进行认证。

(2) 用户登录/注册：用户在移动终端输入用户名和密码，传至服务器，使用 ECC 算法加密解密，并通过 IMEI 进行比对，完成注册或进入系统。

(3) 用户管理：修改个人信息、包括联系方式、绑定银行卡等，也可进行账户余额查询、支付记录、查询、提交投诉等。

(4) 支付转账：类似于互联网上的在线支付转账，将移动终端与一个银行账户绑定，当需要用户支付或转账时，通过通告、注册认证、支付清算等过程，配合认证、加密等安全协议，将支付转账的费用直接从本人银行卡扣除。

(5) 密钥生成：通过支付过程中协商的主密钥和随机数生成新的会话密钥。

整个系统的实体类关系图如图 7.32 所示，展示了系统的主要类及主要函数。其中 BasciActivity 作为基本的 Activity，提供标准化的方法并由其他 Activity 继承。CertificateActivity 主要负责系统初始认证功能模块的一些功能函数，包括 installCert()、 deleteCert()等。UserManageActivity 主要负责用户的登录/注册、信息管理等功能，主要函数包括 login()、register()等。PaymentActivity 主要负责支付模块的功能，主要函数有 checkOrder()、confPay()等。MD5Util、ECCUtil、AESUtil、SessionKey 这些工具类主要负责产生系统各个功能所需。

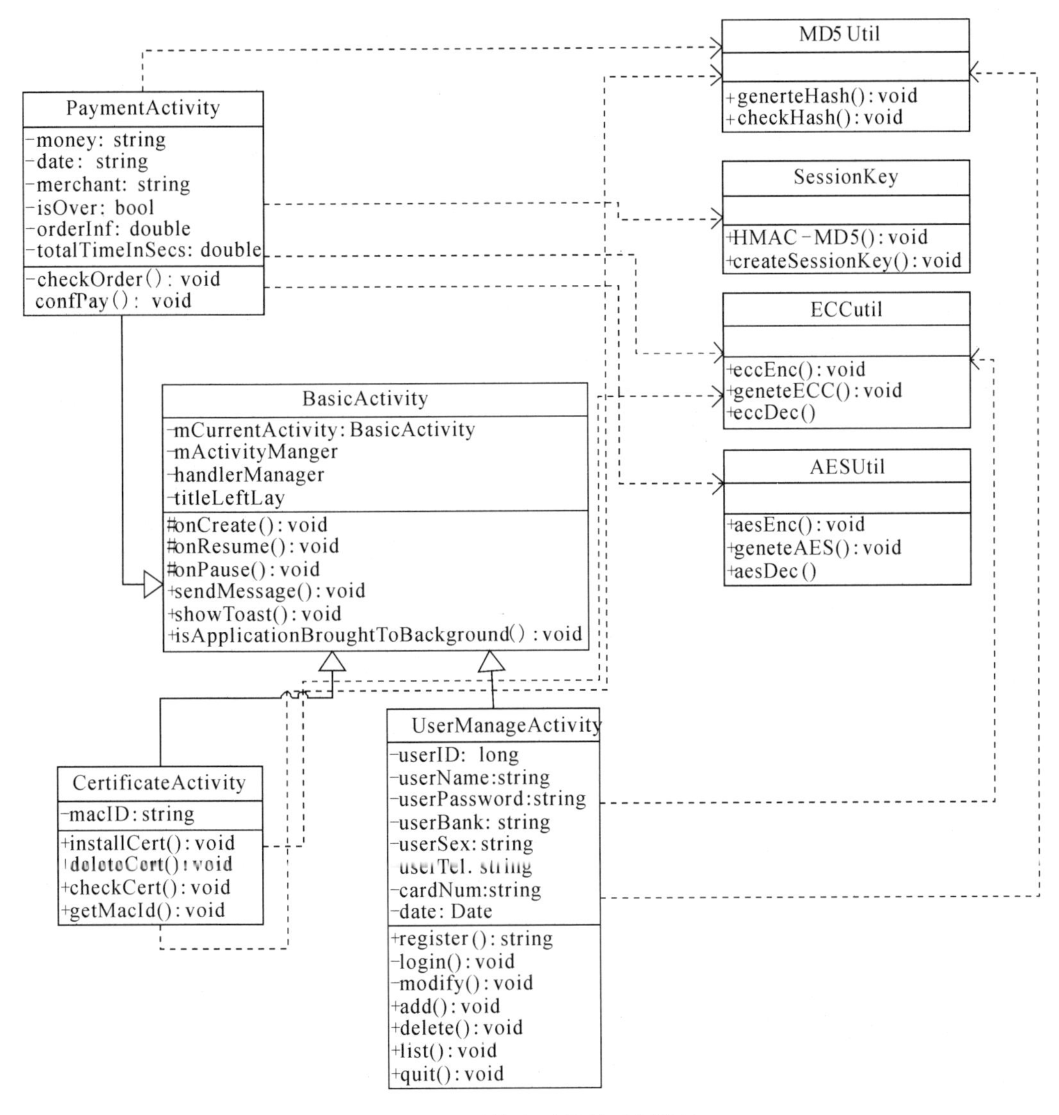

图 7.32　系统主要类关系图设计

7.6　基于云计算的网站可信度评价模型

云计算的网站可信度评价安全技术及系统设计研究，主要分为两个研究模块，分别是网站分类模块和模糊综合评估模块。网站分类模块主要针对以云计算为主的物联网网络层，而模糊综合评估模块中的技术，主要针对物联网安全模型架构中的应用层。

7.6.1 基于云计算的网站可信度评价系统的需求分析

网络的开放性使得互联网上存有很多色情、暴力等不健康内容，尤其是移动设备青少年用户的急剧增多，伴随着不良信息的同时，移动互联网用户还面临着信息骚扰、病毒破坏、恶意程序欺诈等诸多安全隐患。如今，手机病毒种类繁多，已经由简单的系统毁坏、恶意收费扩展到信息盗取、金融盗号等诸多方面。能否有效阻止不健康的、恶意的网站出现在智能手机上，对能否塑造青少年的身心健康起着至关重要的作用。因此，为了更好地服务于广大网络用户，对网站进行可信度评价很有必要。然而，现有的网站评估模型大多存在以下两方面的不足：一是对于影响网站可信度的评价因素集选择不合理，或内容重复，或缺乏针对性；二是忽略了网站信任值随时间的动态变化性。

本节将云端和移动终端有效结合，提出一种基于云计算的网站可信度评价模型，当用户在终端提交网站检测请求时，云端运用模型和算法实现网站检测过程，并及时显示检测结果给用户。该模型从核心部分考虑主要分为网站分类和模糊综合评估两部分：首先对网站进行分类，采用多分类的基于多项式核函数的支持向量机 SVM 分类算法[41]，该算法有效避免了大量的支持向量参与计算，大大提高了分类效率。然后，根据分类结果和网站类型确定合适的评价因素集和权重，这样既能够消除评价因素过多或者内容重合，又能对因素权重的确定起到针对性作用，使得评价结果可靠性高，为后续在模糊综合评估模块中的网站相关信息的有效提取，并根据提取的信息来计算评价网站的近期信任值做好准备。在模糊综合评估部分中，利用模糊理论综合评价法进行评价。除此之外，鉴于某些网站会采用不正当手段使网站信任值在近期内飙升，模型中把网站的信任分成历史信任和近期信任，历史信任值反应网站长期以来的信誉，而近期信任值则是对网站最近一段时间表现的信誉评估[42]，也反映了用户近段时间内的喜好、习惯等信息，以网站信任值为评价要素也是不可忽视的重点。

7.6.2 网站可信度评价模型相关基础理论

1. SVM 原理简介

支持向量机 SVM(Support Vector Machine)是一种基于监督的分类模型，它可以将特征空间中样本点的间隔最大化，并最终可以将这种最优化问题转化为求凸二次规划问题[43]，如图 7.33 所示。

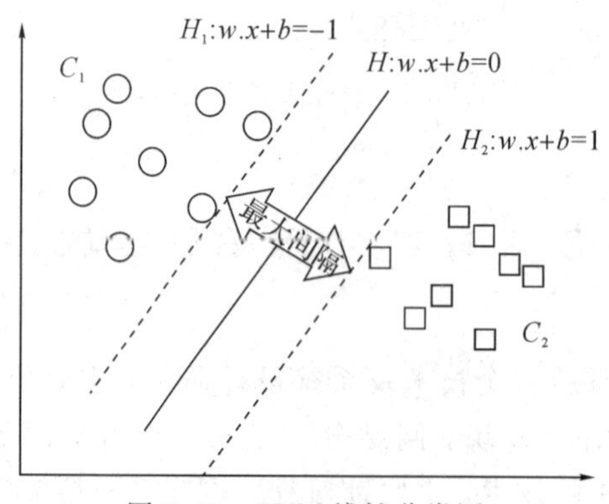

图 7.33 SVM 线性分类图

C_1 和 C_2 是二维空间的两个类别，直线 H 代表分类函数，C_1 和 C_2 被直线 H 完全分开。H 是分割超平面，距离 H 最近的点就是支持向量。H_1 和 H_2 经过距离 H 最近的两类样本，且 H_1、H_2 与 H 相互平行，H_1 与 H、H_2 与 H 之间的距离为几何间隔。在线性可分时，为了使几何间隔最大化，就要计算下面的最优化问题：

$$\min_{w,c} \frac{1}{2} \| w \|^2$$

$$\text{s.t.} \quad y_i(w.x_i + c) - 1 \geqslant 0, i = 1,2,\cdots,n \tag{7-18}$$

由拉格朗日对偶性，该最优化问题可转化为以下的分类决策函数：

$$f(x) = \text{sgn}\left(\sum_{i=1}^{l} \lambda_i y_i K(x, x_i) + c\right) \tag{7-19}$$

除了线性可分情况，SVM 思想中另外一种情况就是线性非可分情况[44]，此时需要核函数将输入向量由低维变换到高维。

2. 模糊理论相关概念

模糊理论是由 L. A. zadeh 教授在 1965 年提出的，用于描述生活中不精确或不确定的事物，并以数学方法为基础发展起来。

下面介绍模糊理论中的主要概念。

(1) 模糊概念。模糊概念是指某个事物或概念的外延不清楚，即它没有明确的边界。例如，本文研究的网站的“信任”是一个模糊概念，因为在“信任”与“不信任”之间没有一个明确的界限。

(2) 模糊集合。模糊集合是基于经典集合的，模糊集合中的元素本身都具有由模糊概念所表述的属性。在模糊集合中，元素对集合的属于关系不是绝对的，可能“亦此亦彼”，由此引出了隶属度的概念。

(3) 隶属度[45]。设图 A 是集合 X 到[0, 1]的一个映射，A：$X \to [0,1]$，$x \to A(x)$，那么 A 是 X 上的模糊集合，$A(x)$ 为 x 对集合 A 的隶属度。$A(x)$ 表示 x 属于 A 的程度：当 $A(x)=1$ 时，x 完全属于 A；当 $A(x)=0$ 时，x 完全不属于 A。$A(x)$ 越靠近于 1，x 对 A 的属于程度就越大；反之，x 对 A 的隶属程度就越小。各个隶属度函数组成的向量称为模糊向量。

3. 信任相关概念

结合云计算环境，本文给信任定义如下：信任是指在某个时间段中，基于一定的背景环境，一个实体通过与另一个实体直接交互而产生的对该实体能力和诚信的一种信息，以及对该实体以后行为的主观期望，它不是单方面的，而是由交互的双方共同决定的，并且会随着时间改变。

信任具有如下几个重要特性[46]：

(1) 信任总是存在于两个实体间，即信任评价过程中有主客体之分。

(2) 信任是有程度区别的，如“一般信任”和“很信任”，这种程度上的区别可以用概率或者 0～1 间的实数表达。

(3) 信任与所处环境有关，即信任是有前提条件的。例如：我们可以信任一个程序员能够编写一个优秀的应用程序，但却无法相信他可以写出一篇优秀的论文。

(4) 信任是建立在以往经验之上的，实体可以通过以往的经验来预计信任值。

(5) 信任是可传递的，一个节点的推荐信任可以帮助其他节点做出决定。

(6) 信任是主观的，不同的实体对以往与同一个实体的交互结果会产生完全不同的信任值。

(7) 信任是会随时间变化的。信任值不是一直不变的，随着时间的推移，好的行为会使实体信任值在某段时间内升高，反之则会下降。

7.6.3 网站可信度评价模型

1. 系统架构

需要注意的是：针对现有信任评价模型中存在的评价因素集难以合理选择、内容具有重合，以及因素权重确定时忽略实体类型、缺乏针对性这两方面的不足，在该评价模型中提出了先对网站进行分类，再根据分类结果进行信任评估的思想，网站分类模块和网站评价模块是该网站可信度评价系统的核心组成部分。

本系统采用移动客户端/云服务器端两级架构模式，客户端指运行在移动终端上的网站监控软件，主要负责通信、终端保护和行为监控；云服务器端接收监控软件的请求后完成对网站的监控，并反馈信息给客户端，客户端收到后作出响应。系统的整体架构图如图7.34所示。

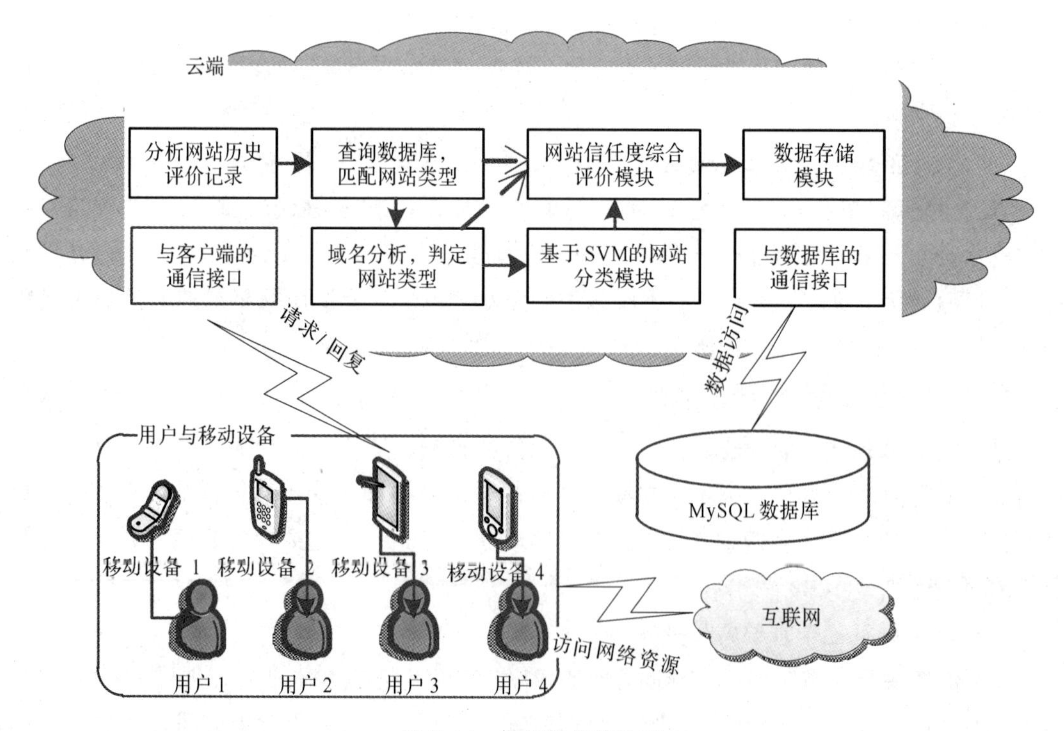

图 7.34　系统整体架构图

1）系统概述

系统中，客户端软件安装并运行在用户的移动设备(Android 智能手机)上，能够实时监控用户通过浏览器访问网络的操作，当用户尝试访问一个网页时，客户端将所访问网页的 URL 地址传送给云端，请求云端对网站进行评价。

云端收到请求之后的业务处理过程如下：

(1) 分析网站历史评价记录。云端接收到移动终端发来的对网页进行评价的请求时，先在数据库的相关表格中查找该网页的历史记录，该历史记录必须满足周期限制，例如以一个月为周期，那么一个月之前的记录则视为无效。若该网站的历史记录得分不高，则云端先对该网页进行评价，延迟用户访问该网页。反之，若可信记录所占比例高于阈值，则先反馈“可信”信息给终端，终端收到后允许用户与网页交互，然后，云端才对该网页进行评价，并进行数据存储。

(2) 查询数据库，匹配网站类型。根据网站的 URL 查找数据库中存储 URL 与网站类型记录的表格，如果找不到对应的记录进行步骤(3)，否则转步骤(5)。

(3) 域名分析，判定网站类型。提取 URL 包含的域名并推测网站类型，如果不能从域名所包含的信息得出，转步骤(4)，否则进行步骤(5)。

(4) 基于 SVM 对网站分类。分析网页的 HTML 代码，经过去噪、网页分词等步骤得到该网页的特征向量，并采用改进的多分类基于多项式核函数的 SVM 分类算法进行分类，以确定网站的类型。

(5) 基于模糊理论的网站信任度综合评价。通过步骤(2)、(3)、(4)确定网站类型后，在网站评价模块中可对网站进行评价。首先，根据网站类型从数据库的相关表格中查询评价时用到的评价因素集，然后利用 AHP 分析法确定各评价因素的权重，最后对网站的信息进行提取、分析、评价(此部分主要在网站近期信任值的计算过程中完成，此时相当于完成先判断评价因素权重，再根据认定的重要评价因素对网站进行相关信息提取)。评价过程分为两部分：① 根据以往的交互评价网站的历史信任值；② 利用模糊理论评价网站近期信任值。最后，根据提取出的网站相关信息，对历史信任值和近期信任值进行有效归一化处理，并将评价结果反馈给移动终端，终端根据结果进行相应的处理。

(6) 数据存储。评价完成后，将网页 URL、评价结果以及评价时刻作为一条记录存于数据库的相关表格中，同时删除与该 URL 对应的无效记录，避免云端出现存储空间饱和。

在系统整体架构图中，网页分类和模糊综合评估这两个主要的功能都在云端实现，云体系可以将分布在各地的资源集中起来，有效地利用分布式处理技术高效地处理待检测信息，从而弥补移动设备处理能力不足的弱点，同时云端服务器则借助广泛的信息收集来源加强处理的准确性。目前，分布式云平台主要通过 MapReduce 模型实现，MapReduce 模型适用于处理大规模数据，其主要过程分为 map 和 reduce 两个过程，map 阶段将问题拆分成各个小任务分别处理，reduce 阶段将 map 阶段的结果进行整合，最终得到程序的输出。将 MapReduce 模型用于云端，得到云端技术架构图如图 7.35 所示。

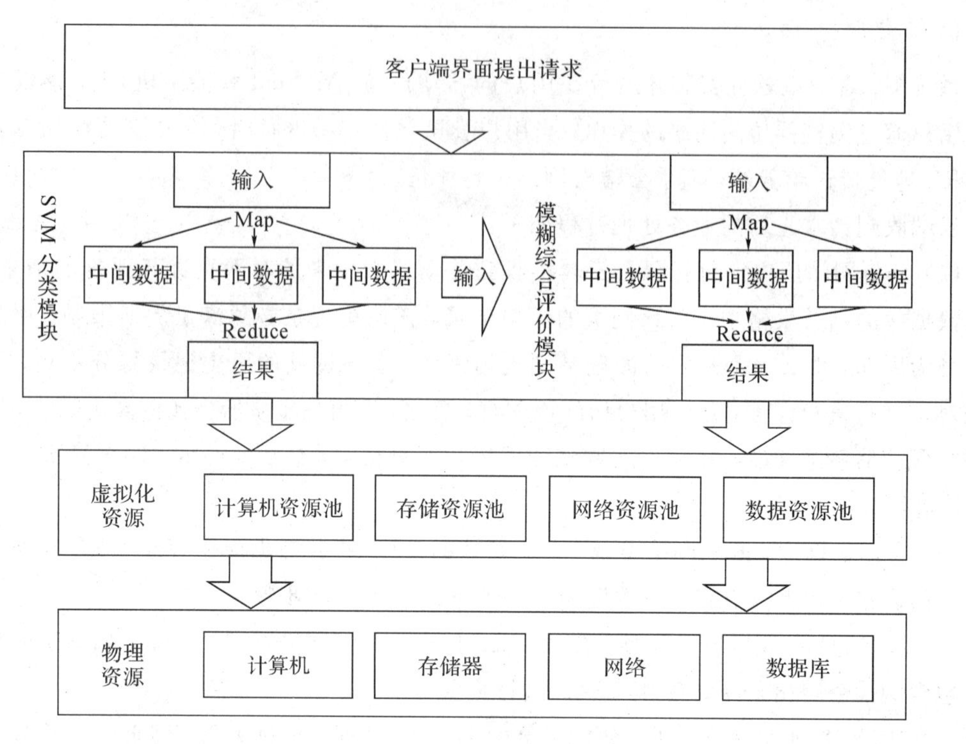

图 7.35　云端技术架构图

2）数据库设计

本节侧重于网站分类和模糊综合评估两大模块，依靠云计算的运算存储能力，两个模块共用一个数据库，实现数据间的流通与共享。数据库采用 Oracle 公司的关系型数据库管理系统 MySQL，数据库表格间的逻辑结构设计如图 7.36 所示。

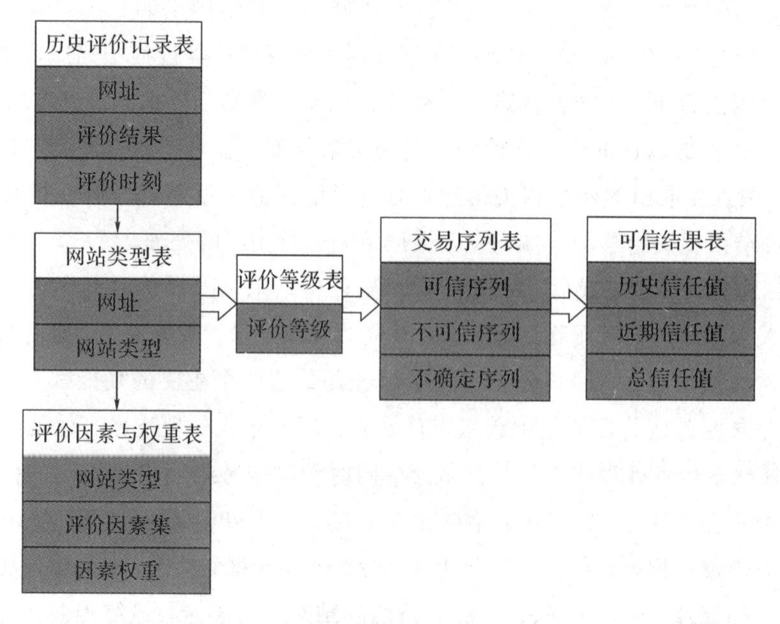

图 7.36　数据库表格间的逻辑结构设计

具体的数据库表格设计如下：

(1) 历史评价记录。历史评价记录中的每一条记录包括网址、评价结果 result、时间(表示上一次评价发生的时间)。数据表设计如表 7.14 所示。

表 7.14　table_history

字段名	数据类型	中文名	备注
url	String	网址	无
result	Int	评价结果	1—可信，0—不可信
time	Date	时间	无

(2) 网站类型。网站包含的类型有新闻类、图片类、视频类等。数据表的设计如表 7.15 所示。

表 7.15　table_sitetype

字段名	数据类型	中文名	备注
url	String	网址	无
type	String	网站类型	无

(3) 评价因素与因素权重。针对每一类网站，设定一个合适的评价因素集与因素权重。数据表的设计如表 7.16 所示。

表 7.16　table_factorandweight

字段名	数据类型	中文名	备注
type	String[]	网站类型	在表 table_sitetype 中
factor	String[]	评价因素集	至少包含 1 个因素
weight	String[]	因素权重	与 factor 长度相等

(4) 交易序列表。交易序列表指用户和网站连续多次交易的序列，分为持续可信子序列、持续不可信子序列以及持续不确定子序列，用以评估网站的历史信誉。数据表的设计如表 7.17 所示。

表 7.17　table_sequence

字段名	数据类型	中文名	备注
trusted	String[]	可信子序列	长度大于 5
untrusted	String[]	不可信子序列	长度大于 5
uncertain	String[]	不确定子序列	长度大于 5

(5) 评价等级。对每个因素集的评价等级不是评价中的关键参数，维度不同的评价等级对评价效果影响不大，所以只需要确定一个合适的评价等级即可。数据表的设计如表

7.18所示。

表 7.18 table_evaluaterate

字段名	数据类型	中文名	备注
rate	String[]	评价等级	元素在 4～7 个之间

(6) 可信结果。如果对网站信任度进行综合评价的结果属于可信结果，表示网页可信，反之表示不可信。数据表的设计如表 7.19 所示。

表 7.19 table_trustedcollection

字段名	数据类型	中文名	备注
history trusted	String[]	历史信任值	无
current trusted	String[]	近期信任值	无
trusted	String[]	可信结果	元素包含在 rate 中

2. 基于 SVM 的网站分类模块

考虑到指标对云计算环境中所有类型的网站都要有适应性，同时指标体系又不能过于庞大，因此提出了依据网站类型选举评价指标的思想，避免了以往研究中对于所有网站采用统一指标体系而使得指标体系既庞大又缺乏针对性的不足。在网站分类模块中，只有对评价实体(网站)进行合理分类，才能在接下来的网站评价模块中依据分类后的网站类型完成对网站信任的评价。因此，对网站进行分类是评价之前的关键步骤。

由于云计算环境下网站类型及其数量的急剧增多，若对于移动终端输入的任何网址都进行比较耗时的基于 SVM 的网站类型判定，工作量会很大。为了提高网站分类的效率，将已经识别的网站类型存储到数据库中。当用户输入网址时，首先查询数据库中的网址评价记录表格，若在该表格中查询到该网址且评价时间在有效的一段时间内(如 1 个月内)，则可直接向用户提供网站类型信息；如果未查询到，则需要先分析域名，尝试判定网站类型，否则再进行比较耗时的基于 SVM 的网站类型判定。如果是基于 SVM 的网站分类，需要对传统的 SVM 进行改进，经过相关理论分析，提出在基于 SVM 的网站分类模块中，采用多分类的基于多项式核函数的 SVM 分类算法，从而有效确认网站类型。对应的网站分类模型如图 7.37 所示。

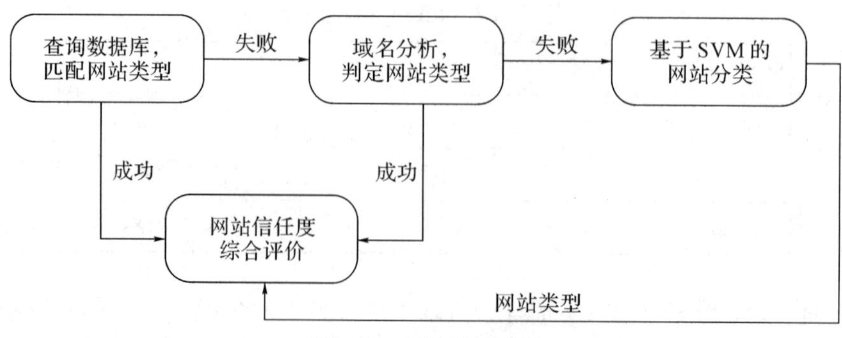

图 7.37 网站分类模型

1）多分类的基于多项式核函数的 SVM 分类算法的分析

参考文献[47]，考虑到云计算环境下网站类型多、数量大的特点，提出一种多分类的基于多项式核函数的 SVM 分类算法。这里将网站类别作为样本点，使用 K-means 算法将互联网上众多的网站类别粗聚类成 K 个大的类别，即网站类型的粗聚类。当有网站需要进行分类时，先使用 K-means 算法判断其所属的粗聚类，然后再利用文献[47]中基于多项式核函数的 SVM 算法在其所属粗类内进一步判定其网站类型。

支持向量数目过多降低了标准 SVM 分类的效率。本文利用文献[47]中基于多项式核函数的 SVM 分类算法，通过对多项式核函数进行合并同类项等简单变换，使得 SVM 分类决策函数中的支持向量变为常数，从而变成多个关于待分类向量的多项式，同时，将一部分多项式的值储存起来避免重复计算。该算法适用于多项式核函数阶数较低、待分类向量维数也较低而支持向量较多的情况。

标准的 SVM 分类器分类决策函数如下：

$$f(x) = \mathrm{sgn}\Big(\sum_{i=1}^{l}\lambda_i y_i K(x, x_i) + c\Big) \tag{7-20}$$

其中，x_i 为支持向量，此处是常量。

$$K(x, x_i) = \phi(x).\phi(x_i) \tag{7-21}$$

为核函数，用于由低维空间向高维空间的映射。当核函数为多项式核函数时，决策函数变为

$$f(x) = \mathrm{sgn}\Big(\sum_{i=1}^{l}\lambda_i y_i (x_i.x+1)^d + c\Big) \tag{7-22}$$

式中，x 为待分类向量，要和每个 x_i 分别进行内积计算，如果 x 是 n 维的，则有：需要内积 n 次，还需要 $d-1$ 次幂运算，再乘以系数一次。当支持向量有 m 个时，乘法运算总次数为

$$f(m, n, d) = m(n+d) \tag{7-23}$$

式中，每个支持向量 x_i 所对应的 $\lambda_i y_i (x_i * x+1)^d$，可以被展开为关于待分类向量 x 各分量的多项式，并将展开的多项式合并同类项，当对待分类向量 x 进行分类时，就可以通过计算各个展开项的值得到分类结果。下面给出具体的多项式计算量分析：

设 n 元 d 阶齐次多项式为

$$(w_1 x_1 + w_2 x_2 + \cdots + w_n x_n)^d \tag{7-24}$$

其中，w_i 为常数，x_i 为变量。

将多项式(7－24)展开，多项式个数为

$$f(n, d) = C_{n+d-1}^{d} \tag{7-25}$$

下面是证明的过程：

当 $n=1$ 时，

$$(w_1 x_1)^d = w_1{}^d * x_1{}^d$$

展开以后多项式个数为 1，

即

$$C_{n+d-1}^{d} = C_{1+d}^{d} = 1$$

式(7－25)成立。

假设 $n=k$ 时，式(7－25)成立，那么当 $n=k+1$ 时，令 $q=w_1 x_1 + w_2 x_2 + \cdots + w_n x_n$，则

$k+1$ 元 d 次方展开后为

$$
\begin{aligned}
&(w_1x_1+w_2x_2+\cdots+w_kx_k+w_{k+1}x_{k+1})^d \\
=\ &a_1q^d+a_2q^{d-1}x_{k+1}+\cdots+a_dqx_{k+1}^{d-1}+a_{d+1}x_{k+1}^d
\end{aligned}
$$

其中，a_1 为常数。多项式个数为

$$
\begin{aligned}
&C_{k+d-1}^d+C_{k+d-2}^{d-1}+\cdots+C_{k+2}^3+C_{k+1}^2+C_k^1+1 \\
=\ &C_{k+d-1}^d+C_{k+d-2}^{d-1}+\cdots+C_{k+2}^3+C_{k+1}^2+C_{k+1}^1 \\
&\cdots \\
=\ &C_{n+d-1}^d
\end{aligned}
$$

所以，式(7-25)成立。

将式(7-24)展开后，每一项都为 d 次，共有 C_{n+d-1}^d 项，所以总的乘法运算次数为 dC_{n+d-1}^d。

对于任意个 x_i，它的 k 次方在展开式中要出现 $C_{n+d-k-2}^{d-k}$ 个多项式(即 $n-1$ 元 $d-k$ 次齐次多项式展开以后项数)。把 x_i 的 2 次方到 d 次方都计算出来则需要乘法运算 $d-1$ 次，把这些值都缓存起来，以后计算展开式需要这些值时，就可以直接将这些缓存的值取出来使用，能大大减少运算次数。减少的运算次数为

$$
\begin{aligned}
&(d-1)C_{n-2}^0+(d-2)C_{n-1}^1+\cdots+3C_{n+d-6}^{d-4}+2C_{n+d-5}^{d-3}+C_{n+d-4}^{d-2}-(d-1) \\
=\ &C_{n-2}^0+C_{n-1}^1+\cdots+C_{n+d-6}^{d-4}+C_{n+d-5}^{d-3}+C_{n+d-4}^{d-2} \\
&+C_{n-2}^0+C_{n-1}^1+\cdots+C_{n+d-6}^{d-4}+C_{n+d-5}^{d-3} \\
&+\cdots \\
&+C_{n-2}^0+C_{n-1}^1+C_{n-2}^0-(d-1) \\
=\ &C_{n+d-3}^{d-2}+C_{n+d-4}^{d-3}+C_{n+d-5}^{d-4}+\cdots+C_{n-1}^1+C_{n-2}^0-(d-1) \\
=\ &C_{n+d-2}^{d-2}-(d-1)
\end{aligned}
\tag{7-26}
$$

把这种方法应用到一组 x_i，需要的总乘法次数为

$$
\begin{aligned}
f(n,d)&=dC_{n+d-1}^d-nC_{n+d-2}^{d-2}+n(d-1) \\
&=nC_{n+d-2}^{d-1}+n(d-1)
\end{aligned}
\tag{7-27}
$$

在式(7-24)中，将 n 元 d 阶非齐次多项式中的每个 x_i 的 2 次到 d 次方的值计算并缓存以后，需要的总运算次数为

$$
f(n,d)=nC_{n+d-1}^{d-1}+n(d-1) \tag{7-28}
$$

通过这种方法进行 SVM 分类时，计算量与支持向量的数量无关，对于那些多项式核函数阶数和输入向量维数较低而支持向量较多时，该算法可以大大提高分类效率。

2) 基于 SVM 的网站分类算法实现

网页分类技术基于文本自动分类技术。文本分类即把一个待分类文本，根据其内容判断为已知的多个文本类别中的某一类或某几类的过程。随着互联网的发展，文本分类技术逐渐应用于网页上。

“训练”和“分类”是中文网页自动分类的两个主要部分。第一步是“训练”，就是已知某些网页的类别，通过统计这些网页中的词条分布情况，分析出网页的特征向量与该网页类别的转换关系，并将这种转换关系以一个模型的形式出现；第二步是“分类”，是指事先并不知道网页类别，通过分析网页内容提取出特征向量，并将其作为训练模型的输入得到网

页的类别。网页文本分类流程图如图 7.38 所示。

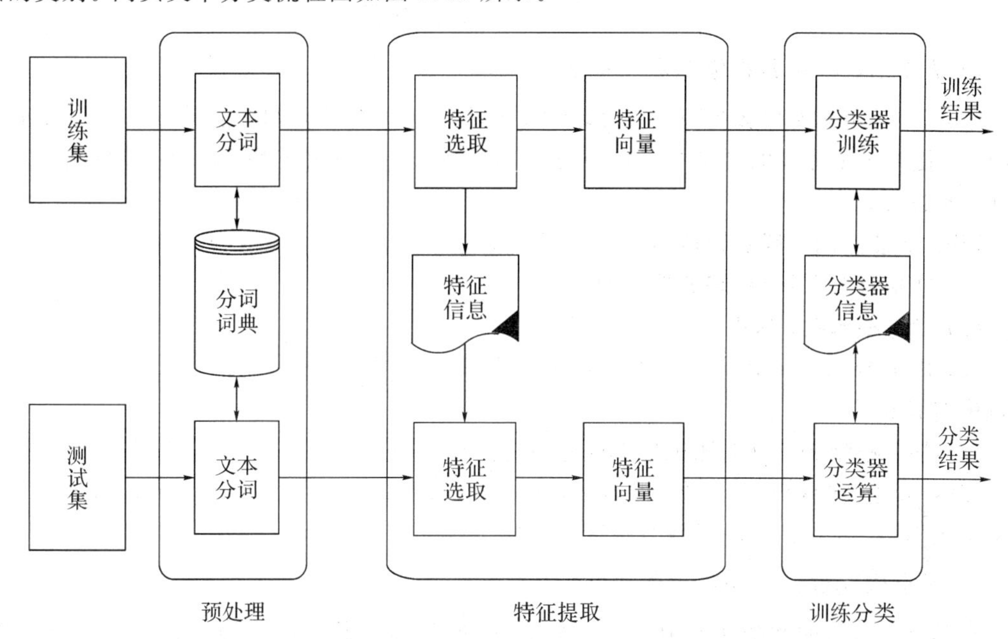

图 7.38　网页文本分类流程图

(1) 预处理。网页是用 HTML 组织的，HTML 语言的特点是包含众多的标签，而有些标签用于修饰网页，有些包含正文，所以标签解析是指将〈style〉、〈class〉、〈herf〉等标签包含的内容去掉，而保留〈head〉、〈body〉、〈H3〉等之间的内容。此外，对于网页中各种与主题无关的无用数据，如广告、地点等，在预处理过程中进行清除。与英文网页不同，中文网页用中文展示，英文网页中单词间存在空格，而中文网页中词与词是连着的，因此中文信息的提取需要进行分词。例如领导近日赴美，分词的结果就是领导\n 近日\n 赴\n 美，这样方便计算机识别，更好地为我们解决难题。

(2) 特征提取。网页经过预处理后，会得到原始的特征向量空间。原始特征向量的维数都很大，而且含有大量重复的或者表达模糊的特征项，若不删减则会大大增大 SVM 模型的难度。因此，需要进行特征提取。特征提取的过程如下：网页预处理后得到表达网页信息的词条集合；然后，对词条集合中的所有词条进行计算，若计算值不小于阀值 W(可事先确定)，则被选为特征词条，由所有特征词条构成的向量就是特征向量。目前，常用的特征提取函数有文档频率、特征频率、互信息等。本文选用 IF－IDF 对词条进行特征提取。

TF－IDF 的主要思想是：在众多的网页中，如果某个词语在某一种网页中经常出现，而在其他网页中很少出现，则说明该词能够很好地表征该类网页，适合于分类。TF－IDF 由 TF 与 IDF 乘积得到，TF(Term Frequency，词频)表示词条在某一种网页中存在的频率；IDF(Inverse Document Frequency，逆向文件频率)是指，假设有 n 个网页包含词条 t，n 越小，则 IDF 越大，即词条 t 的区分能力越强。TF(词频)的计算方法如下：

$$\mathrm{IF}_{i,j} = \frac{n_{i,j}}{\sum_k n_{k,j}} \tag{7-29}$$

式中，分子代表该词在网页中出现的次数，而分母表示网页中所有字词的总数。

IDF 可以度量一个词语的普遍重要性程度，其计算方法如下：

$$\mathrm{id}\ \mathrm{f}_i = \log \frac{|D|}{|\{j: t_i \in d_j\}|} \tag{7-30}$$

3) 基于 SVM 分类的仿真实现与结果分析

Libsvm 是由林智仁教授等开发设计的一个软件包，可以有效地用于 SVM 模式识别与回归，它提供了编译好的可在 Windows 系统执行的文件。本文选用 Libsvm 软件包来模拟网站分类过程。

Libsvm 使用的一般步骤是：

(1) 准备符合 Libsvm 格式要求的数据；

(2) 确定核函数，这里选用多项式核函数；

(3) 使用 Svmtrain 函数对训练样本开始训练过程，同时调整参数 c 和 g，得到支持向量机模型 model；

(4) 基于模型 model 对测试样本进行预测。

Libsvm 主要包括两个函数，即 Svmtrain 和 Svmpredict 函数，Svmtrain 函数通过训练集来训练模型，Svmpredict 函数对测试集进行预测。

3. 基于模糊理论的网站评价模块

在基于云计算的网络环境中，从资源分配、服务部署到实体行为都具有高度动态性，这使得云计算环境下网站服务的可信度也处在动态变化中，可能会出现某段时间内服务质量好，某段时间不好的随机波动现象。因此，云计算环境下的网站评估模型必须符合云计算环境下动态性的特征。

本节结合云计算环境的特点，综合考虑信任的多个属性，提出一种网站可信度综合评估模型，如图 7.39 所示。该网站可信度评价模块主要分为近期信任和历史信任两部分。其

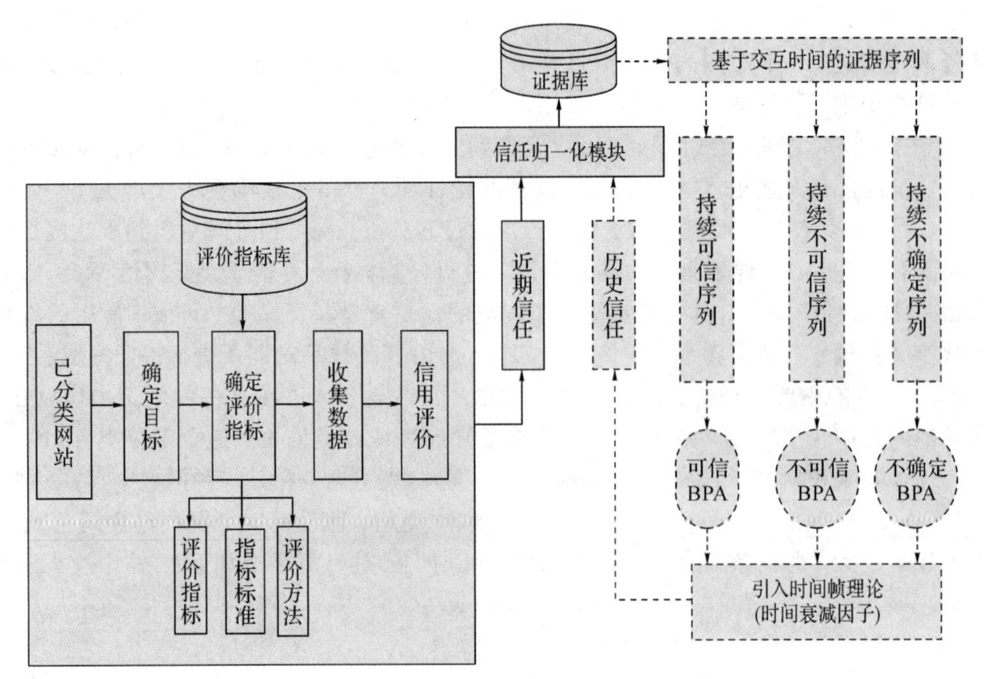

图 7.39　网络可信度综合评估模型

中，本地证据库中存储了各地用户与网站每次交互时对网站的信任度评价，通过提取基于交互时间的证据序列，并结合时间帧理论引入时间衰减因子，利用D-S证据理论可求得网站的历史信任度，历史信任值能够客观地反应网站在过去较长一段时间内的信誉。近期信任值则是对网站近期表现的评估，其核心思想在于反映用户由于习惯、爱好或者所处环境的变化所引起的对网站信任程度的变化情况，由于模糊理论具有表达“模糊”和“不确定”的能力，应采用模糊算法计算具有高度动态性的网站近期信任值。最后，通过历史信任值和近期信任值的结合，即将两个信任值进行归一化处理得到综合性的信任值，能有效适应云计算环境下信任值动态波动的特性。

此外，在网站可信度评价模型中，设置了一个评价指标库，库中存放了影响网站可信度的所有评价指标。由基于改进SVM的网站分类已经可以得到待评价网站的类别，此时依据网站类别即能合理有效地从库中选取相应需求的评价指标。这样，即实现了评价指标的动态性，很好地满足了云计算环境下信任模型自适应性的要求。

将D-S证据理论和模糊理论中的隶属度概念运用到模型中，使得该模型满足信任主观模糊的属性，同时，通过历史信任与近期信任结合的方式，既能有效防止某些不法分子利用不正当手段使其网站信任值在短时间内飙升，又能实时更新用户爱好、习惯、需求等信息，满足了云环境下信任模型动态变化的特性。

1）网站历史信任值计算

D-S证据理论是由数学家Dempster和Shafer提出并发展的，它是一种适用于不精确证据的推理理论，是对概率模型的发展。但是，该理论更激发了不完备信息的不确定推理法的产生。

假设 $X=\{x_1, x_2, \cdots, x_n\}$ 为有限识别框架。下面给出D-S证据理论中的相关定义。

幂集：幂集就是集合中所有子集构成的集合。如果用 $P(X)$ 表示集合 X 的幂集，则

$$P(X)=\{\Phi, \{x_1\}, \cdots, \{x_n\}, \{x_1, x_2\}, \{x_1, x_3\}\cdots\}$$

基本置信度函数：是指对某集合的幂集中任意一个子集的信任程度，取值在0～1之间。用 $m(t)$ 表示对集合 t 的基本置信度。若要求幂集中某一集合的基本置信度，则表示为

$$\underset{m(t)}{t} \in P(X), \sum_{t\in P(x)} m(t)=1$$

本文参考文献[48]将D-S证据理论应用于网站历史信任值的计算。在本地证据库中存放所有用户与网站 j 交互过的关于网站 j 的基于交互时间的证据序列，分为连续可信子序列、连续不可信子序列以及持续不确定子序列，利用持续序列提取算法，将这三种子序列分离。

(1) 序列提取算法。令 S_{ij}^{kt} 表示用户 i 与网站 j 第 k 次交互的服务质量，α_i 和 β_i 是介于 $0\sim1$ 之间的一个数值，$length_{k, fs}$ 表示第 k 个持续子序列的长度，L 表示子序列长度的一个阈值。当 $\beta_i < S_{ij}^{tk} < 1$ 时，该序列为可信服务子序列 $\{T\}$；当 $0 < S_{ij}^{tk} < \alpha_i$ 时，序列不可信服务子序列 $\{-T\}$；否则，将其划分为不确定服务子序列 $\{T, -T\}$。在分别形成这三种服务的子序列集合后，利用阈值 L 对子序列进行筛选：若 $\mathrm{length}_{\mathrm{k, fs}} < L$，则将该子序列从子序列集合中剔除；若 $\mathrm{length}_{\mathrm{k, fs}} > L$，则将该子序列保留。

(2) 时间帧理论的应用。本文为了对那些持续提供可信服务的网站进行激励，同时对恶意网站实施惩罚，设置了基本可信度函数。式(7-31)是反应持续可信子系列的BPA函

数，函数将子序列的长度和时间映射其中，因为用户更愿意相信距离当前时间较近的以及长度较长的持续子序列。

$$\begin{cases} m\{T\}_{ij} = \dfrac{\sum\limits_{k=1}^{m} \text{Fade}_{k,\ ts} * \text{length}_{k,\ ts}}{N} \\ \text{fade}_{k,\ ts} = \rho\hat{}(t - t_{ak} + \text{length}_k - 1) \end{cases} \tag{7-31}$$

式中，$\text{fade}_{k,\ ts}$ 为第 k 个持续可信子序列的衰减函数，其中 $0<\rho<1$，子序列中距离当前时间 t 最近的最后一次服务时间 $t_{a+\text{length}-1}$ 作为该子序列的衰减时间，N 为基于序列的总交易次数。

为了体现对持续不可信序列或持续不确定序列的惩罚作用，本文在文献[48]的基础上对基本可信度函数进行了改进，如式(7－32)所示的 BPA 函数：

$$\frac{\sum\limits_{k=1}^{Z} 1/\ \sqrt{\text{fade}_{k,fs} * \text{punish}} * \text{length}_{k,fs}}{N} = m(-T)_{ij} \tag{7-32}$$

与持续可信子序列不同的是，在式(7－32)中，$\text{fade}_{k,\ fs}$ 为第 k 个不可信服务(不确定服务)序列的衰减因子，是将子序列中距离当前时间 t 最远的首次服务时间作为该子序列的衰减时间。此外，式(7－32)中的惩罚因子 punish 也具有惩罚作用，有

$$\text{punish} = \bar{\omega}\tan(c_j - \bar{\omega}) \tag{7-33}$$

其中，$\bar{\omega}$ 参数用于控制惩罚因子速度，c_j 为服务 j 从服务可信变为服务非可信(包括服务不确定及服务不可信)的概率。当 c_j 比 $\bar{\omega}$ 大时，punish 迅速变大，惩罚强度加大；反之，则其缓慢增长。

$$c_j = \begin{cases} (m-1)/n, \text{当 } t_n = t_{am+\text{length}_{m-1}}, \text{且 length}_m \geqslant 2 \\ m/n, \text{其他} \end{cases} \tag{7-34}$$

式中，m 为持续可信子序列的个数，n 为证据序列的长度。

2) 网站近期信任值计算

在计算网站近期信任值时，先用层次分析法确定各评价指标的权重，再用模糊综合评价法进行评估。

(1) 层次分析法(AHP)确定权重。层次分析法是 20 世纪 70 年代初由美国大学教授 T. L Saaty 首次提出的，能有效地将人们的主观判断进行客观表述。层次分析法把一个复杂的多因素决断问题看作解决目标，首先分析出影响该目标实现的多个影响因素并分层表示，再将分解出的影响因素继续分解，如此反复形成目标判决的多层结构。其具体步骤如下：

① 建立层次结构模型。一般来说，应用 AHP 解决问题，需要将问题分解为以下三个层次。

目标层：即待解决问题的决策目标，本文指网站的可信度；

准则层：即影响目标实现的因素，本文指网站的评价指标；

措施层：即能够实现目标的备选方案，本文指待评估的具体网站。

在对网站进行可信度综合评估时，首先要明确网站评价指标。本文以某一类型的网站为例，从模型中的评价指标库中获取该网站的评价指标，归纳为一个集合 X={服务能力，技术性能，网站美观性，网站安全性}。递阶层次结构如图 7.40 所示。

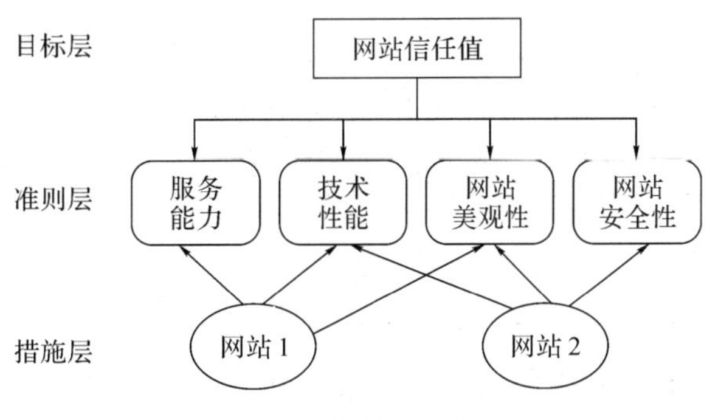

图 7.40　递阶层次结构图

② 构造判断矩阵并赋值。有了层次结构图就可以填写判断矩阵，首先对元素进行两两比较，然后用表 7.20 来描述元素的重要性程度。

表 7.20　元素重要性程度表

重要性程度	含　义
1	两者重要性程度相等
3	相对后者，前者稍重要
5	相对后者，前者明显重要
7	相对后者，前者强烈重要
9	相对后者，前者极其重要
2,4,6,8	介于以上判定中间，如 2 介于 1 和 3 之间
倒数	元素 I 与元素 S 的重要性之比和元素 S 与元素 I 的重要性之比互为倒数

设得到的判断矩阵为 $\mathbf{A}=(a_{ij})_{n\times n}$，则矩阵 $\mathbf{A}$ 具有如下性质：

a. $a_{ij}>0$；

b. $a_{ji}=1/a_{ij}$；

c. $a_{ii}=1$。

根据上面的性质，本文取服务能力、技术性能、网站美观性、网站安全性四个评价指标来对某一类网站进行评价，则构造的判断矩阵为

$$\mathbf{A}=\begin{bmatrix} 1 & 1/2 & 4 & 3 \\ 2 & 1 & 7 & 5 \\ 1/4 & 1/7 & 1 & 1/2 \\ 1/3 & 1/5 & 2 & 1 \end{bmatrix}$$

③ 层次单排序(计算权向量)与检验。得到判断矩阵后，需要求出每层各元素相对于其上一层元素的重要性程度，即权重。可以利用和法原理进行求解，即对于一致性判断矩阵，对每列元素归一化。此时，还需要检验判断矩阵是否满足一致性，下面是一致性检验的步骤：

a. 求一致性指标 C. I. (Consistency Index)。

$$C.I. = \frac{\lambda_{max} - n}{n - 1} \tag{7-35}$$

b. 需要获得平均随机一致性指标 R.I.，该步骤可以通过查表 7.21 得到。

表 7.21 平均随机一致性指标 R.I. 表

判断矩阵阶数	1	2	3	4	5	6	7	8
R.I. 的值	0	0	0.52	0.89	1.12	1.26	1.36	1.41

c. 求出一致性比率 C.R.(Consistency Ratio)的值，并判断。

$$C.R. = \frac{C.I.}{R.I.} \tag{7-36}$$

若 C.R.＜0.1，则判断矩阵满足一致性要求，否则，重新修正判断矩阵直到 C.R.＜0.1。经计算，矩阵 **A** 满足一致性。

④ 层次总排序。层次总排序步骤如下：

a. 在判断矩阵中，求出每一列的总和，如表 7.22 所示。

b. 在判断矩阵中，将列中的每一元素除以该列的总和，得到标准判断矩阵，如表7.23 所示。

c. 在标准判断矩阵中，求出每一行的平均值，即各影响因素的权重。

表 7.22 判断矩阵得出每列和

	服务能力	技术性能	网站美观性	网站安全性
服务能力	1	1/2	4	3
技术性能	2	1	7	5
网站美观性	1/4	1/7	1	1/2
网站安全性	1/3	1/5	2	1
列总和	43/12	129/70	14	19/2

表 7.23 各因素权重表

	服务能力	技术性能	网站美观性	网站安全性	平均值
服务能力	0.28	0.27	0.29	0.32	0.29
技术性能	0.56	0.54	0.5	0.53	0.53
网站美观性	0.07	0.08	0.07	0.05	0.07
网站安全性	0.09	0.11	0.14	0.1	0.11
列总和	43/12	129/70	14	19/2	

所以，服务能力、技术性能、网站美观性、网站安全性四个评价指标的权重分别为{0.29，0.53，0.07，0.11}。

(2) 模糊综合评价。模糊综合评价是一种综合评价方法，它以模糊数学为基础，并针对事物的不确定性引入隶属度概念，能够将多种影响因素考虑在内对事物做出一个总体评价，适于解决各种模糊的、不确定性问题。

具体的评价模型为：设 $U=\{u_1, u_2, u_3, \cdots, u_n\}$ 为对事物的评价起影响作用的 n 种因素，$V=\{v_1, v_2, v_3, \cdots, v_m\}$ 为对每种因素的 m 种评价等级，由于它们对每种因素的 m 种评价等级并不是“非此即彼”，所以，对每种因素的评价应该是 V 上的一个模糊向量。$W=\{w_1, w_2, \cdots, w_m\}$ 为因素集中每个因素在对事物评价过程中所占的权重，用以描述各个影响因素所起到的作用。本文选用 AHP 法来确定权重。

模糊综合评价的过程如下：

① 针对具有模糊概念描述属性的某研究对象，设定对其评价起到影响作用的评价因素集 $U=\{u_1, u_2, u_3, \cdots, u_n\}$ 和评价等级 $V=\{v_1, v_2, v_3, \cdots, v_m\}$。

② 对 U 中的因素依次求出对于 V 中的各等级指标的隶属度，获得一个模糊向量，那么由 n 种元素生成的 n 个模糊向量就可以构成一个模糊评价矩阵 $\boldsymbol{R}=(\mathrm{r_{ij}})_{\mathrm{n\times m}}$。

③ 每个因素重要性不同，利用 AHP 方法确定 U 中所有元素所占的权重 $\mathrm{W}=\{\mathrm{w_1}, \mathrm{w_2}, \mathrm{w_3}, \cdots, \mathrm{w_n}\}$，其中 $\mathrm{w_i}$ 表示 $\mathrm{u_i}$ 在 U 中所占的权重。

④ 综合评价的结果为 $\mathrm{Y}=\mathrm{W}\circ\mathrm{R}=\{\mathrm{y_1}, \mathrm{y_2}, \mathrm{y_3}, \cdots, \mathrm{y_n}\}$，“$\circ$”表示模糊变换，Y 是一个模糊向量，表示待评价实体对 V 中每个等级的隶属度。

⑤ 依据结果向量 Y，运用模糊判决得到最终判决结果。

本节假设研究对象为网站 Z，根据其类型选取的评价指标集为 U = {服务能力，技术性能，网站美观性，网站安全性}，对每个评价指标的评价等级 V={完全信任，很信任，一般信任，部分信任，不信任}。依次根据 V 中的等级对 U 中的指标实行模糊评价，假设得到如下的评价矩阵：

$$\boldsymbol{R}=(r_{\mathrm{ij}})_{4\times5}=\begin{bmatrix}0.05 & 0.2 & 0.3 & 0.4 & 0.05\\ 0.05 & 0.15 & 0.2 & 0.4 & 0.2\\ 0 & 0.1 & 0.2 & 0.6 & 0.1\\ 0.2 & 0.3 & 0.4 & 0.05 & 0.05\end{bmatrix}$$

由上节可得四个评价指标的权重分别为{0.29，0.53，0.07，0.11}。

则模糊综合评价的结果为

$$\begin{aligned}W\circ R&=[0.29, 0.53, 0.07, 0.11]\circ\begin{bmatrix}0.05 & 0.2 & 0.3 & 0.4 & 0.05\\ 0.05 & 0.15 & 0.2 & 0.4 & 0.2\\ 0 & 0.1 & 0.2 & 0.6 & 0.1\\ 0.2 & 0.3 & 0.4 & 0.05 & 0.05\end{bmatrix}\\&=[0.063, 0.177, 0.251, 0.376, 0.133]。\end{aligned}$$

即网站 Z 对评价等级 V 的隶属度为 $Y=\{0.063, 0.177, 0.251, 0.376, 0.133\}$。

3）信任归一化

前面已经介绍并求出了某一网站的近期信用和历史信用，下面需要对信任进行归一化，求出网站的最终可信度。

定义： 设网站的近期信用为 T_{current}，历史信用为 T_{long}，引入信用因子 $p(0<p<1)$，则网站的最终可信度可表示为

$$T=p*T_{\mathrm{current}}+(1-p)*T_{\mathrm{long}} \tag{7-37}$$

式中，p 越大，网站以前的历史信用就越容易被忽略，若 $p=1$，则网站的历史信用就完全被忽略。

7.7 本章小结

由于物联网实现过程中存在着各种各样的安全问题，一定程度上阻碍了物联网技术的进一步普及。本章主要对目前主流的网络安全技术进行了分析和讨论，并介绍了一些具体应用。总结如下：

等级划分的物联网安全模型(BHSM-IoT)。该模型架构上各个分支的延伸，可发展出针对不同问题的物联网安全技术。通过该模型中的物联网拓扑模型(TSM-IoT)可以有效地抽象出各个大型物联网应用的网络拓扑，分析其结构数据与结构利弊；通过物联网攻击模型(ASM-IoT)可以有效分析物联网应用的攻击来源与攻击类型，为安全应用防御提供参考；最后通过模糊评价模型的判定方法，有效地对评定物联网应用的安全等级，提供相应的物联网安全技术配置。以基于等级划分的物联网安全模型为总架构，结合实际需求以各个安全角度为分支发展出适用于各个不同服务的物联网关键安全技术。

NB-IoT(蜂窝的窄带物联网)中的安全问题。对 NB-IoT 感知层、传输层和处理层的安全问题提出了需求分析，及每一层次的安全体系架构。NB-IoT 感知层的安全体系，实现数据从物理世界的安全采集，以及数据和传输层的安全交换。NB-IoT 传输层的安全体系，实现数据在感知层和处理层之间的安全可靠传输。NB-IoT 处理层的安全体系，实现数据安全、有效的管理及应用。

软件定义大数据网络异常流量检测方法研究。主要论述了实现大数据大规模、高速率环境下的准确的异常流量识别，实现软件定义大数据网络的关键构架保证数据传输质量和数据传输安全需求，实现大数据网络中数据流特征的提取方法。针对软件定义网络在大数据环境下识别误差高的问题，设计一种基于改进型 SVM 的软件定义大数据网络异常流量识别模型，提高异常流量识别的准确性。

基于 Android 恶意软件的检测。首先介绍了 Android 操作系统上相关的安全机制，然后介绍了基于 Android 权限信息的检测技术、基于静态分析的软件检测技术，以及基于动态分析的软件检测技术。同时，展现了基于 Android 恶意软件检测系统的总体设计方案，包括系统设计目标、系统流程框架，并介绍了该系统各功能模块。

移动支付系统的加密认证算法及安全协议。从两个方面解决移动支付过程中存在的安全问题：一是对移动支付过程中所需的加密算法进行研究并改进。二是在一的基础上提出一种适用于移动支付环境，且能同时保证安全性和效率的安全协议。在对现有加密算法分析的基础上，选择安全性更好的非对称加密算法——椭圆曲线加密算法(ECC)。通过学习 ECC 算法中的点乘算法，提出了一种改进的 ECC 点乘算法。该算法在降低整数 k 展开的 Hamming 重量的同时，运用只有一次求逆的底层运算完成计算，从而一定程度上提高了 ECC 算法的整体效率。

基于云计算的网站可信度评价模型研究。在选取和使用 SVM 分类过程核函数的基础上，给出了基于 SVM 算法的改进，设计了网站分类模型结构，并描述了模型的业务逻辑。然后针对移动终端用户上网时的安全威胁，提出一种基于模糊理论的网站信任度综合评价模型。该模型分为两步：第一步，给出模型的整体架构图，在模型中将信任分为近期信任值和历史信任值，从而满足了云环境下信任值随时间变化的属性；第二步，详细介绍了历史信任值和近期信任值的计算方法。在计算历史信任值时引入时间帧理论，对持续可信及持续不可信交互序列起惩罚作用；在计算近期信任值时，首先利用层次分析法计算出每个评价因素的权重，再利用模糊理论计算出网站的信任评价值。

参考文献

[1] Guo Jia, CHEN I, JEFFREY J P T. A survey of trust computation models for service management in internet of things systems, In Computer Communications, 2017, 97: 1-14.

[2] HARWAHYU R, CHENG R G, WEI C H, et al. Optimization of Random Access Channel in NB-IoT. *IEEE Internet of Things Journal*, 2018, 5(1): 391-402.

[3] ALI A, HAMOUDA W. On the Cell Search and Initial Synchronization for NB-IoT LTE Systems. *IEEE Communications Letters*, 2017. 21(8): 1843-1846.

[4] 武传坤. 物联网安全关键技术与挑战. 密码学报，2015(1)：40-53.

[5] KIM T, KIM D M, PRATAS N, et al. An Enhanced Access Reservation Protocol With a Partial Preamble Transmission Mechanism in NB-IoT Systems, in IEEE Communications Letters, 2017, 21(10): 2270-2273.

[6] 吴坚，骆江波. 基于 NB-IoT 的实时被动式井盖监测系统[J]. 浙江科技学院学报，2018，30(01)：26-31.

[7] KASAI H, KELLERER W, KLEINSTEUBER M. Network Volume Anomaly Detection and Identification in Large-Scale Networks Based on Online Time-Structured Traffic Tensor Tracking. IEEE Transactions on Network and Service Management, 2016, 13 (3): 636-650.

[8] TAVAKOLI A, CASADO M, KOPONEN T, et al. Applying NOX to the Datacenter. HotNets, 2009.

[9] 齐庆磊. 软件定义网络中规则管理关键技术研究[D]. 北京：北京邮电大学，2017.

[10] SOTIRIS V A, TSE P W, PECHT M G. Anomaly detection through a bayesian support vector machine[J]. Reliability, IEEE Transactions on, 2010, 59(2): 277-286.

[11] GADDAM S R, PHOHA V V, BALAGANI K S. K-Means+ ID3: A novel method for supervised anomaly detection by cascading K-Means clustering and ID3 decision tree learning methods[J]. Knowledge and Data Engineering, IEEE Transactions on, 2007, 19(3): 345-354.

[12] 赵礼，李朝阳. 一种基于 Netflow 的蠕虫攻击检测方法研究[J]. 信息安全与通信保密，2012(6)：53-55.

[13] GIOTIS K, ARGYROPOULOS C, ANDROULIDAKIS G, et al. Combining OpenFlow and sFlow for an effective and scalable anomaly detection and mitigation mechanism on SDN environments[J]. Computer Networks. 2014, 62: 122-136.

[14] GIOTIS K, ANDROULIDAKIS G, MAGLARIS V. Leveraging SDN for Efficient Anomaly Detection and Mitigation on Legacy Networks. Third European Workshop on Software Defined Networks, 2014.

[15] MOUSAVI S M, ST-HILAIRE M. Early detection of DDoS attacks against SDN controllers. Computing, Networking and Communications (ICNC), 2015 International Conference on; 2015: IEEE.

[16] Li H, Li P, Guo S, et al. Byzantine-resilient secure software-defined networks with multiple

controllers. Communications (ICC), 2014 IEEE International Conference, 2014.

[17] SHIN H, GWAK J, YU J, et al. Feature flow - based abnormal event detection using a scene - adaptive cuboid determination method. 2016 International Conference on Control, Automation and Information Sciences (ICCAIS), Ansan, 2016: 205 - 209.

[18] RUBINOV K, BARESI L. What Are We Missing When Testing Our Android Apps. *Computer*, 2018, 51 (4): 60 - 68.

[19] KOLI J D. RanDroid: Android malware detection using random machine learning classifiers. 2018 Technologies for Smart - City Energy Security and Power (ICSESP), Bhubaneswar, India, 2018: 1 - 6.

[20] HUO S, ZHAO D, LIU X, et al. Yu. Using machine learning for software aging detection in Android system. 2018 Tenth International Conference on Advanced Computational Intelligence (ICACI), 2018:741 - 746.

[21] 许艳萍. 基于数据特征的 Android 恶意应用检测关键技术研究[D]. 北京：北京邮电大学，2017.

[22] 郑忠伟，欧毓毅. 基于图模式与内存足迹的 Android 恶意应用与行为检测[J]. 计算机应用研究，2017，34(12)：3762 - 3766.

[23] SARACINO A, SGANDURRA D, DINI G, et al. MADAM: Effective and Efficient Behavior - based Android Malware Detection and Prevention. *IEEE Transactions on Dependable and Secure Computing*, 2018, 15 (1): 83 - 97.

[24] SHANKAR V G, SOMANI G, GAUR M S, et al. AndroTaint: An efficient android malware detection framework using dynamic taint analysis. 2017 ISEA Asia Security and Privacy (ISEASP), 2017: 1 - 13.

[25] 杨文. 基于支持向量机的 Android 恶意软件检测方法研究. 南京：南京理工大学，2015.

[26] Zhang Y. The Application Research of Characteristic Code Techniques in Attack and Defense[C]// Information Technology, Computer Engineering and Management Sciences (ICM), 2011 International Conference on. IEEE, 2011, 2: 167 - 170.

[27] KIM D E, GOFMAN M. Comparison of shallow and deep neural networks for network intrusion detection. 2018 IEEE 8th Annual Computing and Communication Workshop and Conference (CCWC), 2018: 204 - 208.

[28] 杨欢，张玉清，胡予濮，等. 基于多类特征的 Android 应用恶意行为检测系统[J]. 计算机学报，2014，37(1)：15 - 27.

[29] 王行甫，杜婷. 基于属性选择的改进加权朴素贝叶斯分类算法[J]. 计算机系统应用，2015.

[30] MEMON, IMRAN, HUSSAIN, et al. Enhanced Privacy and Authentication: An Efficient and Secure Anonymous Communication for Location Based Service Using Asymmetric Cryptography Scheme[J]; WIRELESS PERSONAL COMMUNICATIONS, 2015,84(2): 1487 - 1508.

[31] MSTAFA R J, ELLEITHY K M, ABDELFATTAH E. A Robust and Secure Video Steganography Method in DWT - DCT Domains Based on Multiple Object Tracking and ECC. IEEE Access, 2017, 5: 5354 - 5365.

[32] 高保胜. 基于对称密码体制的移动支付安全协议研究[D]. 成都：西南交通大学，2012.

[33] FATAYER T S A. Generated Un - detectability Covert Channel Algorithm for Dynamic Secure Communication Using Encryption and Authentication. 2017 Palestinian International Conference on Information and Communication Technology (PICICT), 2017: 6 - 9.

[34] 于伟. 椭圆曲线密码学若干算法研究[D]. 合肥：中国科学技术大学，2013.

[35] KODALI R K, BUDWAL H S, PATEL K, et al. Fuzzy controlled scalar multiplication for ECC[C]

TENCON Spring Conference. IEEE，2013：352－356.

[36] CIET M，JOYE M，LAUTER K，et al. Trading Inversions for Multiplications in Elliptic Curve Cryptography[J]. Designs Codes & Cryptography，2006，39(2)：189－206.

[37] KODALI R K，BUDWAL H S. High performance scalar multiplication for ECC[C]. Computer Communication and Informatics (ICCCI)，2013 International Conference on. IEEE，2013：1－4.

[38] 苗凡. 基于PKI的移动支付系统研究与设计[D]. 北京：北京邮电大学，2011.

[39] ABAD P J L，ASOKAN N，STEINER M，et al. Designing a generic payment service[J]. Ibm Systems Journal. 1998，37(1)：72－88.

[40] YANG J H，CHANG C C. A Low Computational－Cost Electronic Payment Scheme for Mobile Commerce with Large－Scale Mobile Users[J]. Wireless Personal Communications，2012，63(1)：83－99.

[41] Li X，Wang K，Wang J，et al. Multi－focus image fusion algorithm based on multilevel morphological component analysis and support vector machine. IET Image Processing，2017，11(10)：919－926.

[42] H Ruiwen，D Jianhua，Lai L L. Reliability Evaluation of Communication－Constrained Protection Systems Using Stochastic－Flow Network Models. *IEEE Transactions on Smart Grid*，2018，9.(3)：2371－2381.

[43] GOROVYI I M，SHARAPOV D S. Comparative analysis of convolutional neural networks and support vector machines for automatic target recognition. 2017 IEEE Microwaves，Radar and Remote Sensing Symposium (MRRS)，Kiev，Ukraine，2017：63－66.

[44] DARMATASIA，FANANY M I. Handwriting recognition on form document using convolutional neural network and support vector machines (CNN－SVM). 2017 5th International Conference on Information and Communication Technology (ICoIC7)，Melaka，Malaysia，2017：1－6.

[45] 谢朝杰，保宏，等. 一种新隶属度函数在非线性变增益模糊PID控制中的应用. 信息与控制，2014，43(03)：264－269.

[46] Jiang Jinfang，Han Guangjie，Wang Feng. An Efficient Distributed Trust Model for Wireles Sensor Networks. Parallel and Distriuted Systems，IEEE Transactions on，2015(26)：1228－1237.

[47] Zhang Zisheng，PARHI K K. Seizure prediction using polynomial SVM classification. Engineering in Medicine and Biology Society (EMBC)，2015 37th Annual International Conference of the IEEE，2015，25－29：5748－5751.

[48] 张琳，刘婧文，王汝传，等. 基于改进D－S证据理论的信任评估模型[J]. 通信学报，2013，07：167－173.

第八章　基于物联网关键技术的应用示范

8.1　基于物联网的智慧农场认养系统

8.1.1　认养系统建设目标和框架

1. 建设目标

基于物联网的智慧农场认养系统是指用户可以通过APP或者微信端按照认养规则和认养协议支付一定的金额对商品进行在线认养，当用户所认养的商品成熟或者到达认养周期后，将其进行线下配送的一个过程。其建设目标是以物联网技术为基础，利用先进的物联网信息技术手段，从物联网寻址技术、无线传感网定位技术、无线传感器网络分簇技术、大数据云存储技术、物联网安全技术等角度出发，构建基于数字环境的生活服务智慧农场，让用户以较高的性价比享用健康、绿色、可信赖的农产品。主要内容包括：

(1) 为认养产品提供优秀的养殖环境和先进的养殖设备，以及优质的养殖品种；

(2) 让用户能够参与所认养产品从最初的幼苗或幼崽长大成熟的过程，以增强用户的参与性与积极性；

(3) 认养系统与实体农场的对接，用户能够通过摄像头查看所认养产品的实时生长状况，增强用户的信任感；

(4) 以较大的价格优势，鼓励用户尽早参与农产品的认养，降低认养成本。

2. 总体框架

基于物联网的智慧农场认养系统功能主要包括进入认养系统、选择认养产品、查看认养流程及规则、确认认养产品、查看认养过程、收货等流程，其中涉及支付和物流等环节，确认认养后也可以执行退养行为。基于认养系统功能，图8.1给出了认养业务详细流程图。

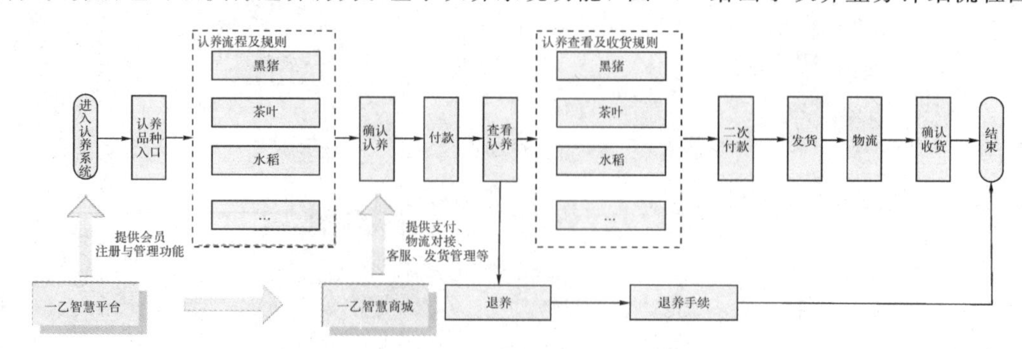

图8.1　认养业务流程

根据认养产品的特点制定不同的认养业务流程，包括认养规则流程、认养查看及收货流程。保持了不同认养品种之间的独立性，方便后续品种的增加，增强了系统的可扩展性。一次完整的认养业务流程，需要将用户管理、交易以及订单管理的流程与一乙智慧平台和一乙购物商城进行整合。由一乙智慧平台提供认养系统的会员管理，由一乙购物商城提供订单管理、交易实现以及物流对接等通用功能。

基于以上设计思路，智慧农场认养系统总体架构包括四个层次两个体系，四个层次分别为智慧感知层、公共数据云存储层、业务中间件层以及智慧应用统一门户；两个体系分别为信息安全与运维保障体系、管理规范与信息标准体系，如图 8.2 所示。

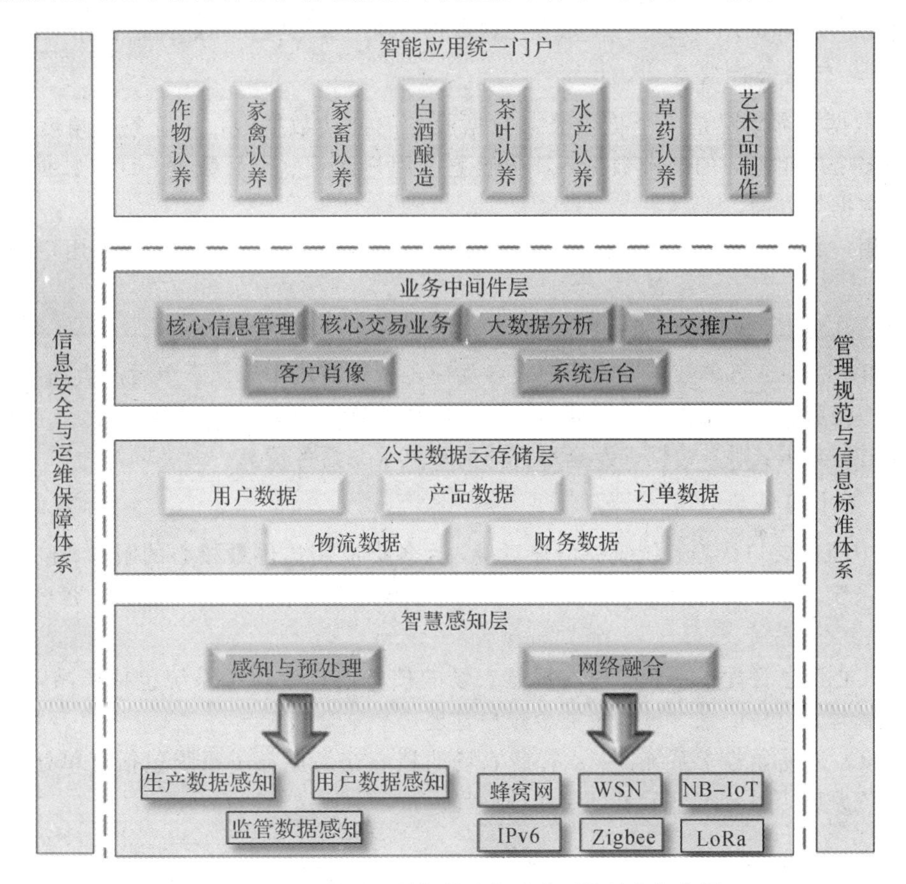

图 8.2　基于物联网的智慧农场认养系统总体架构图

1）智慧感知层

智慧感知层利用智能终端、各种传感终端、通信网络和应用服务对业务有关的信息资源进行采集、传输、整合和处理，实现智能化信息感知与融合，统一管理异构信息，并在此基础上提供信息管理、交易业务、大数据分析、社交推广等业务中间件服务，对上提供应用基础数据支持，实现产品定位和可溯源等功能。

智慧感知层数据包括生产数据感知、监管数据感知，以及用户数据感知。

（1）生产数据感知：对业务中商品生产地的自然资源和环境、商品原材料数据的感知。

（2）监管数据感知：智慧农场各类产品在供销阶段的实时数据感知，感知产品库存状态数据、物流状态数据、签收状态数据，实现对产品时时定位的功能。

(3) 用户数据感知：用户在使用一乙各类应用服务时，感知用户的个人资料数据：真实姓名、性别、手机号码、婚姻状况、省份地区等；感知用户的当前地理位置，方便为用户提供基于位置的服务；感知用户的操作记录数据：浏览商品种类、浏览商品次数、评论信息等；感知用户的购买力信息数据：商品订单、账户余额、购物车信息等，为制定产品推广策略提供数据支持。

数据感知采集的主要方式分为两种：利用多种传感器等感知设备进行采集的方式和通过互联网调研进行采集的方式。

采集后的数据具有多源化、多格式、跨领域等特点，经过一些简单的预处理才能更好地用于数据分析和应用，这里的预处理包含数据清洗、数据转换和数据整合。

2) 公共数据云存储层

公共数据云存储层是一个提供公共数据服务的公共数据池，从业务的角度提取有共性、可被多个应用服务的基础数据，其中涵盖了用户数据、产品数据、订单数据、物流数据、财务数据等方面。

(1) 用户数据：用户数据是指使用一乙智慧农场的用户信息，分为个人用户和企业用户两大类。

(2) 产品数据：产品数据是对一乙各类商品进行系统性描述的数据。

(3) 订单数据：订单数据是指用户在各类一乙智慧应用中确认下单后产生的数据。

(4) 物流数据：物流数据是指商品流通中的物流信息数据。

(5) 财务数据：财务数据涉及全平台的交易流水与财务清算。

3) 业务中间件层

业务中间件层与认养系统统一门户对接，为各类应用提供最核心的服务，包括核心信息管理子系统、核心交易业务子系统、大数据分析子系统、社交推广子系统、客户肖像子系统和系统后台子系统。

(1) 核心信息管理子系统：一乙智慧农场的核心信息管理子系统包括产品信息管理、用户信息管理、交易信息管理以及资金账户管理。

(2) 核心交易业务子系统：一乙智慧农场的核心交易业务子系统包括订单处理、支付结算和物流跟踪。图 8.3 显示了订单处理流程。

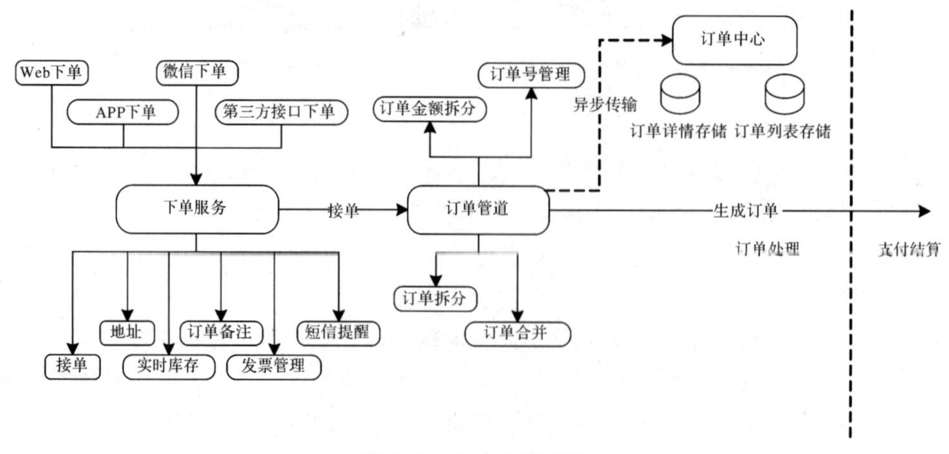

图 8.3　订单处理流程

(3) 大数据分析子系统：一乙智慧农场的大数据分析子系统包括智能交互、销售分析以及决策支持。

(4) 社交推广子系统：一乙智慧农场的社交推广子系统包括线上分享、广告发布、社群管理以及评价管理。

(5) 客户肖像子系统：一乙智慧农场的客户肖像子系统包括个性化门户导览、定制化推送、动态更迭、优惠折扣以及广告植入。

(6) 系统后台管理子系统：一乙智慧农场的系统后台管理子系统包括权限管理、日志及访问统计、数据备份清理与恢复以及第三方接口与信息维护。

4) 智慧应用统一门户

智慧应用统一门户位于平台的最顶层，为用户提供统一的服务窗口，该窗口涵盖了智慧农场服务，乃至所有后续的 Web 服务、App 都以该门户为接口为用户提供服务。

8.1.2　系统关键技术

认养系统结合物联网、NB－IoT、5G、大数据分析、人工智能等先进技术，对智慧感知层、公共数据云存储层以及业务中间件层的关键核心技术进行设计，从而为全方位提高产品核心竞争力，提升综合服务能力奠定基础。基于物联网的认养系统关键技术如图 8.4 所示。

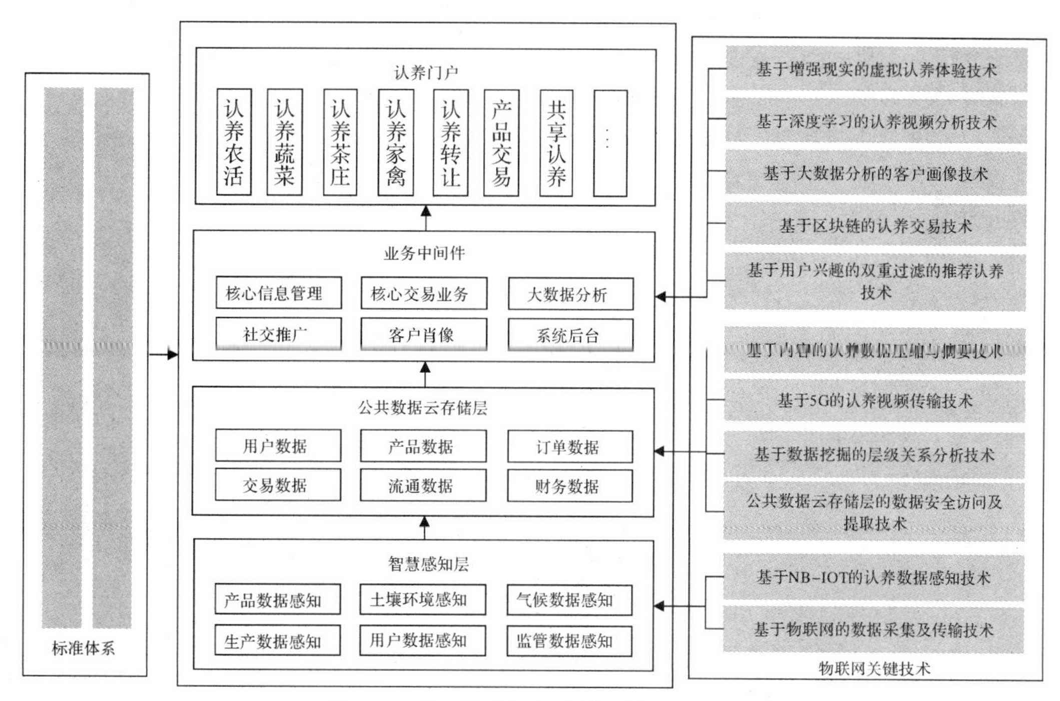

图 8.4　基于物联网的认养系统关键技术

1. 智慧感知层

智慧感知层关键技术有基于物联网的数据采集及传输技术和基于 NB－IoT 的认养数据感知技术。

1) 基于物联网的数据采集及传输技术

为认养用户提供亲身体验的实体农场，利用摄像头、传感器等数据感知设备，采集农场内农作物生长的环境参数，实时传输给认养用户，使用户实时了解和查看认养作物的生长情况。同时，实体农场部署的物联网系统具有专家诊断功能，根据感知设备采集到的数据，分析作物是否处于最佳生长环境，并根据诊断结果提醒用户是否需要对作物进行灌溉、施肥等操作。对于家禽类的产品，该系统亦可提醒用户是否需要进行喂食、除粪等。

对于上述操作，用户可通过两种方式实施：

(1) 用户可在周末等闲暇时光亲临农场，照顾认养的作物或家禽；

(2) 用户可通过手机端的虚拟农场，点击上述操作，交由农场专业维护人员帮其完成。

2) 基于 NB-IoT 的认养数据感知技术

实时感知是认养服务的基本特点和要求，认养服务交易平台以物联网技术为基础，为用户提供认养对象及其外部环境的实时状态。由于感知认养对象成长环境的传感器有可能在地下或者其他隔离场所，所以感知传输技术要求具有穿透力强、传输距离远、能耗低以及成本低等特点。本项目采用具有独特信号频率的窄带物联网 NB-IoT 技术进行感知传输，NB-IoT 只在设备需要进行数据传输时，才需要开启设备进行信息的处理和解读，大大降低了能量消耗，同时可以在芯片和程序编码上控制成本，从而能够较好地满足认养数据感知的需求。

2. 公共数据云存储层

公共数据云存储层采用的高性能分布式架构提供数据存储服务，让一乙智慧农场的开发者能够在云中更轻松地设置、操作和扩展关系数据库，为兼容一乙现有的所有服务，并向下兼容后续的服务，该层兼容 MySQL 协议并适用于面向关系型数据库的场景。

为稳定应对高并发量、轻松迎接突发业务高峰，采用如图 8.5 所示的技术架构。其中，公共数据云存储层利用 MySQL 的高性能特性以及 Redis 快速读写能力提供面对访问高峰的高抗压能力。

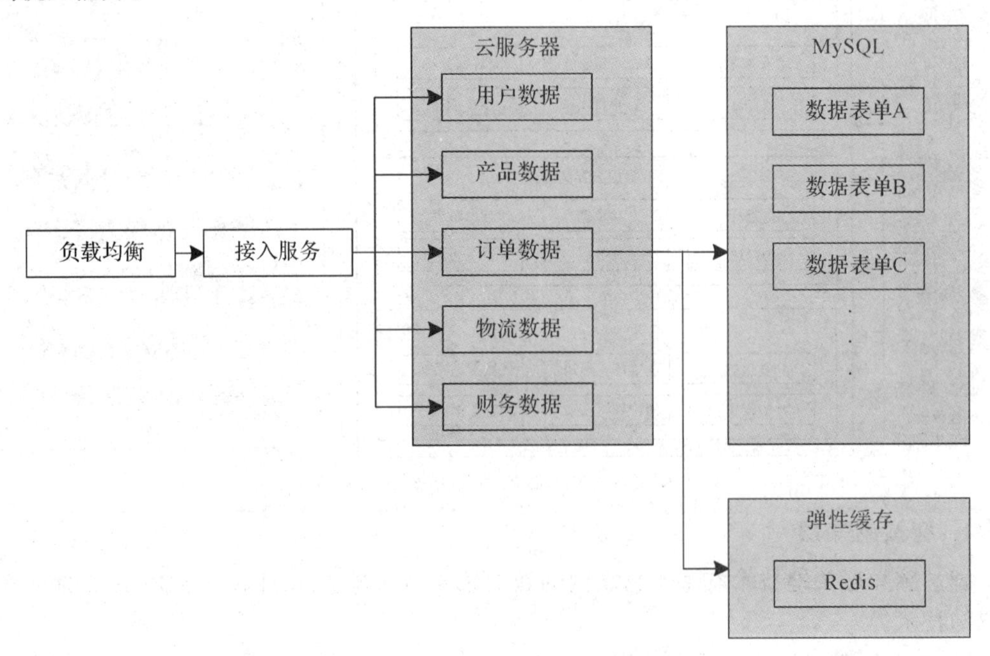

图 8.5　公共数据云存储层技术架构

公共数据云存储层关键技术有数据安全访问及提取方式，基于数据挖掘的层级关系分析技术，基于5G的认养视频传输技术和基于内容的认养数据压缩与摘要技术。

1）数据安全访问及提取技术

为确保平台中数据的安全性和数据访问的效率，本项目采用了基于用户身份能力的细粒度云平台安全接入控制方法。该方法将数据拥有者上传的文件分为控制字段和密文字段，将密文字段存储在云端物理节点，由云服务器保存控制字段，并由云服务器代理进行介入控制，合理分配网络资源，减轻数据拥有者的负担，在接入权限重定向的过程中只需局部更新控制列表即可，将每个全局唯一文件编号标识符和全局唯一用户身份标识符相关联，并绑定用户的操作权限，做到细粒度的接入控制，对上传的身份权限密文列表进行加密处理，保证用户信息和文件信息的机密性和完整性，利用第三方云平台降低了信息泄露的风险。同时，为了提高用户访问数据的效率，本项目采用 ·种数据库分布式缓存方法。该方法通过估计用户的下一步操作，预先提取出可能被访问的数据记录，通过对其进行预处理，以定位次数据的位置，从而加快响应速度，提升使用体验和数据库稳定性，使系统更加可靠。

2）基于数据挖掘的层级关系分析技术

为加快平台推广速度，提升用户体验效果，本项目基于数据挖掘技术，实现了农场用户复杂邀请关系的清晰展示。数据分析平台采用前后端分离的网站部署架构，中间通过nginx进行负载均衡与反向代理，将访问压力大的动态资源与压力小的静态资源分开部署，减少服务器页面渲染工作量，提高后台响应速度；采用SpringBoot框架构建微服务和基于RESTful架构风格设计API，方便与其他业务进行整合；采用Redis构建分布式缓存服务，将原先存储在MySQL中的数据迁移到缓存中。用基于哈希的内存访问代替基于B＋树的磁盘读写，大大提高了数据层的访问速率，同时采用Goole Guava做二级缓存兜底，保证热点数据查询的快速响应。

3）基于5G的认养视频传输技术

视频图像是认养交易平台的重要组成部分，认养用户主要在手机终端上通过视频获得对认养对象和环境的感知，视频质量对于感知的体验有着极大的影响。5G作为下一代移动技术将把万事万物以最优的方式连接起来，这种统一的连接架构将会把移动技术的优势扩展到全新行业，因此采用5G传输认养视频是认养交易平台的必然趋势，通过对5G环境下视频传输的基础支撑与软件结构的研究与设计，用户不仅可以单向观察认养对象，还可以与认养对象进行双向信息交互。

4）基于内容的认养数据压缩与摘要技术

随着认养服务平台业务量的快速增长，实时感知数据特别是视频数据量呈爆炸式增长，为了在云服务器上有效地管理这些认养数据，自动压缩与摘要技术已经成为一种必需的工具，在保证不丢失重要信息的前提下实现数据的快速浏览、检索和分析。本项目重点对认养视频的压缩与摘要技术进行研究，采用无监督和有监督学习，通过分析认养视频不同的对象，以关键帧、片段等多种形式实现数据的快速压缩和摘要，并提供相应的检索技术，为用户提供快速认养过程回溯和重要事件寻迹。

3. 业务中间件层

业务中间件层关键技术有基于用户兴趣的双重过滤的推荐方法，基于区块链的认养交易技术、基于大数据分析的认养客户画像技术、基于深度学习的认养视频分析技术和基于增强现实的虚拟认养体验技术。

1）基于用户兴趣的双重过滤的推荐认养方法

本项目可根据用户兴趣让用户从海量产品中快速找到自己心仪的产品分类，从而使认养操作更加便捷高效，提升用户使用体验。本项目采用的服务推荐系统，包括多个物联网终端、多个移动终端、云服务器及信息发布端，物联网终端获取用户兴趣，多个移动终端将获取的用户信息及物联网终端地理位置信息传给云服务器，云服务器对传回的用户信息进行兴趣特征分析，并对提取的特征信息进行双重过滤，去除无价值信息，然后对推送内容的相关度反馈进行评价，信息发布端推送个性化信息。

2）基于区块链的认养交易技术

认养交易包括成品交易、认养转让等多种形式，中心化交易是认养服务平台的基本商业模式，这就需要手机号、身份证号、银行卡号等个人隐私信息进行信息验证，对个人信息安全提出了更高需求。区块链的去中心化特点能够简化交易流程，智能合约特点能够提升交易速率，高安全性能够有效防范金融诈骗。此外，区块链技术具有开放性、不可篡改性、匿名性的特点，这使得交易公开透明，同时还能够满足认养交易平台上用户对于隐私性的不同要求。

3）基于大数据分析的认养客户画像技术

客户画像是实现认养服务平台精确营销、提升用户体验的关键。项目研究面向不同认养类型的统一客户标签体系构建与演进，对客户画像的挖掘方法、挖掘的数据以及挖掘的用户交互性上展开研究，实现不同认养行业以及交易偏好的客户群的知识类型与多个抽象层的交互知识挖掘，实现数据挖掘结果的可视化表示，能够应用领域知识简化挖掘过程，增强可理解性，满足语义化和短文本特征，兼容历史数据和标签。

4）基于深度学习的认养视频分析技术

视频是认养用户和认养对象的主要交互途径，平台需要从视频中分析、挖掘出大量语义信息，一方面能够为认养用户提供智能分析结果，帮助用户更好地理解和判断认养对象的行为，另一方面也有助于判断出认养用户的偏好与行为，对于提高用户参与程度与平台关注程度具有重要的意义。项目结合多层非线性映射与无监督学习的深度学习方法和机制，研究基于深度学习的认养场景的理解，针对不同的认养行业，对人－人交互、人－物交互行为进行建模并最终实时、准确地实现不同层次的语义理解。

5）基于增强现实的虚拟认养体验技术

目前认养服务总体上仍处于市场培育阶段，增强现实虚拟认养体验作为一种应用推广手段能够有效挖掘潜在用户，并提高产品的市场影响力。项目采用三维图形、音频及摄像设备、角度位置判别，使之呈现相应的认养对象的文字、图像，以及三维多媒体信息，将认养虚拟空间图像与真实场景共同呈现在手机屏幕上，实现虚拟认养世界与真实认养场景的无缝连接，通过沉浸式体验方式，增强用户的参与度，并通过游戏元素维持认养用户的兴趣与持续性。

8.1.3　系统展示

基于物联网的智慧农场认养平台已完成了虚拟农场中家畜、家禽、水稻、茶叶、水产、中草药、酒等的认养，实体农场的物联网系统也已部署完成。

目前，基于物联网的智慧农场认养平台上的主要功能模块有：认养模块、易货商城模块、酒与文化模块和茶与文化模块。其中，认养模块以虚拟农场的方式呈现，通过动画方式增加趣味性。平台采用复利拆分的理财模式，玩法多样，还可以在游戏中结交各种各样的朋友，既能够玩游戏休闲娱乐，也能通过收获农作物而获取收益。平台追求的是一种生态平衡的理念，也能够提高广大用户对于生态环境的重视。

智慧农场认养系统目前已经完成了手机 APP 的原型开发，可以通过独立的 APP 方式进入(如图 8.6(a)所示)，也可以通过一乙综合平台 APP 模式进入(如图 8.6(b)所示)。

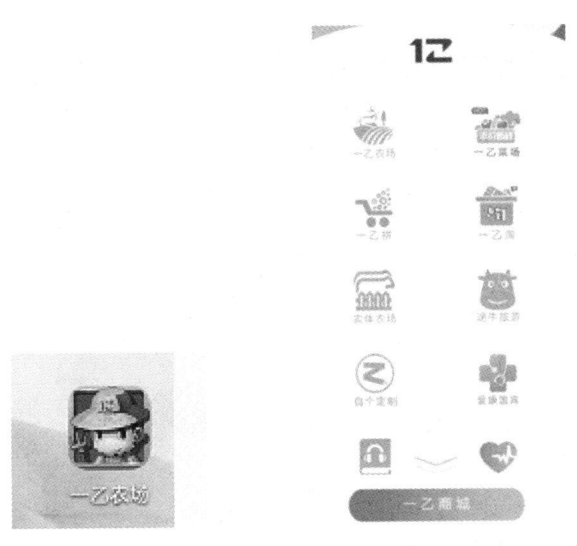

(a) 独立 APP 模式　　(b) 一乙综合平台 APP 模式

图 8.6　登录方式

图 8.7 呈现了智慧农场认养系统 APP 的启动界面，登录方式可以选择电话号码加密码登录，或者关联微信登录。

图 8.7　启动界面

启动智慧农场认养系统并且登录后，进入主界面，如图8.8所示。在该主界面上显示了主要功能菜单，包括多类品种的认养活动；返回到一乙综合平台、链接到一乙菜场；进行公告、排行、邮件、地图、账本、活动、签到、订单、仓库、农资等项目的查看并进行相关操作；在线联系客服或者好友等。

图8.8　智慧农场认养系统主界面

智慧农场认养系统提供了多类品种的认养活动，点击图8.8右下方的“养殖”菜单可以进入认养界面，如图8.9所示，认养界面展示了各类认养品种、每类认养品种的认养协议与规则。

图8.9　认养界面

点击图8.8左上方的“我的农场”菜单可以进入当前登录用户的农场，展示美好家园，如图8.10所示。

图 8.10　我的农场

点击图 8.8 下方的“仓库”菜单可以进入当前登录用户的仓库，展示仓库中物资，包括收货的实物、农资工具、商城实物，通过线上线下的结合，实现用户线上认养的乐趣和线下收获实物的满足，如图 8.11 所示。

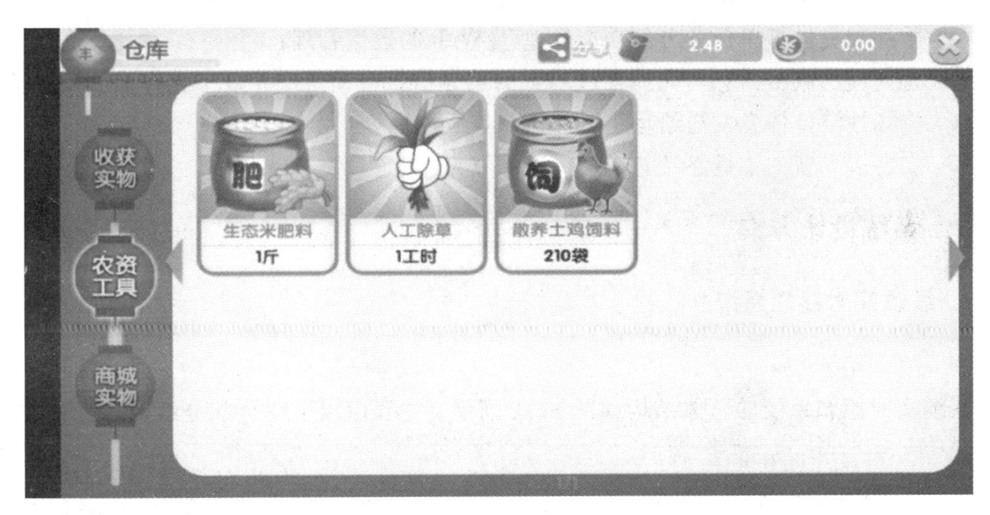

图 8.11　仓库

8.2　基于物联网的线缆实时感知与仓储定位系统

生产企业的现场检测实时感知终端和检测数据智能化管理平台，以及仓储定位系统的研制是实现企业信息化管理的重要一环。通过对现代检测技术、计算机技术、通信技术、网络技术以及数据库技术的深入研究，将使生产企业信息资源的开发利用摆脱迟缓分散的传统方式。

8.2.1 系统设计目标

对于国内大多数的线缆生产企业，线缆检测主要还是依靠人工操作。例如光纤产品，无论是对开始的抽丝过程检测，还是对光纤成品的检测，使用的检测仪器设备一般只有数据显示功能，而没有联网或数据传输功能。同样，在对线缆进行检测时，检测过程也主要依靠人工方法，不仅效率低，而且易出错，并且线缆在生产过程中会产生大量的成品，这些成品往往需要存放在一个超大的仓库中进行临时中转，到规定的时间再根据需要进行发货。放置新的成品到仓库中时要能够及时找到合适的放置点，且在发货时要能够及时找到其所在的位置，因此传统管理仓储物品位置信息需要大量的人力，且人工统计可能存在误差，统计到的信息也不能实时更新，不利于对仓库物品的管理和操作。因此，迫切需要开发相应的自动化实时感知和仓储定位系统，以实现线缆生产过程中检测数据的实时采集和传输、仓储物品的实时高效及自动化定位与管理。

系统设计的主要目标如下：

(1) 致在光纤的测试过程中，感知光纤插损值、回损值、光源波长和光功率波长等参数；

(2) 在电缆性能测试的过程中，感知多通道温度值、导线弧垂值和端点拉力值等反映产品质量信息的数据；

(3) 将感知到的数据传送到服务器进行存储和处理；

(4) 服务器提供订单任务分配功能和基于 Web 的数据管理；

(5) 将光缆的编号信息与光缆存放场地的编号信息自动对应并电子化存储到服务器；

(6) 将场地空位信息发送给运送光缆的叉车司机；

(7) 支持多平台的手机终端查询。

8.2.2 系统设计方案

1. 线缆实时感知系统

1) 系统总体结构

线缆实时感知系统的总体结构如图 8.12 所示，主要由以下 4 个部分组成。

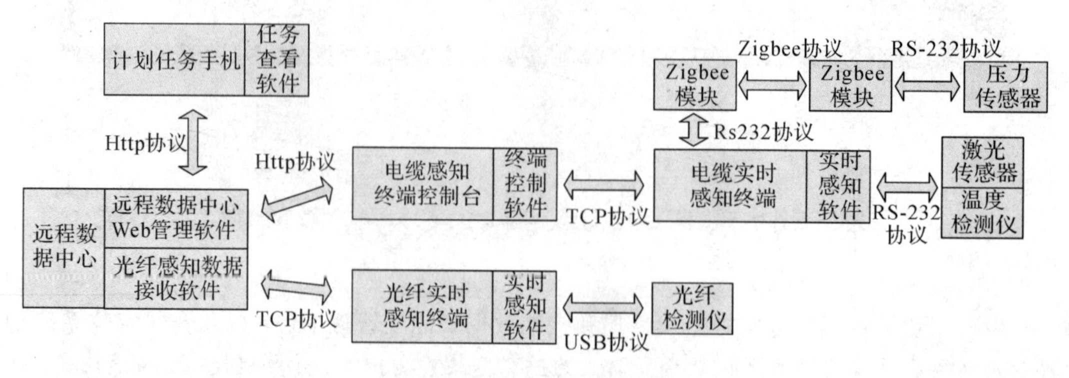

图 8.12 系统总体结构图

(1) 光纤实时感知终端。光纤实时感知终端采用基于 ARM9 内核的 S3C2440A 作为主控制器，运行 Linux 操作系统，以 USB 总线方式读取光纤检测仪检测的数据，通过以太网将检测数据传送到远程数据中心。

(2) 电缆实时感知终端及终端控制软件。电缆实时感知终端采用基于Cortex-M3内核的STM32FM107VCT6处理器，通过多路RS-232串口和基于MCS-51内核的CC2430处理器的Zigbee无线通信模块感知传感器数据。终端控制软件主要通过以太网实现对终端的控制。

(3) 远程数据中心。远程数据中心上运行Linux操作系统，主要完成对检测数据的存储、检测任务的自动分配及检测数据的分析管理。

(4) 计划任务手机。计划任务手机上运行Android或iOS操作系统，检测员可查询检测任务后控制实时感知终端进行实时感知，并通过Wi-Fi或4G方式与远程数据中心进行通信。

系统网络结构如图8.13所示，订货方在远程数据中心完成订货，供货方接收到订货通知后，把待检测的线缆产品发送给检测方，检测方根据订单信息(如订单数量、类型、完成时间)和检测设备的状态等参数，由任务分配算法确定给对应的检测设备分配工作任务。检测员可以使用移动手机随时随地查看自己的任务，通过光纤实时感知终端完成光纤数据感知，或通过电缆终端控制台控制电缆实时感知终端完成电缆数据感知。订货方、检测方、供货方可通过Web浏览器查看工作进度，获取检测数据，并对数据进行统计和分析。

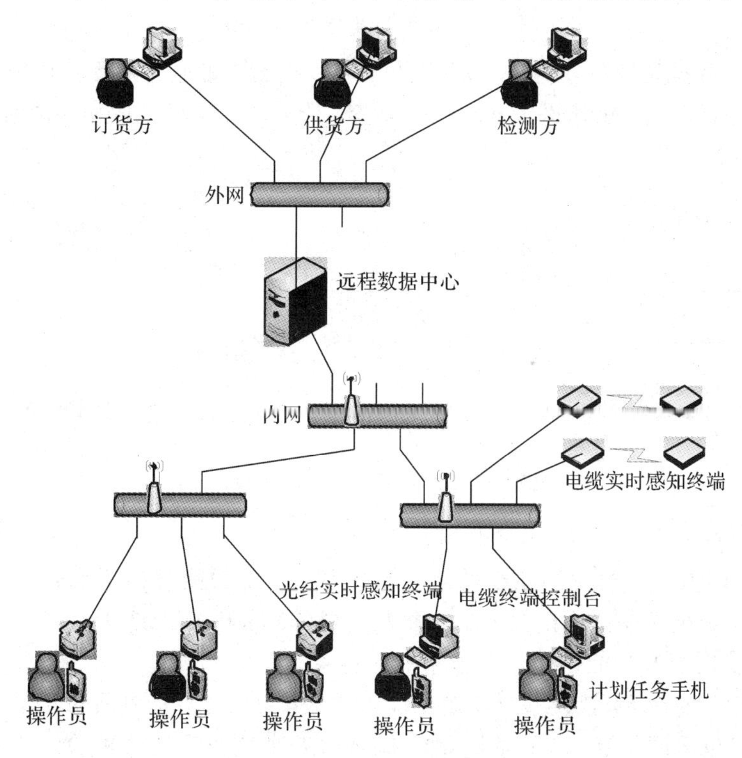

图8.13　系统网络结构图

系统运行时的工作流程大致可分为三个部分。

第一部分：订单任务的生成。订货方在网页上选购产品后生成订单，供货方把线缆产品(主要是两类：一类是光纤，一类是电缆)提供给检测方，服务器通过任务分配算法(根据订单内容和检测仪器的工作状态等相关参数)计算出分配给各个检测员的任务计划，如图8.14所示。

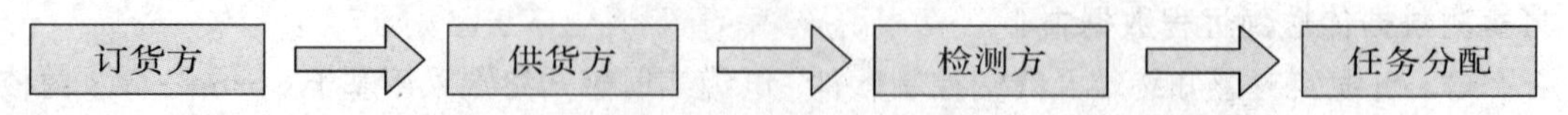

图 8.14　订单任务生成流程图

第二部分：实时感知与传输。针对光纤，检测方通过手机获取工作任务后，使用光纤实时感知终端通过 USB 读取光纤检测仪的检测数据，再通过以太网把数据实时传送到远程数据中心；针对电缆，检测员通过手机获取工作任务后，使用电缆终端控制台操作电缆实时感知终端，通过串口读取温度仪和激光传感器的数据，再使用 Zigbee 无线传输模块获取远端 50 m 外拉力传感器的数据，最后通过以太网把数据传送到远程数据中心。具体工作流程如图 8.15 所示。

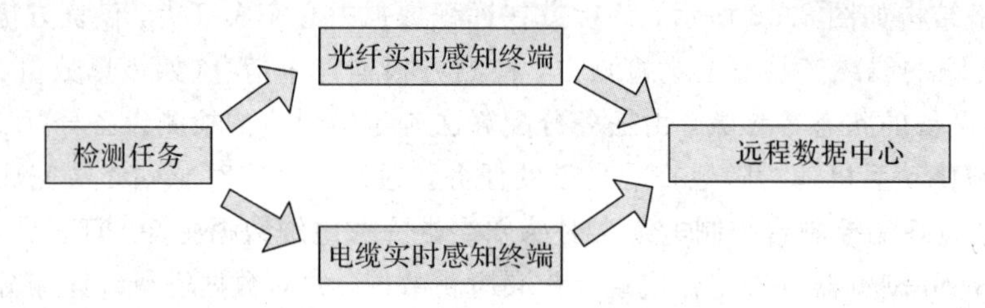

图 8.15　实时感知与传输流程图

第三部分：数据处理与分析。订货方、供货方、检测方可通过远程数据中心查询和分析数据，包括订单的状态、工作进度和检测数据等，依据查询结果生成相关图表等。工作流程如图 8.16 所示。

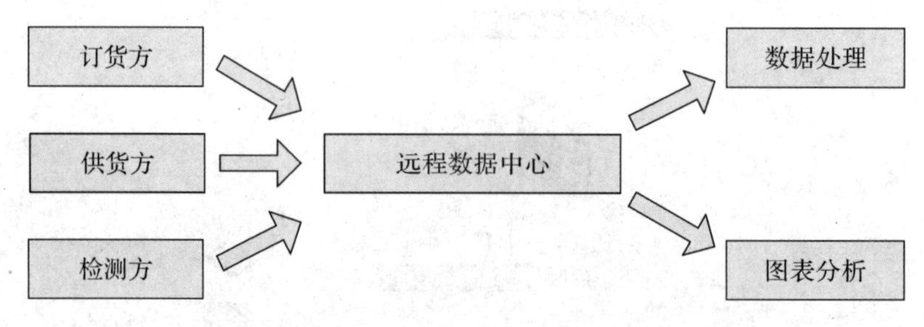

图 8.16　数据分析与处理流程图

2) 系统功能设计

根据图 8.12 线缆实时感知系统的总体结构图，系统功能设计主要包括光纤实时感知终端、电缆实时感知终端、远程数据中心以及计划任务手机的功能设计。

(1) 光纤实时感知功能设计。

① 光纤实时感知终端功能设计。在光纤实时感知终端上，检测员可以通过触摸屏录入检测任务信息(包括订单号、产品型号等)，并通过四个按钮实现两种检测模式和两种功能的切换(模式 1 只检测插损值，模式 2 同时检测插损值与回损值，功能 1 删除前条数据，功能 2 上传当前数据)。该终端通过 USB 接口读取光纤检测仪的检测数据，再通过以太网传输感知数据到远程数据中心。当检测任务完成时由音频设备发出提示音告知检测员，当出现错误录入操作或设备掉线时，蜂鸣器发出报警声。

② 光纤实时感知服务器侧功能设计。Web 数据中心提供对应的后台接收软件，完成与多路光纤实时感知终端的双向通信，并将来自光纤实时感知终端的数据存入数据库中。

光纤实时感知的详细功能如图 8.17 所示。

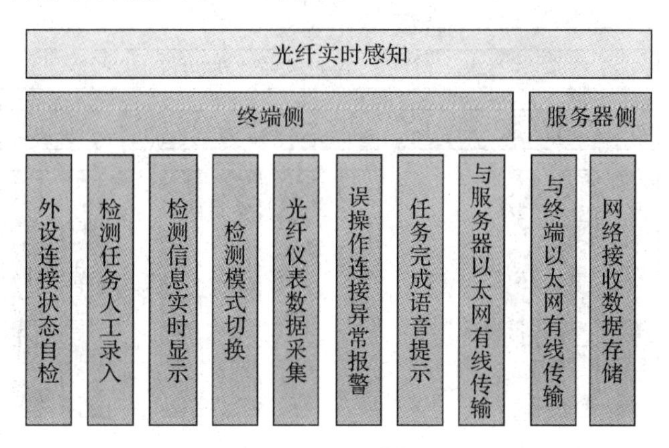

图 8.17　光纤实时感知的详细功能图

(2) 电缆实时感知功能设计。

① 电缆实时感知终端功能设计。电缆实时感知终端采用 LCD 屏显示终端的运行参数，通过以太网口接收来自终端控制台的指令，使用 RS－232 串口接收温度传感器和激光传感器的检测数据，以 Zigbee 无线传输方式接收压力传感器检测数据。

② 电缆实时感知终端控制台功能设计。电缆实时感知终端控制台通过控制软件在电缆实时感知终端工作之前使用配置文件设定工作参数，包括 IP 地址、端口号等，从而保证了终端与传感器及远程数据中心能够正常通信。控制软件还能控制实时感知终端对多路传感器数据进行并行感知，并通过以太网把感知的数据发送到服务器。

电缆实时感知的详细功能如图 8.18 所示。

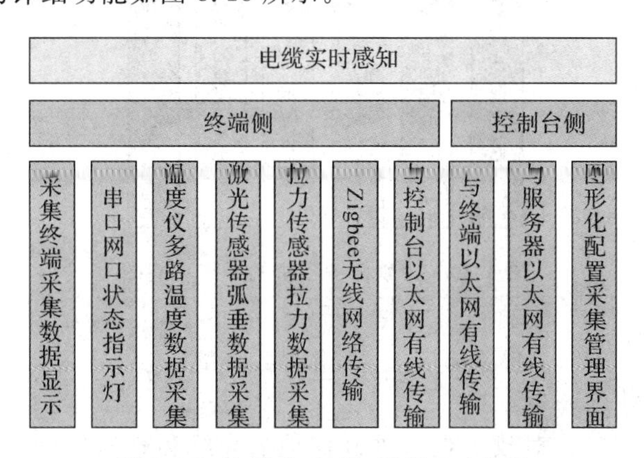

图 8.18　电缆实时感知的详细功能图

(3) 远程数据中心功能设计。

远程数据中心给订货方和供货方提供 Web 入口，供货方通过浏览器发布产品信息，订货方根据供货方发布的产品信息选择和生成订单，同时将相关信息告知检测方。检测方根据订单内容和当前检测仪器的工作状态自动分配检测任务。远程数据中心还为订货方、供货方、检测方提供了一个数据处理和图表分析的平台，对所有订单和感知数据信息进行管理。远程数据中心的详细功能如图 8.19 所示。

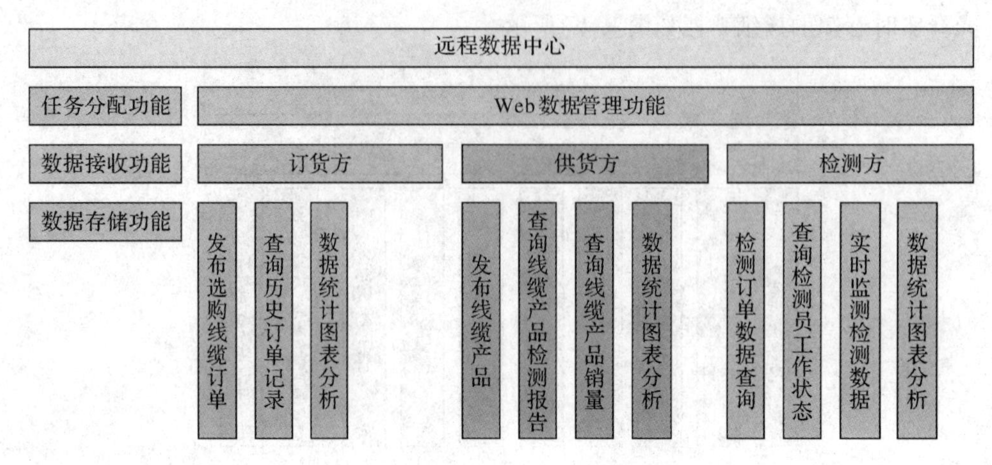

图 8.19　远程数据中心的详细功能图

(4) 计划任务手机功能设计。

计划任务手机功能是指检测员通过手机上的应用随时随地查看当天或过往的检测任务，进行数据输入，对产品进行检测，附带可查询自己的检测数量排行信息，以及其他检测员的最新检测工作状态等。计划任务手机的详细功能如图 8.20 所示。

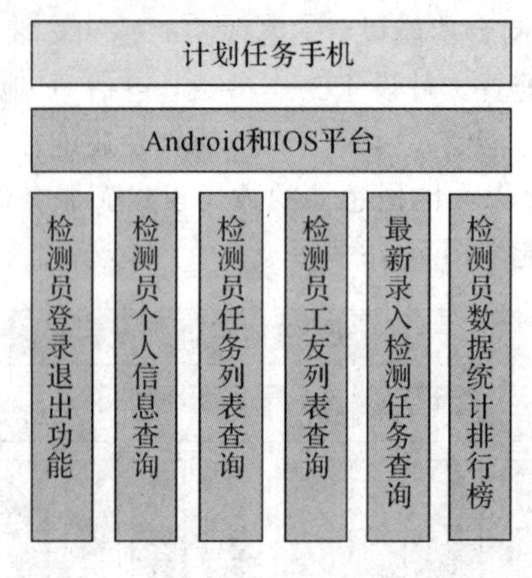

图 8.20　计划任务手机的详细功能图

2. 仓储定位系统

1) 系统总体架构

仓储定位系统的目标是对放置在室外仓储地的光缆和仓储地的空位进行管理。首先，统计仓储地的光缆与其存放位置的对应关系。统计仓储地的光缆与其存放位置的信息有多种途径和方法，比如，采用完全人工记录的方式，让多名工作人员在仓储地人工统计信息，但工作量非常巨大。尤其对于存放线缆的大型仓库(通常有两个足球场大小)，需要多名工作人员不断地在场地进行信息的统计，这完全是一种人力资源浪费，且以人工方式进行数据采集、统计、处理，必然会存在一些延迟和一定的误差。

本系统基于 RFID 技术，采用先进的信息技术进行数据的采集、传输、处理，实现全智能、无需人工介入的操作，大大提高了整个仓储过程的工作效率，减少了人力成本的投入。

基于 RFID 的仓储定位系统采用四层架构：数据采集层、数据传输层、数据处理层和数据显示层。系统整体架构如图 8.21 所示。

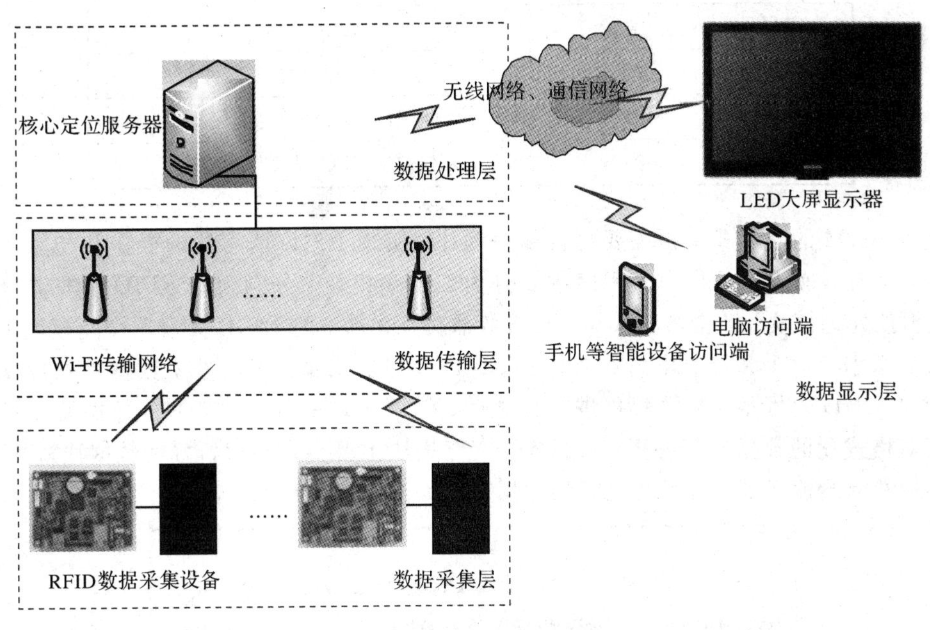

图 8.21　系统总体架构图

2) 系统核心功能模块

根据系统总体架构设计，该系统主要分为四大核心模块，分别是基于 RFID 的数据采集模块、网络数据交互模块、核心服务器数据处理模块和数据显示模块。

(1) 基于 RFID 的数据采集模块。

基于 RFID 的数据采集模块是系统中最底层的一个模块，主要负责在仓储地采集相应定位算法所必需的数据。在硬件层面上，该模块采用基于 ARM 的嵌入式单板＋RFID 读写器＋无源电子标签的形式，无源电子标签负责承载与定位相关的数据，RFID 读卡器读取 RFID 电子标签上的信息，通过串口传输给 ARM 主机，ARM 主机再通过单板上的 Wi－Fi 模块进行数据的发送与接收。在软件层面上，该模块有两个硬件部分涉及软件，分别是 RFID 读写器和基于 ARM 的嵌入式单板，一般厂商都将 RFID 读写器相应的程序烧制到芯片中了，只要使用厂商提供的串口操作指令便可对 RFID 读写器进行操作，本文采用的 RFID 读写器型号为 GAO 216023 超高频 RFID 阅读器，其核心串口操作指令如表 8.1 所示。

表 8.1　EPC C1 G2(ISO18000－6C)命令

序号	命令	功　　能
1	0x01	询查标签
2	0x02	读数据
3	0x03	写数据
4	0x04	写 EPC 号
5	0x05	销毁标签
6	0x06	设定存储区读写保护状态

续表

序号	命令	功　能
7	0x07	块擦除
8	0x08	根据 EPC 号设定读保护
9	0x09	不需要 EPC 号读保护设定

基于 ARM 的嵌入式单板需要自行编写程序，实现 RFID 读写器的操作和与服务器的数据交互操作。嵌入式单板中的程序主要分为四个小模块，分别为与 RFID 读写器交互模块、数据预处理模块、数据解析模块、与服务器交互模块。与 RFID 读写器交互模块主要负责通过发送串口命令和接收串口数据获取 RFID 读写器采集到的数据；数据预处理模块主要负责将 RFID 读写器传来的数据进行预处理，将不合理的数据排除掉；数据解析模块主要负责对格式化的数据进行解析；与服务器交互模块主要负责将解析好的数据通过 Wi－Fi 网络传输给后台服务器。各模块之间的数据交互如图 8.22 所示。

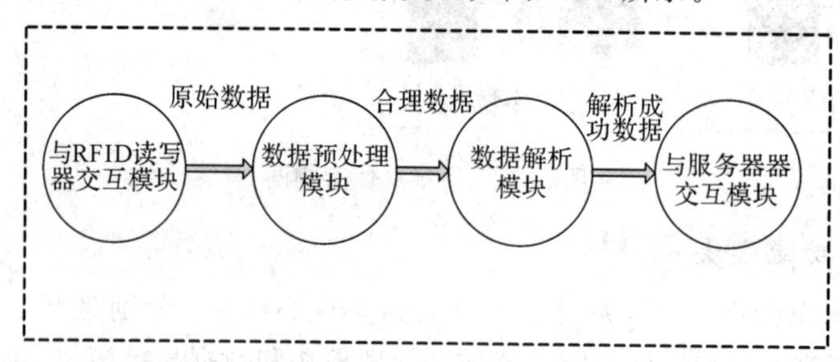

图 8.22　ARM 单板中的程序各模块之间的数据交互图

(2) 网络数据交互模块。

系统中网络数据交互可分为两个部分：采集设备与核心服务器之间的交互，以及智能显示终端(比如电脑、手机等)与服务器之间的交互。

采集设备与核心服务器之间交互的主要作用是将采集到的与定位相关的数据传输到服务器中进行处理等。考虑到仓储地域广阔，以及数据采集在运动中等特性，采集设备与核心服务器之间的网络数据交互采用 Wi－Fi 热点扩展的方式，通过多个 Wi－Fi 无线热点的共同协作可以方便地完成数据的交互，同时也保证了数据的完整性与实时性。采集设备与核心服务器之间的交互在传输层采用了 TCP 协议，在应用层采用了自定义的应用层协议，具体的应用层数据交互协议将在下面章节中给出详细的设计。这两者之间的数据交互具有交互数据量小、交互频率快、数据不能丢包等特点，因此要求实现的后台网络服务器要能够支持高并发、高吞吐量。

智能显示终端与服务器之间交互的主要作用是将服务器数据库中的数据以更容易让人理解、直观的方式展示给操作人员。智能显示终端与服务器之间的交互可以使用有线网络，也可以使用无线网络，可根据实际网络提供的情况来定使用哪一种方式。它们之间的交互采用的网络环境并没有太多的限制。

对于整个智能显示终端与服务器之间的交互，本文采用浏览器/服务器(Browser/Server，B/S)模式，因此在应用层采用 HTTP 协议，这是目前比较成熟且广泛使用的模式。智能终端通过浏览器的方式访问服务器中的数据，只需在服务器中实现相应的 Web 应用，智能终端一般可通过内置的浏览器进行数据的访问和操作。这种模式采用的是瘦客户端的方式，极大地方便了在不同的智能终端中进行数据的显示和操作。

(3)核心服务器数据处理模块。

核心服务器在整个系统中处于最中心的位置：一方面负责接收处理采集设备传输过来的数据，对相应的数据进行预处理、存储、分析计算；另一方面可以提供实时的数据查询、分析，以及历史数据的管理等操作，向各种不同的智能终端提供数据的显示服务。

核心服务器在硬件配置上采用目前的主流服务器配置(四 CPU，主频 2.0 GHz 以上，8 G 内存，1T 硬盘，主板集成显示)，搭载常用的操作系统(Windows Server 2008)即可，并无其他更多的要求。

核心服务器主要负责两方面功能，不同的功能需要核心服务器上运行着不同的进程进行服务，这涉及两个程序的设计与实现。

① 服务器接收并处理数据采集器传来的数据。数据采集设备使用应用层协议将采集到的数据通过 Wi—Fi 网络传输至服务器，服务器接收到数据后，进行预处理、存储、分析，得出物品位置信息后再存储等过程，整个流程如图 8.23 所示。

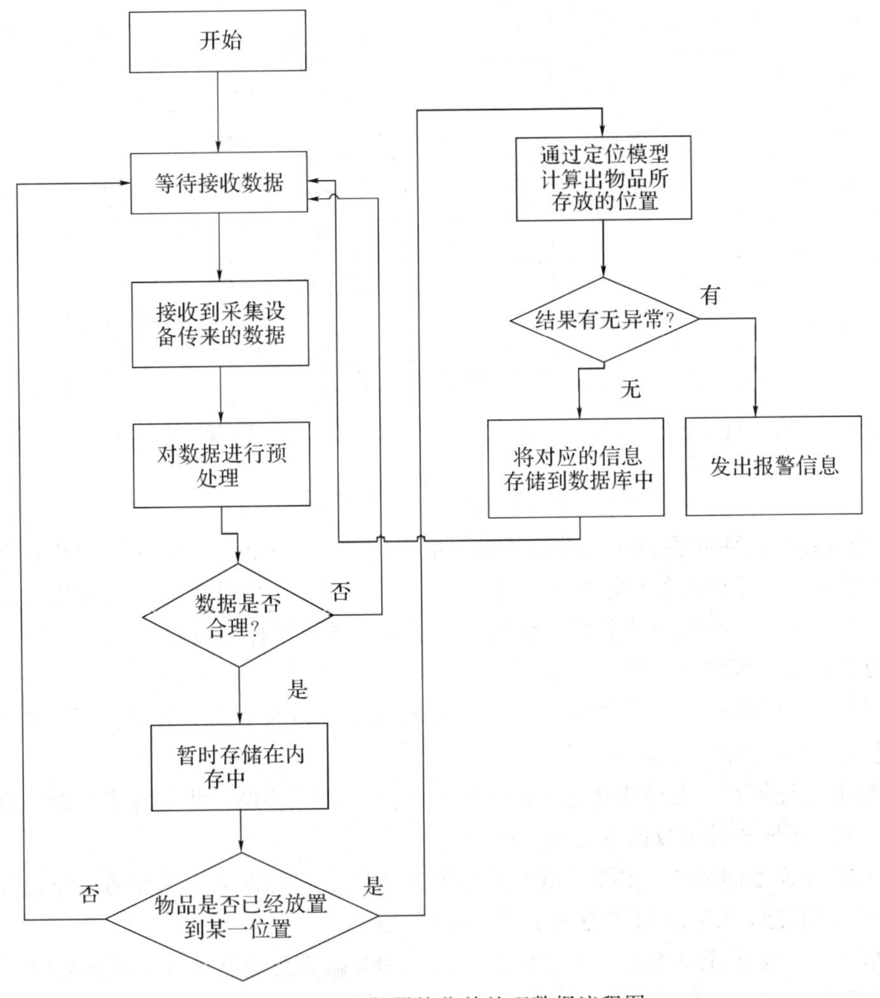

图 8.23　服务器接收并处理数据流程图

② 服务器作为 Web 服务器向智能终端提供服务。将服务器设置成具有 Web 功能的服务器，用户通过浏览器来访问信息，类似于查询某一个物品放置在哪一个位置，查看空位信息等需求。这样既保证了用户访问的友好性，也保证了数据的安全性。整个 Web 系统功能架构如图 8.24 所示。

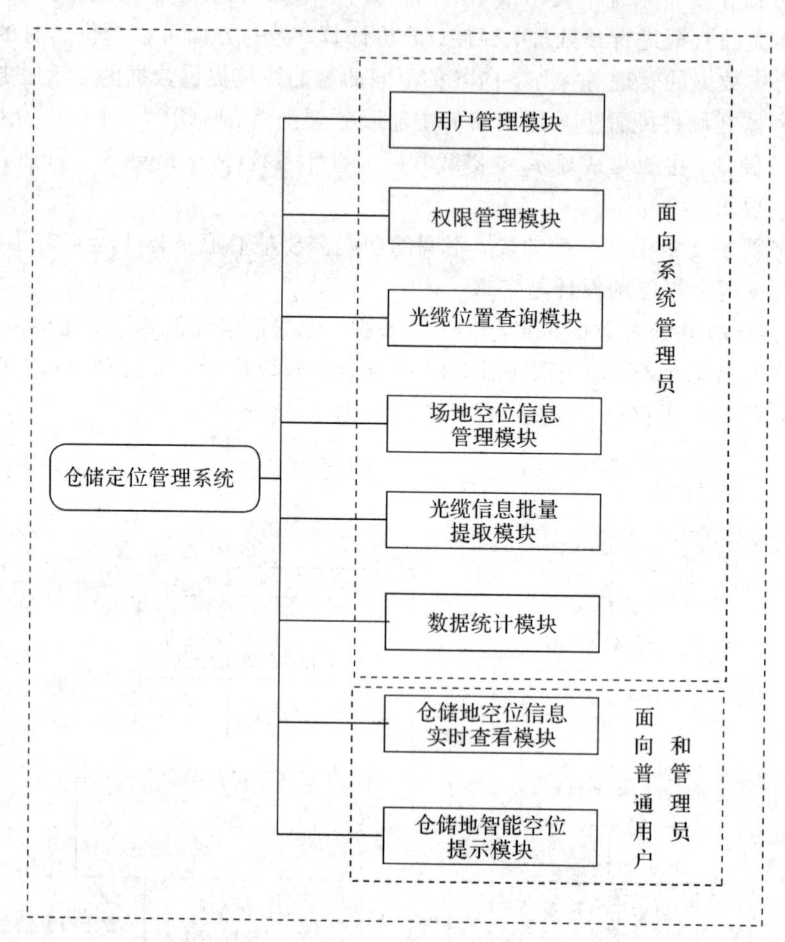

图 8.24　仓储定位管理系统功能架构图

该 Web 系统的用户角色可以分为两种：系统管理员和普通用户，不同的用户角色具有不同的功能，系统管理员的权限高于普通用户，系统管理员可操作的功能模块普通用户查看不了，普通用户可操作的功能模块系统管理员具有同样的操作权限。

系统管理员可操作的功能模块如下：

• 用户管理模块：主要功能是对使用该系统的用户进行管理，可进行用户的查询、增加、修改、删除等操作。

• 权限管理模块：主要功能是对系统的使用权限进行管理，可以给用户设置合理的使用权限，以保证整个系统数据的安全管理。

• 光缆位置查询模块：主要功能是使系统使用者能够根据某一光缆的编号查询出光缆所在场地编号信息，可以方便快速地找出指定的光缆。

• 场地空位信息管理模块：主要负责对空位的基础信息进行操作，例如增加、修改(如修改空位状态：空位正常使用中、空位已被占用、空位暂停使用中)、删除空位信息，以及查询操作，实时查询出某一空位的使用情况等。系统使用者通过这个模块可以方便地实现仓储地的空位管理。

• 光缆信息批量提取模块：主要功能是可以方便地批量录入光缆信息，自动生成该批光缆所在的位置信息，生成 Excel 表格等形式，可以方便地用于出货等操作的情况。

• 数据统计模块：主要功能是统计整个仓储地空位的使用情况，方便管理者进行战略性决策等。

普通用户可操作的功能模块(系统管理员也可操作)如下：

• 仓储地空位信息实时查看模块：主要功能是方便普通用户实时查看仓储地的光缆存储情况，可以方便地看到某一位置上所放置的光缆的编号，看到整个仓储地的空位使用情况等。

• 仓储地智能空位提示模块：主要功能是智能提示货物运输员放置货物的最佳空位，极大地方便了货物运输员寻找放置货物的空位，提高了工作效率，节省了成本。

(4) 数据显示模块。

数据显示模块是提供给用户最直接的访问入口，用户可以在电脑上、智能设备中对整个服务器中的数据进行管理，查看光缆编号位置的对应信息、空位信息，将数据导出成 Excel 格式等。LED 大屏显示器可以实时地显示出整个仓储位置的使用情况，为新放入仓储地的物品提供最佳的位置选择，并提供信息显示与交互的平台。

本系统中的数据显示模块主要分为两大类：在 LED 大屏上显示、在电脑等智能设备上显示。这两大类的显示目的不一样，显示形式也不同。

① 在 LED 大屏上显示。在 LED 大屏上里显示的目的是为了直观地看出整个仓储地哪些位置上有什么编号的光缆，看出整个仓储地的空位，能够提示放置货物的工作人员将货物放置在哪一个空位等。使用 LED 大屏主要是为了显示数据，并不对数据进行操作管理等。另外，大屏显示对数据的实时更新是有较高要求的。

本系统与台式机相连接，通过浏览器直接访问 Web 服务器提供的实时仓储区域货物分布图的页面进行显示，该页面可以显示出整个仓储地实时货物的放置情况，查看得到空位信息，当有新货物要放置到仓储地时进行智能提示。

② 在电脑等智能设备上显示操作。在电脑等智能设备上显示操作一方面是为了数据的显示，另一方面是为了对数据进行管理。在电脑等智能设备上登录验证后便可对系统中的数据进行一定的操作，所有的管理操作都是通过访问 Web 服务器实现的。主要功能有：查询物品信息功能；查看仓储地实时布局功能；空位信息的查看、查询；导出指定数据到 Excel 文件中；对数据记录进行人工增加、修改、删除等操作。

8.2.3 系统展示

1. 线缆实时感知系统展示

1) 光纤实时感知终端

光纤实时感知终端环境部署如图 8.25 所示。其中，光纤检测仪感知检测数据后通过 USB 总线方式传输给光纤实时感知终端，检测员通过数据键盘录入订单数字信息。光纤实时感知终端把数据汇总后通过以太网传送到远程数据中心。

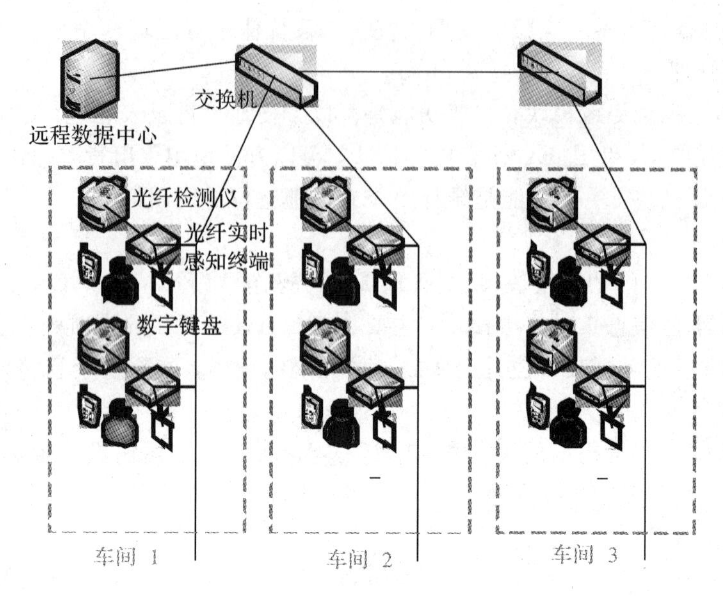

图 8.25 光纤实时感知终端环境部署图

2）电缆实时感知终端

电缆实时感知终端环境部署如图 8.26 所示。其中，拉力传感器和拉力检测仪用于感知电缆拉力，通过传感器侧 Zigbee 模块传输到电缆实时感知终端。激光传感器检测电缆中心弧垂，温度检测仪检测电缆温度。激光传感器和温度检测仪的检测数据通过串口传给电缆实时感知终端，电缆实时感知终端把多路传感器感知的数据组装后通过以太网发给电缆终端控制台，电缆终端控制台再把感知数据通过以太网转发给远程数据中心。

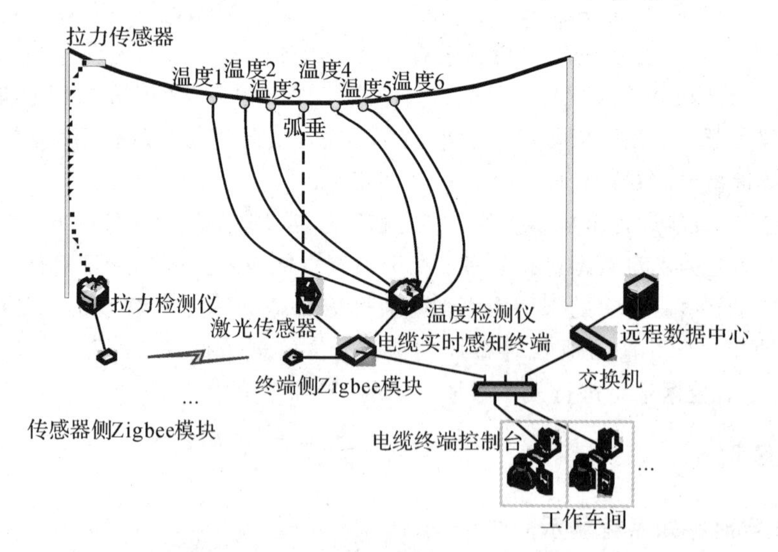

图 8.26 电缆实时感知终端环境部署图

2. 仓储定位系统展示

仓储定位系统的后台测试步骤如下：

(1) 打开浏览器，输入网址 http://10.10.129.22/admin 登录后台，如图 8.27 所示。

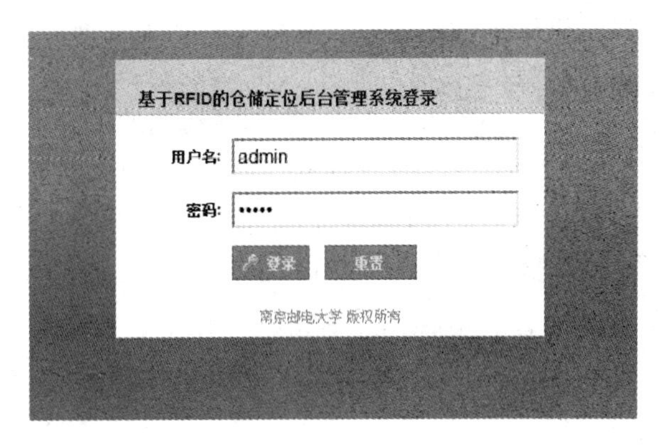

图 8.27　后台系统登录界面

(2) 输入用户名和密码后进入后台管理系统的主界面，如图 8.28 所示。

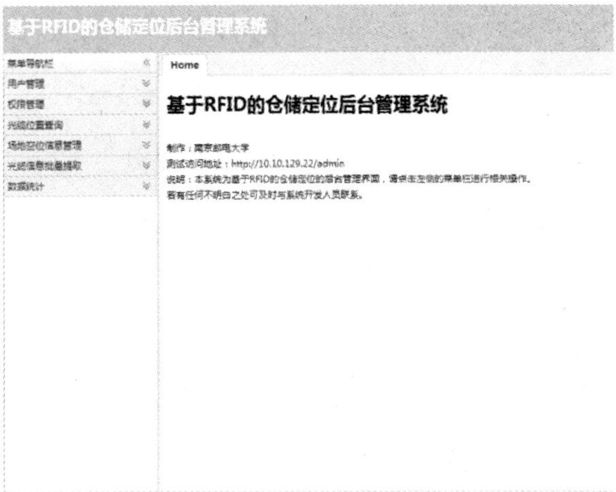

图 8.28　Web 后台管理系统的主界面

(3) 点击“光缆位置查询”菜单，得到的界面如图 8.29 所示。

图 8.29　光缆位置查询效果图

在这个界面中，只需在“查询光缆编号”输入框中输入要查询的光缆编号，点击“查询”便可以得到该编号光缆的存放位置信息。图 8.54 中，测试编号为 1092019283012 的光缆所在的位置，得到的结果是：光缆编号为 1092019283012 光缆的位置编号为 B4005，即所在区域为 B 区域，所在区域行数为第 4 行，所在区域列数为第 5 列，放置时间为 2013－12－10 10:21:15。通过这个查询接口，可以方便地查询出光缆所在的位置信息。

(4) 操作功能菜单中的“场地空位信息管理”，得到其子菜单目录如图 8.30 所示。

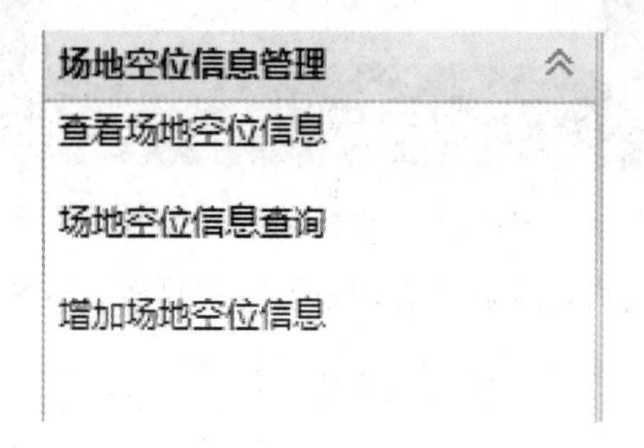

图 8.30　场地空位信息管理子菜单

点击子菜单中的“查看场地空位信息”，得到的界面如图 8.31 所示。

Home　查看用户　光缆位置查询　查看场地空位信息

目前共有 4000 个空位，其中暂停使用 5 个，正式投入使用共 3995 个，已被占用空位数共 2983 个， 未被占用空位数共 1012个

添加空位　编辑空位　删除空位

	空位编号	空位使用属性	当前使用情况	所存放的光缆的编号	光缆放置加入日期
1	A1001	正常使用中	已被占用	2093439283012	2013-12-10 10:20:10
2	A1002	正常使用中	已被占用	2093439283013	2013-12-10 10:20:10
3	A1003	正常使用中	已被占用	2093439283014	2013-12-10 10:20:10
4	A1004	正常使用中	已被占用	2093439283015	2013-12-10 10:20:10
5	A1005	正常使用中	已被占用	2093439283016	2013-12-10 10:20:10
6	A1006	正常使用中	已被占用	2093439283017	2013-12-10 10:20:10
7	A1007	暂停使用中	未被占用	无	无
8	A1008	正常使用中	已被占用	2093439283019	2013-12-10 10:20:10
9	A1009	正常使用中	未被占用	无	无
10	A1010	正常使用中	已被占用	3093439283011	2013-12-10 10:20:10
11	A1011	正常使用中	已被占用	4093439283012	2013-12-10 10:20:10
12	A1012	正常使用中	已被占用	5093434383012	2013-12-10 10:20:10
13	A1013	正常使用中	已被占用	77093439283012	2013-12-10 10:20:10
14	A1014	正常使用中	已被占用	62093439283012	2013-12-10 10:20:10
15	A1015	正常使用中	已被占用	82093439283012	2013-12-10 10:20:10
16	A1016	正常使用中	已被占用	92093439283012	2013-12-10 10:20:10

20　第 1　共2页　显示1到20，共24记录

图 8.31　查看场地空位信息界面图

图 8.31 中显示出目前仓储地的空位使用情况，可看出整个场地所有空位的使用数目情况，如图中显示：目前共有 4000 个空位，其中暂停使用 5 个，正式投入使用共 3995 个，已被占用空位数共 2983 个，未被占用空位数共 1012 个。

在该界面中以列表的形式展示出来的数据则是具体每一个空位的使用情况，以便于管理，如图 8.31 中显示的第一条记录为：空位编号为 A1001，空位使用属性为正常使用中，空位当前使用情况为已被占用，所存放的光缆的编号为 2093439283012，光缆放置时间为 2013－12－10 10:20:10。

若有空位因故暂停使用，则在界面中以红色标注出来，以作提示，如图 8.31 中空位编

号 A1007；当仓储地空位没被占用时，软件显示界面中也会以红色标注出来，比如空位编号 A1009。

（5）点击“场地空位信息管理”菜单下的“场地空位信息查询”，得到如图 8.32 所示的界面。

Home　查看用户×　光纸位置查询×　查看场地空位信息×　场地空位信息查询×

空位编号：　空位属性：正常使用中　空位当前使用情况：未被占用　查询

查询结果

	空位编号	空位使用属性	当前使用情况	所存放的光纸的编号	光纸放置加入日期
1	A1009	正常使用中	未被占用	无	无
2	A2003	正常使用中	未被占用	无	无
3	A2007	正常使用中	未被占用	无	无
4	A2008	正常使用中	未被占用	无	无
5	A2009	正常使用中	未被占用	无	无
6	A2010	正常使用中	未被占用	无	无
7	A2011	正常使用中	未被占用	无	无
8	A2012	正常使用中	未被占用	无	无
9	A2013	正常使用中	未被占用	无	无
10	A2014	正常使用中	未被占用	无	无
11	A2015	正常使用中	未被占用	无	无
12	A2016	正常使用中	未被占用	无	无
13	A2017	正常使用中	未被占用	无	无
14	A2018	正常使用中	未被占用	无	无
15	A2019	正常使用中	未被占用	无	无
16	A2020	正常使用中	未被占用	无	无

20　第 1　共1页　　显示1到18，共18记录

图 8.32　场地空位信息查询界面

该功能可以方便地根据条件去查询相关的空位信息，如图 8.32 中所展示的查询空位属性为正常使用中的，当前使用情况为未被占用的条件，点击“查询”按钮后会以列表的形式显示出符合查询条件的空位信息。该功能可以方便系统管理员对仓储地的空位进行各种查询，分析仓储空位的使用情况，以便更好地管理、决策等。

8.3　基于物联网的智慧校园工程

作者团队所在高校长期专注于通信相关学科领域的研究，在智慧校园的建设方面有着得天独厚的条件。“智慧校园”项目的建设，旨在积极探索物联网技术在高校的应用，一方面推动学校自身的信息化应用和服务水平，实现学校整体办学实力和办学水平的跨越式发展；另一方面，作为物联网在高校的示范区，加快推进传感网、物联网相关技术的研究与发展，保持、扩大本校在物联网研究领域的优势。

8.3.1　总体建设目标和框架

1. 建设目标

通过对学校目前信息化现状与实际需求的系统分析，结合当前高校信息化的发展趋势和学校的发展规划，我校智慧校园的总体建设目标为：构建满足学校教学、科研、管理、生活与服务要求的开放性、协同化运行支撑环境，为校内外各类人员提供完善的个性化服务支持，为学校的教学、科研和管理提供完善的智慧化运行环境。具体内容包括：

智慧环境：以物联网理论为基础，构建教学、科研、管理、校园生活为一体的新型智能化环境。

综合服务：提供面向师生的综合信息服务，使得学校师生能快速、准确地获取、捕捉校园中人、财、物和产、学、研业务过程中的信息和服务。

优化管理：将智慧校园中的管理进行改进和业务流程再造，作为学校进行制度创新、管理创新的重要内容之一。

科学决策：利用智能化的综合数据分析，为学校各种决策提供最基础的数据支撑，实现科学决策。

资源共享：通过智慧校园中各个应用系统的紧密连接实现校园的资源共享、信息共享、信息传递和信息服务，从而提高教学质量、科研水平和管理水平。

2. 总体框架

智慧校园是以不同类型用户为中心的综合业务管理信息平台，打破了传统以管理部门为中心的管理思维，更好地服务于师生员工及支持管理决策，总体考虑如下：

智慧校园的基础是网络融合协同和终端融合协同，其将校园内的各个服务网络整合在一起，包括校园网、各种感知网、移动通信网、无线局域网等，实施统一的管理与控制，提供开放的标准接口，为智慧校园资源共享服务平台应用提供网络通信保障。

智慧校园的核心是数据融合。包括身份标识数据、应用数据、感知信息等的融合，以及数据存储、中间件、支撑软件的融合。

智慧校园的目的是服务融合，也是智慧校园的表现形式。通过与云数据中心进行交换，获得云数据中心支持进行服务融合，可以实现多业务平台能力互通和数据共享的目标。统一门户服务提供统一的接入门户和业务界面，针对不同授权的角色提供不同的个性化展示，包括数字图书信息资源和共享、校园感知集成应用、校园信息集成门户、校园卡务系统、移动校园系统等。

围绕信息标准与规范，依据工作管理体系要求，从感知融合、网络融合、应用融合三个层面建设满足安全要求的智慧校园，其三层架构如图 8.33 所示。

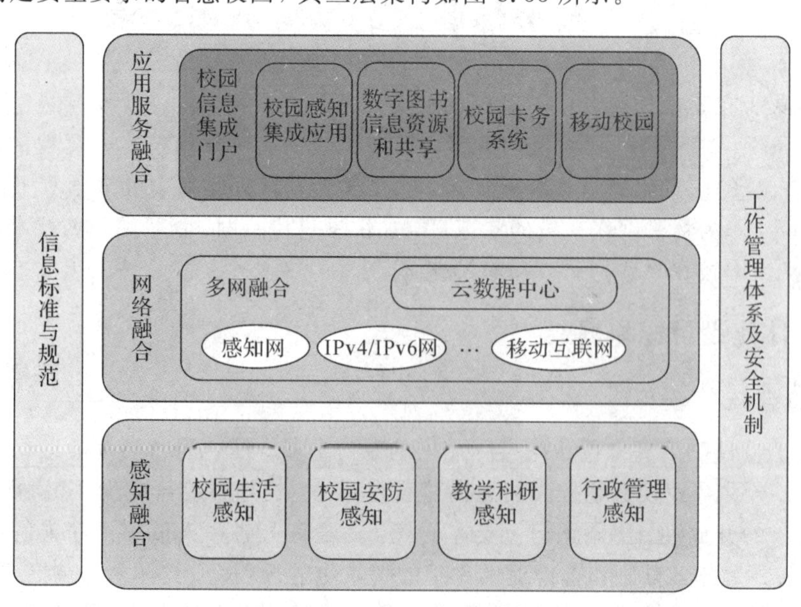

图 8.33　智慧校园总体架构

1）感知融合

利用智能终端、各种传感终端、各种通信网络和智慧服务平台对全校范围内与教学、管理和生活服务有关的信息资源进行采集、传输、整合和处理，实现校园生活、安防、教学科研、行政管理等多个领域的智能化信息感知与融合，统一管理异构信息，使得智慧校园能够自行感知上述信息，并在此基础上提供数字图书馆、校园卡务、移动校园、数字医疗等智能数字化信息服务。

图 8.34 描述了感知融合建设内容，包括校园生活感知、校园安防感知、教学科研感知与行政管理感知四个部分。

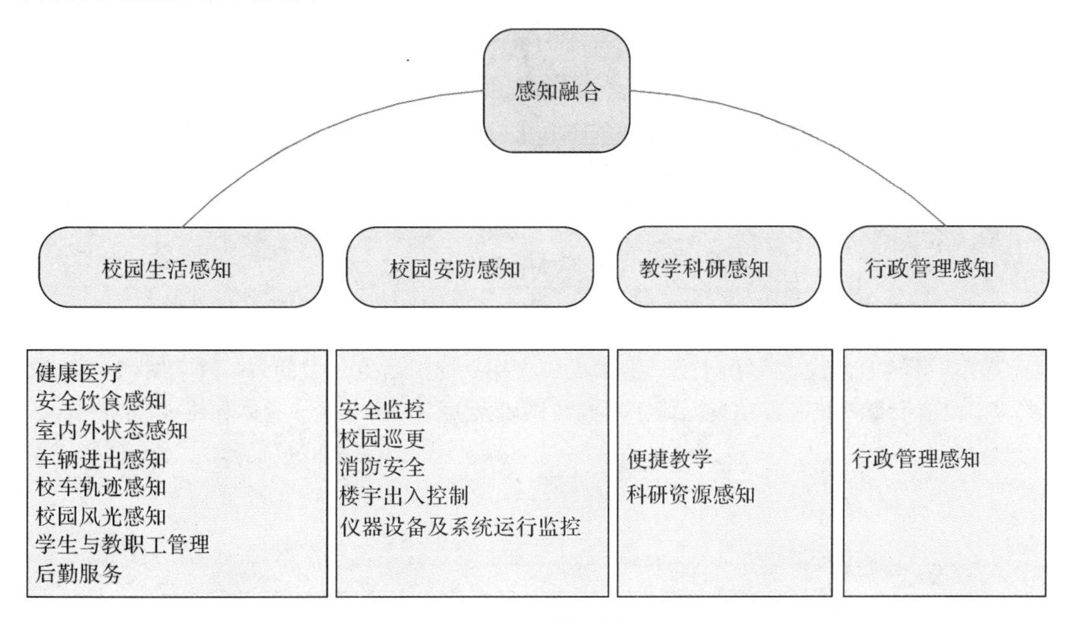

图 8.34　感知融合

2）网络融合

智慧校园网络层依托于本校校园，以华为 93 系列交换机为核心，构建了万兆环形主干网络，实现了新、旧两校区有线、无线双覆盖。在此基础上，智慧校园的网络层以 IP 协议为基础融合各种异构网络，将来自于感知层的多种协议数据经该层传递到云数据中心进行处理，以供应用层服务调用；同时该网络层还将支持多种异构网络的访问，实现多方向的信息回传。

在网络融合方面，校园网采用基于 IP 协议的统一网络平台将互联、互操作的各种通信网、计算机网、电视视频网、感知网等网络无缝融合协同以满足多种信息服务需求。这不仅是对异构网络信息的融合，也是对各种已有技术的有效融合，即通过 Web 技术、无线技术以及 IPv6 协议等进行综合网络管理和安全控制。本校原先拥有 RFID、ZigBee、WiFi、3G、4G、LTE、IPv4、WiMAX 等多种异构网络，各自完成传感数据、视频数据、通信数据、IP 网络数据的传输，而通过网络融合协同可使用户得到透明的服务。

在网络融合的基础上，校园网云数据中心得以建成，这使得所有计算不再由超级计算机来完成，而是将校园内数量庞大的廉价计算机放进资源池中，用软件容错来降低硬件成本，通过使用规模化的共享来提高资源利用率及平台的服务提供能力。海量数据通过融合网络层传输至云数据中心，运用云计算模式使智慧校园网中以兆计算的各类物品的实时动态管理和智能分析变得可能，因此融合网络层肩负着承上启下的中间作用，是应用服务与底层溯源的通道，其结构如图8.35所示。

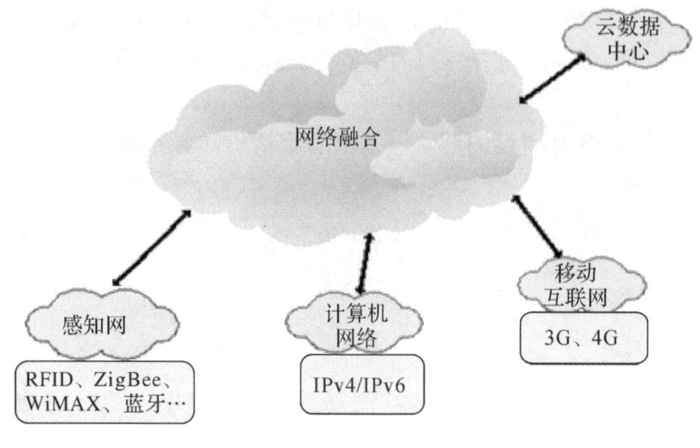

图8.35　网络融合

3）应用服务融合

应用服务融合即构建一个集校园感知集成应用、校园信息集成门户、数字图书信息资源和共享、校园卡务系统和移动校园为一体的校园资源共享服务平台，具体如图8.36所示。

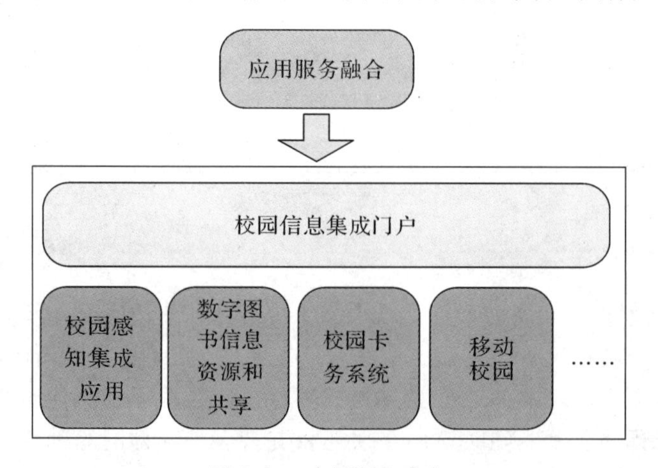

图8.36　应用服务融合

校园感知集成应用主要完成对校园生活感知、校园安防感知、教学科研感知和行政管理感知等数据的集成应用。校园信息集成门户主要对各个应用系统进行界面的整合和集成，构建“智慧校园信息门户”并提供单一的访问信息入口。数字图书信息资源和共享旨在构建一个开放性的、面向大众的动态虚拟馆藏，并通过各种信息网络为公众提供信息服务。校园卡务系统基于智慧校园理念的校园卡务系统建设集个人证件、住宿管理、餐饮消费、学籍考试、图书借阅、购物消费、体育健身、医疗服务等功能于一体的综合性消费与管理系统。移动校园主要构建集迷你办公系统、移动视频教学与会议系统、教学科研管理系统、移动学习和门户网站为一体的统一的移动校园信息服务平台。

8.3.2　关键技术

智慧校园在对基于 Web 的无线泛在网业务创新、商业模式和产品、产业形态特征研究的基础上，采用了基于 Web 的异构无线网络业务环境体系，涉及的关键技术如图 8.37 所示。

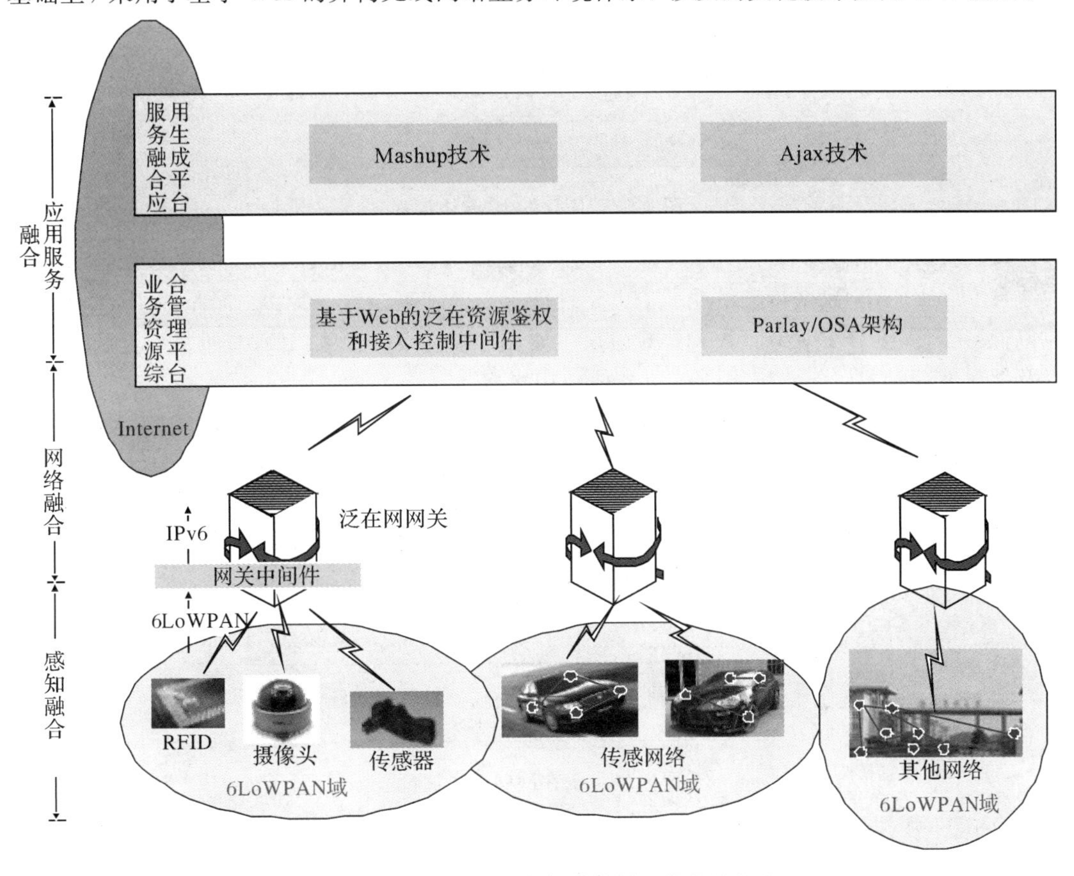

图 8.37　基于物联网的智慧校园工程关键技术

感知融合对异构的泛在资源进行组织，屏蔽设备的异构性，在该层引入 6LoWPAN 技术，并基于 IEEE 802.15.4 标准进行低功耗的无线通信。

网络融合对非标准的轻量级 IPv6 数据进行统一化处理，屏蔽数据的异构性，其核心部件为泛在网网关，通过泛在网网关中间件将 6LoWPAN IPv6 数据包转换为标准的 IPv6 数据包，为上层应用提供标准的 IPv6 服务。

应用服务融合对泛在资源进行综合管理并生成相应的 Web 业务，通过业务资源综合管理平台中的泛在资源鉴权和接入控制中间件对泛在资源进行认证、授权、管理，为上层应用提供稳定的泛在资源及可靠的访问方式；服务融合及应用生成平台根据现有的资源及应用需求生成相应的 Web 应用。

1. 泛在无线网络构建及泛在网关中间件

泛在资源的无线传输引进 6LoWPAN 技术，对 IPv6 报文进行压缩分片传输，使其能够有效地运行于 IEEE 802.15.4 协议之上。简化的 IPv6 协议栈如图 8.38 所示。

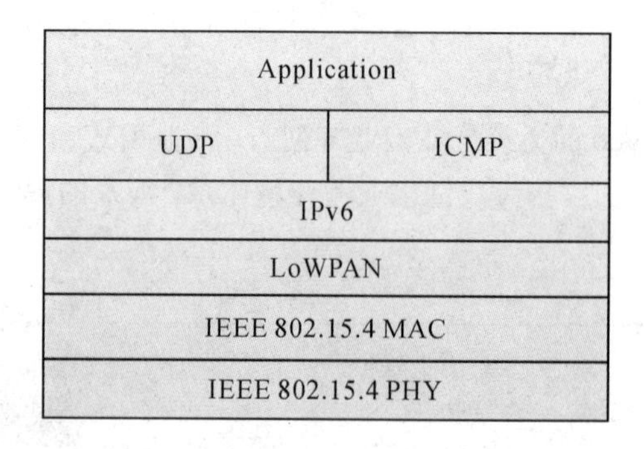

图 8.38　简化的 IPv6 协议栈

泛在资源节点协议栈中使用的传输层协议是 UDP 协议，此时 UDP 数据报同样被压缩为适合 6LoWPAN 数据传输的格式。由于性能、效率和复杂性等原因，轻量级 IPv6 寻址中的传输层不使用 TCP 协议。ICMPv6 协议主要用于控制消息，如 ICMP 重放、目的不可达以及邻居发现消息，而应用层协议由具体应用指定。

标准 IPv6 与简化 IPv6 的格式转换位于 6LoWPAN 域的边界，即泛在网网关，其在协议栈中的位置与功能如图 8.39 所示。

<table>
<tr><td colspan="2">TCP　　UDP　　ICMP</td></tr>
<tr><td colspan="2">IPv6</td></tr>
<tr><td rowspan="2">以太网链路层</td><td>中间件（LoWPAN适配、ND）</td></tr>
<tr><td>IEEE 802.15.4　链路层</td></tr>
<tr><td>以太网物理层</td><td>IEEE 802.15.4　物理层</td></tr>
</table>

图 8.39　泛在网网关协议栈

由于泛在网网关需要连接使用标准 IP 协议的通信网络，因此已经包含了一个标准 IPv6 协议栈。泛在网网关中间件负责处理 6LoWPAN 与标准 IPv6 之间的转换，以及 6LoWPAN 邻居发现功能，实现异构无线网络发现与自动配置，以及为上层提供统一的 IPv6 服务。泛在网网关可通过嵌入式 Linux 系统实现，任何 PC 都可以充当泛在网网关的角色。

2. 基于 Web 的泛在资源鉴权和接入控制中间件

资源鉴权和接入控制分为用户和泛在资源的鉴权和接入控制，资源在授权接入并鉴权成功后，可以获得可用的框架接口并使用开放接口获得被授权的网络业务能力特征的信息。只有符合规格的泛在资源才会被业务资源综合管理平台(ISMP)授权允许接入，泛在资源状态在 ISMP 中维护，泛在网网关负责发送接入请求，ISMP 根据泛在资源的状态回送鉴权结果到泛在网网关，泛在网网关根据 ISMP 的鉴权响应决定是否允许该资源接入；用户网关收到用户的接入请求后，向 ISMP 发送接入授权请求，ISMP 将用户的相关授权信息返回给用户网关，经授权的用户便可通过用户网关接入 ISMP 门户。门户向 ISMP 发送登录验证请求，ISMP 根据鉴权结果返回包含用户个性化参数的响应，门户根据个性化参数定制用户个性化页面，并通过用户网关回送给用户，整个过程如图 8.40 所示。

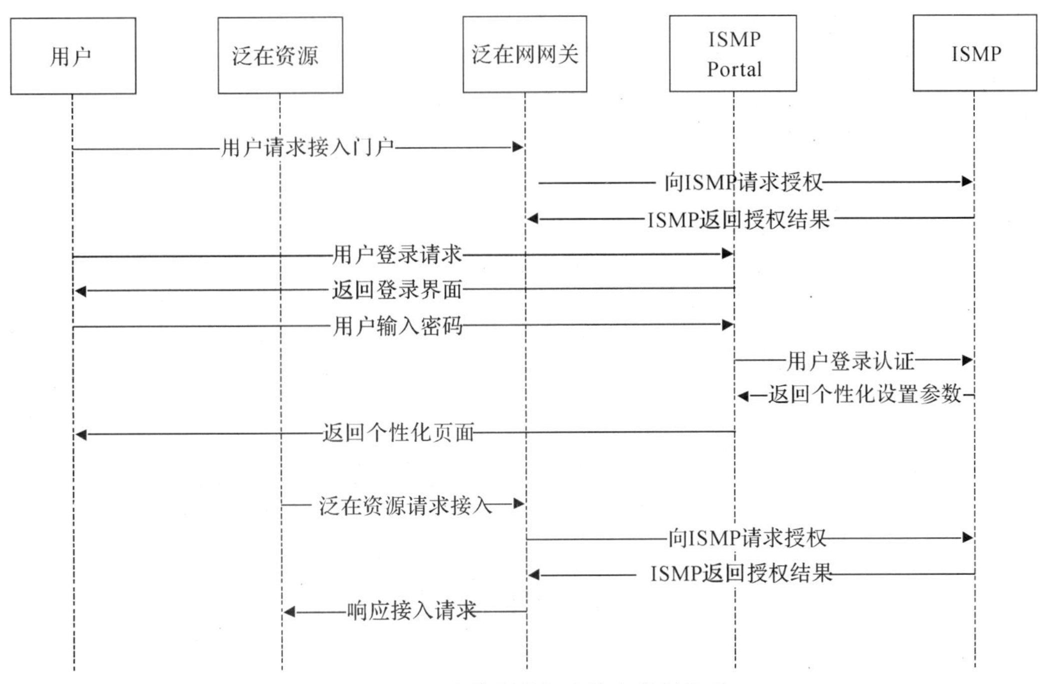

图 8.40　泛在资源鉴权和接入控制流程

3. 户业务资源综合管理平台

业务资源综合管理平台的实现主要采用 Parlay－X 体系结构。Parlay－X 体系结构由以下几个部分组成：应用(Application)、应用服务器(Application Server)、业务能力服务器(Service Capability Servers，CSCs)、Parlay/OSA 框架(Framework)和核心网络元素(Core Network Elements)，如图 8.41 所示。

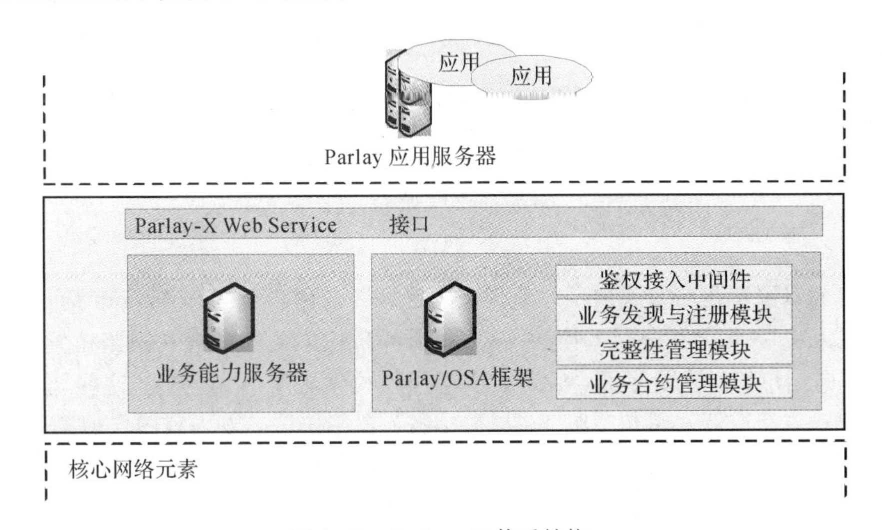

图 8.41　Parlay－X 体系结构

业务能力服务器用于提供业务接口，这类应用编程接口可以访问 Parlay 服务器所提供的一系列基本业务功能，譬如建立或释放路由、与用户交互、发送用户消息、设定 QoS 级别等。业务供应商可以按照不同的业务逻辑对它们进行调用以实现不同的业务。

Parlay/OSA 框架用于提供框架接口，所有的应用程序和业务若要调用 Parlay APIs，首先需要在 Parlay/OSA 框架上注册。它们为业务接口提供必需的安全、管理支持，如鉴权接入中间件、业务发现与注册模块、完整性管理模块以及业务合约管理模块等。框架接口的作用是确保服务接口的开放性、安全性、一致性和可管理性。

Parlay－X Web Service 接口对 Parlay API 进行抽象封装，使得业务开发人员可快速、方便地开发出新型 Web 业务。

4. 服务融合与应用生成平台

服务融合与应用生成平台引入了 Mashup 技术。Mashup 是一种新型的 Web 应用程序，利用 Web 领域的数据建模技术和松耦合、面向服务、与平台无关的通信协议相结合，将各种类型的数据加以组合以创造新的定制化服务的网络应用，具备了 Web 2.0 的特点。

Mashup 架构分 3 个部分：API/数据提供者(融合来源)、Mashup 站点(融合逻辑)和用户界面(融合逻辑呈现)，它们在逻辑上和物理上都是相互脱离的，如图 8.42 所示。

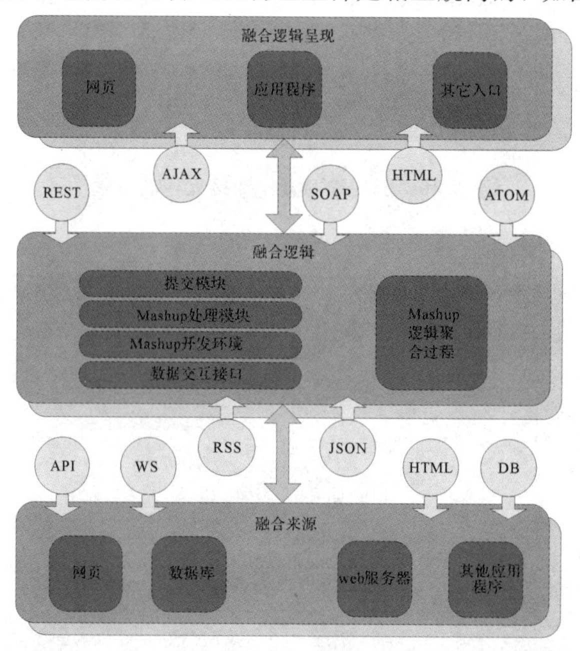

图 8.42　Mashup 架构

用户界面以图形化的方式向用户呈现应用程序并与用户交互，Mashup 结合 Ajax 技术来显示富交互 UI，此类富交互 UI 使用从多个源异步检索到的内容在适当位置进行自我更新。服务器向用户发送初始界面，后者发出调用以检索更新后的内容，这些调用可从用户直接发往第三方源或者发回初始服务器，初始服务器用作第三方内容的代理。Mashup 站点融合内容的合并方式分为两种，一是直接使用服务器端的动态内容生成技术，如 JSP、PHP 或 Ruby 实现类似传统 Web 的应用程序，二是直接在用户界面中通过客户端脚本或 applet 生成。这种客户端的逻辑通常都是直接在 Mashup 的 Web 页面中嵌入的代码与这些 Web 页面引用的脚本 API 库或 applet 的组合。API/数据提供者提供的内容通常有 3 种类型，分别是数据型、应用逻辑型和用户界面型，分别对应提供数据、应用逻辑功能和 GUI，为了方便数据的检索，提供者通常会将自己的内容通过 Web 协议对外提供。

5. 分布式协同感知终端

智慧校园场景下通常具有多个甚至巨量的感知和服务终端(如 RFID、传感器、摄像头、手机、电脑等)，如何充分利用多个异构网络环境下功能各异的终端设备自适应地进行协同感知和服务，大幅度地提高感知质量和效率，向用户提供最佳体验的服务是我们需要解决的问题。

我们研发的分布式协同感知终端把多个属于不同网络和系统的终端聚合成一个能力增强、接口增多、协作对外的有机整体，形成一个以用户为中心的超级终端，实现业务的多样化并增强用户体验。

我们解决和实现了下述关键技术：

(1) 环境上下文的定义、表示和感知方法；

(2) 协同感知终端中设备的发现、认证及注册机制；

(3) 终端聚合和重构方法；

(4) 多终端组网协议；

(5) 环境感知、终端聚合和重构、业务适配方案协议设计与实现等。

基于 6LoWPAN、Wi-Fi、Bluetooth 和 ZigBee 标准，我们解决了多终端组网协议。可组网终端类型包含各种制式的蜂窝移动通信终端(2G、3G 和 4G 终端)、因特网终端、Wi-Fi 或 WLAN 终端、RFID 终端、传感器终端、大型显示屏、指纹识别终端、GPS 终端等。

分布式协同感知终端能够实现一些新型业务与应用，如我们实现了用多个低精度传感器通过一定的算法形成一个高精度传感器、用多个摄像头形成一个高清晰摄像头或立体摄像头、用多个普通终端形成多功能的多媒体终端等。

6. 多网络融合协同感知接入网关

目前存在多种不同制式的通信网络可供校园网使用，例如互联网、各种无线移动网络、广播电视网等。不同的网络在频谱资源、组网方式、业务需求、终端、运营管理、容量、覆盖、数据速率和移动性支持能力等方面各不相同，因此任何一种通信网络都无法满足智慧校园的所有要求。充分利用不同网络间的互补特性，实现多个通信网络的融合协同，是实现最优网络资源利用、改善网络性能和提供最佳用户体验的根本途径。

我们研究了多网络融合和协同关键技术，设计和实现了智慧校园多网络协同感知接入网关。将由分布式协同感知终端所感知到的信息送到多网络协同感知接入网关，该接入网关选择一个或者几个网络把信息传送到智慧校园业务平台。多网络协同感知接入网关主要实现网络环境感知与控制、多网络协同控制和与多个网络接口。

本项目研究的多网络协同感知接入网关解决和实现了下述关键技术：

(1) 多网络环境下智慧校园网络环境的表示方法、协议和网络环境描述软件模块。

(2) 网络环境感知方法，包括各个网络的频谱、负载、流量、延迟、信道质量、信号质量等参数的感知方法。

(3) 多网络环境下的网络发现、网络选择和连接建立算法与协议。

(4) 高带宽要求的单业务流通过多网络多流并行传送的方案、算法和协议。

(5) 多网络环境下的联合无线资源管理，包括接入控制、频谱分配、连接切换、负载均衡、功率控制等。

本项目研制的多网络协同感知接入网关可协同接入的网络包含GSM、GPRS、EDGE、WCDMA、CDMA2000 1X和EV-DO、TD-SCDMA、Internet、ADSL、WLAN(IEEE802.11a/b/g)、RFID(135K/13.56M/433M/2.4G)、Zigbee(2.4G；IEEE802.15.4)、Bluetooth(IEEE 802.15.1/ Bluetooth V1.0-4.0)。

多网络协同感知接入网关具有网络环境感知、网络发现、网络选择和连接建立、多网络联合无线资源管理、多网络垂直切换等功能，支持终端移动性、业务的连续性、多跳传输特性。采用多网络协同感知接入网关后的感知质量、资源使用效率、网络容量、传送速率、用户体验、业务类型等均有大幅度的提高。

7. 多网络协同处理和控制服务器

多网络协同处理和控制服务器与多网络协同感知接入网关共同完成各种接入方式和网络之间的高效协同，为感知终端和业务平台之间提供高性能通信通道。本项目实现了GSM、GPRS、EDGE、WCDMA、CDMA2000 1X和EV-DO、TD-SCDMA、Internet、ADSL、Wi-Fi、WLAN的协同。

本项目解决和实现了下述关键技术：

(1) 智慧校园场景下的网络选择方法与算法。按照感知业务类型、感知业务属性、终端移动性、网络负载，以及感知终端位置等，为每个业务确定最优的网络选择策略，降低了阻塞率，提高了频谱效用。

(2) 带宽分配策略。提出和实现了不同优先级业务的带宽分配和调整策略，以及实时业务和非实时业务的带宽分配策略。

(3) 多种网络资源优化技术，如混合式动态频谱共享技术、分布式协作机会调度策略、传感节点动态组簇与选择算法、多接入点关联与分集传输机制等。

(4) 系统内终端移动性方案。

(5) 系统内用户移动性方案。

(6) 系统内业务移动性方案。

(7) 系统内业务持续性方案。

(8) 实现了业务自适应性，如可用的网络信道带宽不够，视频业务降为音频业务(网上教学等)。

(9) 支持终端在异构网内进行垂直切换。

(10) 支持媒体流与终端的适配。

基于Parlay/OSA实现了多网络协同处理和控制服务器，该控制器实现了呼叫控制、用户交互、移动性、终端能力、数据会话控制、连接管理、策略控制等功能。

8.3.3 系统展示

基于物联网的智慧校园工程以校园网络为基础，对学校现有的各个应用服务信息资源进行全面的数字化管理，按照“数据集中、应用集成、硬件集群”对信息资源进行整合和优化，构成统一的用户管理、资源共享和权限控制。

1. 统一服务访问平台

智慧校园统一服务访问平台采用基于SOA的总体设计架构，已经实现办公OA系统、人事系统、财务系统、研究生系统、用户注册系统、科研系统、零星采购平台、档案管理系统、资源平台、图书借阅系统的集成服务，如图 8.43 所示。

图 8.43　智慧校园统一服务访问平台

智慧校园信息集成秉承“以人为本”的理念，从服务的角度出发，建成了“一站式服务”的智慧校园信息门户平台。平台采取“顶层设计”的方法，基于“硬件集群、数据集中、应用集成”的建设理念，构建了一个松散耦合的分布应用体系，打破以往各类业务管理信息系统之间的壁垒，搭建了一个互联互通的应用大平台，形成了畅通快捷的网上“服务大厅”。登录平台后，可直接链入校内各种业务系统，无需再次输入用户名密码，真正实现了“一登平台，走遍全校”。

2. 校园感知集成平台

基于物联网的智慧校园工程，全方位采集多类感知信息，进行数据融合，并通过智慧平台进行展现。目前，智慧校园工程已完成了教室感知、校园安全感知以及能耗感知。

1）教室感知

通过教室感知，可对教室的使用情况进行管理和查询，老师可实现远程教学，学校领导在开会或外地出差期间也可随时选择正在授课的教室进行本地或异地听课，如图 8.44 所示。

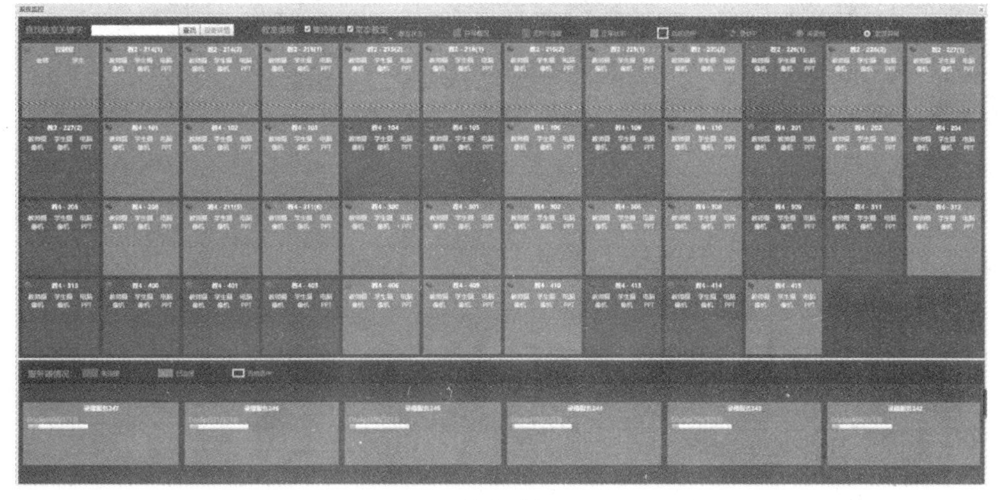

(a) 教室感知(1)

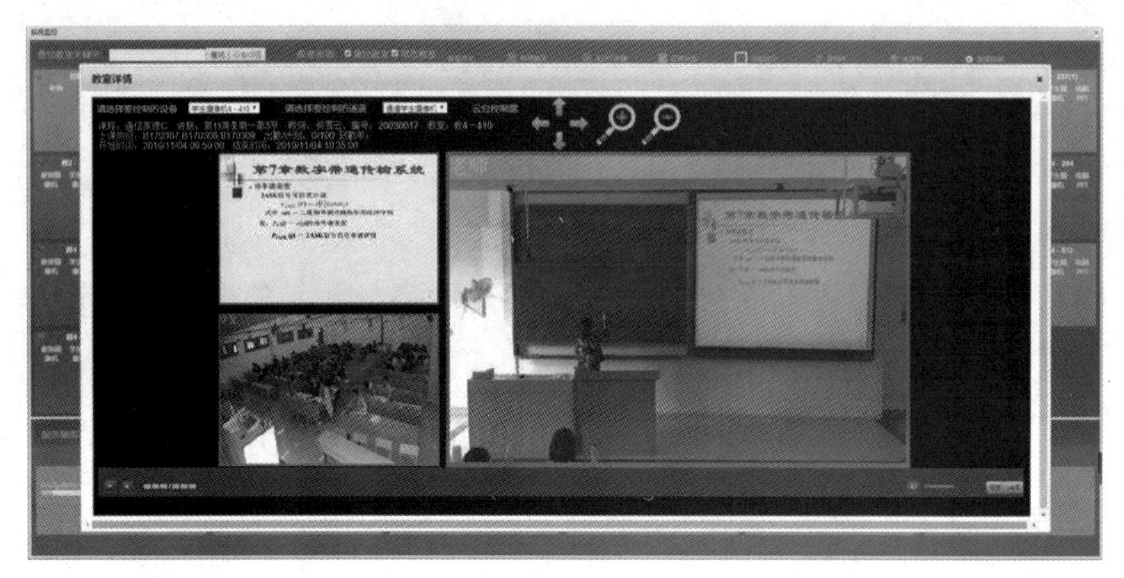

(b) 教室感知(2)

(c) 教室感知(3)

图 8.44 教室感知

2) 校园安全感知

校园安全感知实现了移动监控、智能安保巡逻、重点部门检测和自动报警等功能，如图 8.45 所示。

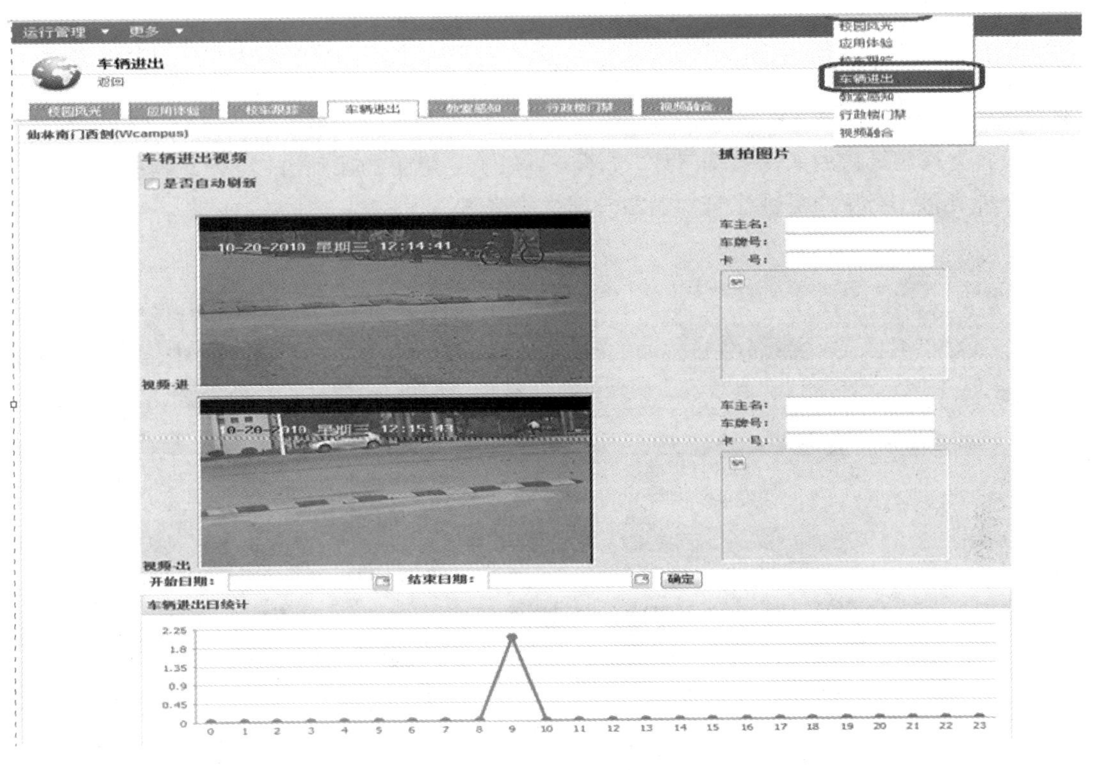

(a) 校园安全感知(1)

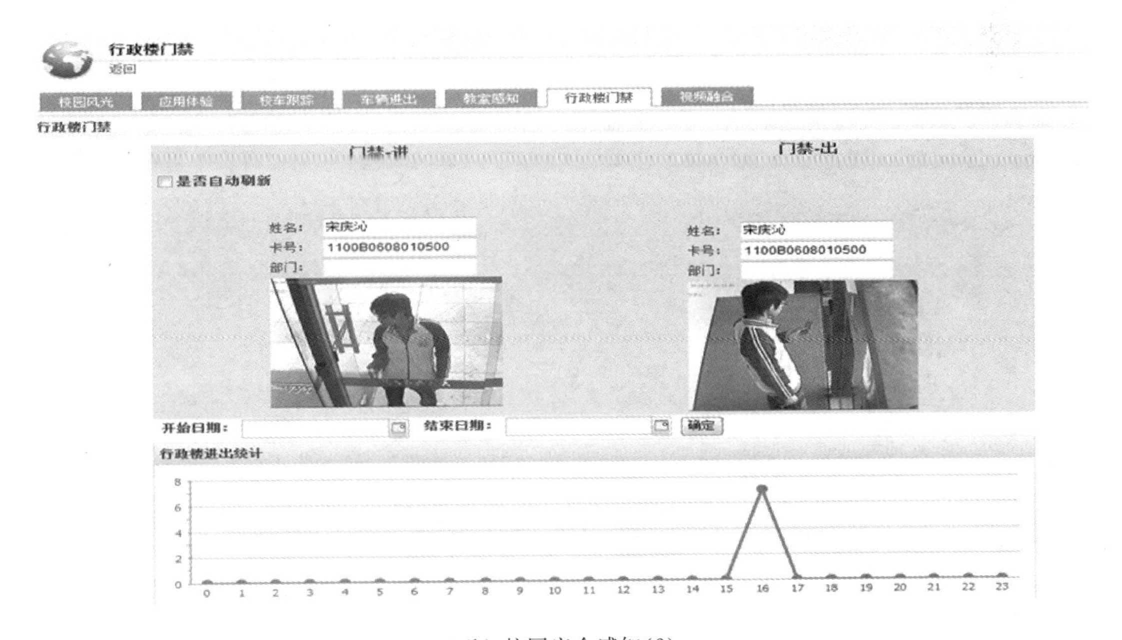

(b) 校园安全感知(2)

图 8.45　校园安全感知

3）能耗感知

智慧校园系统可实时和定时采集校内设备各参量及开关量状态，将采集到的数据上传给数据处理中心，进行能耗的计量、分析、处理、发布等工作，负责各种日常报表的生成，并提供数据曲线、饼图、柱状图等多种数据统计形式，如图 8.46 所示。同时，如图 8.46(c) 所示，通过对建筑物的能耗数据统计、分析，可以确定建筑物能耗对比、建筑物的能耗状况和设备能耗效率，从而提供建筑物能源管理优化措施。

(a) 能耗管理分析平台(1)

(b) 能耗管理分析平台(2)

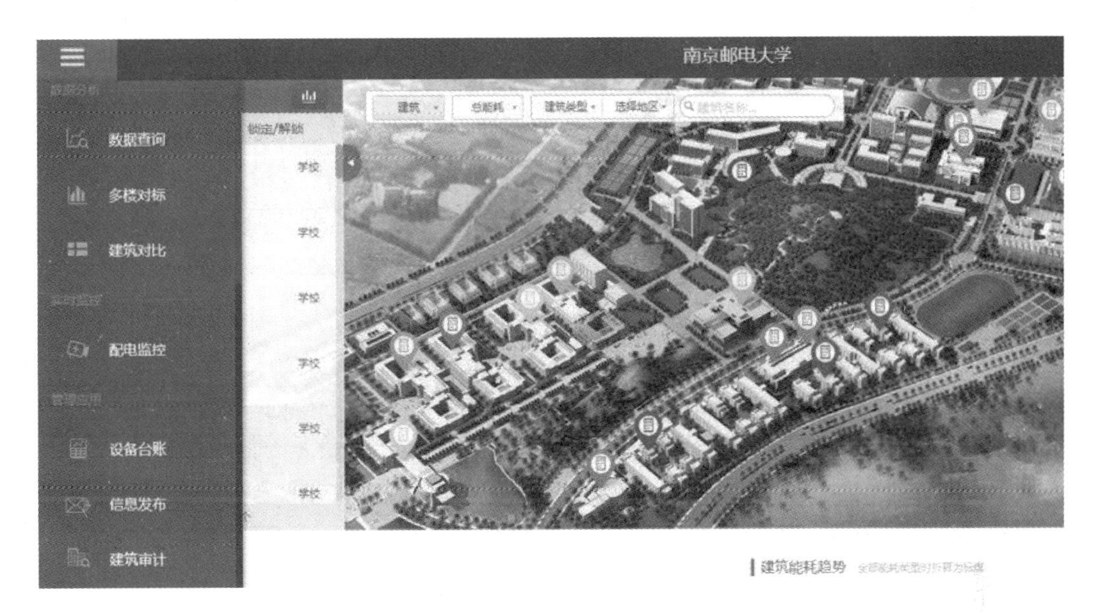

(c) 能耗管理分析平台(3)

图 8.46　能耗管理分析平台

8.4　本章小结

本章基于物联网关键技术设计并实现了三类不同领域的应用示范系统，包括智慧农场认养系统、线缆实时感知与仓储定位系统、智慧校园工程。8.1 节首先介绍了智慧农场认养系统的建设目标和框架，然后分析了智慧感知层、公共数据云存储层、业务中间件层的关键技术，最后展示了智慧农场认养系统 APP 的功能测试结果；8.2 节首先介绍了线缆实时感知与仓储定位系统的设计目标，然后分析了线缆实时感知与仓储定位系统的总体结构和系统功能，最后分别展示了两个系统的网络部署及功能测试结果；8.3 节首先介绍了智慧校园工程的总体建设目标和框架，给出搭建智慧校园工程涉及的关键技术，最后展示了智慧校园工程的运行成果。

附录　缩略词表

6LoWPAN	IPv6 over Low - Power Wireless Personal Area Networks　基于IPv6的低速无线个域网
H2T	Human to Thing　人到物品
H2H	Human to Human　人到人
T2T	Thing to Thing　物品到物品
IoT	Internet of things　物联网
LPWAN	Low Power Wide Area Network　低功耗广域网
NB - IoT	Narrow Band Internet of Things　基于蜂窝的窄带物联网
RFID	Radio Frequencey Identification　无线射频识别
SOA	Service - Oriented Architecture　面向服务的体系结构
WPAN	Wireless Personal Area Network　无线个人局域网
WSN	Wireless Sensor Network　无线传感器网
LwIP	Lightweight TCP/IP stack　轻量级 TCP/IP
IETF	Internet Engineering Task Force　互联网工程任务组
GUA	Globally Unique Addresses　全球可路由单播地址
DHCP	Dynamic Host Configuration Protocol　动态主机配置协议
NS	Neighbor Solicitation　消息组播传输
RA	Router Advertisement　消息定期接收
CNNIC	China Internet Network Information Center　中国互联网络信息中心
BHSM - IoT	A security model of IoT based on hierarchy　基于等级划分的物联网安全模型
TSM - IoT	Topological sub - model of IoT　物联网拓扑子模型
SDN	Software Defined Network　软件定义网络
SVM	Support Vector Machine　支持向量机
ECC	Error Correcting Code　错误检查和纠正